葛一兵　卢立中　许伯强　主编

大学物理

（上册）

COLLEGE PHYSICS

江苏大学出版社
JIANGSU UNIVERSITY PRESS
镇　江

图书在版编目(CIP)数据

大学物理. 上册 / 葛一兵，卢立中，许伯强主编.
镇江 : 江苏大学出版社，2024. 10. -- ISBN 978-7
-5684-2319-9

Ⅰ. O4

中国国家版本馆 CIP 数据核字第 2024X0255A 号

大学物理. 上册
Daxue Wuli. Shangce

主　　编/葛一兵　卢立中　许伯强
责任编辑/许莹莹
出版发行/江苏大学出版社
地　　址/江苏省镇江市京口区学府路 301 号(邮编：212013)
电　　话/0511-84446464(传真)
网　　址/http://press.ujs.edu.cn
排　　版/镇江市江东印刷有限责任公司
印　　刷/江苏扬中印刷有限公司
开　　本/787 mm×1 092 mm　1/16
印　　张/20.5
字　　数/462 千字
版　　次/2024 年 10 月第 1 版
印　　次/2024 年 10 月第 1 次印刷
书　　号/ISBN 978-7-5684-2319-9
定　　价/50.00 元

如有印装质量问题请与本社营销部联系(电话：0511-84440882)

前 言

物理学以其深邃、广博与基础性的特质，引领着人类对宇宙起源、演化历程及未来图景的不懈探索。它不仅是自然科学体系与工程技术创新的基石，更是塑造未来科技蓝图的关键力量。在大学教育体系中，大学物理课程扮演着至关重要的角色，它不仅是知识传授的殿堂，更是培养学生综合科学素养、启迪创新思维与提高实践能力的摇篮。通过学习大学物理，学生们得以领略物理学解决问题的独特视角与方法论，这些宝贵财富将为他们日后投身科学研究与工程实践的征途铺设坚实的基石。

回溯物理学的发展历程，三大里程碑式的突破犹如璀璨星辰，照亮了人类文明的进步之路。首先，17 至 18 世纪，牛顿力学与热力学的辉煌成就，不仅深刻改变了人类对自然界的认识，更直接推动了蒸汽机与机械工业的飞跃，掀起了第一次工业革命的浪潮。随后，从 19 世纪中叶起，法拉第与麦克斯韦的电磁理论犹如一股强劲的东风，引领人类步入了电气化时代，电机、电器的广泛应用以及电讯技术的迅猛发展，共同铸就了第二次工业革命的辉煌篇章。进入 20 世纪，相对论与量子论的崛起，开启了物理学乃至整个科技领域的全新纪元，成为第三次工业革命持续至今的强大引擎。这一系列历史性的飞跃，无不昭示着物理学作为科技进步不竭动力的深刻内涵。

参与本书编写工作的编者都具有丰富的教学经验，旨在通过生动有趣的教学设计，引导学生跨越物理学的知识门槛，掌握科学探索的钥匙。采用问题导向的教学方法，引导学生从实际问题出发，构建物理模型，进而通过深入分析与解答，逐步揭开自然界的奥秘。在这一过程中，物理模型作为连接理论与实际的桥梁，其简单性、形象性与近似性的特质得以充分展现，既简化了复杂问题的处理，又便于学生直观理解抽象概念。

本书在内容编排上，既注重基础知识的巩固与深化，又紧跟时代步伐，融入物理学最新研究成果与产业应用实例。我们力求使本书内容深浅适宜，讲解逻辑清晰，例题分析详尽透彻，旨在帮助学生构建扎实的物理知识体系，并激发他们的创新思维与培养他们的实践能力。此外，本书还积极探索产教融合的新路径，通过展示物理学理论在产业升级中的实际应用案例，为学生搭建从理论到实践的桥梁。

本书分成上、下两册，上册包含力学和电磁学（由葛一兵、卢立中和许伯强主笔），下册包含热学、振动与波、光学及量子物理（由葛一兵、姜迎新和王纪俊主笔），本书终稿经全体参编人员反复交流研讨敲定。本书配套了电子教案、思考题和习题分析与解答、学习指导书，将会陆续出版。

本书为理工科非物理类专业大学物理课程的教材，适用学时数为90～120学时。

最后，我们深知学无止境，书中难免存在不足之处。我们诚挚地邀请广大读者提出宝贵意见与建议，共同推动物理学教育事业的繁荣发展。

编　者

2024年8月

目　录

第一部分　力　学

第二部分 电磁学

第一部分

力　学

我们知道，任何物体都在不停地运动着. 物体的运动有机械运动、分子热运动、原子及原子核内部的运动等多种形式. 其中，机械运动是最简单又最基本的运动. 所谓机械运动，就是宏观物体之间(或物体内各部分之间)位置的相对变动. 力学是研究机械运动规律的科学. 力学一般分为运动学、动力学和静力学三个部分. 如果把静力学当作动力学的一个特殊情形，那么力学可以分为运动学和动力学两大部分. 运动学研究的是物体的空间位置随时间的变化关系，不涉及引发物体运动和改变运动状态的原因. 动力学研究物体间的相互作用对物体运动的影响，即讨论在力的作用下，物体的运动规律.

力学是物理学中最古老和发展最完善的学科. 它起源于公元前 4 世纪古希腊学者亚里士多德关于力产生运动的说法，以及我国《墨经》中关于杠杆原理的记录等. 但其成为一门科学理论则始于 17 世纪伽利略论述惯性运动，继而牛顿提出了力学的三个运动定律. 以牛顿运动定律为基础的力学理论称为牛顿力学或经典力学. 经典力学有严谨的理论体系和完备的研究方法，如观察现象、分析和综合实验结果、建立物理模型、应用数学表述、作出推论和预言，以及用实践检验和校正结果等. 经典力学曾被人们誉为完美普遍的理论而兴盛了约 300 年，直到 20 世纪初人们才发现它在高速领域和微观领域的局限性，在这两个领域其分别被相对论和量子力学所取代，但在一般的技术领域，如机械制造、土木建筑、水利建设、航空航天等工程技术中，经典力学仍然是重要的基础理论.

第 1 章　矢量与坐标系

为了描述物体的运动，我们有必要先做一些数学上的准备.

1.1　标量和矢量

在研究物理学和其他应用科学时所遇到的量通常可分为两类：一类完全由数值决定，如质量、温度、时间、功等，这一类量叫作标量. 例如，一个物体的质量为 2 kg，它的温度为 21 ℃、体积为 2 m^3. 另一类量，只知道数值大小还不够，还要说明它们的方向，如速度、加速度，以及电磁学中的很多物理量，这一类量叫作矢量.

我们可以把任何矢量用一定长度和一定方向的线段来表示，线段的长度表示矢量的大小，线段的方向表示矢量的方向. 因此，从几何上看，矢量就是空间中有一定长度和方向的线段.

1.2　矢量的性质

如果两个矢量满足下面两个条件：

(1) 长度相等且平行(即在同一直线上或在彼此平行的直线上)；

(2) 指向相同.

那么就说这两个矢量是相等的. 于是，一矢量平移后仍与原矢量相等.

如图 1.2.1 所示，这四个矢量是相等的，因为它们长度相等且指向相同.

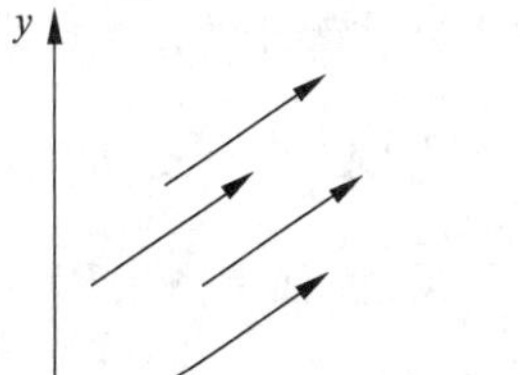

图 1.2.1　矢量相等

必须注意矢量的起点和终点，若对调起点和终点的位置，就得到与原来矢量方向相反的另一矢量，我们就说这两个矢量大小相等、方向相反.

矢量的起点可以放在空间的任一点，但最好选择某点 O 作为起点，把所有矢量都看作从这点出发. 若矢量起点为 O，终点为 M，则记为 $\overrightarrow{OM}$；若矢量起点为 A，终点为 B，则记为 $\overrightarrow{AB}$.

矢量的长度叫作矢量的模(也就是矢量的大小)，矢量 $\overrightarrow{OM}$ 的模用 $|\overrightarrow{OM}|$ 来表示.

1.3 坐标系和矢量

为了定量地描述物体的运动，就必须建立适当的坐标系，在大学物理中常用的有直角坐标系和自然坐标系.

我们以直角坐标系为例来说明矢量在坐标系中的表示.

如图 1.3.1 所示，令 $\boldsymbol{i}$、$\boldsymbol{j}$、$\boldsymbol{k}$ 分别表示沿 X、Y、Z 轴正方向的单位矢量，则矢量 $\overrightarrow{OM}$（或用 $\boldsymbol{r}$ 表示）和直角坐标 x、y、z 之间的关系为

$$\boldsymbol{r}=x\boldsymbol{i}+y\boldsymbol{j}+z\boldsymbol{k}$$

我们把矢量 $x\boldsymbol{i}$、$y\boldsymbol{j}$、$z\boldsymbol{k}$ 分别叫作矢量 $\boldsymbol{r}$ 在 X、Y、Z 轴方向的分量，其中 x、y、z 叫作分矢量的大小.

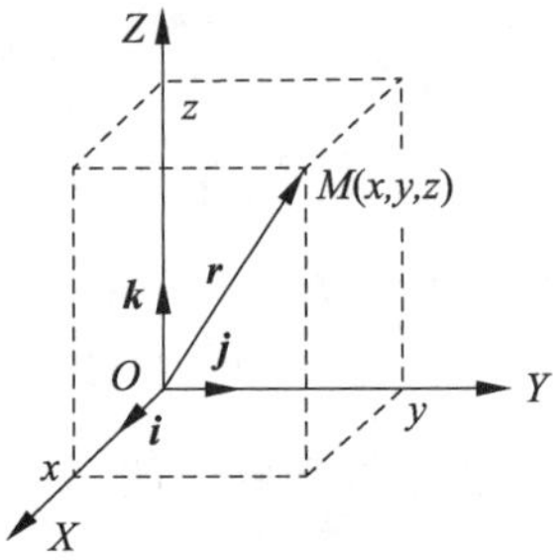

图 1.3.1　坐标系和矢量

1.4 矢量的运算

矢量的加减必须遵循几何法则（按三角形法则或平行四边形法则相加减），矢量式中的所有“+”“−”号都应理解为几何相加减，绝不能理解为代数相加减，矢量的代数相加减是毫无意义的.

下面将重点说明矢量的点乘和叉乘.

1.4.1 矢量的点乘

两矢量 $\boldsymbol{A}$ 和 $\boldsymbol{B}$ 的点乘是一标量，它等于两矢量的大小和它们之间夹角的余弦的乘积，通常用 $\boldsymbol{A}\cdot\boldsymbol{B}$ 表示，即

$$\boldsymbol{A}\cdot\boldsymbol{B}=|\boldsymbol{A}||\boldsymbol{B}|\cos\theta \tag{1.4.1}$$

其中，θ 为 $\boldsymbol{A}$ 矢量和 $\boldsymbol{B}$ 矢量之间小于 180°的夹角，如图 1.4.1 所示.

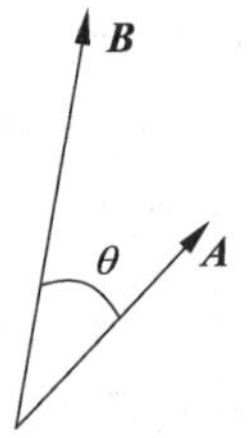

图 1.4.1　矢量点乘

矢量的点乘具有以下性质：

(1) 当且仅当两矢量之一为零矢量或两矢量相互垂直时，它们的点乘才等于零.

当 $|\boldsymbol{A}|=0$，或 $|\boldsymbol{B}|=0$，或 $\theta=\dfrac{\pi}{2}$，即 $\cos\theta=0$ 时，$\boldsymbol{A}\cdot\boldsymbol{B}=0$.

反之，如果 $\boldsymbol{A}\cdot\boldsymbol{B}=0$，且 $\boldsymbol{A}$、$\boldsymbol{B}$ 都不为零矢量，则必有 $\cos\theta=0$，即 $\boldsymbol{A}\perp\boldsymbol{B}$.

(2) 矢量点乘满足交换律.

$\boldsymbol{A}\cdot\boldsymbol{B}=\boldsymbol{B}\cdot\boldsymbol{A}$（由定义可得）

(3) 点乘的坐标表示法.

设 $\boldsymbol{A}=x_1\boldsymbol{i}+y_1\boldsymbol{j}+z_1\boldsymbol{k}$，$\boldsymbol{B}=x_2\boldsymbol{i}+y_2\boldsymbol{j}+z_2\boldsymbol{k}$，则 $\boldsymbol{A}\cdot\boldsymbol{B}=(x_1\boldsymbol{i}+y_1\boldsymbol{j}+z_1\boldsymbol{k})\cdot(x_2\boldsymbol{i}+y_2\boldsymbol{j}+z_2\boldsymbol{k})=x_1x_2+y_1y_2+z_1z_2$. 读者可自己证明.

1.4.2　矢量的叉乘

由两矢量 $\boldsymbol{A}$ 和 $\boldsymbol{B}$ 作出一个新矢量 $\boldsymbol{C}$，使 $\boldsymbol{C}$ 满足(见图 1.4.2)：

(1) 它的长度即大小为

$$|\boldsymbol{C}|=|\boldsymbol{A}||\boldsymbol{B}|\sin\theta$$

其中，θ 为 $\boldsymbol{A}$ 矢量和 $\boldsymbol{B}$ 矢量之间小于 180°的夹角.

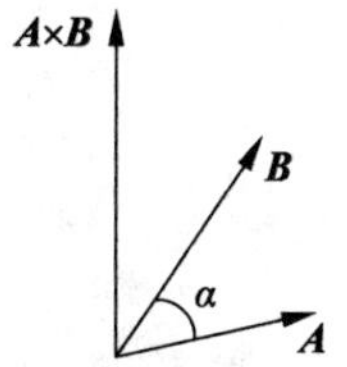

图 1.4.2　矢量叉乘

(2) $\boldsymbol{C}$ 既垂直于 $\boldsymbol{A}$，也垂直于 $\boldsymbol{B}$，故 $\boldsymbol{C}$ 垂直于由 $\boldsymbol{A}$、$\boldsymbol{B}$ 所决定的平面. $\boldsymbol{C}$ 的正向按右手螺旋法则确定(见图 1.4.3)：右手形成一个松散的拳头，拇指向外伸出，四指环绕的方向由矢量 $\boldsymbol{A}$ 沿小于 180°的方向指向矢量 $\boldsymbol{B}$，这样拇指的指向垂直于矢量 $\boldsymbol{A}$ 和矢量 $\boldsymbol{B}$ 所决定的平面，即为 $\boldsymbol{A}$ 叉乘 $\boldsymbol{B}$ 的方向，则 $\boldsymbol{C}$ 为 $\boldsymbol{A}$ 与 $\boldsymbol{B}$ 的叉乘，记为

$$\boldsymbol{C}=\boldsymbol{A}\times\boldsymbol{B} \tag{1.4.2}$$

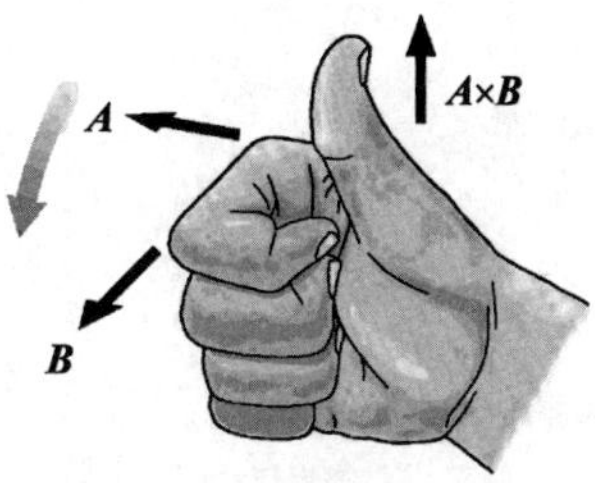

图 1.4.3　右手螺旋法则

矢量的叉乘具有以下性质：

(1) $\boldsymbol{A}\times\boldsymbol{A}=0$.

(2) 两非零矢量 $\boldsymbol{A}$、$\boldsymbol{B}$ 平行的条件是 $\boldsymbol{A}\times\boldsymbol{B}=0$. 反之，如果两非零矢量 $\boldsymbol{A}$、$\boldsymbol{B}$ 的叉乘 $\boldsymbol{A}\times\boldsymbol{B}=0$，则 $\boldsymbol{A}$、$\boldsymbol{B}$ 平行.

(3) $\boldsymbol{A}\times\boldsymbol{B}=-\boldsymbol{B}\times\boldsymbol{A}$，这说明两矢量叉乘不满足交换律，当交换两矢量叉乘的顺序时，叉乘积变号.

思考题

1-1　下列各结果是否正确？请说明理由.

(1) $|\boldsymbol{A}|\boldsymbol{A}=\boldsymbol{A}\cdot\boldsymbol{A}$

(2) $(\boldsymbol{A}\cdot\boldsymbol{B})(\boldsymbol{A}\cdot\boldsymbol{B})=(\boldsymbol{A}\cdot\boldsymbol{A})(\boldsymbol{B}\cdot\boldsymbol{B})$

(3) $(\boldsymbol{A}\cdot\boldsymbol{B})\boldsymbol{C}=\boldsymbol{A}(\boldsymbol{B}\cdot\boldsymbol{C})$

(4) 假如 $\boldsymbol{A}\cdot\boldsymbol{B}=0$，则 $\boldsymbol{A}=0$ 或 $\boldsymbol{B}=0$.

习 题

1-1　已知矢量 $\boldsymbol{P}$ 和 $\boldsymbol{Q}$ 的夹角为 $\dfrac{\pi}{3}$，$|\boldsymbol{P}|=3$，$|\boldsymbol{Q}|=3$，计算下列算式：

(1) $\boldsymbol{P}\cdot\boldsymbol{Q}$

(2) $\boldsymbol{Q}\cdot\boldsymbol{Q}$

1-2　化简下式：$\boldsymbol{i}\times(\boldsymbol{j}+\boldsymbol{k})-\boldsymbol{j}\times(\boldsymbol{i}+\boldsymbol{k})+\boldsymbol{k}\times(\boldsymbol{i}+\boldsymbol{j}+\boldsymbol{k})$

第 2 章　运动的描述

2.1　质点　参考系

为了研究物体的机械运动，我们不仅需要确定描述物体运动的方法，还需要对复杂的物体运动进行科学合理的抽象，提出物理模型.

实际物体总是有大小、形状、质量和内部结构的，即使是很小的分子、原子以及其他微观粒子，也不例外. 当物体运动时，其内部各点的位置变化可能不尽相同，若要详细描述物体的运动，则十分复杂. 但在某些情形中，物体的大小和形状对所研究的问题不起作用或在所研究的精度范围内影响不大，从而可以忽略，如研究图 2.1.1 中质量为 m 的物体沿斜面下滑的运动，或研究绕太阳公转的地球等，在这些问题中都可以把物体视为没有大小和形状的点，并且物体的质量全部集中在该点，这个点就称为质点.

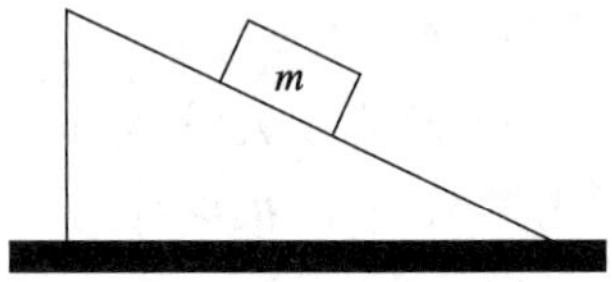

图 2.1.1　物体在斜面上的运动

质点是一个模型，完全是为了简化问题而引入的，在什么情况下物体可视为质点，在什么情况下又不可以视为质点，这由所研究问题的性质决定. 例如，同一个跳水运动员，当我们研究他在空间的整体运动轨迹和落水点时，可视其为质点，但当研究他的动作的美感和落水姿势时，就不能将他看成质点. 再如，当研究地球公转时，地球可视为质点；当研究地球自转时，地球就不能作为质点处理.

研究质点运动是研究物体运动的基础，当进一步研究物体运动时，可将整个物体分割成无数个质点，如图 2.1.2 所示. 分析这无数个质点的运动情况，就可以弄清整个物体的运动情形了，这就是引入质点概念的意义.

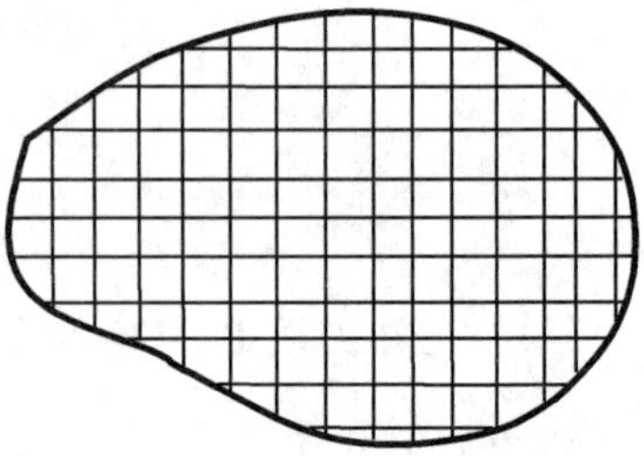

图 2.1.2　实际物体分割成无数个质点

众所周知，运动是物体的存在形式，即运动是物体的固有属性. 任何物体在任何时刻都在不停地运动着，大到星系，小到原子、电子，无一不在运动. 例如，地球在自转的同时绕太阳公转，太阳又相对银河系中心以大约 250 $km \cdot s^{-1}$ 的速率运动，而银河系在总星系中旋转，总星系又在无限的宇宙中运动. 所以，物体运动是绝对的，这就是物体运动的绝对性. 同时，对物体运动的描述又是相对的. 在匀速直线运动的车厢中自由下落的物体，相对于车厢是做直线运动，而相对于地面却是做抛物线运动；相对于太阳或其他天体，运动的描述则更为复杂，这就是运动描述的相对性. 所以描述一物体运动时，必须选择另一物体（或物体组）作参考，选作参考的物体称为参考系.

在运动学中，参考系的选择可以是任意的，究竟选择哪一个参考系，主要看问题的性质和研究的方便. 选得好，运动的描述就简单，否则，运动的描述就很复杂. 如上所述，对于同一个物体的运动，选用不同的参考系，会有不同的运动形式，所以当我们描述一个物体的运动时，必须指明是相对于哪一个参考系来说的.

2.2　空间与时间

人们开始认识空间和时间是源于对周围物质世界和物质运动的直觉，空间反映了物质的延展性，它的概念是与物质的体积和物体位置的变化联系在一起的，时间所反映的则是事件发生的顺序性和持续性.

牛顿等认为，空间、时间两者是分离的，物体是在绝对静止的空间中随着绝对时间的流逝而运动的. 时间是连续均匀流逝着的，空间是一个容器，是一种特殊形态的物质，时间与空间无关，时空的性质与运动的物质无关. 例如，在电影院看一场电影所用的时间与该部电影在飞行的飞机上放映所用时间相同，时间与空间无关. 又如，十月怀胎的过程无论是在地球上还是在航天飞机里，其时间不变. 通常我们所经历的事件都是用经典时空观来度量的. 爱因斯坦等在长期的科学实践中，通过对时空的观测、研究和理性思考，认清了时空的基本属性，提出了相对论时空观，认为时间和空间是相互联系的，空间的测量依赖于时间，反过来，时间的测量也依赖于空间. 这些概念我们在 2.9 节中将详细讨论.

2.3　位置矢量

如图 2.3.1 所示，某一时刻质点 M 位于空间的位置可以用它在直角坐标系中的坐标分量 x、y、z 来表示. 也就是说，质点的位置和坐标 (x, y, z) 有一一对应的关系. 质点在空间的位置除了可以用直角坐标来表示，也可以用位置矢量来表示，即由坐标原点 O 向 M 点作有向线段 $\overrightarrow{OM}$ 或 $\boldsymbol{r}$ 来表示. 我们称矢量 $\boldsymbol{r}$ 为 M 点的位置矢量，简称位矢.

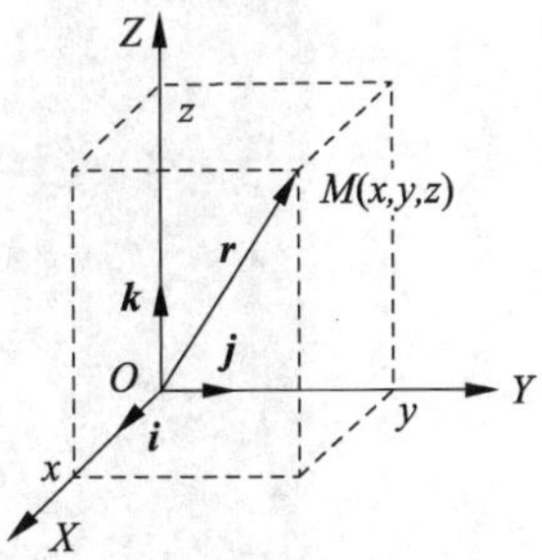

图 2.3.1　位置矢量

令 $\boldsymbol{i}$、$\boldsymbol{j}$、$\boldsymbol{k}$ 分别表示沿 X、Y、Z 轴正方向的单位矢量，则 $\boldsymbol{r}$ 和 x、y、z 之间的关系为

$$\boldsymbol{r}=x\boldsymbol{i}+y\boldsymbol{j}+z\boldsymbol{k} \tag{2.3.1}$$

位置矢量 $\boldsymbol{r}$ 的大小和方向，还可以分别用它的模和方向余弦表示为

$$r=|\boldsymbol{r}|=\sqrt{x^2+y^2+z^2}$$

$$\cos\alpha=\frac{x}{r},\cos\beta=\frac{y}{r},\cos\gamma=\frac{z}{r}$$

其中，α、β、γ 分别表示 $\boldsymbol{r}$ 和 X、Y、Z 轴之间的夹角. 因为

$$\cos^2\alpha+\cos^2\beta+\cos^2\gamma=1$$

所以，α、β、γ 中只有两个是独立的变量，只要 α、β、γ 中任意两个确定了，第三个也就确定了.

质点的机械运动是质点的空间位置随时间变化的过程，这时质点的坐标(x,y,z)和位矢 $\boldsymbol{r}$ 都是时间 t 的函数，其函数表达式称为运动方程，可以写成

$$x=x(t),y=y(t),z=z(t)$$

或

$$\boldsymbol{r}=\boldsymbol{r}(t)=x(t)\boldsymbol{i}+y(t)\boldsymbol{j}+z(t)\boldsymbol{k}$$

知道了运动方程，就能确定任一时刻质点的位置，从而确定质点的运动.

质点在空间的运动路径称为轨迹. 质点的运动轨迹为直线时，称为直线运动. 质点的运动轨迹为曲线时，称为曲线运动. 在曲线运动中，圆周运动、抛体运动是很重要的运动形式. 由运动方程消去时间参数 t 即可得到轨迹方程.

2.4 位移与速度矢量

2.4.1 位移矢量

位移是指质点空间位置的变化. 它有两层意思：其一，位移有方向；其二，位移有大小.

如图 2.4.1 所示，船在水中蜿蜒航行，从其起点指向终点的有向线段为船的位移.

又如图 2.4.2 中虚线所示，当一个粒子沿着任意路径从 A 点运动到 B 点时，其位移为矢量，用由 A 点指向 B 点的带箭头的有向线段来表示.

图 2.4.1 船在水中蜿蜒航行

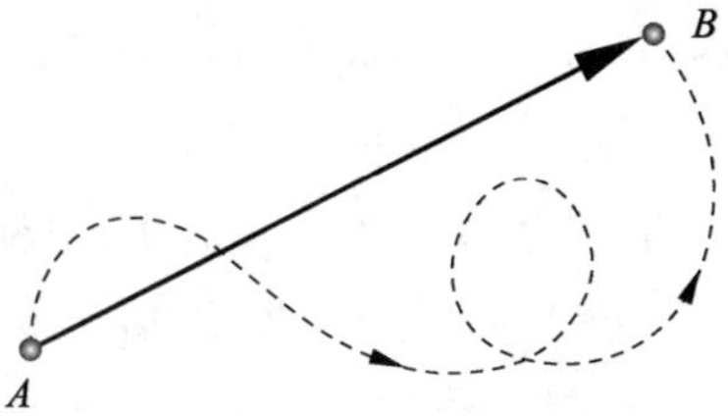

图 2.4.2 粒子沿任意路径的运动

将上述问题用物理模型来表述. 如图 2.4.3 所示,设质点沿曲线 $\overset{\frown}{AB}$ 运动,在 t 时刻,质点在 A 点处,经过 Δt 时间,即在 $t+\Delta t$ 时刻,质点运动到 B 点处,A、B 两点的位矢分别用 $\boldsymbol{r}_1$ 和 $\boldsymbol{r}_2$ 表示,质点在 Δt 时间间隔内的位移(位矢的增量)为

$$\Delta \boldsymbol{r}=\boldsymbol{r}_2-\boldsymbol{r}_1 \tag{2.4.1}$$

位移是矢量. 它的大小是线段 AB 的长度,即 $|\Delta \boldsymbol{r}|$,由初始位置指向末位置的方向为位移的方向.

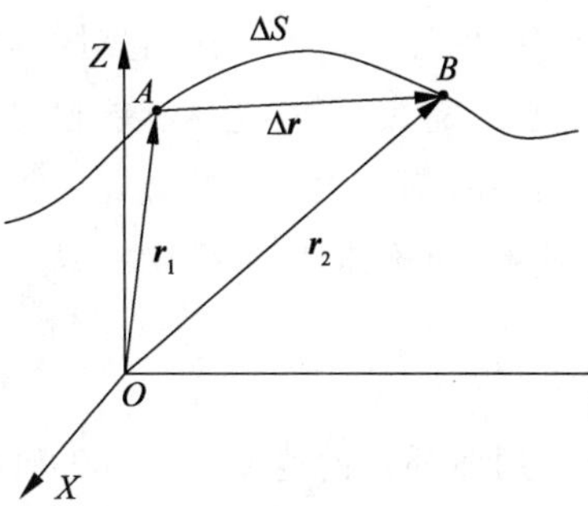

图 2.4.3　位移

必须注意,位移不同于质点所经历的路程,质点从 A 点运动到 B 点所经历的路程 ΔS 是指质点运动所经过的实际轨迹的长度. 路程是标量,恒取正值. 在一般情况下,路程 ΔS 与位移的大小 $|\Delta \boldsymbol{r}|$(图中线段 AB 的长度)并不相等. 当时间间隔 $\Delta t \to 0$ 时,B 点无限靠近 A 点,路程 $\mathrm{d}S$ 与位移的大小 $|\mathrm{d}\boldsymbol{r}|$ 相等,即

$$\mathrm{d}S=|\mathrm{d}\boldsymbol{r}|$$

例如,一质点沿直线从 A 点到 B 点又折回 A 点,显然,路程等于 A、B 之间距离的两倍,而位移则为零. 又如,某运动员绕长度为 400 m 的田径场跑一圈,他走的路程为 400 m,而他的位移却为零.

在直角坐标系中,位移的表达式为

$$\begin{aligned}\Delta \boldsymbol{r}&=\boldsymbol{r}_2-\boldsymbol{r}_1\\&=(x_2\boldsymbol{i}+y_2\boldsymbol{j}+z_2\boldsymbol{k})-(x_1\boldsymbol{i}+y_1\boldsymbol{j}+z_1\boldsymbol{k})\\&=(x_2-x_1)\boldsymbol{i}+(y_2-y_1)\boldsymbol{j}+(z_2-z_1)\boldsymbol{k}\\&=\Delta x\boldsymbol{i}+\Delta y\boldsymbol{j}+\Delta z\boldsymbol{k}\end{aligned} \tag{2.4.2}$$

2.4.2　速度矢量

速度是描述质点运动快慢和方向的物理量.

研究质点的运动,不仅要知道质点的位移,还有必要知道在多长的一段时间内有了这一位移,亦即要知道运动的快慢程度. 我们把质点的位移 $\Delta \boldsymbol{r}$ 与相应的时间 Δt 的比值,叫作质点在 Δt 时间内的平均速度:

$$\overline{\boldsymbol{v}}=\frac{\Delta \boldsymbol{r}}{\Delta t} \tag{2.4.3}$$

平均速度的方向与位移 $\Delta \boldsymbol{r}$ 的方向相同.

在描述质点运动时,也常采用“速率”这个物理量,我们把路程 ΔS 与时间 Δt 的比值 $\dfrac{\Delta S}{\Delta t}$ 叫作质点在 Δt 时间内的平均速率. 平均速率是一个标量. 因为通常情况下 $\Delta S \neq |\Delta \boldsymbol{r}|$,所以平均速度的大小 $\left|\dfrac{\Delta \boldsymbol{r}}{\Delta t}\right|$ 一般不等于平均速率 $\dfrac{\Delta S}{\Delta t}$.

实际上,质点在不同时刻的运动快慢和运动方向一般是不同的,因此,平均速度只是

一种粗略的运动描述方法，它对物体运动的描述显然是不够细致的. 如图 2.4.4 所示，观察时间 Δt 越短，平均速度越能逼真地反映质点在 t 时刻的运动方向和运动快慢，于是质点在某一时刻 t（对应于位置 A）的运动状态，可用平均速度在 Δt 趋近于零时的极限——瞬时速度（简称速度）来描述：

$$\boldsymbol{v}=\lim_{\Delta t\to 0}\overline{\boldsymbol{v}}=\lim_{\Delta t\to 0}\frac{\Delta \boldsymbol{r}}{\Delta t}=\frac{\mathrm{d}\boldsymbol{r}}{\mathrm{d}t} \tag{2.4.4}$$

即某一时刻质点的速度等于位矢对时间的一阶导数.

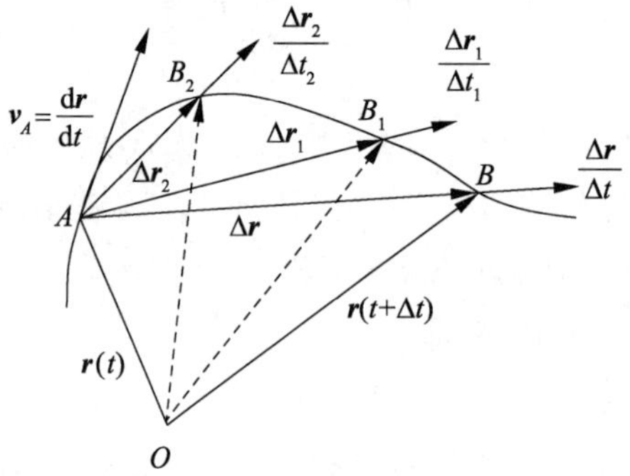

图 2.4.4　平均速度及速度

当 Δt 趋近于零时，有 $|\mathrm{d}\boldsymbol{r}|=\mathrm{d}S$，$\left|\frac{\mathrm{d}\boldsymbol{r}}{\mathrm{d}t}\right|=\frac{\mathrm{d}S}{\mathrm{d}t}$，即质点在轨迹上某点的速度大小等于该点的速率，速度的方向就是当 Δt 趋近于零时位移 $\Delta \boldsymbol{r}$ 的方向. 从图中可以看出，位移 $\Delta \boldsymbol{r}=\overrightarrow{AB}$ 沿割线 AB 的方向，当 Δt 逐渐减小而趋近于零时，B 点逐渐趋近于 A 点，相应地，割线 AB 趋近于 A 点的切线，所以质点运动的速度方向沿着轨迹上质点所在位置的切线方向并指向质点前进的一侧.

速度在直角坐标系中，可表示为

$$\begin{aligned}\boldsymbol{v}&=\frac{\mathrm{d}\boldsymbol{r}}{\mathrm{d}t}=\frac{\mathrm{d}(x\boldsymbol{i}+y\boldsymbol{j}+z\boldsymbol{k})}{\mathrm{d}t}\\&=\frac{\mathrm{d}x}{\mathrm{d}t}\boldsymbol{i}+\frac{\mathrm{d}y}{\mathrm{d}t}\boldsymbol{j}+\frac{\mathrm{d}z}{\mathrm{d}t}\boldsymbol{k}\\&=v_x\boldsymbol{i}+v_y\boldsymbol{j}+v_z\boldsymbol{k}\end{aligned} \tag{2.4.5}$$

其中，$v_x=\frac{\mathrm{d}x}{\mathrm{d}t}$，$v_y=\frac{\mathrm{d}y}{\mathrm{d}t}$，$v_z=\frac{\mathrm{d}z}{\mathrm{d}t}$分别是速度矢量在 X、Y、Z 轴方向上的分量.

2.5　加速度矢量

在质点做曲线运动的过程中，由于轨迹上某位置处的速度方向总是沿该点的切线方向，所以随着轨迹的弯曲，速度方向也将连续地发生变化. 另外，速度的大小也因加速或减速而不断地改变. 因此，曲线运动必定是变速运动. 如图 2.5.1 所示，$\boldsymbol{v}_A$ 表示质点在时

刻 t 位置 A 处的速度，$\boldsymbol{v}_B$ 表示质点在时刻 $t+\Delta t$ 位置 B 处的速度，从速度矢量图可以看出，在 Δt 时间内质点速度的增量为

$$\Delta \boldsymbol{v}=\boldsymbol{v}_B-\boldsymbol{v}_A$$

与平均速度的定义相类似，比值 $\dfrac{\Delta \boldsymbol{v}}{\Delta t}$ 称为平均加速度，即

$$\overline{\boldsymbol{a}}=\frac{\Delta \boldsymbol{v}}{\Delta t}=\frac{\boldsymbol{v}_B-\boldsymbol{v}_A}{\Delta t} \tag{2.5.1}$$

平均加速度只是反映在 Δt 时间内速度的平均变化率，为了准确地描述质点在某一时刻 t（或某一位置处）的速度变化，引入瞬时加速度（简称加速度）. 它等于 Δt 趋近于零时平均加速度的极限值，即

$$\boldsymbol{a}=\lim_{\Delta t\to 0}\overline{\boldsymbol{a}}=\lim_{\Delta t\to 0}\frac{\Delta \boldsymbol{v}}{\Delta t}=\frac{\mathrm{d}\boldsymbol{v}}{\mathrm{d}t}=\frac{\mathrm{d}^2\boldsymbol{r}}{\mathrm{d}t^2} \tag{2.5.2}$$

可见，加速度是速度对时间的一阶导数，或是位矢对时间的二阶导数.

加速度的方向是当 $\Delta t\to 0$ 时速度增量 $\Delta \boldsymbol{v}$ 的方向. 对于一般平面曲线运动，它既不沿切线方向也不沿法线方向，总是指向轨迹内侧，如图 2.5.2 所示. 当质点做匀速圆周运动时，加速度方向指向圆心.

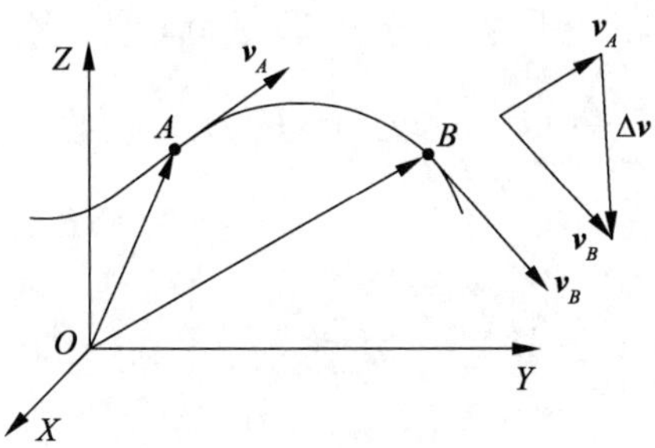

图 2.5.1　加速度

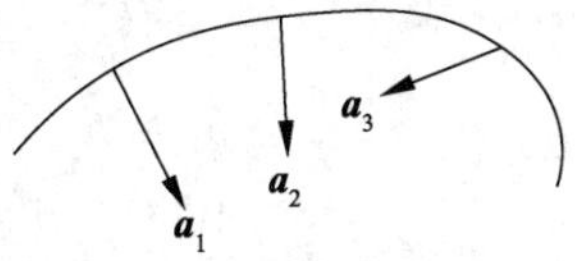

图 2.5.2　加速度的方向

加速度在直角坐标系中，可表示为

$$\begin{aligned}\boldsymbol{a}&=\frac{\mathrm{d}\boldsymbol{v}}{\mathrm{d}t}=\frac{\mathrm{d}^2\boldsymbol{r}}{\mathrm{d}t^2}\\&=\frac{\mathrm{d}v_x}{\mathrm{d}t}\boldsymbol{i}+\frac{\mathrm{d}v_y}{\mathrm{d}t}\boldsymbol{j}+\frac{\mathrm{d}v_z}{\mathrm{d}t}\boldsymbol{k}\\&=\frac{\mathrm{d}^2x}{\mathrm{d}t^2}\boldsymbol{i}+\frac{\mathrm{d}^2y}{\mathrm{d}t^2}\boldsymbol{j}+\frac{\mathrm{d}^2z}{\mathrm{d}t^2}\boldsymbol{k}\\&=a_x\boldsymbol{i}+a_y\boldsymbol{j}+a_z\boldsymbol{k}\end{aligned} \tag{2.5.3}$$

其中，$a_x=\dfrac{\mathrm{d}v_x}{\mathrm{d}t}=\dfrac{\mathrm{d}^2x}{\mathrm{d}t^2}$，$a_y=\dfrac{\mathrm{d}v_y}{\mathrm{d}t}=\dfrac{\mathrm{d}^2y}{\mathrm{d}t^2}$，$a_z=\dfrac{\mathrm{d}v_z}{\mathrm{d}t}=\dfrac{\mathrm{d}^2z}{\mathrm{d}t^2}$ 分别是加速度矢量在 X、Y、Z 轴方向上的分量.

下面我们应用以上概念，具体讨论运动学中两类重要问题.

（1）已知运动方程，求质点的速度和加速度. 这类问题只需按公式 $\boldsymbol{v}=\dfrac{\mathrm{d}\boldsymbol{r}}{\mathrm{d}t}$ 和 $\boldsymbol{a}=\dfrac{\mathrm{d}\boldsymbol{v}}{\mathrm{d}t}=$

$\frac{d^2\boldsymbol{r}}{dt^2}$求解，将已知的位矢函数 $\boldsymbol{r}(t)$ 对时间求导即可.

［例 2.5.1］ 已知一质点做二维平面运动，其运动方程为

$$\begin{cases} x=t^2 \\ y=\frac{t^6}{320} \end{cases} \text{（SI 制）}$$

求：(1) 轨迹方程；

(2) 位矢 $\boldsymbol{r}$；

(3) 2 s 到 4 s 之间的位移 $\Delta\boldsymbol{r}$；

(4) 2 s 到 4 s 之间的平均速度 $\overline{\boldsymbol{v}}$；

(5) 2 s、4 s 时的速度 $\boldsymbol{v}_2$、$\boldsymbol{v}_4$；

(6) 2 s、4 s 时的加速度 $\boldsymbol{a}_2$、$\boldsymbol{a}_4$.

解：(1) 由运动方程消去时间参数 t，得到轨迹方程为 $y=\frac{x^3}{320}$；

(2) 位矢 $\boldsymbol{r}=x\boldsymbol{i}+y\boldsymbol{j}=t^2\boldsymbol{i}+\frac{t^6}{320}\boldsymbol{j}$（SI 制）；

(3) 2 s 到 4 s 之间的位移 $\Delta\boldsymbol{r}=\boldsymbol{r}|_{t=4}-\boldsymbol{r}|_{t=2}=12\boldsymbol{i}+12.6\boldsymbol{j}$ m；

(4) 2 s 到 4 s 之间的平均速度 $\overline{\boldsymbol{v}}=\frac{\Delta\boldsymbol{r}}{\Delta t}=6\boldsymbol{i}+6.3\boldsymbol{j}$ m/s；

(5) 速度 $\boldsymbol{v}=\frac{d\boldsymbol{r}}{dt}=2t\boldsymbol{i}+\frac{3t^5}{160}\boldsymbol{j}$，

所以

$$\boldsymbol{v}_2=4\boldsymbol{i}+0.6\boldsymbol{j}\ \text{m/s},\ \boldsymbol{v}_4=8\boldsymbol{i}+19.2\boldsymbol{j}\ \text{m/s}$$

(6) 加速度 $\boldsymbol{a}=\frac{d\boldsymbol{v}}{dt}=2\boldsymbol{i}+\frac{3t^4}{32}\boldsymbol{j}$，

所以

$$\boldsymbol{a}_2=2\boldsymbol{i}+1.5\boldsymbol{j}\ \text{m/s}^2,\ \boldsymbol{a}_4=2\boldsymbol{i}+24\boldsymbol{j}\ \text{m/s}^2$$

在这部分，有一类问题要分析物体运动的速度和加速度，但如果直接从速度、加速度入手，问题就很复杂，而题中几何关系非常明确，简单地列出其几何关系，然后对时间 t 求导，问题就可迎刃而解.

［例 2.5.2］ 湖中有一小船，岸边有人用绳子跨过离水面高 h 的滑轮以匀速 v_0 拉船靠岸，如图 2.5.3 所示，试讨论船的运动情况.

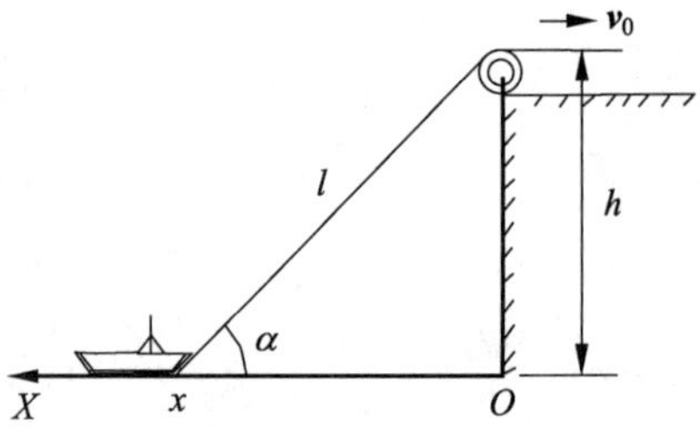

图 2.5.3 例 2.5.2 图

解：建立如图所示的坐标系，很显然，在任意时刻 t 有如下的几何关系：

$$l^2=x^2+h^2$$

对时间 t 求导，有

$$2l\frac{dl}{dt}=2x\frac{dx}{dt}$$

因为$\frac{dl}{dt}=-v_0$，$\frac{dx}{dt}=v$ 为小船的速度，所以

$$-lv_0=xv \qquad ①$$

即

$$v=-\frac{lv_0}{x}=-\frac{\sqrt{h^2+x^2}}{x}v_0=-\frac{v_0}{\cos\alpha}$$

可见，小船的速度为负值，说明方向指向岸，离岸越近，x 越小（α 越大），v 的数值越大.

对①式求导，有

$$-v_0\frac{dl}{dt}=x\frac{dv}{dt}+v\frac{dx}{dt}$$

即

$$-v_0(-v_0)=xa+v^2$$

其中，$a=\frac{dv}{dt}$为小船的加速度，所以

$$a=\frac{v_0^2-v^2}{x}=\frac{v_0^2-\left(\frac{-lv_0}{x}\right)^2}{x}=-\frac{h^2v_0^2}{x^3}$$

可见，小船的加速度为负值，方向也指向岸，同样，离岸越近，x 越小，a 的数值越大.

（2）已知速度函数（或加速度函数）及初始条件（即 $t=0$ 时的初位置、初速度），求质点的运动方程. 这类问题需按公式 $\boldsymbol{v}=\frac{d\boldsymbol{r}}{dt}$和 $\boldsymbol{a}=\frac{d\boldsymbol{v}}{dt}$分离变量，两边积分，再代入初始条件进行积分运算.

［例 2.5.3］ 一质点沿 X 轴做直线运动，其加速度为 $a=6t$，$t=0$ 时质点以 $v_0=12\ \mathrm{m\cdot s^{-1}}$ 的速度通过坐标原点，求该质点的运动方程.

解：由加速度定义 $a=\frac{dv}{dt}$分离变量得

$$dv-a\,dt=6t\,dt$$

两边积分，代入初始条件，有

$$\int_{12}^{v}dv=\int_0^t 6t\,dt$$

则

$$v=12+3t^2$$

再由速度定义 $v=\frac{dx}{dt}$分离变量得

$$dx=v\,dt=(12+3t^2)\,dt,$$

两边积分，代入初始条件，有

$$\int_0^x dx=\int_0^t(12+3t^2)\,dt$$

则

$$x=12t+t^3$$

[例 2.5.4]　一质点沿 X 轴运动，其加速度 $a=-kv^2$，式中，k 为正的常量. 设 $t=0$ 时，$x=0$，$v=v_0$. 求：

(1) v 和 x 作为 t 的函数的表达式；

(2) v 作为 x 的函数的表达式.

解：(1) 因为

$$a=\frac{\mathrm{d}v}{\mathrm{d}t}$$

即

$$\mathrm{d}v=a\,\mathrm{d}t=-kv^2\,\mathrm{d}t$$

分离变量，两边积分，得

$$\int_{v_0}^{v}-\frac{\mathrm{d}v}{kv^2}=\int_0^t\mathrm{d}t$$

所以

$$v=\frac{v_0}{1+v_0kt}$$

又因为 $v=\dfrac{\mathrm{d}x}{\mathrm{d}t}$，即

$$\mathrm{d}x=v\mathrm{d}t=\frac{v_0}{1+v_0kt}\mathrm{d}t$$

两边积分

$$\int_0^x\mathrm{d}x=\int_0^t\frac{v_0}{1+v_0kt}\mathrm{d}t$$

所以

$$x=\frac{1}{k}\ln(1+kv_0t)$$

(2) 因为

$$a=-kv^2=\frac{\mathrm{d}v}{\mathrm{d}t}=\frac{\mathrm{d}v}{\mathrm{d}x}\frac{\mathrm{d}x}{\mathrm{d}t}=v\frac{\mathrm{d}v}{\mathrm{d}x}$$

分离变量，两边积分，得

$$-\int_0^x\mathrm{d}x=\int_{v_0}^{v}\frac{\mathrm{d}v}{kv}$$

所以

$$v=v_0\mathrm{e}^{-kx}$$

或在 $v=v(t)$ 和 $x=x(t)$ 的表达式中消去 t，也可得到 v 与 x 的关系式.

在这类问题中，切不可用中学学习的匀速直线运动和匀加速直线运动的公式进行运算. 这类问题的解答思路在以后的章节学习中也很重要.

2.6　圆周运动

若质点的运动轨迹为一圆，则质点的运动称为圆周运动. 圆周运动是一般曲线运动的一个重要特例，研究圆周运动之后再研究一般曲线运动，则更为方便. 例如，当物体绕某一固定轴转动时，物体上各个点均对轴做圆周运动.

质点做曲线运动时，如果已知运动轨迹，则常采用自然坐标系. 如图 2.6.1 所示，在轨迹上取任一点 P 建立坐标系，其中一根坐标轴沿轨迹切线方向（运动方向），该方向单位矢量用 $\boldsymbol{e}_\mathrm{t}$ 表示；另一根坐标轴沿该点轨迹的法线并指向曲线凹侧，相应单位矢量用 $\boldsymbol{e}_\mathrm{n}$ 表示. 显然，和直角坐标系不同的是，轨迹上各点的自然坐标轴的方向（即 $\boldsymbol{e}_\mathrm{t}$、$\boldsymbol{e}_\mathrm{n}$

的方向)是不断变化的.

如图 2.6.2 所示,质点从 A 点出发沿圆周运动,在任意时刻 t 运动到 P 点,以 P 点与 A 点间轨迹长度 s 来确定质点位置,则

$$s=s(t)$$

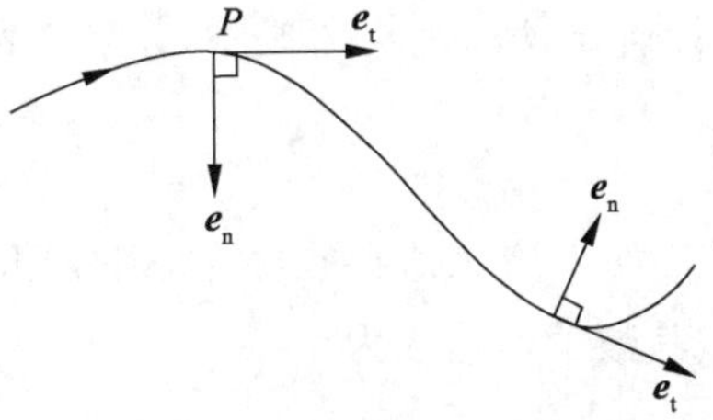

图 2.6.1　任意曲线运动

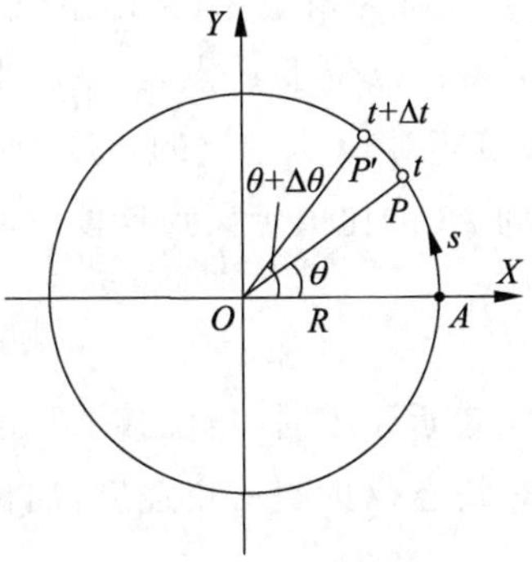

图 2.6.2　圆周运动

质点的速度是沿着轨迹的切线方向的.因此,在自然坐标系中,可将它写成

$$\boldsymbol{v}=v\boldsymbol{e}_t$$

其中,$v=\frac{\mathrm{d}s}{\mathrm{d}t}$为速度的大小,即速率.加速度 $\boldsymbol{a}$ 可由上式对时间求导得出.应该注意,上式右边不仅仅只有速率 v 是变量,由于轨迹上各点的切线方向不同,其单位矢量 $\boldsymbol{e}_t$ 也是个变量,所以

$$\boldsymbol{a}=\frac{\mathrm{d}\boldsymbol{v}}{\mathrm{d}t}=\frac{\mathrm{d}(v\boldsymbol{e}_t)}{\mathrm{d}t}=\frac{\mathrm{d}v}{\mathrm{d}t}\boldsymbol{e}_t+v\frac{\mathrm{d}\boldsymbol{e}_t}{\mathrm{d}t}$$

可以证明$\frac{\mathrm{d}\boldsymbol{e}_t}{\mathrm{d}t}=\frac{v}{R}\boldsymbol{e}_n$(证明略),所以

$$\boldsymbol{a}=\frac{\mathrm{d}v}{\mathrm{d}t}\boldsymbol{e}_t+\frac{v^2}{R}\boldsymbol{e}_n=a_t\boldsymbol{e}_t+a_n\boldsymbol{e}_n \tag{2.6.1}$$

由此可见,圆周运动的加速度可分解为相互正交的切向分量即切向加速度 $a_t=\frac{\mathrm{d}v}{\mathrm{d}t}$和法向分量即法向加速度 $a_n=\frac{v^2}{R}$.前者表示质点速率变化的快慢,后者表示质点速度方向变化的快慢.

如果质点做匀速圆周运动,那么$\frac{\mathrm{d}v}{\mathrm{d}t}=0$,于是 $a_t=0$,这时质点只有法向加速度 $a_n=\frac{v^2}{R}$,即速度只改变方向而不改变大小.

最后指出,以上有关圆周运动中加速度的讨论及其结果,对任何平面上的曲线运动也都是适用的.但要注意,与匀速圆周运动中的恒定半径 R 不同,对于任意平面上的曲线运动,在计算式中要用 ρ 代替 R,ρ 是曲线在该点的曲率半径.一般来说,曲线上各点的曲

率中心和曲率半径是不同的，但法向加速度 $\boldsymbol{a}_n$ 处处指向曲率中心.

质点做圆周运动，也常用角位移、角速度和角加速度等角量来描述. 如图 2.6.2 所示，由于质点与圆心 O 的距离 R 保持不变，所以可在圆周平面上取一通过圆心的直线 OA 作为固定参考轴，用 OP 与 OA 轴之间的夹角 θ 来描述 t 时刻质点所处的位置(图中的 P 点)，角 θ 称为角坐标，又称角位置.

设 t 时刻质点位于 P 点，经 Δt 时间质点到达 P' 点(角坐标为 $\theta'=\theta+\Delta\theta$)，即在 Δt 时间内，质点相对 O 点转过的角度为 $\Delta\theta$，称 $\Delta\theta$ 为质点对圆心 O 的角位移. 角位移 $\Delta\theta$ 与经历的时间 Δt 的比值定义为这段时间内质点对圆心 O 的平均角速度，其数学表达式为

$$\overline{\omega}=\frac{\Delta\theta}{\Delta t}$$

显然，当 Δt 趋近于零时，角位移 $\Delta\theta$ 也趋近于零. 如果该比值存在极限，则极限表示质点在 t 时刻对圆心 O 的瞬时角速度，简称角速度，其数学表达式为

$$\omega=\lim_{\Delta t\to 0}\overline{\omega}=\lim_{\Delta t\to 0}\frac{\Delta\theta}{\Delta t}=\frac{\mathrm{d}\theta}{\mathrm{d}t} \tag{2.6.2}$$

即质点对圆心 O 的角速度等于角位置对时间的一阶导数. 通常规定，当质点沿逆时针方向运动时，角速度 ω 取为正值，反之取为负值.

设质点在某一时刻 t 的角速度为 ω，经 Δt 时间后，角速度变为 ω'，Δt 时间内角速度的增量为 $\Delta\omega=\omega'-\omega$. 角速度增量 $\Delta\omega$ 与经历时间 Δt 之比定义为这段时间内质点对圆心 O 的平均角加速度，其数学表达式为

$$\overline{\alpha}=\frac{\Delta\omega}{\Delta t}$$

当 Δt 趋近于零时，$\Delta\omega$ 也趋近于零. 如果该比值存在极限，则极限表示质点在 t 时刻对圆心 O 的瞬时角加速度，简称角加速度，其数学表达式为

$$\alpha=\lim_{\Delta t\to 0}\overline{\alpha}=\lim_{\Delta t\to 0}\frac{\Delta\omega}{\Delta t}=\frac{\mathrm{d}\omega}{\mathrm{d}t}=\frac{\mathrm{d}^2\theta}{\mathrm{d}t^2} \tag{2.6.3}$$

即质点对圆心 O 的角加速度等于角速度对时间的一阶导数，或角位置对时间的二阶导数.

质点做匀速圆周运动时，角速度 ω 是常量，角加速度 α 为零；质点做变速圆周运动时，角速度 ω 不是常量，角加速度也可能不是常量，如果角加速度 α 为常量，这就是匀变速圆周运动.

现将直线运动和圆周运动的一些公式列于表 2.6.1 中进行对照，以作参考.

表 2.6.1　直线运动和圆周运动公式对照

直线运动	圆周运动
位置 x，位移 Δx	角位置 θ，角位移 $\Delta\theta$
速度 $v=\frac{\mathrm{d}x}{\mathrm{d}t}$	角速度 $\omega=\frac{\mathrm{d}\theta}{\mathrm{d}t}$
加速度 $a=\frac{\mathrm{d}v}{\mathrm{d}t}=\frac{\mathrm{d}^2x}{\mathrm{d}t^2}$	角加速度 $\alpha=\frac{\mathrm{d}\omega}{\mathrm{d}t}=\frac{\mathrm{d}^2\theta}{\mathrm{d}t^2}$

续表

直线运动	圆周运动
匀速直线运动 $x=x_0+vt$	匀速圆周运动 $\theta=\theta_0+\omega t$
匀变速直线运动$x=x_0+v_0t+\frac{1}{2}at^2$ $v=v_0+at$ $v^2=v_0^2+2a(x-x_0)$	匀变速圆周运动$\theta=\theta_0+\omega_0t+\frac{1}{2}\alpha t^2$ $\omega=\omega_0+\alpha t$ $\omega^2=\omega_0^2+2\alpha(\theta-\theta_0)$

质点做圆周运动时，我们可以用线量，也可以用角量来描述运动，两者存在一定的关系，现推导如下(见图 2.6.2)：

因为

$$s=R\theta$$

对时间 t 求导，有

$$\frac{\mathrm{d}s}{\mathrm{d}t}=R\,\frac{\mathrm{d}\theta}{\mathrm{d}t}$$

即

$$v=R\omega \tag{2.6.4}$$

将上式再对时间 t 求导，有

$$\frac{\mathrm{d}v}{\mathrm{d}t}=R\,\frac{\mathrm{d}\omega}{\mathrm{d}t}$$

即

$$a_{\mathrm{t}}=R\alpha \tag{2.6.5}$$

以上三式为线量和角量之间的关系，左边为线量，右边为角量. 另外，还有

$$a_{\mathrm{n}}=\frac{v^2}{R}=R\omega^2 \tag{2.6.6}$$

[例 2.6.1]　一质点沿半径 $R=0.10$ m 的圆周运动，其角位置 $\theta=2+4t^3$ (SI 制). 求：

(1) 在 $t=2$ s 时，它的切向加速度和法向加速度各是多少？

(2) 当切向加速度的大小恰是总加速度大小的一半时，θ 的值是多少？

解：(1) 根据质点做圆周运动的角速度和角加速度定义，有

$$\omega=\frac{\mathrm{d}\theta}{\mathrm{d}t}=12t^2$$

$$\alpha=\frac{\mathrm{d}\omega}{\mathrm{d}t}=24t$$

所以，切向加速度和法向加速度分别为

$$a_{\mathrm{t}}=R\alpha=2.4t,\ a_{\mathrm{t}}\big|_{t=2}=2.4\times2=4.8\ \mathrm{m\cdot s^{-2}}$$

$$a_{\mathrm{n}}=R\omega^2=14.4t^4,\ a_{\mathrm{n}}\big|_{t=2}=14.4\times2^4=230.4\ \mathrm{m\cdot s^{-2}}$$

(2) 根据题意,有

$$\frac{a_t}{a}=\frac{1}{2}$$

即

$$\frac{a_t}{\sqrt{a_t^2+a_n^2}}=\frac{1}{2}$$

亦即

$$\frac{2.4t}{\sqrt{(2.4t)^2+(14.4t^4)^2}}=\frac{1}{2}$$

求得

$$t^3=\frac{1}{2\sqrt{3}}$$

将 $t^3=\frac{1}{2\sqrt{3}}$ 代入 $\theta=2+4t^3$,得

$$\theta=2+4\times\frac{1}{2\sqrt{3}}\approx 3.15\ \text{rad}$$

[例 2.6.2] 一飞轮边缘上一点所经过的路程与时间的关系为 $s=v_0t-\frac{bt^2}{2}$.其中,v_0、b 都是正的常量,已知飞轮的半径为 R.求:

(1) 该点在任意时刻 t 的加速度?

(2) t 为何值时,该点的切向加速度与法向加速度的大小相等?

解:(1) 由题意可得,该点的速率为

$$v=\frac{\mathrm{d}s}{\mathrm{d}t}=\frac{\mathrm{d}}{\mathrm{d}t}\left(v_0t-\frac{bt^2}{2}\right)=v_0-bt$$

为了求该点的加速度,应分别求出该点的切向加速度和法向加速度.

切向加速度为

$$a_t=\frac{\mathrm{d}v}{\mathrm{d}t}=\frac{\mathrm{d}}{\mathrm{d}t}(v_0-bt)=-b$$

由以上两式可知,虽然速率随时间变化,但切向加速度 a_t 为常量,可见该点做匀变速圆周运动.

法向加速度为

$$a_n=\frac{v^2}{R}=\frac{(v_0-bt)^2}{R}$$

所以加速度为

$$\boldsymbol{a}=a_t\boldsymbol{e}_t+a_n\boldsymbol{e}_n=-b\boldsymbol{e}_t+\frac{(v_0-bt)^2}{R}\boldsymbol{e}_n$$

(2) 由题意知,切向加速度和法向加速度的大小相等,即有

$$b=\frac{(v_0-bt)^2}{R}$$

所以

$$t=\frac{v_0-\sqrt{bR}}{b}$$

[**例 2.6.3**]　一飞轮受摩擦力矩作用，在做减速转动过程中，其角加速度与角位置 θ 成正比，比例系数为 $k(k>0)$，且 $t=0$ 时，$\theta_0=0$，$\omega=\omega_0$. 求：

(1) 角速度作为 θ 的函数的表达式；

(2) 最大角位移.

解：(1) 依题意，有

$$\alpha=-k\theta$$

因为

$$\alpha=\frac{d\omega}{dt}$$

所以

$$\alpha=-k\theta=\frac{d\omega}{dt}$$

而上式中有三个变量 θ、ω、t，题中所求为 ω 和 θ 之函数关系，所以必须根据 ω 之定义，消去变量 t，即

$$\alpha=-k\theta=\frac{d\omega}{dt}=\frac{d\omega}{d\theta}\frac{d\theta}{dt}=\frac{d\omega}{d\theta}\omega$$

分离变量，两边积分，有

$$\int_0^\theta -k\theta\,d\theta=\int_{\omega_0}^{\omega}\omega\,d\omega$$

所以

$$\omega=\sqrt{\omega_0^2-k\theta^2}\quad（取正值）$$

(2) 最大角位移发生在 $\omega=0$ 时，令上式

$$\omega=\sqrt{\omega_0^2-k\theta^2}=0$$

则

$$\theta=\frac{\omega_0}{\sqrt{k}}\quad（只能取正值）$$

2.7　抛体运动

先观察一个实验，如图 2.7.1 所示. A、B 两个相同的小球，静止在高度相同的水平面上，当用小锤打击弹簧片时，A 球可释放自由落下，同时 B 球沿水平方向飞出. 实验证明，不论两球原来的共同高度如何，也不论 B 球飞出的速度如何，A、B 两球总是同时落地. B 球除了在竖直方向上运动外，还在水平方向上运动，但水平方向的运动并未影响竖直方向的运动. 由此可见，B 球的抛体运动，正是这两种运动的叠加结果.

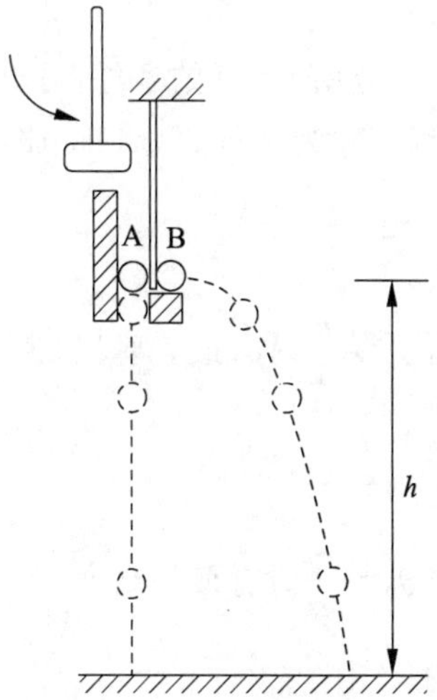

图 2.7.1　运动叠加原理

大量客观事实表明，任何一个方向的运动，都不会因其他方向运动是否存在而受到影响；或者说，一个运动可以看成由几个各自独立进行的运动叠加而成，这个结论称为运动叠加原理或运动独立性原理.

根据这条原理,可将两个独立进行的直线运动叠加成一个曲线运动;反之,一个曲线运动可以分解为两个各自独立进行的相互垂直的直线运动.但应注意,两个各自独立进行的直线运动叠加成一个曲线运动,结果是唯一的,但反过来结果不一定是唯一的.如果限定分解为两个独立进行的相互垂直的直线运动,那么结果也是唯一的.所以,当分解曲线运动为直线运动时,总是分解成相互垂直的两个直线运动,习惯上称这种分解为正交分解.

现在运用运动叠加原理来分析竖直平面内的抛体运动.抛体运动的一般情形是斜抛运动,如图 2.7.2 所示.这里将斜抛运动看成由水平方向的匀速直线运动和竖直方向的匀变速直线运动叠加而成.以地面为参考系,将坐标原点建立在抛物点.水平方向及竖直方向的运动方程为

$$\left.\begin{aligned} x&=(v_0\cos\theta_0)t \\ y&=(v_0\sin\theta_0)t-\frac{1}{2}gt^2 \end{aligned}\right\} \tag{2.7.1}$$

联立两式消去时间 t,可得轨迹方程,即

$$y=(\tan\theta_0)x-\frac{g}{2(v_0\cos\theta_0)^2}x^2 \tag{2.7.2}$$

式中,v_0、θ_0 和 g 都是常量.式(2.7.2)为抛物线方程.

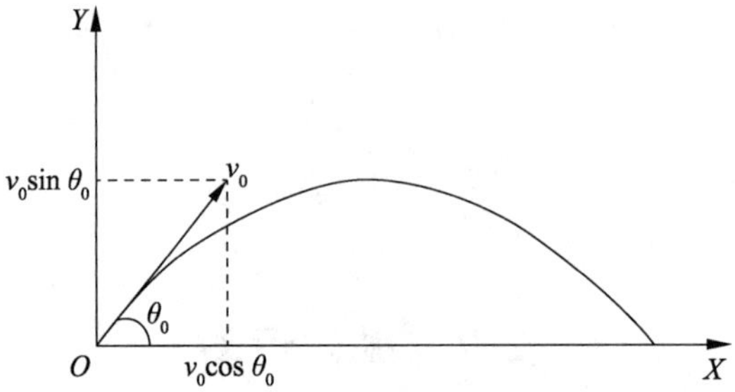

图 2.7.2 斜抛运动

应用 $y=0$ 的条件,可求得质点上升到最高点后返回到与抛出点同一高度所经历的时间(称为飞行的总时间)即

$$t=\frac{2v_0\sin\theta_0}{g}$$

当 $\theta_0=\frac{\pi}{4}$ 时有最大射程,为

$$R_{\rm m}=\frac{v_0^2}{g}$$

当 $\theta_0=\frac{\pi}{2}$ 时有最大高度,为

$$H_{\rm m}=\frac{v_0^2}{2g}$$

［例 2.7.1］　以速度 v_0 平抛一小球，不计空气阻力，求 t 时刻小球的切向加速度大小 a_t、法向加速度大小 a_n 和轨迹的曲率半径 ρ.

解：由图 2.7.3 可知

$$a_t=g\sin\theta=g\frac{v_y}{v}=g\frac{gt}{\sqrt{(gt)^2+v_0^2}}=\frac{g^2t}{\sqrt{v_0^2+g^2t^2}}$$

$$a_n=g\cos\theta=g\frac{v_x}{v}=\frac{gv_0}{\sqrt{v_0^2+g^2t^2}}$$

又因为
$$a_n=\frac{v^2}{\rho}$$

所以
$$\rho=\frac{v^2}{a_n}=\frac{v_0^2+(gt)^2}{\dfrac{gv_0}{\sqrt{v_0^2+(gt)^2}}}=\frac{(v_0^2+g^2t^2)^{\frac{3}{2}}}{gv_0}$$

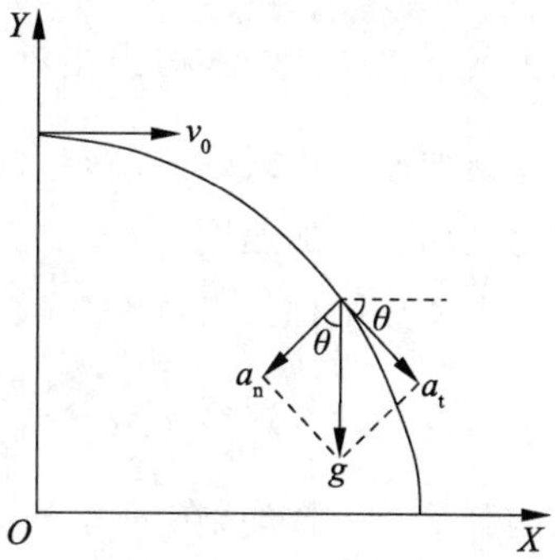

图 2.7.3　例 2.7.1 图

2.8　相对运动

前面已经指出，选用不同的参考系对同一物体运动进行描述，结果是不同的，即运动的描述是相对的. 本节讨论在不同参考系中质点的速度、加速度的变换关系，这是一个具有实际意义的问题.

如图 2.8.1 所示，K′为相对于 K 系运动的参考系，设质点在 t 时刻位于 P 点，相对于 K 系的位矢为 $\boldsymbol{r}_{PO}$，相对于 K′系的位矢为 $\boldsymbol{r}_{PO'}$，O'点相对于 O 点的位矢为 $\boldsymbol{r}_{O'O}$，根据矢量合成法则，有

$$\boldsymbol{r}_{PO}=\boldsymbol{r}_{PO'}+\boldsymbol{r}_{O'O}$$

等式两边对时间 t 求导，得

$$\frac{\mathrm{d}\boldsymbol{r}_{PO}}{\mathrm{d}t}=\frac{\mathrm{d}\boldsymbol{r}_{PO'}}{\mathrm{d}t}+\frac{\mathrm{d}\boldsymbol{r}_{O'O}}{\mathrm{d}t}$$

则
$$\boldsymbol{v}_{PO}=\boldsymbol{v}_{PO'}+\boldsymbol{v}_{O'O} \tag{2.8.1}$$

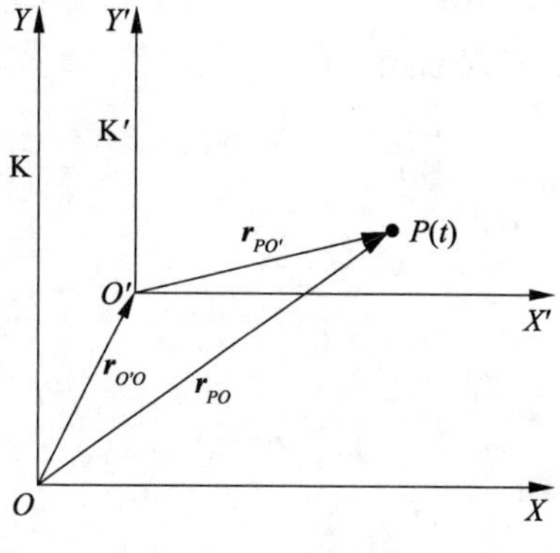

图 2.8.1　相对运动

其中，$\boldsymbol{v}_{PO}=\dfrac{\mathrm{d}\boldsymbol{r}_{PO}}{\mathrm{d}t}$是 P 点相对于 K 系的速度（称为绝对速度），$\boldsymbol{v}_{PO'}=\dfrac{\mathrm{d}\boldsymbol{r}_{PO'}}{\mathrm{d}t}$是 P 点相对于 K′系的速度（称为相对速度），而 $\boldsymbol{v}_{O'O}=\dfrac{\mathrm{d}\boldsymbol{r}_{O'O}}{\mathrm{d}t}$是 K′系相对于 K 系的速度（称为牵连速度）. 式(2.8.1)可叙述为：绝对速度等于相对速度加牵连速度. 这就是速度的合成法则.

再将式(2.8.1)两边对时间 t 求导，得

$$\frac{\mathrm{d}\boldsymbol{v}_{PO}}{\mathrm{d}t}=\frac{\mathrm{d}\boldsymbol{v}_{PO'}}{\mathrm{d}t}+\frac{\mathrm{d}\boldsymbol{v}_{O'O}}{\mathrm{d}t}$$

则
$$\boldsymbol{a}_{PO}=\boldsymbol{a}_{PO'}+\boldsymbol{a}_{O'O} \tag{2.8.2}$$

其中，$\boldsymbol{a}_{PO}=\frac{\mathrm{d}\boldsymbol{v}_{PO}}{\mathrm{d}t}$是 P 点相对于 K 系的加速度（称为绝对加速度），$\boldsymbol{a}_{PO'}=\frac{\mathrm{d}\boldsymbol{v}_{PO'}}{\mathrm{d}t}$是 P 点相对于 K′系的加速度（称为相对加速度），而 $\boldsymbol{a}_{O'O}=\frac{\mathrm{d}\boldsymbol{v}_{O'O}}{\mathrm{d}t}$是 K′系相对于 K 系的加速度（称为牵连加速度）. 式(2.8.2)是加速度的合成法则，表明质点运动的绝对加速度等于相对加速度加牵连加速度.

上述法则称为伽利略变换，适用于任意两参考系之间. 在上述变换中，我们理所当然地认为 $\mathrm{d}t=\mathrm{d}t'$，这样 $\boldsymbol{v}_{PO'}=\frac{\mathrm{d}\boldsymbol{r}_{PO'}}{\mathrm{d}t'}=\frac{\mathrm{d}\boldsymbol{r}_{PO'}}{\mathrm{d}t}$，也就是说，在 K 系和 K′系中，时间间隔或者时间的测量是一样的，在 K 系和 K′系中可以共享一个时钟计时. 这一点在狭义相对论（即 K′系相对于 K 系的运动速度 $\boldsymbol{v}$ 的大小接近于真空中的光速 $c=3\times10^8\ \mathrm{m\cdot s^{-1}}$ 时）中受到了挑战，并且证明是不正确的.

[例 2.8.1] 某人以 4 km/h 的速度向东行进时，感觉风从正北吹来，如果将速度增加一倍，则感觉风从东北方向吹来，求相对于地面的风速和风向.

解：根据题意，$\boldsymbol{v}_{人地}=4$ km/h，$\boldsymbol{v}'_{人地}=8$ km/h，方向向东. 而人感觉的风为 $\boldsymbol{v}_{风人}$，开始时向南，后来向西南，所求 $\boldsymbol{v}_{风地}$应该不变.

因为
$$\boldsymbol{v}_{风地}=\boldsymbol{v}_{风人}+\boldsymbol{v}_{人地}$$
所以作出图 2.8.2 所示的矢量图，从图中显然可分析出 $\boldsymbol{v}_{风地}=4\sqrt{2}$ km/h，方向为西北风，指向东南方向.

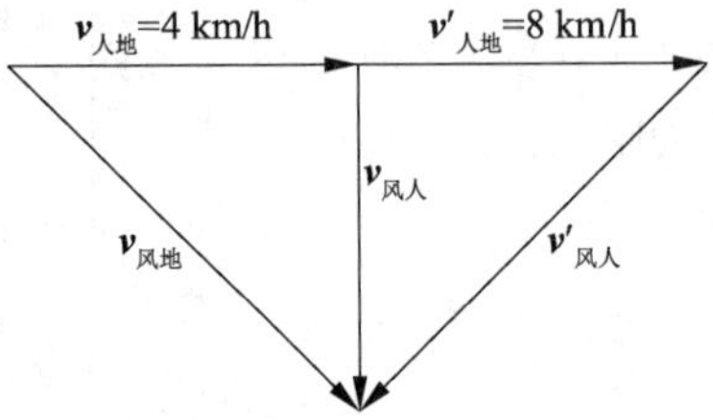

图 2.8.2　例 2.8.1 图

2.9　相对论简述

爱因斯坦创立的相对论是 20 世纪物理学最伟大的成就之一. 狭义相对论指出了物理定律对一切惯性参考系是等价的，揭示了空间与时间的内在联系、质量和能量的内在联系. 这个理论不仅由大量实验所证实，而且已经成为近代科学技术不可缺少的理论基础. 它从根本上改变了传统的时间、空间观念，建立了崭新的时空观.

2.9.1　相对论基本原理

1905 年 6 月，爱因斯坦完成了他的第一篇狭义相对论论文，指出对力学方程适用的一切坐标系对于电动力学和光学的定律也一样适用；同时，他还引入光速不变原理，与相对性原理共同作为狭义相对论的两条基本原理. 这两条原理表述如下：

(1) 相对性原理：在一切惯性参考系中，各种物理学的规律都是相同的，即在惯性系内，不能通过物理实验来判断该惯性系是静止还是匀速直线运动.

(2) 光速不变原理：在彼此相对做匀速直线运动的任一惯性参考系中，所测得的光在真空中的传播速度都是相等的.

第一条原理也称为爱因斯坦相对性原理，它表明物理规律在所有惯性系都是相同的，一切惯性系都是等价的. 这一原理是力学相对性原理的推广，使相对性原理不仅适用于力学现象，而且也适用于电磁现象以及所有物理现象.

第二条光速不变原理，表明在任何惯性系中光在真空中传播的速率都相等，或者说光速与光源和观察者的相对运动无关. 这一结论来自电动力学的成果，它也为很多精确的实验和观察所证实，特别是为著名的迈克耳逊—莫雷实验所证实. 正是在这两条原理的基础上，爱因斯坦建立起一套完整的理论——狭义相对论，从而把物理学推进到一个新的阶段.

2.9.2　同时的相对性

按照经典力学，相对于一个惯性系在不同地点同时发生的两个事件，对于另一个与之有相对运动的惯性系来说也是同时发生的. 相对论指出：在一个惯性系中不同地点同时发生的两个事件，在另一个与之有相对运动的惯性系中来看，这两个事件并不是同时发生的，同时的概念是相对的.

为了说明同时的相对性，爱因斯坦设想了一个理想实验，假设有一列很长的火车以速度 u 向右匀速行驶，轨道 A、B 两处同时受到雷击(见图 2.9.1). 所谓同时，就是在 A 处和 B 处所发出的光在 AB 这段距离的中点 M 相遇. 轨道上的 A、B 两点对应于火车上的 A' 和 B' 点，令 M' 为火车上 $A'B'$ 这段距离的中点，则正当雷击闪光发生的时候，M' 点自然与 M 点重合，但是 M' 点以火车的速度 u 向右匀速运动，对于列车上位于中点 M' 的观察者来说，由于他朝着来自 B 的光线急速行进，同时他又在来自 A 的光线的前方向前行进，由于光速 c 不变，因此这个观察者将先看见 B 处发出的光线[见图 2.9.1(b)]，后看见 A 处发出的光线[见图 2.9.1(c)]. 于是，对于列车上的观察者就必然得出这样的结论：B 处的闪光先于 A 处. 这就是说，对于地面参考系同时的事件，对于列车参考系不是同时的，事件的同时性因参考系的选择而异，这就是“同时”的相对性.

如果在轨道上 A、B 两点发生闪光的一刹那，另有一列火车以速度 $-u$ 向左行驶，则用同样的分析可知，这列列车上的观察者必然得出结论：A 处的闪光先于 B 处.

分析上述两种情况可以得出一个结论：沿两个惯性系相对运动方向不同地点发生的两个事件，在其中一个惯性系中表现为同时的，在另一个惯性系中观察，则是沿该惯性系运动方向一侧的事件先发生.

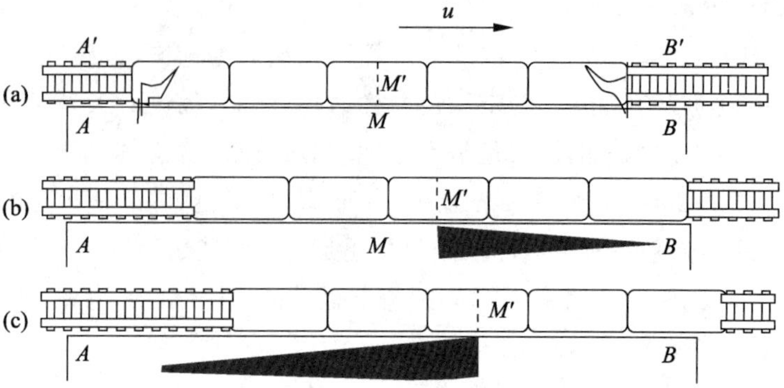

图 2.9.1 同时的相对性

2.9.3 时间延缓效应

下面讨论时间量度和参考系相对速度之间的关系. 如图 2.9.2 所示，两个参考系 S 和 S′的坐标轴分别平行，而且 X 轴和 X'轴重合在一起. S′系相对于 S 系沿 X 轴正方向以速度 u 运动. 设在 S′系中 A'点有一闪光光源，它的近旁有一只钟 C′，在平行于 Y'轴方向离 A'距离为 d 处放置反射镜 M′，如图 2.9.2(a)所示. 此时，光从 A'发出再返回 A'的过程中，C′钟走过的时间为

$$\Delta t' = \frac{2d}{c} \tag{2.9.1}$$

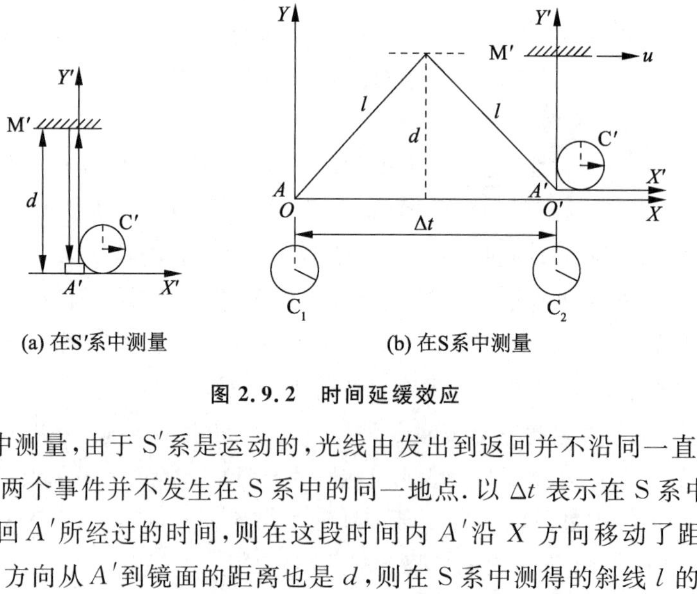

(a) 在S′系中测量　　(b) 在S系中测量

图 2.9.2 时间延缓效应

若在 S 系中测量，由于 S′系是运动的，光线由发出到返回并不沿同一直线进行，而是沿一条折线，这两个事件并不发生在 S 系中的同一地点. 以 Δt 表示在 S 系中测得的闪光由 A 发出到返回 A'所经过的时间，则在这段时间内 A'沿 X 方向移动了距离 $u\Delta t$. 在 S 系中测量，沿 Y 方向从 A'到镜面的距离也是 d，则在 S 系中测得的斜线 l 的长度为

$$l = \sqrt{d^2 + \left(\frac{u\Delta t}{2}\right)^2} \tag{2.9.2}$$

由于光速 c 不变，所以有

$$\Delta t = \frac{2l}{c} = \frac{2}{c}\sqrt{d^2 + \left(\frac{u\Delta t}{2}\right)^2}$$

由此式解出

$$\Delta t=\frac{\frac{2d}{c}}{\sqrt{1-(u^2/c^2)}}$$

将其和式(2.9.1)比较可得

$$\Delta t=\frac{\Delta t'}{\sqrt{1-(u^2/c^2)}} \tag{2.9.3}$$

式中，$\Delta t'$是在 S′系中发生在同一地点的两个事件之间的时间间隔，是用静止于此参考系中的一只钟测出的，称之为原时. 由式(2.9.3)可知，由于$\sqrt{1-(u^2/c^2)}<1$，故 $\Delta t'<\Delta t$，即原时最短. 原时又称为当地时或固有时，用 τ_0 表示. S 系中的 Δt 是在不同地点测得的两事件之间的时间间隔，是用静止于此参考系中的两只钟测出的，称为两地时(又称运动时间)，用 τ 表示，它比原时长. 两者的关系为

$$\tau=\frac{\tau_0}{\sqrt{1-(u^2/c^2)}} \tag{2.9.4}$$

对于原时最短的现象，如果用钟走的快慢来说明，就是 S 系中的观察者把相对于他运动的那只 S′系中的钟和自己的许多同步钟对比，发现 S′系中的那只钟慢了. 运动的钟比静止的钟走得慢的这种效应叫作时间延缓效应或钟慢效应.

注意，这里所说的钟应该是标准钟，把它们放在一起应该走得一样快. 时间延缓不是由于钟出了问题，而是在 S 系中的观察者看来，相对他运动的 S′系中的时间节奏变慢了，S′系中的一切物理过程、化学过程，甚至生命过程都按同一因子变慢了，然而在运动参考系里的人认为一切正常，并不感到周围的一切变得缓慢. 还必须指出的是，时间延缓效应是一种相对效应. 在地面上的人看来，高速宇宙飞船里的钟变慢了，而宇宙飞船里的宇航员看地面站里的钟也比自己的慢.

由式(2.9.4)还可以看出，当 $u\ll c$ 时，$\sqrt{1-(u^2/c^2)}\approx 1$，$\tau=\tau_0$. 在这种情况下，钟慢效应是完全可以忽略的，但在参考系之间相对运动速度接近光速时，这种效应就变得显著了. 在高能物理领域里，此效应得到大量实验的证实.

［例 2.9.1］ μ 子是一种不稳定的粒子，在其静止的参考系中观察，它的平均寿命为 $\Delta t'=2\times10^{-6}$ s，之后就衰变为电子和中微子. 宇宙线在大气层上产生的 μ 子的速度为 $u=0.998c$，μ 子可穿透 9000 m 厚的大气层到达地面实验室. 请理论计算这与实验观测结果是否一致？

解：如果用平均寿命 $\Delta t'=2\times10^{-6}$ s 和速率 u 相乘，得

$$0.998\times3\times10^8\times2\times10^{-6}\ \text{m}=598.8\ \text{m}$$

这和实验观测结果明显不符. 若考虑相对论钟慢效应，且 $\Delta t'$是一个原时，它等于静止 μ 子的平均寿命，那么以地面为参考系时 μ 子的“运动寿命”为

$$\Delta t=\frac{\Delta t'}{\sqrt{1-(u^2/c^2)}}=\frac{2\times10^{-6}}{\sqrt{1-0.998^2}}=3.17\times10^{-5}\ \mathrm{s}$$

μ 子在这段时间通过的平均距离为

$$u\Delta t=0.998\times3\times10^8\times3.17\times10^{-5}\approx9491\ \mathrm{m}$$

所以 μ 子可以穿过大气层到达地球表面. 这与实验观测结果很好地相符.

2.9.4 长度缩短效应

以上讨论的是时间的相对性问题，下面讨论空间长度的相对性，即同一物体在不同的参考系中测得的长度之间的关系. 通常，在某个参考系内，一个静止物体的长度可以由一个静止的观测者用尺去测量，但要测量一个运动物体的长度就不能用这样的办法了. 合理的办法是：测量它的两端点在同一时刻的位置之间的距离. 根据爱因斯坦的观点，既然同时是相对的，那么长度的测量也必定是相对的. 如图 2.9.3 所示，有两个参考系 S 和 S′，一根棒 $A'B'$ 固定在 X' 轴上，在 S′系中测得它的长度为 l'. 为了求出它在 S 系中的长度 l，我们假想在 S 系中某一时刻 B' 在 x_1 处，在其后的 $t_1+\Delta t$ 时刻 A' 经过 x_1 处. 由于棒的运动速度为 u，在 $t_1+\Delta t$ 时刻 B' 端的位置一定在 $x_2=x_1+u\Delta t$ 处. 根据上面的分析，在 S 系中棒长 l 就应该是

$$l=x_2-x_1=u\Delta t \tag{2.9.5}$$

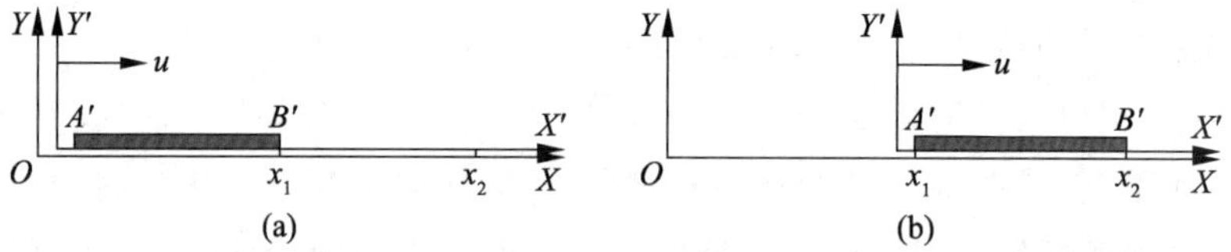

图 2.9.3 长度缩短效应(1)

现在再看 Δt，它是 B' 端和 A' 端相继通过 x_1 点这两个事件之间的时间间隔. 由于 x_1 是 S 系中一个固定地点，所以 Δt 是这两个事件之间的原时.

从 S′系看来，棒是静止的，由于 S 系向左运动，x_1 这一点相继经过 B' 端和 A' 端(见图 2.9.4). 由于棒长为 l'，所以 x_1 经过 B' 端和 A' 端这两个事件之间的时间间隔 $\Delta t'$ 在 S′系中测量为

$$\Delta t'=\frac{l'}{u} \tag{2.9.6}$$

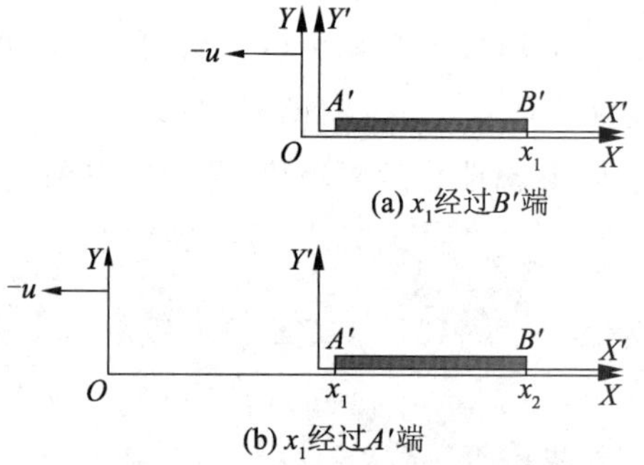

图 2.9.4 长度缩短效应(2)

现在再看 $\Delta t'$，它是不同地点先后发生的两个事件的时间间隔，它是两地时，根据原时和两地时的关系有

$$\Delta t=\Delta t'\sqrt{1-(u^2/c^2)}=\frac{l'}{u}\sqrt{1-(u^2/c^2)}$$

将此式代入式(2.9.5)即可得

$$l=l'\sqrt{1-(u^2/c^2)} \tag{2.9.7}$$

式中，l'是棒静止时测得的长度，称为棒的静长或原长，用 l_0 表示. 上式表示，原长最长. 测量棒沿着运动方向的长度时，棒的长度缩短，这种效应叫作长度缩短效应. 用 l 表示运动棒的长度，有

$$l=l_0\sqrt{1-(u^2/c^2)} \tag{2.9.8}$$

应该指出的是，长度缩短效应只发生在棒的长度方向和 u 平行的情况下，若棒的长度方向和 u 垂直，则没有长度缩短效应，即 $l=l_0$.

［例 2.9.2］　带正电的 π 介子是一种不稳定的粒子，衰变后为一个 μ 子和一个中微子. 今产生一种 π 介子，在实验室测得它的速度为 $u=0.99c$，它在衰变前通过的平均距离为 $l_0=52$ m，求 π 介子在其静止的参考系中的平均寿命 $\Delta t'$.

解：从 π 介子参考系看来，实验室以速度 $-u$ 运动，实验室中测得的距离 l_0 为原长. 在 π 介子参考系中测量此距离，应为

$$l=l_0\sqrt{1-(u^2/c^2)}=52\times\sqrt{1-0.99^2}=7.3\ \text{m}$$

而 π 介子在实验室飞过这一段距离所用的时间为

$$\Delta t'=l/u=7.3/0.99c=2.5\times10^{-8}\ \text{s}$$

这就是静止 π 介子的平均寿命.

2.9.5　洛伦兹时空坐标变换

现在我们来讨论一个事件的时间和空间坐标在不同惯性系之间的变换关系. 以前所讲的伽利略变换式是建立在绝对时空观基础之上的，只适用于牛顿力学. 下面我们根据爱因斯坦的相对论时空观导出相对论的时空坐标变换关系.

设有两个惯性参考系 S 和 S′如图 2.9.5(a)所示，S′系以速度 u 相对于 S 系运动，原点 O、O'在 $t=t'=0$ 时重合. 设某时刻在 X 和 X'轴上的 P 点发生一事件，在 S 系中测量，P 点的坐标 x 应等于此时刻两原点之间的距离 ut 加上 $Y'O'Z'$平面到 P 点的 X 方向的距离. 但后一距离在 S 系中测量，其数值不再等于 x'，根据长度缩短效应，应等于 $x'\sqrt{1-(u^2/c^2)}$，因此在 S 系中测量的结果应为

$$x=ut+x'\sqrt{1-(u^2/c^2)} \tag{2.9.9}$$

从式(2.9.9)中可将 x'解出，即

$$x'=\frac{x-ut}{\sqrt{1-(u^2/c^2)}} \tag{2.9.10}$$

在 S′系中的测量如图 2.9.5(b)所示，P 点的坐标 x'应等于 YOZ 平面到 P 点的 X 方向的距离 $x\sqrt{1-(u^2/c^2)}$减去两原点之间的距离 ut'，于是有

$$x'=x\sqrt{1-(u^2/c^2)}-ut' \tag{2.9.11}$$

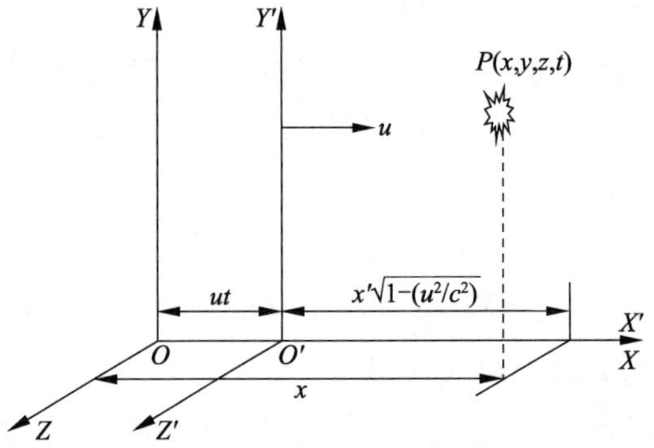

(a) 在S系中测量

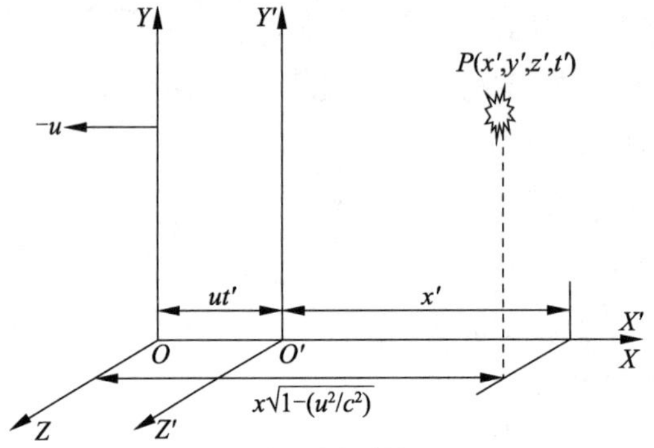

(b) 在S′系中测量

图 2.9.5 洛伦兹时空坐标变换

将式(2.9.10)代入式(2.9.11)的左端，化简后得

$$t'=\frac{t-(ux/c^2)}{\sqrt{1-(u^2/c^2)}} \tag{2.9.12}$$

如果 P 点不在 X、X' 轴上，则由于垂直方向长度不变，即有 $y'=y$，$z'=z$. 综上所述，我们得到从 S 系到 S′系空间、时间坐标的变换关系如下：

$$\left.\begin{aligned} x'&=\frac{x-ut}{\sqrt{1-(u^2/c^2)}}\\ y'&=y\\ z'&=z\\ t'&=\frac{t-(ux/c^2)}{\sqrt{1-(u^2/c^2)}}\end{aligned}\right\} \tag{2.9.13}$$

上式称为洛伦兹变换式. 可以明显地看出，当 $u\ll c$ 时，洛伦兹变换式就过渡到牛顿力学中的伽利略变换式.

与伽利略变换相比，洛伦兹变换中的时间坐标明显地和空间坐标有关. 这说明在相对论时空观中时间、空间的测量不能互相分离，它们联系成一个整体. 因此，在相对论中常把一个事件发生时的位置和时刻联系起来，称为事件的时空坐标.

若把式(2.9.13)里的 u 换为 $-u$，将带撇的量和不带撇的量对调，就得到从 S′系到 S 系的逆变换关系如下：

$$\left.\begin{aligned} x&=\frac{x'+ut'}{\sqrt{1-(u^2/c^2)}}\\ y&=y'\\ z&=z'\\ t&=\frac{t'+(ux'/c^2)}{\sqrt{1-(u^2/c^2)}} \end{aligned}\right\} \tag{2.9.14}$$

这里应当指出，在式(2.9.13)中，$t=0$ 时，$x'=x\Big/\sqrt{1-(u^2/c^2)}$. 如果 $u\geqslant c$，则对于各 x'值将只能以无穷大值或虚数值和它对应. 这显然是没有物理意义的，因而两参考系的相对速度不可能等于或大于光速. 由于参考系总是借助于一定的物体(或物体组)而确定，所以也可以说，根据狭义相对论的基本假设，任何物体的速度不能等于或大于真空中的光速，即光速 c 是一个实际物体运动速度的极限.

[例 2.9.3]　设北京和上海直线相距 1000 km. 在某一时刻从两地同时各开出一列火车. 现有一艘飞船沿北京到上海的方向直线飞行，速率恒为 $u=9$ km/s. 求宇航员测得的两列火车开出时刻的间隔，哪一列火车先开出？

解：取地面为 S 系，坐标原点设在北京，从北京到上海的方向为 x 轴正方向，北京和上海的位置坐标分别是 x_1 和 x_2. 现已知 $\Delta x=x_2-x_1=10^6$ m. 两列火车开出的时间间隔是 $\Delta t=t_2-t_1=0$. 取飞船为 S′系，飞船速率 u 与光速 c 之比 $\dfrac{u}{c}=\dfrac{9\times10^3}{3\times10^8}=3\times10^{-5}$. 因 $\dfrac{u}{c}\ll1$，$\dfrac{1}{\sqrt{1-(u^2/c^2)}}\approx1$. 若以 t_1'和 t_2'分别表示在飞船上测得的从北京发车的时刻和从上海发车的时刻，则由洛伦兹变换可知

$$\begin{aligned}\Delta t'&=\frac{\Delta t-\dfrac{u}{c^2}\Delta x}{\sqrt{1-(u^2/c^2)}}\approx-\frac{u}{c^2}\Delta x\\ &=-\frac{3\times10^{-5}\times10^6}{3\times10^8}\\ &=-10^{-7}\ \text{s}\end{aligned}$$

亦即 $t_2'-t_1'=-10^{-7}$ s. 这就是说，飞船上的宇航员发现从上海发车的时刻比从北京发车的时刻早 10^{-7} s.

有关狭义相对论的速度变换及动力学内容这里不再讨论，有兴趣的读者可参阅相关参考书.

思考题

2-1 有人说:“分子很小,可将其当作质点;地球很大,不能当作质点.”对吗?

2-2 在参考系一定的条件下,质点运动的初始条件的具体形式是否与计时起点和坐标系的选择有关?

2-3 质点做直线运动,平均速度公式 $\overline{v}=(v_{初}+v_{末})/2$ 永远成立吗?

2-4 “瞬时速度就是很短时间内的平均速度.”这一说法是否正确?我们是否能够按照瞬时速度的定义通过实验测量瞬时速度.

2-5 一物体具有恒定的速率,但仍有变化的速度,是否可能?一物体具有恒定的速度,但仍有变化的速率,是否可能?

2-6 分析以下三种说法是否正确:

(1) 运动物体的加速度越大,物体的速度也越大;

(2) 物体在直线上向前运动时,若物体向前的加速度减小了,则物体前进的速度也随之减小;

(3) 物体加速度的值很大时,物体速度的值可以不变.

2-7 对于抛体运动,就发射角 $-\pi<\alpha<0$、$\alpha=0$、$\alpha=\pi$ 和 $\alpha=\pm\frac{\pi}{2}$ 这几种情况,说明它们各代表何种运动.

2-8 试分析抛体运动各中间阶段速度和加速度的方向.速率在哪里最大、哪里最小?法向加速度、切向加速度和总加速度呢?

2-9 质点做曲线运动时,速度方向沿着轨迹上质点所在处的什么方向?加速度总是指向曲线的什么方向?

2-10 质点做圆周运动时,加速度可分解为两个正交分量,法向分量 $a_n=v^2/R$ 由速度的什么变化引起?切向分量 $a_t=dv/dt$ 由速度的什么变化引起?

2-11 你能说明经典力学的相对性原理与狭义相对论的相对性原理之间的主要区别吗?

2-12 两飞船 A、B 都沿地面参考系的 x 方向运动,速度分别为 $\boldsymbol{v}_1$ 和 $\boldsymbol{v}_2$,由飞船 A 向飞船 B 发射一束光,该光束相对于飞船 A 的速度为 c,则它相对于飞船 B 的速度为多少?

2-13 如何正确理解同时的相对性?

2-14 太阳参考系中有两个相同的时钟,现分别放在地球和火星上,如果略去星体的自转影响,只考虑其轨道效应,那么哪个钟走得较慢?

2-15 假设有一辆行驶速度接近光速 c 的火车,请问地面观测者观测到车轮的形状还是圆的吗?

习题

2-1　一质点沿 y 轴方向运动，它在任一时刻 t 的位置由式 $y=5t^2+10$ 给出，式中 t 以“s”计，y 以“m”计. 计算下列各段时间内质点的平均速度的大小：

(1) 2 s 到 3 s；

(2) 2 s 到 2.1 s；

(3) 2 s 到 2.001 s；

(4) 2 s 到 2.0001 s.

2-2　一质点沿 Ox 轴运动，其运动方程为 $x=3-5t+6t^2$，式中 t 以“s”计，x 以“m”计. 试求：

(1) 质点的初始位置和初始速度；

(2) 质点在任一时刻的速度和加速度；

(3) 作出 $x-t$ 图像和 $v-t$ 图像；

(4) 证明质点做匀加速直线运动.

2-3　一质点做直线运动，其瞬时加速度的变化规律为 $a=-A\omega^2\cos\omega t$，在 $t=0$ 时，$v_x=0$，$x=A$，其中 A、ω 均为正的常量，求此质点的运动学方程.

2-4　一同步卫星在地球赤道平面内运动，建立地心参考系，以地心为坐标原点，以赤道平面为 XOY 平面. 已知同步卫星的运动函数可写成 $x=R\cos\omega t$，$y=R\sin\omega t$.

(1) 求卫星的运动轨迹以及任一时刻它的位矢、速度和加速度；

(2) 以 $R=4.23\times10^4$ km，$\omega=7.27\times10^{-5}\ \mathrm{s^{-1}}$ 计算卫星的速率和加速度的大小.

2-5　在同一竖直线上相隔 h 的两点以同样的速率 v_0 上抛两石子，但在高处的石子先抛出 t_0 秒，求两石子何时于何处相遇？

2-6　湖中有一小船，岸边有人用绳子跨过一高处的滑轮拉船，如图所示. 当人拉绳的速度大小为 u 时，问：

(1) 船的运动速度 v(沿水平方向)比 u 大还是小？

(2) 如果保持绳的速度 u 不变，求小船向岸边移动的加速度.

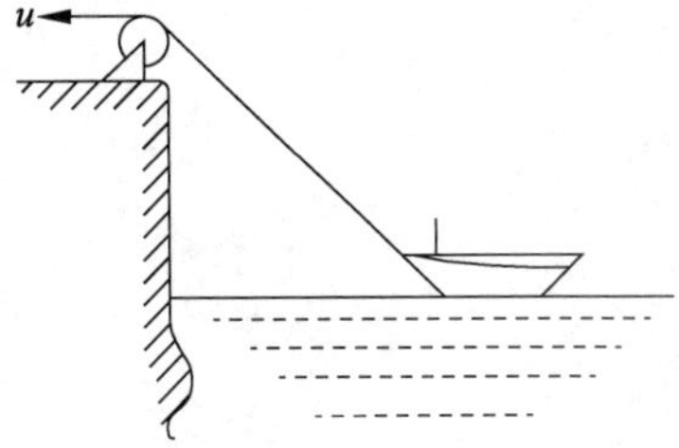

习题 2-6 图

2-7　迫击炮的发射角为 60°，发射速率为 150 $\mathrm{m\cdot s^{-1}}$，炮弹击中倾角为 30°的山坡上的目标，发射点在山脚下. 求弹着点到发射点的距离.

2-8　一人骑摩托车跳过一个大坑，如图所示. 它以与水平成 30°角的初速度 10 $\mathrm{m\cdot s^{-1}}$ 从西边起跳，准确地落在坑的东边. 已知东边比西边低 10 m，忽略空气阻力且取 $g=10\ \mathrm{m\cdot s^{-2}}$，问：

(1) 坑有多宽？他跳跃的时间多长？

(2) 他在东边落地时速度多大？

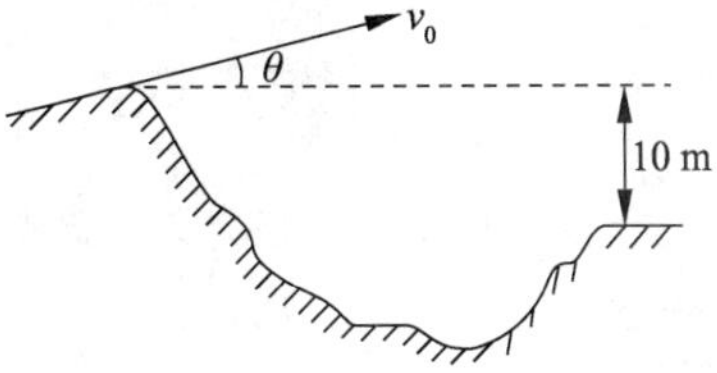

习题 2-8 图

2-9　质点 P 在水平面内沿一半径为 $R=2$ m 的圆轨道转动，转动角速度 ω 与时间 t 的函数关系为 $\omega=kt^2$. 已知 $t=2$ s 时，质点 P 的速率为 16 m·s^{-1}，试求 $t=1$ s 时，质点 P 的速率与加速度的大小.

2-10　一质点沿半径为 0.2 m 的圆周运动，其角位移随时间的变化规律是 $\theta=6+5t^2$(SI 制). 试计算在 $t=2$ s 时，质点的法向加速度 a_n 和切向加速度 a_t.

2-11　一艘宇宙飞船的固有长度为 90 m，相对于地面以 $v=0.8c$（c 为真空中的光速）的速度在观测站上空飞过. 问：

(1) 观测站测得飞船的长度为多少？

(2) 观测站测得飞船经过观测站的时间间隔为多少？

(3) 宇航员测得飞船经过观测站的时间间隔为多少？

2-12　在 S 系中观测到在同一地点发生两个事件，第二事件发生在第一事件之后 2 s，在 S′ 系中观测到第二事件在第一事件后 3 s 发生. 求在 S′ 系中这两个事件的空间距离.

2-13　在 S 系中观测到两个事件同时发生在 X 轴上，其间距是 1 m，在 S' 系中观测这两个事件之间的距离是 2 m，求在 S′ 系中这两个事件的时间间隔.

第 3 章　力与运动

在上一章中，我们介绍了运动学基础，学习了如何描述物体的机械运动. 本章将开始研究动力学问题，即研究物体间的相互作用，以及由此引起的物体运动状态变化的规律. 牛顿运动定律是经典力学的基础. 牛顿集前人有关力学的实验和理论研究之大成，特别是汲取了伽利略的研究成果，1687 年他的名著《自然哲学的数学原理》的出版，标志着经典力学体系的确立.

3.1　牛顿第一定律与惯性

任何物体都要保持其静止或匀速直线运动的状态，直到外力使它改变这种运动状态为止. 这就是牛顿第一定律，用数学表达式表示为

$$\boldsymbol{F}=0\text{ 时}，\boldsymbol{v}=\text{常矢量}\quad（\text{如静止，则 }\boldsymbol{v}=0）$$

牛顿第一定律指明了任何物体都具有惯性，第一定律又被叫作惯性定律. 所谓惯性，就是物体所具有的保持其原有运动状态不变的特性.

牛顿第一定律确定了力的含义. 力是使物体运动状态发生变化（得到加速度）的原因. 历史上曾认为力是维持速度的原因，那是错误的. 例如，小车在人力的推动下匀速运动，从表面上看，小车之所以匀速运动似乎是由推力作用维持的，但稍作推敲便发现，小车匀速运动正是作用在小车上的水平推力与地面对小车的阻力恰好平衡的结果，事实上，小车在前进方向所受的合力是为零的. 所以说，力是改变速度的原因，而非维持速度的原因.

3.2　牛顿第二定律

物体受到外力作用时，物体所获得的加速度的大小与作用在物体上的合外力的大小成正比，与物体的质量成反比，加速度的方向与合外力的方向相同，数学表达式为

$$\boldsymbol{F}=m\boldsymbol{a} \tag{3.2.1}$$

牛顿第二定律揭示了物体的质量、物体所受的外力及物体所获得的加速度之间的关系，所说的物体指的是质点，不能被当作质点的物体将在刚体力学中研究. 对于给定的物体，物体获得的加速度与合外力大小成正比，即 $a\propto F$. 这就是说，作用在物体上的合外力

愈大，物体获得的加速度就愈大；作用在物体上的合外力愈小，物体获得的加速度就愈小，这就给予力的作用效果以定量的含义. 同时它还指出，当相同的外力作用于不同的物体时，物体获得的加速度大小与其质量成反比，即 $a\propto\frac{1}{m}$. 这就是说，当外力恒定时，质量愈小的物体获得的加速度愈大，而质量愈大的物体获得的加速度愈小，这就在质量与运动状态改变的难易程度之间确立了定量关系. 因此说，质量是物体惯性大小的量度. 牛顿第二定律中的质量也常被称为惯性质量.

牛顿第二定律具有矢量性、瞬时性和叠加性.

矢量性是指力是矢量，加速度是矢量，加速度 $\boldsymbol{a}$ 的方向总是和合外力 $\boldsymbol{F}$ 的方向一致.

瞬时性是指合外力和加速度同时产生、同时消失、同时变化. 若某个时刻物体所受的合外力为零，则相应时刻的加速度为零；若某个时刻物体所受的合外力不为零，则相应时刻加速度也不为零；若物体受到恒定合外力的作用，则物体的加速度必定恒定，即做匀变速运动.

叠加性是指加速度 $\boldsymbol{a}$、外力 $\boldsymbol{F}$ 均服从叠加原理，即几个力同时作用在一个物体上时，所产生的加速度应等于每个力单独作用时所产生的加速度的矢量叠加——力的叠加原理或独立性原理.

在直角坐标系中可将牛顿第二定律列成分量式，即

$$\left.\begin{aligned}F_x&=ma_x\\F_y&=ma_y\\F_z&=ma_z\end{aligned}\right\}\tag{3.2.2}$$

其中，F_x、F_y、F_z 分别表示合外力 $\boldsymbol{F}$ 在 x、y、z 轴方向的分量，a_x、a_y、a_z 分别表示加速度 $\boldsymbol{a}$ 在 x、y、z 轴方向的分量.

在自然坐标系中，采用法向分量和切向分量形式表示牛顿第二定律，即

$$\left.\begin{aligned}F_{\mathrm{n}}&=ma_{\mathrm{n}}=m\frac{v^2}{\rho}\\F_{\mathrm{t}}&=ma_{\mathrm{t}}=m\frac{\mathrm{d}v}{\mathrm{d}t}\end{aligned}\right\}\tag{3.2.3}$$

其中，F_{n}、F_{t} 分别表示合外力 $\boldsymbol{F}$ 在法向、切向的分量. 匀速圆周运动时，上式中的 $\rho=R$.

3.3 牛顿第三定律

当 A 物体以力 $\boldsymbol{F}_1$ 作用于 B 物体上时，B 物体也必定同时以力 $\boldsymbol{F}_2$ 作用于 A 物体上，$\boldsymbol{F}_1$ 和 $\boldsymbol{F}_2$ 大小相等、方向相反，作用在同一直线上，如图 3.3.1 所示. 这就是牛顿第三定律. 如果把其中一个力称为作用力，那么另一个力就称为反作用力. 由牛顿

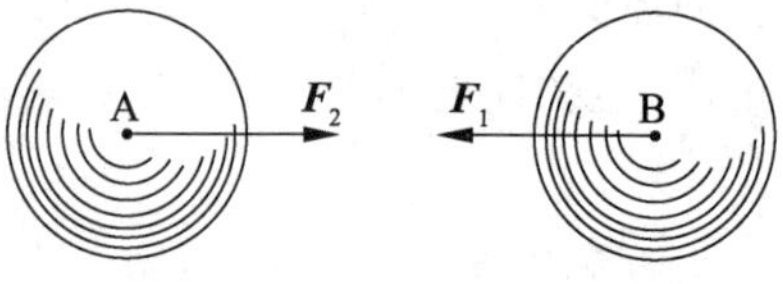

图 3.3.1　作用力和反作用力

第三定律可知，物体间的作用力总是成对出现的. 存在作用力的同时，必定存在反作用力；作用力消失的同时，反作用力也必然消失. 而且，作用力和反作用力不论在哪一时刻，它们一定在同一直线上，大小相等、方向相反，但由于这两个力分别作用于两个物体上，因此不会相互抵消.

作用力和反作用力一定属于同一性质的力. 如果作用力是弹性力（如正压力、张力），则反作用力也必定是弹性力（如正压力、张力）；如果作用力是万有引力，则反作用力也必定是万有引力；如果作用力是摩擦力，则反作用力也必定是摩擦力. 此外，牛顿第三定律与参考系的选择无关，也即力是个绝对的量，无论选取怎样的参考系，作用力和反作用力不变.

最后应当指出，牛顿的三条运动定律之间存在着紧密的联系. 第一定律和第二定律分别定性和定量地阐述了一个物体机械运动状态的变化与其他物体对这个物体的作用力之间的关系；第三定律阐明引起物体运动状态变化的物体间的作用力具有成对的性质，并指出这种相互作用的定量关系. 另外，第二定律侧重说明一个特定的物体，第三定律侧重说明物体之间的相互联系和相互制约的关系.

3.4　几种常见的力

在应用牛顿运动定律解决动力学问题时，首先遇到的是力的问题，只有将物体的受力分析清楚，才能把运动定律正确运用到所研究的问题上. 为此，下面简要介绍力学中常见的力.

3.4.1　万有引力及重力

万有引力是存在于一切物体之间的相互吸引力. 万有引力遵循的规律由牛顿总结为万有引力定律：任何两个质点都相互吸引，引力的大小与它们的质量的乘积成正比，与它们的距离的二次方成反比，力的方向沿两质点的连线方向.

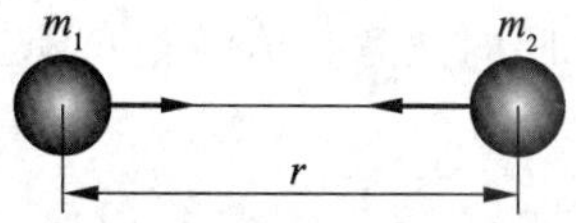

图 3.4.1　两质点间的万有引力

设有两个质量分别为 m_1、m_2 的质点，两者的距离为 r，如图 3.4.1 所示，则 m_1 施于 m_2 的万有引力 $\boldsymbol{F}$ 的大小由下式给出：

$$F=G\,\frac{m_1 m_2}{r^2} \tag{3.4.1}$$

式中，G 为引力常量，在一般计算时取 $G=6.67\times10^{-11}\ \mathrm{N\cdot m^2\cdot kg^{-2}}$.

地球表面附近的物体都受到地球的吸引作用，这种因地球的吸引而使物体受到的力叫作重力. 在只有重力作用的情况下，任何物体产生的加速度都是重力加速度 g. 重力的方向和重力加速度的方向都是竖直向下的. 你能根据式(3.4.1)求出地球表面附近的重力加速度大小吗?

3.4.2　弹性力

在外力作用下，物体改变形状（即发生形变）时，物体内部就产生一种反抗力，企图恢复物体原来的形状，这种力叫作弹性力. 最常见的拉、压弹簧时表现出来的力就是弹性力. 通常我们所说的绳子中的张力,也是由于绳子被拉伸一个微小形变引起的,因此本质上也是弹性力.仅当绳子没有加速度或被假定为没有质量时,绳中各点张力才相等.在两物体相互接触时,垂直于接触面的正压力也是由于接触面表面微小形变引起的,本质上也是弹性力.

实验表明,在弹性限度内,弹簧产生的弹性力与弹性形变(拉伸量或压缩量)成正比,即

$$F=-kx \tag{3.4.2}$$

式中,k 是弹簧的劲度系数,表示使弹簧产生单位长度的形变所需施加的力的大小,它与弹簧的材料和形状有关.

3.4.3 摩擦力

摩擦力是当相互接触的物体做相对运动或有相对运动的趋势时产生的,摩擦力的方向永远沿着接触面的切线方向,并且阻碍相对运动(趋势)的发生.

当两个相互接触的物体沿接触面相对运动时,在接触面上产生的一对阻碍相对运动的力,称为滑动摩擦力.实验表明,滑动摩擦力 F_f 与接触面上的正压力 F_N 成正比,即

$$F_f=\mu F_N \tag{3.4.3}$$

式中,μ 称为滑动摩擦因数,既与两物体的材料和表面情况(粗糙程度、干湿程度)有关,又与物体的相对运动有关.在大多数情况下,μ 随速度的增大而减小,最后达到某一稳定值.

当两个相互接触的物体在外力作用下有相对运动趋势时,在接触面上产生的一对阻碍相对运动趋势的力,称为静摩擦力.它的大小随着外力的增大而增大,物体即将开始运动时的静摩擦力最大,称为最大静摩擦力,以 $F_{f\max}$ 表示.因此,静摩擦力可取 0 到 $F_{f\max}$ 之间的任意数值.实验表明,最大静摩擦力 $F_{f\max}$ 与接触面上的正压力 F_N 成正比,即

$$F_{f\max}=\mu_0 F_N \tag{3.4.4}$$

式中,μ_0 称为静摩擦因数,其数值也取决于两物体的材料和表面情况.对于给定的一对接触面来说,$\mu<\mu_0$,而且 μ、μ_0 一般都小于 1.

摩擦力也是普遍存在的,并在我们的生活和生产中产生重要作用.在桌面上滑动的物体,由于摩擦力的存在,其运动速度会逐渐减小;机床和车轮的转轴,由于有摩擦力的作用,会逐渐磨损.但是,如果没有摩擦力,我们的一举一动都会变得不可思议.人无法行走,车子无法行驶,即使将车子开动起来也无法使它停止,连吃饭都会变得十分困难.

3.5 牛顿运动定律的应用

应用牛顿运动定律解题的一般步骤可总结如下:

(1) 确定研究对象,隔离物体.在有关的问题中选定一个物体(当成质点)作为研究对象,如果问题涉及几个物体,那就把各个物体分别隔离开来加以分析.

(2) 分析物体受力情况,画出受力图.用牛顿运动定律正确解题的前提就是正确分析各隔离体的受力情况,若分析受力情况不正确,将得到错误的结果.分析受力情况的一般

顺序为：首先，物体受到重力的作用，它的方向竖直向下. 其次，看物体和哪些外界物体接触，只要和一个物体接触，就可能有一个作用力，其方向与两物体的接触面或接触点的切面垂直. 最后，看接触物体之间有无相对滑动或相对滑动的趋势，如有，就可能存在滑动摩擦力和静摩擦力.

(3) 选取参考系，建立坐标系. 牛顿运动定律适用于惯性参考系，一般选取地面作为参考系. 坐标系如果选得好，所列出方程的形式就简单、好解；反之就复杂.

(4) 针对各个隔离出来的物体分别列出其牛顿运动方程(一般列出分量形式)，最后解方程，统一用国际单位制进行数值运算并求得结果，必要时可作讨论.

[例 3.5.1] 一细绳跨过一轴承光滑的定滑轮，绳的两端分别悬有质量为 m_1、m_2 ($m_1<m_2$)的物体，如图 3.5.1 所示. 设滑轮和绳的质量忽略不计，绳子不可伸长. 试求物体的加速度以及绳子的张力、轴承受的力.

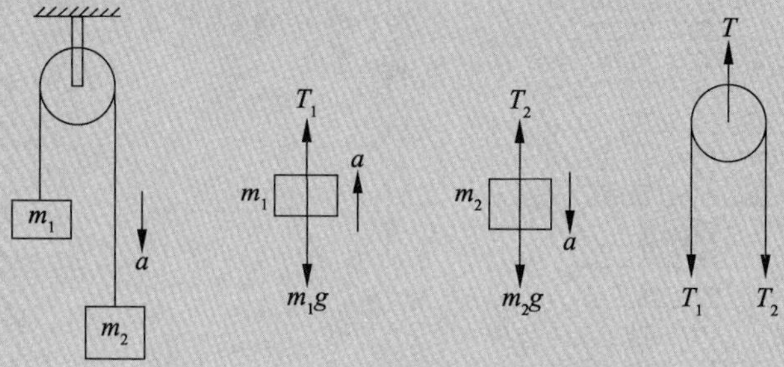

图 3.5.1　例 3.5.1 图

解：将 m_1、m_2 及滑轮分别作为研究对象从系统中隔离出来，受力分析如图，并且以地面作为惯性参考系. 因为绳子不可伸长，所以 m_1、m_2 之加速度相等，设为 a，其方向分别竖直向上及竖直向下(因为 $m_1<m_2$). 对每一个隔离出来的物体列出方程，凡力与加速度方向相同的，该力取为正，反之，则取为负，于是得

对于 m_1　　$T_1-m_1g=m_1a$

对于 m_2　　$m_2g-T_2=m_2a$

对于滑轮　　$T-T_1-T_2=0$

解得物体的加速度为　　$a=\dfrac{m_2-m_1}{m_1+m_2}g$

绳中张力为　　$T_1=T_2=\dfrac{2m_1m_2}{m_1+m_2}g$

轴承受的力为　　$T=\dfrac{4m_1m_2}{m_1+m_2}g<(m_1+m_2)g$

[例 3.5.2] 讨论一小球在水中竖直沉降的速度：已知小球的质量为 m，水对小球的浮力为 F_B，水对小球运动的黏性力大小 $F_R=kv$，方向和 v 相反. 式中，k 是与水的黏性及小球的半径有关的一个常量.

解:先对小球所受的力进行分析:重力 mg 向下;浮力 F_B 向上;黏性力 F_R 向上,如图 3.5.2(a)所示.取向下为正方向,列出小球的运动方程为

$$mg-F_B-F_R=ma$$

即

$$mg-F_B-kv=m\frac{\mathrm{d}v}{\mathrm{d}t}$$

分离变量,两边积分,并假设 $t=0$ 时小球初速度为零.由上式可知,此时加速度有最大值 $g-\frac{F_B}{m}$.当小球速度 v 逐渐增加时,其加速度就逐渐减小,令 $v_T=\frac{mg-F_B}{k}$,则

$$\int_0^v \frac{\mathrm{d}v}{v_T-v}=\int_0^t \frac{k}{m}\mathrm{d}t$$

所以

$$v=v_T(1-\mathrm{e}^{-\frac{k}{m}t})$$

即小球沉降速度 v 随 t 变化的函数关系式,函数图像如图 3.5.2(b)所示.

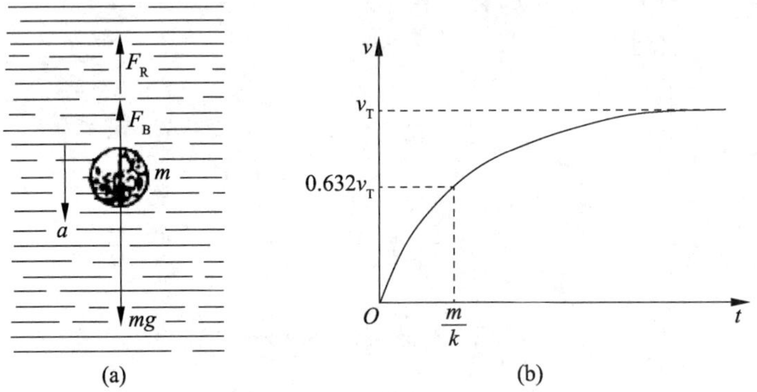

图 3.5.2 例 3.5.2 图

由上式可知,当 $t\to\infty$时,$v\to v_T$;而当 $t=\frac{m}{k}$时,$v=v_T\left(1-\frac{1}{\mathrm{e}}\right)=0.632v_T$.所以只要 $t\gg\frac{m}{k}$ 成立,就可以认为 $v=v_T$.我们把 v_T 叫作极限速度,它是小球沉降所能达到的最大速度,也就是说,当沉降时间符合 $t\gg\frac{m}{k}$条件时,小球即以极限速度匀速沉降.因小球在黏性介质中的沉降速度与小球半径有关,所以可以利用不同大小的小球有不同沉降速度的事实来分离不同大小的球形微粒.

所有物体在气体或液体中降落都存在类似情况,物体密度越大,它沉降时的极限速度就越大.典型例子如下:雨滴极限速度为 7.6 $\mathrm{m\cdot s^{-1}}$;烟粒极限速度为 10^{-3} $\mathrm{m\cdot s^{-1}}$;人极限速度为 7.6 $\mathrm{m\cdot s^{-1}}$.

思考题

3-1　在"马拉车、车拉马"的问题中,马拉车的作用力等于车拉马的作用力,且方向

相反，为何车能前进？

3-2　人坐在车上推车，怎么也推不动，但坐在轮椅上的人却能让车前进. 为什么？

3-3　一根线的上端固定，下端系一重物，重物下面再系一同样的线，如果用一力拉下面的线，若很缓慢地增加拉力，则上面的线易断；若突然猛拉下面的线，则下面的线易断，而上面的线依然完好，试说明其道理.

3-4　试分析下面的表述是否正确：

(1) 质点受到的合力越大，则其速度亦越大，反之亦然；

(2) 不管质点所受的合力如何，只要该合力与质点速度垂直，则质点做匀速圆周运动；

(3) 起重机起升重物，开始起动时，重物加速上升，绳的拉力大于重物的重力，$F_T > G$；然后重物匀速上升，F_T 仍比 G 大一点；当 $F_T = G$ 时，重物开始减速直至静止.

3-5　在一条绳子的中间挂一小物体 m，两手用力拉紧绳子的两端，问用多大的力才能将绳子拉成水平状态？

3-6　一辆车沿弯曲公路运动，试问作用在车辆上的力的方向指向道路外侧，还是指向道路内侧？

3-7　一轻绳跨过一定滑轮，两端各系一重物，重物的质量分别为 m_1 和 m_2，且 $m_1 > m_2$（滑轮质量及一切摩擦均不计），此时系统的加速度大小为 a，今用一竖直向下的恒力 $F = m_1 g$ 代替 m_1，系统的加速度大小为 a'，试比较 a 和 a' 的大小.

习题

3-1　为了确定一个物体与一块木板之间的静摩擦因数和滑动摩擦因数，可以把物体放在木板上，渐渐地抬高板的一端，当板的倾角达到 30°时，物体开始滑动，并恰好在 4 s 内滑过 4 m 的距离，试由这些数据确定这两个系数.

3-2　如图所示，物体 A、B 放在光滑的水平桌面上，已知物体 B 的质量是物体 A 的 2 倍，作用力 F_1 的大小是 F_2 的 4 倍. 求 A、B 两物体之间的相互作用力.

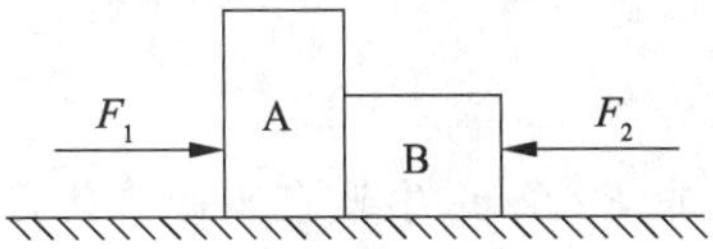

习题 3-2 图

3-3　在环形围墙内壁进行飞车表演，车在内壁上沿半径为 R 的水平圆周运动，设墙壁与竖直方向夹角为 θ，问车速为多大时才能适宜做这种表演？

3-4　光滑水平面上放一光滑斜块，其斜面与水平面的夹角为 α，质量为 m_2，现将物体 m_1 放在斜块上并用绳子拴在立柱上，如图所示. 问斜块在水平面上以多大加速度运动时：(1) 斜块对 m_1 的支持力等于零；(2) 绳子拉力等于零.

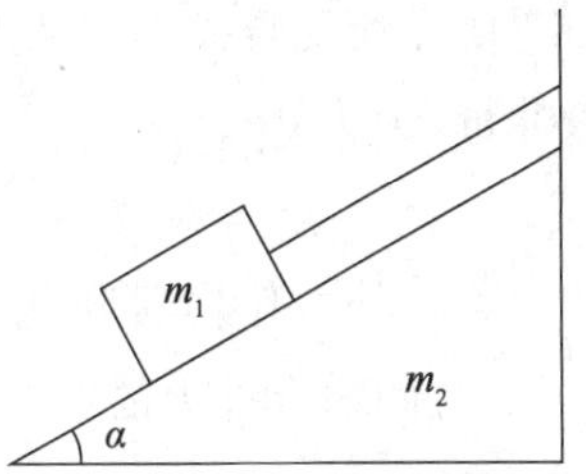

习题 3-4 图

第 4 章　冲量与动量

牛顿运动定律反映了力的瞬时效应，即物体所受的外力与物体运动状态变化的瞬时关系．第 4 章和第 5 章将在此基础上，研究物体的过程问题，从而认识和确立运动的守恒定律．一般来说，对于质点和质点系统内发生的各种过程中，如果某物理量始终保持不变，就称该物理量为守恒量．本书中我们着重讨论动量守恒、角动量守恒和能量守恒．由宏观现象总结出的这几个守恒定律在微观世界已经过严格检验，证明它们同样适用．它们不仅适用于任何物理过程，也适用于化学、生物等其他过程．自然界中至今还没有发现违反它们的事例．可以说，守恒定律是自然界最深刻、最简单的陈述，它比物理学中其他定律更基本．

第 4 章讨论作用力对物体产生的时间累积效应；第 5 章讨论作用力对物体产生的空间累积效应．

4.1　冲量与动量

一个有趣而常被忽视的历史事实是，牛顿在其名著《自然哲学的数学原理》中对力学基本定律的表述为

$$\boldsymbol{F}=\frac{\mathrm{d}(m\boldsymbol{v})}{\mathrm{d}t} \tag{4.1.1}$$

而非 $\boldsymbol{F}=m\boldsymbol{a}$，牛顿在定律中提出运动概念，他把物体的质量和速度矢量之积定义为“运动”，即 $\boldsymbol{p}=m\boldsymbol{v}$，现称为动量．牛顿第二定律的微分形式为

$$\boldsymbol{F}\mathrm{d}t=\mathrm{d}\boldsymbol{p}=\mathrm{d}(m\boldsymbol{v})$$

质点所受合外力 $\boldsymbol{F}$ 在时间 $\mathrm{d}t$ 内的积累量 $\boldsymbol{F}\mathrm{d}t$ 称为质点在 $\mathrm{d}t$ 时间内所受合外力的微冲量，记为 $\mathrm{d}\boldsymbol{I}$，则

$$\mathrm{d}\boldsymbol{I}=\boldsymbol{F}\mathrm{d}t$$

若合外力作用时间从 $t_0\rightarrow t$，相应的动量从 $\boldsymbol{p}_0\rightarrow\boldsymbol{p}$（若 m 不变，则为 $m\boldsymbol{v}_0\rightarrow m\boldsymbol{v}$），则 $t_0\rightarrow t$ 时间内合外力的冲量为

$$\boldsymbol{I}=\int\mathrm{d}\boldsymbol{I}=\int_{t_0}^{t}\boldsymbol{F}\mathrm{d}t=\int_{\boldsymbol{p}_0}^{\boldsymbol{p}}\mathrm{d}\boldsymbol{p}=\Delta\boldsymbol{p}=\boldsymbol{p}-\boldsymbol{p}_0=m\boldsymbol{v}-m\boldsymbol{v}_0 \tag{4.1.2}$$

上式表明，力对时间的累积效应使物体的 $m\boldsymbol{v}$ 发生了变化，式(4.1.2)就是质点的动

量定理，它表明作用于物体上的合外力的冲量等于物体动量的增量.

下面作几点说明：

(1) 冲量 $\boldsymbol{I}$ 为矢量，对无限小的时间间隔 dt 来说，冲量 $d\boldsymbol{I}=\boldsymbol{F}dt$ 的方向可以认为与外力 $\boldsymbol{F}$ 的方向一致，但是在一段有限时间 $\Delta t=t-t_0$ 内，外力 $\boldsymbol{F}$ 的方向如果随时间改变，冲量的方向就不能取决于某一瞬时的外力的方向，则冲量的方向总是和物体动量增量 $\Delta\boldsymbol{p}=\boldsymbol{p}-\boldsymbol{p}_0$ 的方向相同.

(2) 动量 $\boldsymbol{p}=m\boldsymbol{v}$ 是表征物体运动状态的重要物理量，动量也是矢量，方向与速度方向相同.

(3) 动量定理(4.1.2)式也可以用矢量图表示，如图 4.1.1 所示. 这样的图示方法使一些问题的解决变得简单、方便.

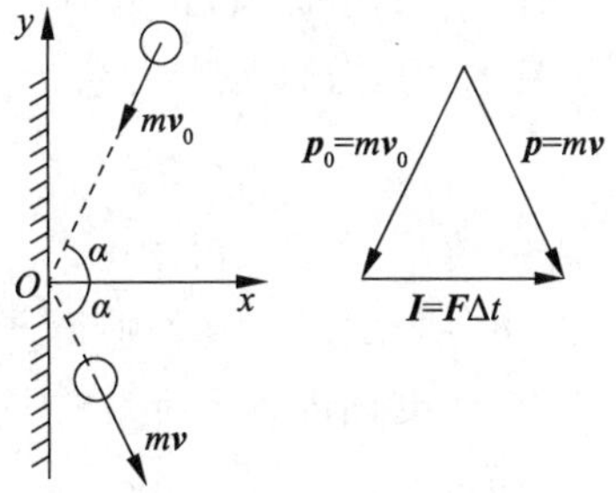

图 4.1.1　动量定理图示

(4) 动量定理在直角坐标系中的分量形式为

$$\left.\begin{aligned}I_x&=\int_{t_0}^{t}F_x\mathrm{d}t=mv_x-mv_{0x}\\I_y&=\int_{t_0}^{t}F_y\mathrm{d}t=mv_y-mv_{0y}\\I_z&=\int_{t_0}^{t}F_z\mathrm{d}t=mv_z-mv_{0z}\end{aligned}\right\}\qquad(4.1.3)$$

其中，F_x、F_y、F_z 分别为质点所受合外力 $\boldsymbol{F}$ 在 x、y、z 方向的分量，v_x、v_y、v_z 分别对应于 t 时刻速度 $\boldsymbol{v}$ 在 x、y、z 轴方向的分量，v_{0x}、v_{0y}、v_{0z} 分别对应于 t_0 时刻速度 $\boldsymbol{v}_0$ 在 x、y、z 轴方向的分量.

(5) 动量定理在冲击和碰撞等问题中特别有用，我们将两物体在冲击和碰撞瞬时的相互作用力称为冲力，由于在冲击和碰撞一类问题中作用时间极短，冲力的值变化迅速，所以较难测量冲力的瞬时值. 图 4.1.2 就是一维冲力随时间变化的示意图. 但两物体碰撞前后的动量和作用时间都较容易测定，这样我们就可以根据动量定理求出冲力的平均值 $\boldsymbol{I}=\int\boldsymbol{F}\mathrm{d}t=\overline{\boldsymbol{F}}\Delta t=\boldsymbol{p}-\boldsymbol{p}_0$，所以 $\overline{\boldsymbol{F}}=\dfrac{\boldsymbol{p}-\boldsymbol{p}_0}{\Delta t}$，然后根据实际需要乘上一个保险系数就可以估算冲力了. 应该注意，在实际问题中，如果有限大小的力(如重力)与冲力同时作用，因冲力极大，作用时间又极短，有限大小的力的冲量就可以忽略不计，从而使问题得到简化. 另外，在物体动量的变化给定时，常常用增加(或减少)作用时间来减小(或增大)冲力.

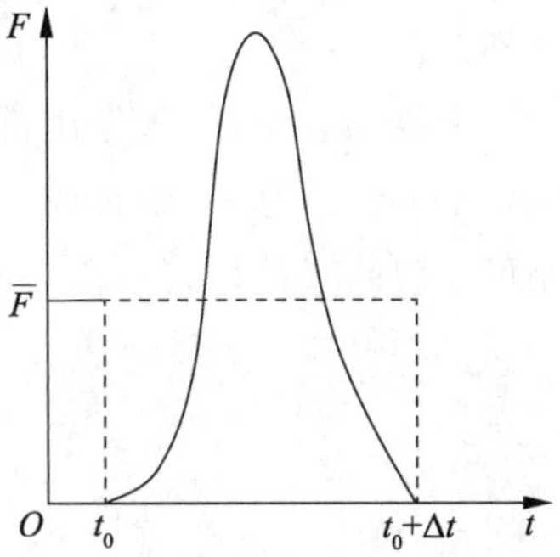

图 4.1.2　冲击和碰撞中的 $F-t$ 关系

［例 4.1.1］ 一重锤从高度 $h=1.5\ \text{m}$ 处自由下落，锤与被加工的工件碰撞后静止．若打击时间 Δt 分别为 0.1 s、0.01 s、0.001 s 和 0.0001 s，试计算这几种情形的平均冲力与重力的比值．

解：以重锤为研究对象，并选取地面为参考系．在重锤下落 h 的过程中，重锤只受重力的作用；当重锤与此工件碰撞时，重锤除受重力作用外，还受工件作用的平均冲力 $\overline{F}_N$，如图 4.1.3 所示．由于重锤做直线运动，所以建立 OZ 坐标系，正方向竖直向上．重锤与工件撞击前后的速度分别为

$$\begin{cases} v_{OZ}=-\sqrt{2gh} \\ v_Z=0 \end{cases}$$

式中，负号表示 v_{OZ} 与 Z 轴正方向相反．

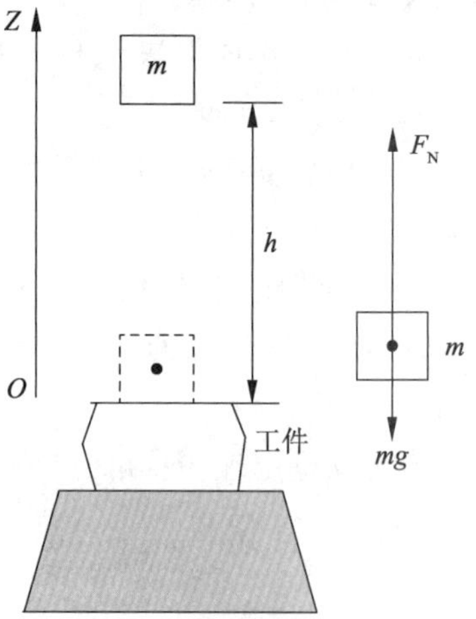

图 4.1.3　例 4.1.1 图

在 Δt 时间内重锤所受的平均冲量为

$$(\overline{F}_N-mg)\Delta t=0-(-m\sqrt{2gh})=m\sqrt{2gh}$$

方向竖直向上．

故
$$\frac{\overline{F}_N}{mg}=1+\frac{\sqrt{\frac{2h}{g}}}{\Delta t}=1+\frac{0.55}{\Delta t}$$

将 $\Delta t=0.1$ s、0.01 s、0.001 s、0.0001 s 分别代入上式，故比值 $\frac{\overline{F}_N}{mg}$ 分别为 6.5、56、551、5501．

以上结果表明，撞击作用持续时间越短，平均冲力与重力之比值就越大．因此，在碰撞或打击一类问题中，由于作用的时间比较短促，重力远远小于碰撞时产生的平均冲力，于是可以忽略碰撞体自身重力的影响．

［例 4.1.2］ 氢分子的质量 $m=3.30\times10^{-27}$ kg，它在碰撞容器壁前后的速度大小不变，均为 $v_0=1.60\times10^3\ \text{m}\cdot\text{s}^{-1}$，而碰撞前后的速度方向和竖直壁面的法线 OX 成 $\alpha=60^\circ$ 角，碰撞时间为 $\Delta t=10^{-3}$ s，试求氢分子碰撞容器壁的平均冲力．

解：方法一，运用动量定理的分量形式．

以氢分子为研究对象，与容器壁的碰撞过程中忽略它所受的重力．因此，氢分子仅受到容器壁的平均冲力．若建立如图 4.1.4 左图所示的 XOY 坐标系，则设平均冲力分别为 $\overline{F}_X$、$\overline{F}_Y$．

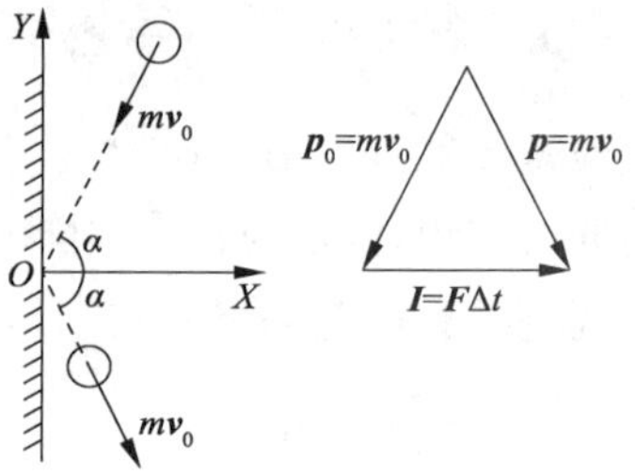

图 4.1.4　例 4.1.2 图

根据动量定理有

$$\overline{F}_X\Delta t=mv_0\cos\alpha-(-mv_0\cos\alpha)=2mv_0\cos\alpha$$

$$\overline{F}_Y \Delta t = -mv_0 \sin\alpha - (-mv_0 \sin\alpha) = 0$$

由第二式看出 Y 方向的平均冲力 $\overline{F}_Y=0$，这是因为器壁面是光滑的.

由第一式可得

$$\overline{F}_X = \frac{2mv_0\cos\alpha}{\Delta t} = 5.28\times10^{-21}\ \text{N}$$

方向沿 X 轴正方向.

根据牛顿第三定律，氢分子作用于容器壁的平均冲力也为 5.28×10^{-21} N，但方向沿 X 轴反方向.

方法二，运用动量定理的矢量式 $\boldsymbol{I}=\boldsymbol{p}-\boldsymbol{p}_0$.

由公式 $\boldsymbol{I}=\boldsymbol{p}-\boldsymbol{p}_0$ 作出矢量三角形（或平行四边形），注意分清 $\boldsymbol{I}$、$\boldsymbol{p}$、$\boldsymbol{p}_0$ 三个矢量中哪个是合矢量，哪个是分矢量，否则矢量三角形会画错. 由图 4.1.4 右图中可看出氢分子所受的平均冲量的大小为

$$\overline{F}\Delta t = \sqrt{(mv_0)^2+(mv_0)^2-2(mv_0)^2\cos 60^\circ} = mv_0$$

所以

$$\overline{F} = \frac{mv_0}{\Delta t} = 5.28\times10^{-21}\ \text{N}$$

方向沿 X 轴正方向. 很显然，此题的矢量三角形为一等边三角形.

［例 4.1.3］　用棒打击水平方向飞来的小球，小球的质量为 0.3 kg，速率为 20 $\text{m}\cdot\text{s}^{-1}$. 小球受棒击后，竖直向上运动 10 m 即达到最高点，若棒与球的接触时间是 0.02 s，求棒受到的平均冲力.

解：此题直接用动量定理的矢量形式 $\boldsymbol{I}=\boldsymbol{p}-\boldsymbol{p}_0$ 求解.

如图 4.1.5 所示，由题意知图中矢量三角形为直角三角形，所以

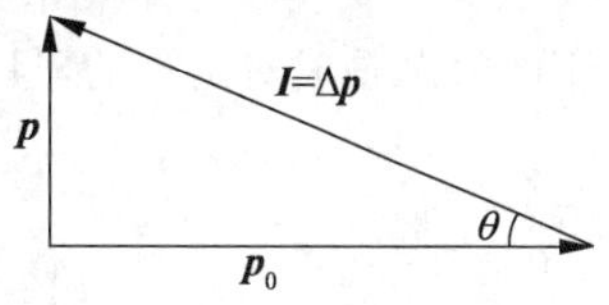

图 4.1.5　例 4.1.3 图

$$|\boldsymbol{I}| = \overline{F}\Delta t = \sqrt{(mv_0)^2+(mv)^2}$$

其中

$$v=\sqrt{2gh}$$

这样，棒施于球的平均冲力的大小为

$$\overline{F} = \frac{|\boldsymbol{I}|}{\Delta t} = \frac{\sqrt{(mv_0)^2+(m\sqrt{2gh})^2}}{\Delta t} = 366\ \text{N}$$

方向为

$$\tan\theta = \frac{4.2}{6} = 0.7$$

$$\theta = 49^\circ 36'$$

由牛顿第三定律可知，球施于棒的平均冲力的大小为 366 N，方向与球所受平均冲力的方向相反.

4.2 动量守恒定律

如果研究对象是多个质点,则称为质点系.一个不能抽象为质点的物体也可认为是由多个(甚至无限个)质点所组成.

当研究对象是质点系时,其受力就可分为“内力”和“外力”.凡质点系内各质点之间的作用力称为内力,质点系以外物体对质点系内质点的作用力称为外力.由牛顿第三定律可知,质点系内质点间相互作用的内力必定是成对出现的,且每对内力都大小相等、方向相反、作用在同一直线上.

设质点系由相互作用的 n 个质点组成,现考察第 i 个质点的受力情况,首先考察 i 质点所受内力之矢量和,设质点系内第 j 个质点对第 i 个质点的作用力为 $\boldsymbol{F}_{ji}$,则 i 质点所受内力为 $\sum\limits_{j=1,j\neq i}^{n}\boldsymbol{F}_{ji}$,若设 i 质点受到的外力为 $\boldsymbol{F}_{外i}$,则 i 质点受到的合力为 $\boldsymbol{F}_{外i}+\sum\limits_{j=1,j\neq i}^{n}\boldsymbol{F}_{ji}$,对 i 质点运用动量定理有

$$\int_{t_0}^{t}(\boldsymbol{F}_{外i}+\sum_{j=1,j\neq i}^{n}\boldsymbol{F}_{ji})\mathrm{d}t=m_i\boldsymbol{v}_i-m_i\boldsymbol{v}_{i0}$$

对 i 求和,并考虑到所有质点相互作用的时间 $\mathrm{d}t$ 都相同,此外,求和与积分顺序可互换,于是得

$$\int_{t_0}^{t}(\sum_{i=1}^{n}\boldsymbol{F}_{外i})\mathrm{d}t+\int_{t_0}^{t}(\sum_{i=1}^{n}\sum_{j=1,j\neq i}^{n}\boldsymbol{F}_{ji})\mathrm{d}t=\sum_{i=1}^{n}m_i\boldsymbol{v}_i-\sum_{i=1}^{n}m_i\boldsymbol{v}_{i0}$$

由于内力总是成对出现的,且每对内力都等值反向,因此所有内力的矢量和 $\sum\limits_{i=1}^{n}\sum\limits_{j=1,j\neq i}^{n}\boldsymbol{F}_{ji}=0$,于是有

$$\int_{t_0}^{t}(\sum_{i=1}^{n}\boldsymbol{F}_{外i})\mathrm{d}t=\sum_{i=1}^{n}m_i\boldsymbol{v}_i-\sum_{i=1}^{n}m_i\boldsymbol{v}_{i0}\tag{4.2.1}$$

这就是质点系动量定理的数学表达式,即质点系总动量的增量等于作用于该系统上合外力的冲量.这个结论说明内力对质点系的总动量无贡献,但在质点系内部动量的传递和交换中,则是内力在起作用.

图 4.2.1 是由三个质点组成的系统的受力情况分析,此图能帮助我们更好地理解上述理论推导的过程.

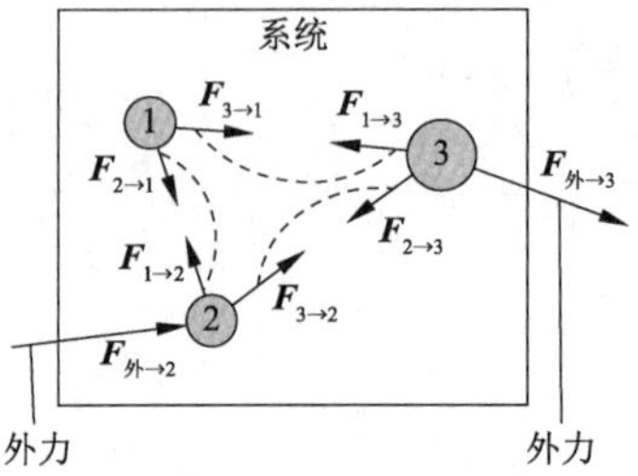

图 4.2.1 系统受力分析

在质点系中，每个质点的运动状态可以有很大的不同，这就使得描述整个质点系的运动状态比较复杂，所以引入质心的概念. 现在考虑由刚性相连的两个质点组成的简单系统，当我们将它斜向上抛出时，如图 4.2.2 所示，它在空间的运动是很复杂的，每个质点的轨迹都不是抛物线形状，但实践和理论都证明两质点连线中的某点 C 仍然做抛物线运动，这就像质点系的质量都集中在 C 点、全部外力也作用在 C 点一样，这个特殊点 C 就是系统的质心.

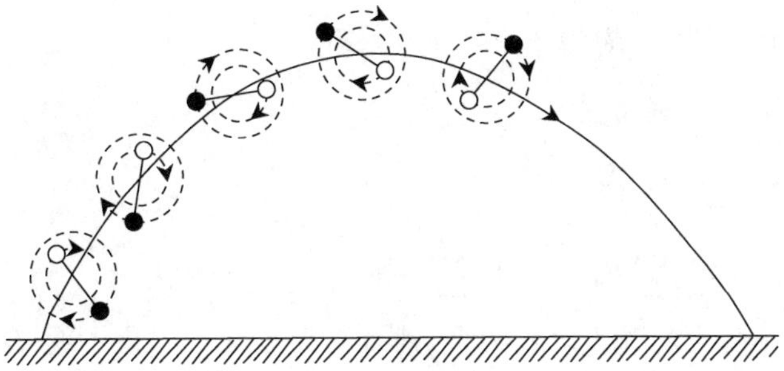

图 4.2.2　质心

质心实际上是与质点系统质量分布有关的一个代表点. 它的位置在平均意义上代表质量分布的中心. 系统质心 C 的位矢 $\boldsymbol{r}_C$ 是以各质点质量为权重的位矢 $\boldsymbol{r}_1, \boldsymbol{r}_2, \cdots, \boldsymbol{r}_n$ 的加权平均值，即

$$\boldsymbol{r}_C = \frac{m_1\boldsymbol{r}_1 + m_2\boldsymbol{r}_2 + \cdots + m_n\boldsymbol{r}_n}{m_1 + m_2 + \cdots + m_n} = \frac{\sum m_i\boldsymbol{r}_i}{\sum m_i} \tag{4.2.2}$$

质心位矢在直角坐标系中的分量形式为

$$x_C = \frac{\sum m_i x_i}{\sum m_i}, y_C = \frac{\sum m_i y_i}{\sum m_i}, z_C = \frac{\sum m_i z_i}{\sum m_i}$$

设系统总质量 m 不变，则求得质心的速度为

$$\boldsymbol{v}_C = \frac{\mathrm{d}\boldsymbol{r}_C}{\mathrm{d}t} = \frac{\sum m_i \frac{\mathrm{d}\boldsymbol{r}_i}{\mathrm{d}t}}{\sum m_i} = \frac{\sum m_i\boldsymbol{v}_i}{\sum m_i}$$

质心的加速度为

$$\boldsymbol{a}_C = \frac{\mathrm{d}\boldsymbol{v}_C}{\mathrm{d}t} = \frac{\sum m_i \frac{\mathrm{d}\boldsymbol{v}_i}{\mathrm{d}t}}{\sum m_i} = \frac{\sum m_i\boldsymbol{a}_i}{\sum m_i} = \frac{\sum \boldsymbol{F}_i}{m}$$

其中，$\sum \boldsymbol{F}_i$ 是系统内各质点所受合外力之和. 在最后一个等号求和时，各质点之间的相互作用内力根据牛顿第三定律已相互抵消. 上式或者写成：

$$\sum \boldsymbol{F}_i = m\boldsymbol{a}_C \tag{4.2.3}$$

这就是质心运动定律,它表明不管质点系的组成和每个质点的运动状态多么复杂,质心的加速度与合外力仍然成正比并且方向相同,它与牛顿第二定律在形式上完全相同.比如炮弹在空中爆炸,弹片飞向各方,但质心依然按不爆炸时的轨迹运动.

根据质心运动定律,可以容易地导出系统动量守恒所必须满足的条件.在式(4.2.3)中,如果 $\sum \boldsymbol{F}_i = 0$,那么系统质心的加速度就等于零,这就意味着质心运动的速度 $\boldsymbol{v}_C$ 保持不变,即质心静止或以 $\boldsymbol{v}_C$ 做匀速直线运动.这时可得

$$\boldsymbol{v}_C = \frac{\sum m_i \boldsymbol{v}_i}{m} = \text{常矢量}$$

或者

$$\sum \boldsymbol{F}_i = 0 \text{ 时}, \sum m_i \boldsymbol{v}_i = m\boldsymbol{v}_C = \text{常矢量} \tag{4.2.4}$$

这就是说,如果系统受到的外力之和为零,则系统的总动量保持不变.这个结论叫作动量守恒定律.不难看出,系统的动量守恒与质心保持静止或匀速直线运动状态是等效的.

下面作几点说明:

(1) 应用动量守恒定律时,首先要确定所研究的系统,分清内力和外力,因为内力和外力总是相对于确定后的系统而言的;系统动量守恒的条件是合外力为零,但有些情况下,外力虽不为零,但相对于内力很小时,仍可近似地认为动量守恒,如碰撞、打击、爆炸等这类问题.

(2) 动量守恒是指系统的总动量不发生变化,但系统内每一个质点的动量是可以变化的,这是作用于其上的内力、外力的共同作用结果,但内力不改变系统的总动量.

(3) 动量守恒定律是一个矢量式,在直角坐标系中的分量式为

$$\left.\begin{aligned} &x\text{ 方向:若 } F_x = \sum F_{ix} = 0,\text{则 } p_x = \sum p_{ix} = \text{常量} \\ &y\text{ 方向:若 } F_y = \sum F_{iy} = 0,\text{则 } p_y = \sum p_{iy} = \text{常量} \\ &z\text{ 方向:若 } F_z = \sum F_{iz} = 0,\text{则 } P_z = \sum P_{iz} = \text{常量} \end{aligned}\right\} \tag{4.2.5}$$

其中,F_x 为系统所受合外力在 x 轴方向的分量,它等于系统所受所有外力在 x 轴方向的代数和,p_x 为系统总动量在 x 轴方向的分量,它等于每一个质点的动量在 x 轴方向的代数和.F_y、F_z 和 p_y、p_z 有同样的物理意义.

由上式可看出,系统总动量在 x 轴方向的分量 $p_x = \sum p_{ix}$ 是否守恒,完全取决于系统所受合外力在 x 轴方向的分量 $F_x = \sum F_{ix}$ 是否为零,而与系统所受合外力在 y 轴、z 轴方向的分量 $F_y = \sum F_{iy}$ 和 $F_z = \sum F_{iz}$ 是否为零无关.同样,在 y 轴、z 轴也有同样的结论.所以在实际应用中,如果系统所受的合外力不为零,但合外力在某一方向(如 x 轴方向)上为零,这时尽管系统的总动量不守恒,但在该方向的动量分量是守恒的.这样就拓宽了我们应用动量守恒定律的范围.

（4）动量守恒定律仅在惯性系中成立.质点的速度都必须是相对于同一惯性系的速度,若问题给出的物体速度并非相对于同一个惯性参考系,则必须按速度变换式进行变换.

（5）动量守恒定律是物理学最基本的定律之一.动量守恒定律虽然是从表述宏观物体运动规律的牛顿运动定律导出的,但近代的科学实验和理论分析都表明:在自然界中,大到天体间的相互作用,小到质子、中子、电子等基本粒子间的相互作用,都遵守动量守恒定律,而在这些领域中,牛顿运动定律却不一定适用.因此动量守恒定律从根本上来说是一条实验定律,它比牛顿运动定律更加基本,它与能量守恒定律一样,是自然界中最普通、最基本的定律之一.

［例 4.2.1］ 如图 4.2.3 所示,某同学在其前方 8.0 m 处看见一辆静止的滚车,他决定尽快跑上前去跳上滚车.该同学的质量是 75 kg,滚车质量为 25 kg,如果他的加速度恒为 1.0 m·s^{-2},那么他跳上车后滚车的速度是多少?

分析:这是一个"两体"问题.首先,该同学在地面加速,然后跳上滚车并随它一起运动,在他和滚车之间发生了"碰撞".人与车之间的相互作用力(如摩擦力)在他的脚踏上车的那一刻才起作用.把人与车看作一个系统,在"碰撞"发生的瞬间引入冲量,在碰撞过程中系统的总动量守恒.但是对整个问题而言,人与车并不是孤立系统,因为人的初始加速度对车并没有起作用.

解决的办法是把这个问题分成两部分:一部分是加速部分,用运动学去分析;另一部分是碰撞部分,用动量守恒定律去分析.

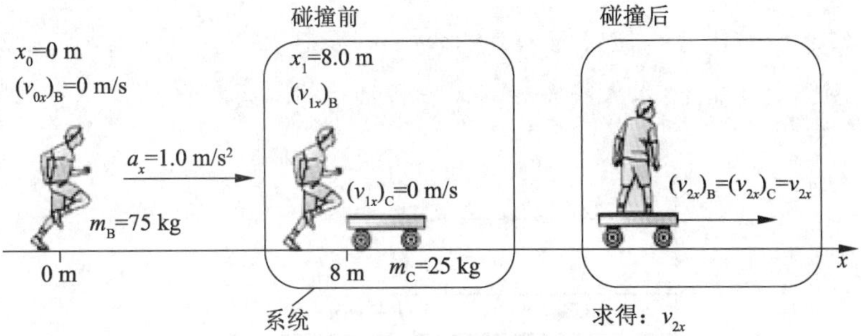

图 4.2.3　例 4.2.1 图

有两点要注意:第一,人跑动的末速度$(v_{1x})_B$ 是碰撞前的速度;第二,人和车最后一起运动,所以$(v_{2x})_B$ 是人与车系统的末速度.

解:第一部分是加速部分,我们不知道人加速了多长时间,但我们知道他的加速度和距离,因此有

$$(v_{1x})_B{}^2=(v_{0x})_B{}^2+2a_x(x_1-x_0)=2a_x x_1$$

加速运动到 8.0 m 时他的速度为

$$(v_{1x})_B=\sqrt{2a_x x_1}=4.0\ \text{m}\cdot\text{s}^{-1}$$

第二部分是碰撞部分,根据动量守恒定律有

$$p_{2x}=p_{1x}$$

分别写出对应的动量,则为

$$m_B(v_{2x})_B+m_C(v_{2x})_C=(m_B+m_C)v_{2x}=m_B(v_{1x})_B+m_C(v_{1x})_C=m_B(v_{1x})_B$$

因为滚车初始状态静止,所以这里$(v_{1x})_C=0$,可求得

$$v_{2x}=\frac{m_B}{m_B+m_C}(v_{1x})_B=\frac{75\ \mathrm{kg}}{100\ \mathrm{kg}}\times 4.0\ \mathrm{m\cdot s^{-1}}=3.0\ \mathrm{m\cdot s^{-1}}$$

可见,在该同学跳上车后,滚车的速度就立即达到了 $3.0\ \mathrm{m\cdot s^{-1}}$.

[例 4.2.2] 一炮弹以速率 v_0 和仰角 θ_0 发射,到达最高点时爆炸为质量相等的两块,其中一块以速率 v_1 竖直下落,求另一块的速率 v_2 及该速度与水平方向的夹角(忽略空气阻力).

解:炮弹在最高点爆炸前后动量守恒,作动量矢量图如图 4.2.4 所示,可知

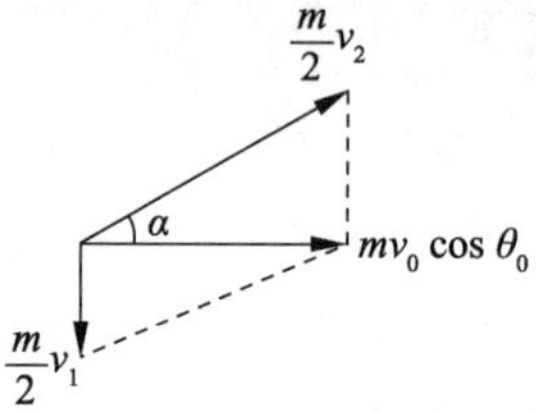

图 4.2.4 例 4.2.2 图

$$mv_0\cos\theta_0=\frac{m}{2}v_2\cos\alpha$$

$$0=\frac{m}{2}v_2\sin\alpha-\frac{m}{2}v_1$$

解得

$$v_2=\sqrt{v_1^2+4v_0^2\cos^2\theta_0}$$

$$\alpha=\arctan\frac{v_1}{2v_0\cos\theta_0}=\arcsin\frac{v_1}{v_2}=\arccos\frac{2v_0\cos\theta_0}{v_2}$$

[例 4.2.3] 一长为 l,质量为 $m_{船}$ 的船静止浮在湖面上(见图 4.2.5).现一质量为 $m_{人}$ 的人从船头走到船尾,求人和船相对湖岸各移动的距离.

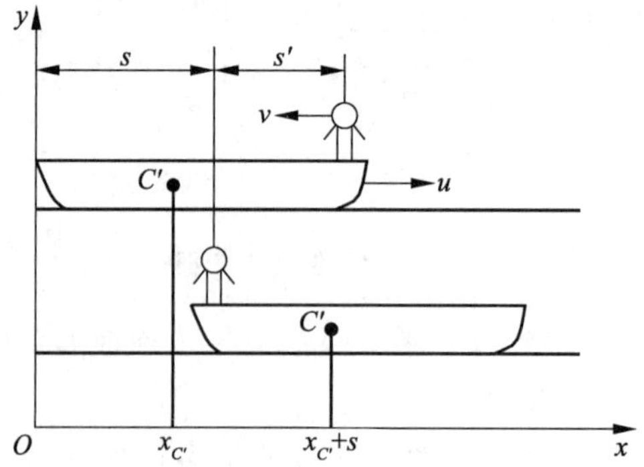

图 4.2.5 例 4.2.3 图

解:以人和船为系统,因为 $F_x=0$,所以 $a_{Cx}=0$,a_{Cx} 为质心 C 的加速度在 x 轴方向的分量,系统原来静止.也就是说,质心 C 在 x 轴方向的坐标 x_C 不变,即

$$x_C=\frac{m_{人}l+m_{船}x_{C'}}{m_{人}+m_{船}}=\frac{m_{人}s+m_{船}(x_{C'}+s)}{m_{人}+m_{船}}$$

其中，C'点为船之质心，$x_{C'}$为船之质心C'点的坐标. 解得

$$s=\frac{m_{人}}{m_{人}+m_{船}}l,\ s'=l-s=\frac{m_{船}}{m_{人}+m_{船}}l$$

思考题

4-1　在什么情况下，力的冲量和力的方向相同？

4-2　一人静止于覆盖着整个池塘的完全光滑的冰面上，试问他怎样才能到达岸上？

4-3　两个滑冰运动员，质量分别为 60 kg 和 40 kg，两人各执绳索的一头. 体重者手执绳端不动，体轻者用力收绳. 两人最终将在何处相遇？

4-4　为什么火箭在地球大气层以外也能够飞行，推动火箭加速前进的力是哪里来的？

习题

4-1　初速度 $\boldsymbol{v}_0=(5\boldsymbol{i}+4\boldsymbol{j})\ \mathrm{m\cdot s^{-1}}$，质量 $m=0.05$ kg 的质点，受到冲量 $\boldsymbol{I}=(2.5\boldsymbol{i}+2\boldsymbol{j})\ \mathrm{N\cdot s}$ 的作用，试求质点的末速度(矢量).

4-2　质量为 0.3 kg 的棒球以大小为 20 $\mathrm{m\cdot s^{-1}}$ 的速度向前运动，被棒击中以后，以大小为 30 $\mathrm{m\cdot s^{-1}}$ 的速度沿反向运动，设球与棒接触的时间为 0.02 s，求：

(1) 棒作用于球的冲量的大小；

(2) 棒作用于球的冲力的平均值.

4-3　自动步枪连发时，每分钟可射出 120 发子弹，每颗子弹质量为 7.9 g，出口速率为 735 $\mathrm{m\cdot s^{-1}}$. 求射击时所需的平均力.

第5章　功与能量

在第4章，我们研究了力的时间累积作用，它导致了牛顿第二定律的一种积分形式——动量定理，在本章，我们将研究力的空间累积作用，它将导致牛顿第二定律的另一种积分形式——动能定理.

5.1　恒力做功

功的概念不同于人们平常所说的“工作”，它是一个有严格定义的物理量.

若物体在恒力（即大小、方向不变）作用下，沿一直线运动，如图5.1.1所示，则恒力 $\boldsymbol{F}$ 所做的功定义为：力在位移方向上的投影与该物体位移大小的乘积. 若用 A 表示功，则有

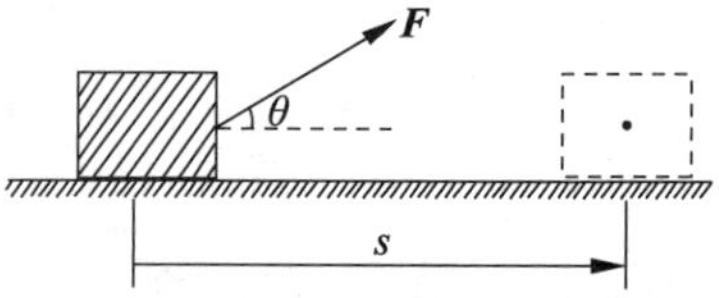

图5.1.1　恒力的功

$$A = F\cos\theta \cdot s$$

按矢量点乘的定义，上式可写为

$$A = \boldsymbol{F} \cdot \boldsymbol{s} \tag{5.1.1}$$

这就是恒力做功的表达式.

由恒力做功的定义可以看出，功是两个矢量的点乘，所以是标量，它没有方向，但有正负. 功由三个因素决定：力 $\boldsymbol{F}$、位移 $\boldsymbol{s}$ 和两者之间的夹角 θ. 当 $\theta < \frac{\pi}{2}$ 时，$\cos\theta > 0$，$A > 0$，我们说力对物体做正功；当 $\theta = \frac{\pi}{2}$ 时，$\cos\theta = 0$，$A = 0$，我们说力对物体不做功，例如，向心力不做功、静止桌面上的运动物体所受的支持力不做功；当 $\theta > \frac{\pi}{2}$ 时，$\cos\theta < 0$，$A < 0$，我们说力对物体做负功，或者说物体克服外力做正功，例如，滑动摩擦力的方向总是与力的作用点的位移方向相反，所以说滑动摩擦力做负功或者说物体克服滑动摩擦力做正功.

做功的概念来自完成一定的机械工作，如果我们手提重物原地不动，那么按式(5.1.1)，我们并未做功. 可能大家会感到很冤枉，明明费了很多劲，时间长了还会疲乏，却并没有做功. 事实上这个过程并没有完成机械工作，如一根较结实的绳子就可悬吊该重物，要多长久就可以多长久；再如手提重物在光滑水平面上滑行，重物受力方向和位

移方向垂直，同样按式(5.1.1)，手上的提拉力并未做功，事实上这一过程也没有完成机械工作，因为重物只靠惯性就可以在光滑水平面上滑行，要滑多远就可以有多远.

5.2　变力做功

定义式(5.1.1)有很大的局限性，假如 $\boldsymbol{F}$ 为变力或质点沿曲线运动，或者 $\boldsymbol{F}$ 为变力同时质点也沿曲线运动，式(5.1.1)便不再适用.

如图 5.2.1 所示，物体受变力 $\boldsymbol{F}$ 的作用沿路径由 a 运动至 b，设想将路径 ab 分成许多极小的位移元，各个位移元因为很小，所以可以看成直线，同时各位移元受力 $\boldsymbol{F}$ 变化不大，可视为恒力.

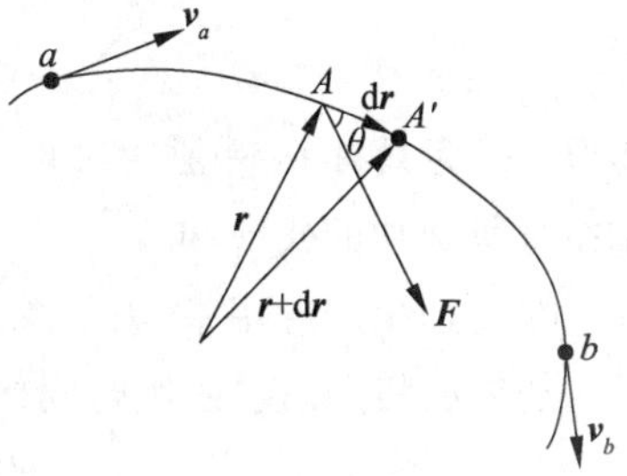

图 5.2.1　变力的功

设物体经极短时间 $\mathrm{d}t$ 由 $A \to A'$，位移为 $\mathrm{d}\boldsymbol{r}$，由于过程极短，在 $\mathrm{d}t$ 时间内，力 $\boldsymbol{F}$ 对物体所做的功称为元功，用 $\mathrm{d}A$ 表示，根据式(5.1.1)有

$$\mathrm{d}A = \boldsymbol{F} \cdot \mathrm{d}\boldsymbol{r} = F\cos\theta\,\mathrm{d}r = F_{\mathrm{t}}\mathrm{d}r$$

其中，F_{t} 为 $\boldsymbol{F}$ 沿曲线切向的分量.

在物体由 a 运动到 b 的过程中，变力 $\boldsymbol{F}$ 对物体所做的总功应等于每段元位移上力所做的元功的代数和，即

$$A = \int \mathrm{d}A = \int_a^b \boldsymbol{F} \cdot \mathrm{d}\boldsymbol{r} \tag{5.2.1}$$

这就是变力做功的一般表达式，反映了力对空间的累积效应. 积分号上的 a、b 为曲线运动的起点和终点，这是一个线积分.

在直角坐标系中，$\boldsymbol{F}$ 和 $\mathrm{d}\boldsymbol{r}$ 可以分别表示为

$$\boldsymbol{F} = F_x\boldsymbol{i} + F_y\boldsymbol{j} + F_z\boldsymbol{k}$$
$$\mathrm{d}\boldsymbol{r} = \mathrm{d}x\boldsymbol{i} + \mathrm{d}y\boldsymbol{j} + \mathrm{d}z\boldsymbol{k}$$

式(5.2.1)亦可写成

$$A = \int_a^b \boldsymbol{F} \cdot \mathrm{d}\boldsymbol{r} = \int_a^b (F_x\mathrm{d}x + F_y\mathrm{d}y + F_z\mathrm{d}z)$$

上式是变力做功在直角坐标系中的表示.

在工程上常用图示法来计算功. 如图 5.2.2 所示(以一维情况为例说明，设力的方向、物体运动的方向都沿 x 轴)，以 F 作为纵坐标，x 作为横坐标，作出 F 随 x 的变化曲线. 很显然，元功 $\mathrm{d}A = F\mathrm{d}x$ 表示图中窄条的面积，总功 $A = \int \mathrm{d}A = \int_{x_a}^{x_b} F\mathrm{d}x$ 表示图中曲线 $F(x)$ 下的面积.

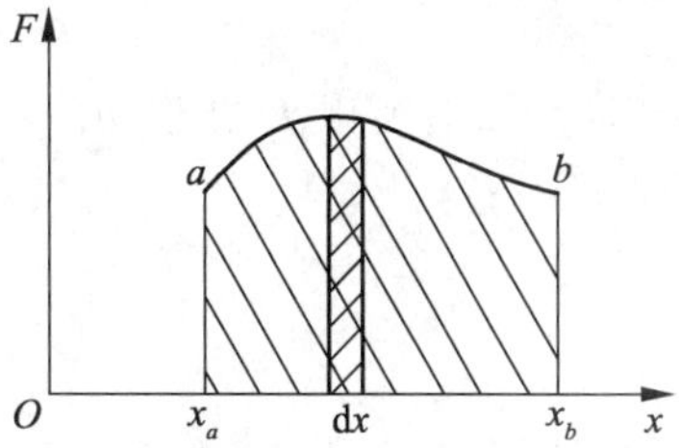

图 5.2.2　示功图

上面仅讨论了一个力对质点所做的功，若有几个力同时作用在质点上，它们所做的

功是多少呢？设有 $\boldsymbol{F}_1,\cdots,\boldsymbol{F}_i,\cdots,\boldsymbol{F}_n$ 共 n 个力作用在质点上，它们的合力为 $\boldsymbol{F}=\boldsymbol{F}_1+\cdots+\boldsymbol{F}_i+\cdots+\boldsymbol{F}_n$，由式(5.2.1)得出此合力所做的功为

$$A=\int \boldsymbol{F}\cdot \mathrm{d}\boldsymbol{r}=\int(\boldsymbol{F}_1+\cdots+\boldsymbol{F}_i+\cdots+\boldsymbol{F}_n)\cdot \mathrm{d}\boldsymbol{r}$$

根据矢量点乘的分配律，上式可变形为

$$\begin{aligned}A&=\int \boldsymbol{F}_1\cdot \mathrm{d}\boldsymbol{r}+\cdots+\int \boldsymbol{F}_i\cdot \mathrm{d}\boldsymbol{r}+\cdots+\int \boldsymbol{F}_n\cdot \mathrm{d}\boldsymbol{r}\\&=A_1+\cdots+A_i+\cdots+A_n\\&=\sum A_i\end{aligned}$$

其中，A_i 为只有 $\boldsymbol{F}_i$ 单独存在时 $\boldsymbol{F}_i$ 所做的功.这就是说，合力所做的功等于每个分力单独存在时所做功的代数和.

在实际生产应用中，人们除了关心力做功的大小外，还关心力做功的快慢程度，所以引入功率的概念.设在 $\mathrm{d}t$ 时间内完成 $\mathrm{d}A$ 的功，则在这段时间内的功率为

$$P=\frac{\mathrm{d}A}{\mathrm{d}t}=\frac{\boldsymbol{F}\cdot \mathrm{d}\boldsymbol{r}}{\mathrm{d}t}=\boldsymbol{F}\cdot\boldsymbol{v}=Fv\cos\theta$$

其中，$\boldsymbol{v}$ 为质点的速度；θ 为 $\boldsymbol{F}$ 和 $\boldsymbol{v}$ 之间的夹角.上式表明，功率等于力在速度方向的分量和速度大小的乘积.如汽车的发动机所提供的功率是一定的，因此，在爬坡时为使牵引力增大，必须换低速挡；平路上行驶时牵引力不要求很大，所以可换高速挡.

[例 5.2.1] 在离水面高度为 H 的岸上，有人用大小不变的力拉绳使船靠岸，如图 5.2.3 所示.求船从离岸 x_1 处移到 x_2 处的过程中，力 $\boldsymbol{F}$ 对船所做的功.

解：船做直线运动，$\boldsymbol{F}$ 大小不变，但方向在变，所以应属变力做功.把线段 x_1、x_2 分割成许多小段，求任一小段上的元功，在 x 处位移 $\mathrm{d}x$ 段上的元功为

$$\begin{aligned}\mathrm{d}A&=\boldsymbol{F}\cdot \mathrm{d}x\boldsymbol{i}=F\mathrm{d}x\cos(\pi-\alpha)\\&=F\cdot \mathrm{d}x\cdot(-\cos\alpha)=-F\cdot\frac{x}{\sqrt{x^2+H^2}}\mathrm{d}x\end{aligned}$$

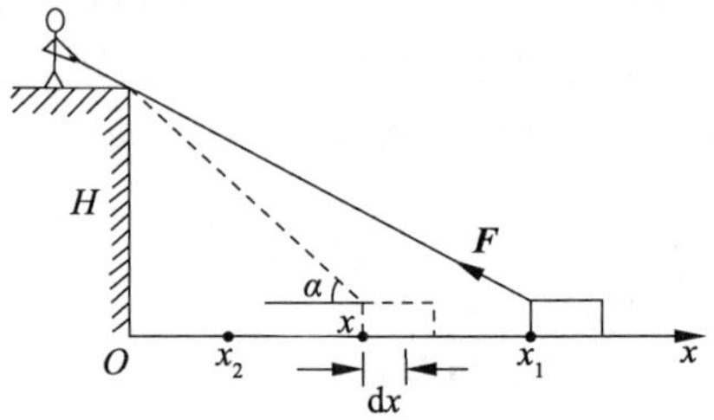

图 5.2.3 例 5.2.1 图

总功为 $$A=\int \mathrm{d}A=\int_{x_1}^{x_2}-F\cdot\frac{x}{\sqrt{x^2+H^2}}\mathrm{d}x=F(\sqrt{H^2+x_1^2}-\sqrt{H^2+x_2^2})$$

由于 $x_1>x_2$，所以 $\boldsymbol{F}$ 做正功.

5.3 动能与动能定理

如图 5.2.1 所示，质点 m 在 a、b 两点的速度分别为 $\boldsymbol{v}_a$、$\boldsymbol{v}_b$，方向沿切线正方向，则力 $\boldsymbol{F}$ 所做的总功为

$$A=\int \mathrm{d}A=\int_a^b \boldsymbol{F}\cdot \mathrm{d}\boldsymbol{r}=\int_a^b F\cdot \mathrm{d}r\cdot \cos\theta=\int_a^b F_{\mathrm{t}}\mathrm{d}r$$

其中，$F_{\mathrm{t}}=ma_{\mathrm{t}}=m\dfrac{\mathrm{d}v}{\mathrm{d}t}$为 $\boldsymbol{F}$ 在切向的分量，a_{t} 为质点 m 的切向加速度，v 为其速率，则

$$A=\int_a^b m\frac{\mathrm{d}v}{\mathrm{d}t}\mathrm{d}r=\int_a^b m\mathrm{d}v\cdot v=\int_a^b \mathrm{d}\left(\frac{1}{2}mv^2\right)=\Delta\left(\frac{1}{2}mv^2\right)$$
$$=\frac{1}{2}mv_b^2-\frac{1}{2}mv_a^2$$

上式表明，合力对物体所做的功恒等于物理量$\dfrac{1}{2}mv^2$在路径的终点值与始点值之差，量$\dfrac{1}{2}mv^2$ 称为物体的动能，以 E_{k} 表示，即

$$E_{\mathrm{k}}=\frac{1}{2}mv^2$$

故上式可写为

$$A=\Delta E_{\mathrm{k}}=E_{\mathrm{k}b}-E_{\mathrm{k}a}=\frac{1}{2}mv_b^2-\frac{1}{2}mv_a^2 \tag{5.3.1}$$

即合力所做的功等于物体动能的增量，这一结论称为动能定理.

说明：(1) 力在空间的累积就是功，它的效应就是使物体的动能发生改变. 若物体动能增加，即 $\Delta E_{\mathrm{k}}=E_{\mathrm{k}b}-E_{\mathrm{k}a}>0$，则合力做正功，即 $A>0$；若物体动能减少，即 $\Delta E_{\mathrm{k}}=E_{\mathrm{k}b}-E_{\mathrm{k}a}<0$，则合力做负功，即 $A<0$，此时物体克服外力做功，所以物体对外做功是以动能减少为代价的.

(2) 动能定理揭示了功及动能之间的定量关系，但功和动能是完全不同的概念. 动能是表征物体由于运动而具有的做功本领；而功是动能变化的量度，确切地说，功是能量变化的量度. 动能由运动状态决定，而功涉及运动的过程.

(3) 动能定理的重要意义在于，当我们尚不了解过程的详细情形而无法确定力的功时，可以通过始末状态的动能改变来计算功.

[例 5.3.1]　传送机通过滑道将长为 L、质量为 m 的柔软匀质物体以初速度 v_0 向右送上水平台面，物体前端在台面上滑动距离 s 后停下来，如图 5.3.1 所示，已知滑道上的摩擦可不计，物体与台面间的摩擦因数为 μ，而且 $s>L$，试计算物体的初速度.

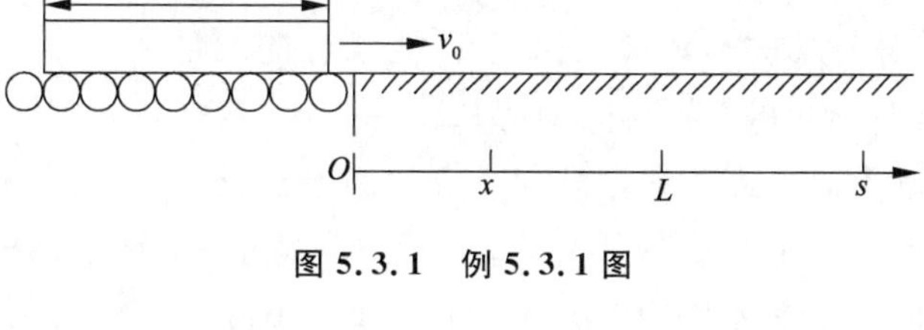

图 5.3.1　例 5.3.1 图

解:由于物体是柔软匀质的,在物体完全滑上台面之前,可认为它对台面的正压力与滑上台面的质量成正比,所以它所受台面的摩擦力 F_r 是变化的. 本题如用牛顿运动定律求加速度则是不太方便的,这里可以用动能定理求解.

我们把变化的摩擦力表示为

$$\begin{cases} F_r=\mu \dfrac{m}{L}xg & (0<x<L) \\ F_r=\mu mg & (x\geqslant L) \end{cases}$$

当物体前端在 s 处停止时,摩擦力做的功为

$$A=\int F\cdot \mathrm{d}x=-\int F_r \mathrm{d}x=-\int_0^L \mu \frac{m}{L}xg\,\mathrm{d}x-\int_L^s \mu mg\,\mathrm{d}x=-\mu mg\left(s-\frac{L}{2}\right)$$

再由动能定理得

$$-\mu mg\left(s-\frac{L}{2}\right)=0-\frac{1}{2}mv_0^2$$

所以

$$v_0=\sqrt{2\mu g\left(s-\frac{L}{2}\right)}$$

在实际问题中,我们碰到的研究对象可能不止一个质点,设一质点系有 n 个质点,现考虑第 i 质点,由 4.2 节可知,i 质点所受合外力为 $\boldsymbol{F}_{外i}+\sum\limits_{j=1,j\neq i}^{n}\boldsymbol{F}_{ji}$,则对第 i 质点运用动能定理有

$$\int_a^b \boldsymbol{F}_{外i}\cdot \mathrm{d}\boldsymbol{r}_i+\int_a^b \sum_{j=1,j\neq i}^{n}\boldsymbol{F}_{ji}\cdot \mathrm{d}\boldsymbol{r}_i=\frac{1}{2}m_i\boldsymbol{v}_{ib}^2-\frac{1}{2}m_i\boldsymbol{v}_{ia}^2$$

将上式对所有质点求和可得

$$\sum_{i=1}^{n}\int_a^b \boldsymbol{F}_{外i}\cdot \mathrm{d}\boldsymbol{r}_i+\sum_{i=1}^{n}\int_a^b \sum_{j=1,j\neq i}^{n}\boldsymbol{F}_{ji}\cdot \mathrm{d}\boldsymbol{r}_i=\sum_{i=1}^{n}\frac{1}{2}m_i\boldsymbol{v}_{ib}^2-\sum_{i=1}^{n}\frac{1}{2}m_i\boldsymbol{v}_{ia}^2 \quad (5.3.2)$$

上式就是质点系动能定理的数学表达式.

必须注意的是:在式(5.3.2)中,不能先求合力再求合力的功,这是因为在质点系内各质点的位移 $\mathrm{d}\boldsymbol{r}_i$ 是不同的,不能将 $\mathrm{d}\boldsymbol{r}_i$ 作为公因子提到求和符号之外. 因此,计算质点系的功时,只能先求每个力的功,再对这些功求和.

5.4 系统的势能

能量反映了物体做功的本领,运动的物体所具有的能量称为物体的动能,而与物体间(或物体各部分间)的相对位置有关的能量称为势能. 例如,举起的锤落下时能把地面打实、高处的水流冲下时可推动汽轮机叶片带动发电机发电等,均是利用势能的减少从而对外做功的原理. 力学中经常遇到的势能有重力势能和弹性势能两种.

质量为 m 的物体在地球表面附近(重力加速度为 $\boldsymbol{g}$)从 a 经 c 到 b,如图 5.4.1 所示,重力对物体做的元功为

$$\mathrm{d}A=\boldsymbol{F}\cdot\mathrm{d}\boldsymbol{r}=-mg\boldsymbol{j}\cdot(\mathrm{d}x\boldsymbol{i}+\mathrm{d}y\boldsymbol{j})=-mg\,\mathrm{d}y$$

物体从 $a\to c\to b$，重力做的总功为

$$A=\int\mathrm{d}A=\int_{h_a}^{h_b}-mg\,\mathrm{d}y=-(mgh_b-mgh_a)$$

不论物体从 $a\to c\to b$，还是从 $a\to d\to b$，或经其他路径，只要起始、终止位置不变，重力的功都是上述结果. 也就是说，重力做功与路径无关，只与始末位置有关.

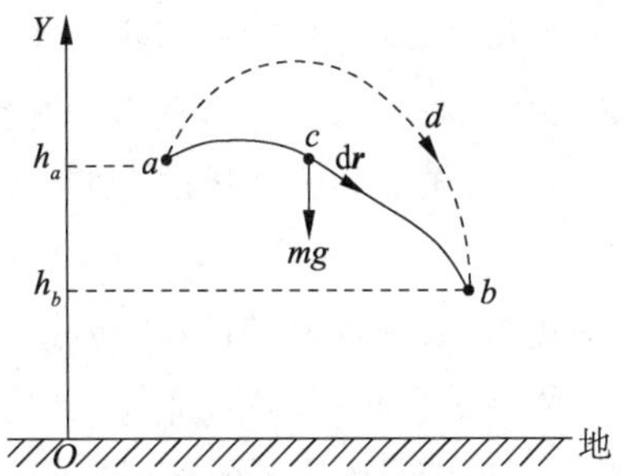

图 5.4.1　重力做功

如果物体由 a 经 c 到达 b，再由 b 经 d 返回 a，则重力对物体做的总功为零，即

$$A=A_{acb}+A_{bda}=0$$

这是重力做功的特征所导致的必然结果.

如图 5.4.2 所示，劲度系数为 k 的轻质弹簧水平放置在光滑的桌面上，一端固定，一端系一小球，以平衡位置为坐标原点，小球在任一位置所受弹簧弹性力为

$$\boldsymbol{F}=-kx\boldsymbol{i}$$

元功为

$$\mathrm{d}A=\boldsymbol{F}\cdot\mathrm{d}x\boldsymbol{i}=-kx\boldsymbol{i}\cdot\mathrm{d}x\boldsymbol{i}=-kx\,\mathrm{d}x$$

小球从位置 a 到 b，弹性力的总功为

$$A=\int\mathrm{d}A=\int_{x_a}^{x_b}-kx\,\mathrm{d}x=-\left(\frac{1}{2}kx_b^2-\frac{1}{2}kx_a^2\right)$$

同样，在以上计算过程中，我们所选取的路径是任意的，弹性力的功也只与始末位置有关，而与经历的具体路径无关.

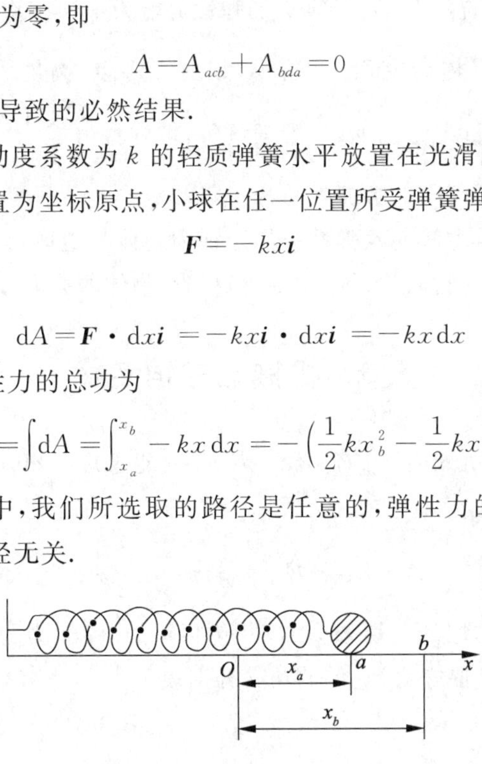

图 5.4.2　弹性力做功

如果物体沿一路径由 a 到达 b，再经另一路径由 b 返回 a. 则弹性力对物体做的总功为零，即

$$A_{a\to b}+A_{b\to a}=0$$

这是弹性力做功的特征所导致的必然结果.

当物体由某点出发经任一闭合路径返回原位置时，若该力做的总功为零，则称这种力为保守力. 除了上面所述重力、弹性力外，万有引力及静电力等都具有这样的特征，所以它们都是保守力. 其数学一般表达式为

$$\oint_L\boldsymbol{F}\cdot\mathrm{d}\boldsymbol{r}=0$$

不满足上述特征的力称为非保守力或耗散力. 如滑动摩擦力是一种典型的耗散力，它的

功与经历的具体路径有关,物体在地面上移动一圈,滑动摩擦力的功不为零.

由前面的讨论可知,重力和弹性力的功可以表示为一个位置函数的始点值和终点值之差,这一函数称为物体的势能,以 E_p 表示,即

$$A=-(E_{pb}-E_{pa})=-\Delta E_p \tag{5.4.1}$$

也即重力(或弹性力)所做的功等于重力(或弹性)势能增量的负值.

势能是个相对的量.势能的零点可任意选取,选取不同的零点,势能值是不同的,在式(5.4.1)中只确定了两状态之间的势能之差.弹性势能的零点一般选取在无形变($x=0$)时的位置,这样,任意位置(x)相对于零点的弹性势能为$\frac{1}{2}kx^2$.重力势能的零点可选地面也可选择其他位置,视具体研究而定.这样,相对于零点,高度为 h 的点的重力势能为 mgh,h 可正可负,所以重力势能 mgh 可正可负,但弹性势能$\frac{1}{2}kx^2$ 一定为正.不管势能零点选取在什么位置,两点间的势能差总是一定的.

势能为系统所有.重力势能及弹性势能分别为物体与地球及物体与弹簧组成的系统所共有,为叙述方便,经常省略“系统”二字,简称为“物体的势能”.

5.5 机械能守恒定律

动能和势能统称为机械能,用 E_k+E_p 表示.动能定理指出,合外力对物体做的功等于物体动能的增量,即

$$A=E_{k2}-E_{k1}=\frac{1}{2}mv_2^2-\frac{1}{2}mv_1^2$$

式中,A 指的是对物体作用的一切外力的功,包括重力、弹性力、滑动摩擦力及其他外力的功,而重力和弹性力是保守力,它们的功又分别表示为

$$A_{重力}=-(mgh_2-mgh_1)$$

$$A_{弹性力}=-\left(\frac{1}{2}kx_2^2-\frac{1}{2}kx_1^2\right)$$

如果选择物体、弹簧及地球作为系统,则系统内有重力、弹性力做功,称为系统的保守内力的功.系统内通常还有非保守力做功,如滑动摩擦力的功,又或者有外界对系统内物体做功,称为系统的外力做功.于是,动能定理的表达式可写为

$$A_{外}+A_{保守内力}+A_{非保守内力}=E_{k2}-E_{k1}=\frac{1}{2}mv_2^2-\frac{1}{2}mv_1^2$$

将 $A_{保守内力}$ 以 $A_{重力}$、$A_{弹性力}$ 的表达式替代,经整理后得

$$A_{外}+A_{非保守内力}=\left(\frac{1}{2}mv_2^2+mgh_2+\frac{1}{2}kx_2^2\right)-\left(\frac{1}{2}mv_1^2+mgh_1+\frac{1}{2}kx_1^2\right)$$

也可以表示成

$$A_{外}+A_{非保守内力}=(E_{k2}+E_{p2})-(E_{k1}+E_{p1}) \tag{5.5.1}$$

这就是系统的功能原理：系统的外力和非保守内力做功之和等于系统的机械能增量.

若 $A_{外}+A_{非保守内力}=0$ 或 $\begin{cases}A_{外}=0\\A_{非保守内力}=0\end{cases}$，则有

$$E_{k1}+E_{p1}=E_{k2}+E_{p2} \tag{5.5.2}$$

这就是机械能守恒定律，对于若干个物体组成的系统，如果系统内只有保守内力（如重力、弹性力）做功，其他非保守内力和一切外力所做的总功为零，那么，系统内各物体的动能与各种势能（重力势能、弹性势能）之间可以相互转化，但是它们的总和即机械能总是常量. 机械能守恒定律是自然界最普遍规律之一的能量守恒定律的特殊情况.

应用机械能守恒定律时应注意以下问题：

(1) 确定所研究的系统，因为外力和内力总是相对于所选的系统而言的.

(2) 看机械能守恒定律的条件即 $A_{外}+A_{非保守内力}=0$ 或 $A_{外}=0$，$A_{非保守内力}=0$ 是否满足，所以要对系统所受外力及系统之内力进行分析.

(3) 若条件满足，则确定研究的初、末位置，分别写出 $E_{k1}+E_{p1}$ 和 $E_{k2}+E_{p2}$，令其相等，可求出一些未知量.

(4) 有时题目确实不满足机械能守恒定律的条件，这时可用功能原理来解题.

[例 5.5.1]　如图 5.5.1 所示，用内置弹簧发射装置的玩具枪发射 10 个塑料球，弹簧的劲度系数为 10 N/m，当小球上膛时，弹簧被压缩了 10 cm，扣动扳机，弹簧伸长并将小球射出. 求小球离开枪膛时的速度（忽略摩擦力）.

解：假设弹簧是理想化的，遵循胡克定律. 枪在发射时足够稳以防止反冲. 在忽略摩擦的情况下，机械能守恒.

图 5.5.1 给出了发射前后的示意图. 被压缩的弹簧对小球有推动作用直到其回到平衡时的原长. 我们把弹簧处于平衡状态时的末端位置 x_c 作为坐标系的原点，则 $x_1=-10\text{ cm}$，$x_2=x_c=0$.

机械能守恒方程为

$$\frac{1}{2}mv_2^2+\frac{1}{2}k(x_2-x_c)^2=\frac{1}{2}mv_1^2+\frac{1}{2}k(x_1-x_c)^2$$

注意，这里的 x 不是一般意义上的位移，如果写成 Δx_1 和 Δx_2，则其物理意义更明确. 因为 $x_2=x_c=0$，$v_1=0$，则上式简化为

$$\frac{1}{2}mv_2^2=\frac{1}{2}kx_1^2$$

这样，我们就可以直接求出球的速度为

$$v_2=\sqrt{\frac{kx_1^2}{m}}=\sqrt{\frac{10\times(-0.10)^2}{0.010}}=3.2\text{ m}\cdot\text{s}^{-1}$$

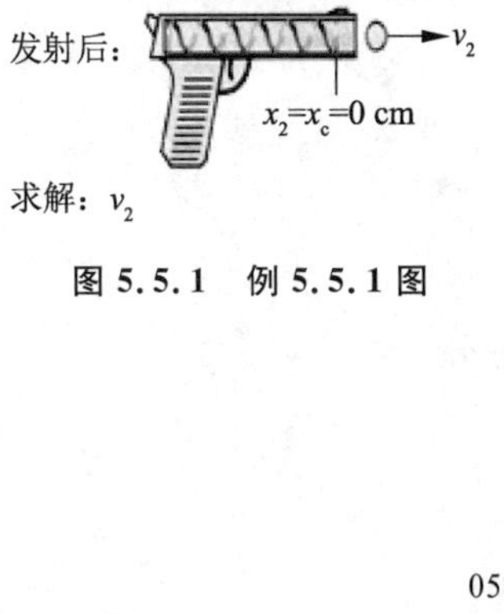

图 5.5.1　例 5.5.1 图

［**例 5.5.2**］ 一匀质链条,质量为 m,长为 l,今将它放在光滑的水平桌面上,其中一端下垂,长度为 a.假定开始时链条静止(如图 5.5.2 所示),求链条刚滑离桌面时的速度大小.

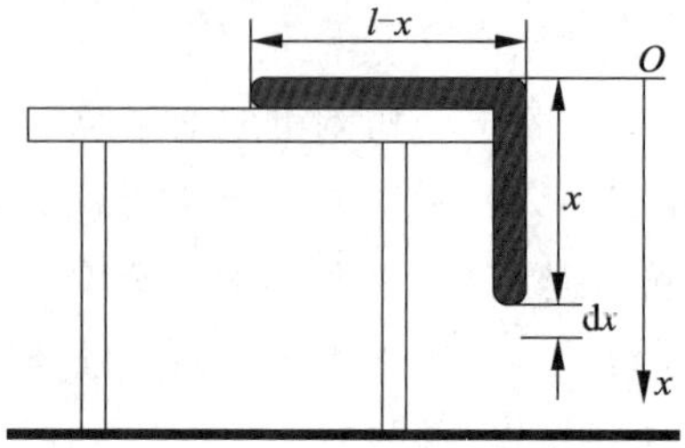

图 5.5.2 例 5.5.2 图

解:方法一,利用动能定理求解.

以链条作为研究对象,桌面部分的链条在竖直方向上受到向上的支持力及向下的重力,二者平衡,而在水平方向上因桌面光滑,没有摩擦力.下垂部分链条在竖直方向上受到重力作用,致使整个链条加速滑动.下垂部分链条受到的重力随时间延长而增大,故为变力做功,需用积分计算.

如图所示,设任意时刻下垂部分的链条长为 x,相应的质量为$\frac{m}{l}x$,重力为$\frac{m}{l}xg$;再设向下位移为 $\mathrm{d}x$,则重力做的元功为

$$\mathrm{d}A=\frac{m}{l}gx\,\mathrm{d}x$$

由初始长为 a 变到终了长为 l(相应链条由桌边滑离)的过程中,重力做的总功为

$$A=\int \mathrm{d}A=\int_a^l \frac{m}{l}gx\,\mathrm{d}x=\frac{1}{2}\frac{m}{l}g(l^2-a^2)$$

根据动能定理,此功应等于链条动能的增量,于是得

$$\frac{1}{2}\frac{m}{l}g(l^2-a^2)=\frac{1}{2}mv^2-0$$

解得
$$v=\sqrt{\frac{g}{l}(l^2-a^2)}$$

方法二,利用机械能守恒定律求解.

选择链条及地球为系统,则系统内只有重力(保守内力)做功,系统内没有摩擦力做功,系统外力的功为零,满足机械能守恒条件,系统的机械能守恒.

取桌面为重力势能的零点,开始时为状态 1,终了时为状态 2,则有

$$-\left(\frac{m}{l}\right)a\cdot g\cdot\frac{a}{2}=\frac{1}{2}mv^2+\left[-\left(\frac{m}{l}\right)l\cdot g\cdot\frac{l}{2}\right]$$

解得
$$v=\sqrt{\frac{g}{l}(l^2-a^2)}$$

显然,方法二要简单得多.

［例 5.5.3］　用一弹簧将质量分别为 m_1 和 m_2 的上下两水平木板连接，如图 5.5.3(b)所示，下板放在地面上，现对上板施加向下的压力 F，如图 5.5.3(c)所示，然后撤去 F，试问当 F 多大时，才能使上板向上跳而把下板刚好拉离地面？如图 5.5.3(d)所示.

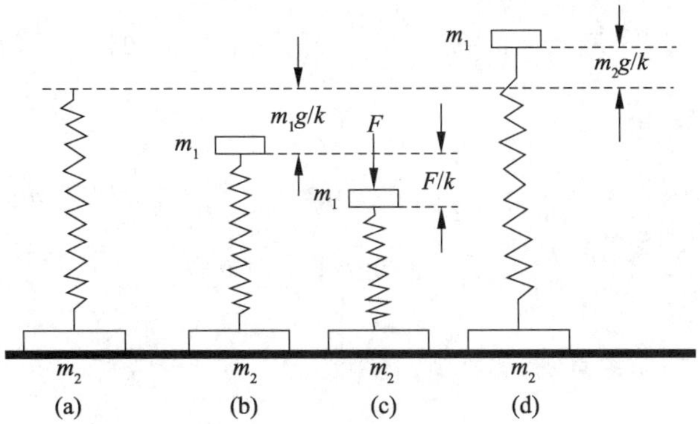

图 5.5.3　例 5.5.3 图

解：设上板质量为 m_1，下板质量为 m_2，不放上板时，弹簧处于原长，如图(a)所示. 放了上板后，根据胡克定律，弹簧下压距离为 m_1g/k，如图(b)所示，其中，k 为弹簧劲度系数. 加了力 F 后，弹簧继续下压距离为 F/k，如图(c)所示. 撤去力 F 后，m_1 向上运动，弹簧被拉长，如果刚好能把 m_2 提起，这时 m_1 速度为零，弹簧被拉长 m_2g/k，如图(d)所示. 显然，在从(c)到(d)的过程中，系统满足机械能守恒的条件，设 m_1 在图(c)中重力势能为零，则令图(c)为 1 状态、图(d)为 2 状态，有

$$\frac{1}{2}k\left(\frac{m_1g}{k}+\frac{F}{k}\right)^2=\frac{1}{2}k\left(\frac{m_2g}{k}\right)^2+m_1g\left(\frac{m_2g}{k}+\frac{m_1g}{k}+\frac{F}{k}\right)$$

解得

$$F=(m_1+m_2)g$$

这就是说，当 $F\geqslant(m_1+m_2)g$ 时，下板就能被拉起. m_1 与 m_2 互换，对结论没有影响.

［例 5.5.4］　如图 5.5.4 所示，一轻弹簧一端系于固定斜面的上端，另一端连着质量为 m 的物块，物块与斜面的摩擦因数为 μ，弹簧的劲度系数为 k，斜面倾角为 θ，今将物块由弹簧的自然长度拉伸 l 后由静止释放，问物块第一次静止在什么位置？

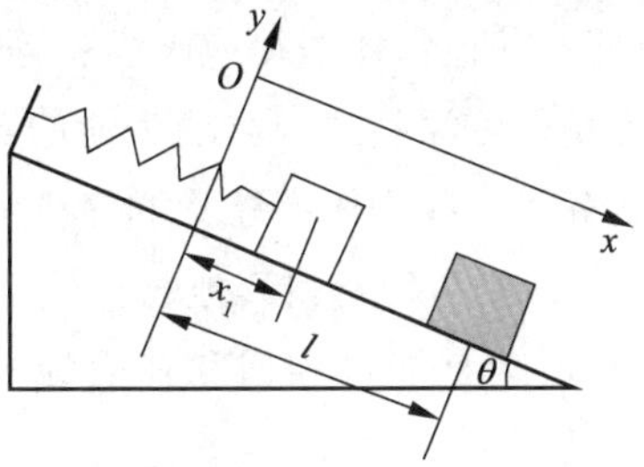

图 5.5.4　例 5.5.4 图

解：以弹簧、物体、地球为系统. 取弹簧自然伸长末端为原点，沿斜面向下为 x 轴正

向,且以原点为弹性势能和重力势能零点.因为有滑动摩擦力做功,显然系统机械能不守恒,用功能原理求解.在物块向上滑至 x_1 处时,有

$$A_{外}+A_{非保守内力}=A_{摩擦力}=-\mu mg\cos\theta(l-x_1)$$

x_1 处为 2 状态,l 处为 1 状态,有

$$(E_{k2}+E_{p2})-(E_{k1}+E_{p1})=\left(\frac{1}{2}mv^2+\frac{1}{2}kx_1^2-mgx_1\sin\theta\right)-\left(\frac{1}{2}kl^2-mgl\sin\theta\right)$$

物块静止时 $v=0$,故有

$$-\mu mg\cos\theta(l-x_1)=\left(\frac{1}{2}kx_1^2-mgx_1\sin\theta\right)-\left(\frac{1}{2}kl^2-mgl\sin\theta\right)$$

解此方程得
$$x_1=\frac{2mg(\sin\theta+\mu\cos\theta)}{k}-l$$

另一根为 $x_1=l$,即初始位置,舍去.

5.6 能量守恒与转化定律

在机械运动范围内,我们所讨论的能量只是动能和势能.由于物质运动具有多样性,不同的运动形式对应不同形式的能量,所以我们还将遇到其他形式的能量,如热运动中的内能(热能),电磁现象中的电磁能,化学反应中的化学能等.如果系统内除保守力做功外,还有非保守力做功,则系统的机械能将发生变化,这时机械能不再守恒.但是,人们发现,系统的机械能在减少或增加的同时,必将有等值的其他形式的能量在增加或减少,而使系统的机械能和其他形式的能量的总和保持不变.由此可见,机械能守恒定律仅是一个特例,自然界中还存在着比它更为普遍的定律.

人类经过无数事实归纳得出这样的结论:对于一个不受外界影响的系统来说(我们通常叫它孤立系统或封闭系统),它所具有的各种形式能量的总和是守恒的.能量既不能被消灭,也不能被创造,只能从一个物体传递给另一个物体,或者从一种形式转化为另一种形式.这就是能量守恒与转化定律.

如果有外力对系统做功,不仅系统的机械能不守恒,而且系统的机械能和其自身其他形式能量的总和也不再守恒了,同样根据能量守恒与转化定律可知,在系统的能量减少或增加的同时,必然有系统外的其他物体获得或失去相等的能量.

能量守恒与转化定律使得我们更深刻地理解功和能的意义.根据能量守恒与转化定律,当系统的能量变化时,必然有另一些物体的能量同时变化.所以通过做功的方式使一系统的能量发生变化,实质上是使这一系统和其他物体之间发生能量的交换,而所交换的能量在数量上就等于功.因此做功是能量传递和转换的一种方式,功是被传递和转换的能量的量度.

能量反映的是系统在一定状态下所具有的特性,系统在一定的状态下(如具有一定的速度和在一定的位置等),就具有一定的能量,所以能量是状态的函数,我们通常说能

量是状态量. 功总是与能量的传递和转换的过程相联系，只有系统的状态发生变化时才谈得上做功，所以通常说功是过程量.

自然界中违背能量守恒与转化定律的过程是不能实现的，因此可根据能量守恒与转化定律判断哪些过程不可能发生，哪些构想不可能实现. 历史上曾有许多人企图发明一种“永动机”，它不消耗能量而能连续不断地对外做功，或消耗少量能量而做大量的功，这种设想违反了能量守恒与转化定律，所以永动机只能以失败而告终. 此外，利用能量守恒与转化定律研究物体系统，可不考虑系统内各物体的相互作用如何复杂，也不考虑过程的细节如何，而直截了当地对系统的始末状态的某些特征作出分析，为解决问题另辟新路，这也是能量守恒与转化定律的特点和优点. 在某种意义上说，物理学所追求的就是想方设法找寻所研究的现象中存在哪些守恒定律.

5.7　碰撞

如果两个或两个以上的物体相遇，而相遇时的相互作用仅持续极短暂的时间，这种相遇就是碰撞. 一般物体间的撞击，如子弹打入墙壁、锻铁、打桩等，以及物质内部的分子、原子或原子核的相互作用过程等都是碰撞. 碰撞过程的主要特征是：在极短的时间内相互作用力非常大，而其他的作用力相对来说微不足道可忽略. 所以动量守恒定律在碰撞问题中通常是适用的.

下面我们只讨论两球的对心碰撞，如图 5.7.1 所示. 在一般情况下，两个球碰撞以后，它们的速度的大小和方向都要改变. 如果两球碰撞前的速度在两球中心的连线上，那么碰撞时相互作用的冲力（其他外力忽略不计）和碰撞后的速度也都在两球中心的连线上，这种碰撞称为对心碰撞. 取两球中心连线为 x 轴，正向向右. 沿 x 轴方向的动量守恒定律为

$$m_1 v_{10} + m_2 v_{20} = m_1 v_1 + m_2 v_2$$

这里假定两球碰撞前后都是向右运动的，如果计算结果是负值，就表示运动的速度方向与假定的正方向相反.

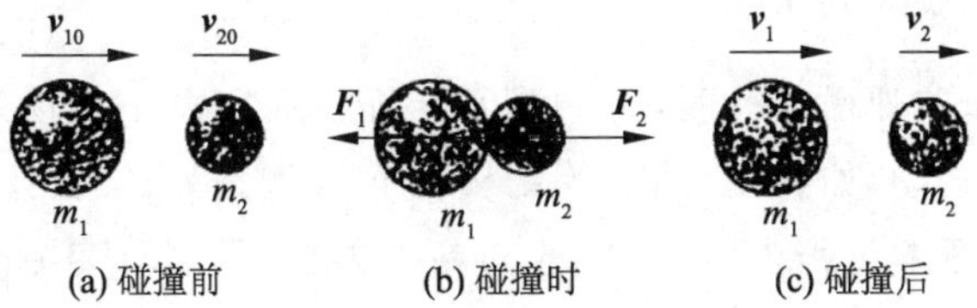

图 5.7.1　碰撞

要从两球碰撞前的速度 $\boldsymbol{v}_{10}$ 和 $\boldsymbol{v}_{20}$ 求出两球碰撞后的速度 $\boldsymbol{v}_1$ 和 $\boldsymbol{v}_2$，因为有两个未知数，所以还需要第二个方程. 这个方程由两球的弹性决定. 如果在碰撞后，两物体的机械能完全没有损失，我们就称这种碰撞为弹性碰撞. 弹性碰撞是理想的情形. 实际上，两物体碰撞时，都要损失机械能（转化为热能等），因此一般的碰撞是非弹性碰撞. 如果两物体

在碰撞后成为一个整体，以同一速度运动，则称为完全非弹性碰撞.

弹性碰撞时，两球的相互作用力仅是弹性力. 其碰撞过程可以分为两个阶段：开始碰撞时，两球因相碰而变形，由变形而产生的弹性力相互挤压而使两球的速度改变，直到两球速度变得相等(即相对速度为零)为止，这一阶段称为压缩阶段；速度相等后的瞬间，由于小球存在着形变，弹性力并不消失而使小球相互推斥，两球的速度继续改变而逐渐分离，形变逐渐减小，直到形变完全消失而恢复原状为止，这一阶段称为恢复阶段. 在压缩阶段，一部分动能变为弹性势能；在恢复阶段，弹性势能又全部变为两球的动能. 因此，在弹性碰撞中，两球的机械能之和不变，即机械能守恒，故有

$$\frac{1}{2}m_1v_{10}^2+\frac{1}{2}m_2v_{20}^2=\frac{1}{2}m_1v_1^2+\frac{1}{2}m_2v_2^2$$

结合动量守恒定律的方程，解方程组得

$$v_1=\frac{(m_1-m_2)v_{10}+2m_2v_{20}}{m_1+m_2}$$

$$v_2=\frac{(m_2-m_1)v_{20}+2m_1v_{10}}{m_1+m_2}$$

讨论

(1) 若 $m_1=m_2$，则有

$$v_1=v_{20},\ v_2=v_{10}$$

这表明，若两球质量相等，则通过碰撞两球交换速度.

(2) 若 $m_2\gg m_1$，且 $v_{20}=0$，则有

$$v_1\approx -v_{10},v_2\approx 0$$

这表明，质量极大且原来静止的物体(m_2)，在碰撞以后基本上静止不动，而质量极小的物体(m_1)，碰撞前后的速度等值反向，如乒乓球与墙壁的碰撞就属于此种类型.

(3) 若 $m_2\ll m_1$，且 $v_{20}=0$，则有

$$v_1\approx v_{10},v_2\approx 2v_{10}$$

这表明，当运动的重球与静止的轻球相碰时，重球的速率无明显变化，而轻球获得的速率却是重球原速率的两倍.

当两球发生完全非弹性碰撞时，它们相互压缩以后完全不能恢复原状，这时就连在一起，以相同的速度运动，如黏土、油灰等物体的碰撞就是如此. 由于在压缩以后完全不能恢复原状，所以在压缩过程中，所减少的动能不再复原，而转变为热能，从而使碰撞后的总动能比碰撞前的少.

在完全非弹性碰撞中，两球碰撞后在一起运动而不再分离，这时有下述关系

$$v_1=v_2=v$$

代入动量守恒定律的表达式，可解出碰撞后的共同速度 v 为

$$v=\frac{m_1v_{10}+m_2v_{20}}{m_1+m_2}$$

利用结果可算出在完全非弹性碰撞中机械能的损失为

$$\Delta E=\left(\frac{1}{2}m_1v_{10}^2+\frac{1}{2}m_2v_{20}^2\right)-\frac{1}{2}(m_1+m_2)v^2=\frac{m_1m_2(v_{10}-v_{20})^2}{2(m_1+m_2)}$$

即在完全非弹性碰撞中动量守恒，但机械能不守恒.

[例 5.7.1]　打桩时对地基阻力进行估算. 如图 5.7.2 所示是锤打桩示意图，设锤和桩的质量分别为 m_1 和 m_2，锤的下落高度为 h，假定地基阻力恒定不变，落锤一次，桩打进土中的深度为 d. 求地基阻力 F_R 多大?

解：以锤为研究对象，它打击桩前做自由落体运动，因此有 $v_0^2=2gh$，其中，v_0 为锤打击桩前的瞬时速度.

以锤和桩组成的质点系为研究对象，重力和地基阻力与锤打击桩时相互作用的冲力比较是很小的，可忽略不计，系统的动量守恒. 设锤打击桩后没有反弹，和桩以共同速度 v_1 运动，则有

$$m_1v_0=(m_1+m_2)v_1$$

即

$$v_1=\frac{m_1v_0}{m_1+m_2}=\frac{m_1\sqrt{2gh}}{m_1+m_2}$$

以锤、桩和地球组成的系统为研究对象，锤桩深入土中，前进距离 d 后速度变为零，在此过程中，根据功能原理，有

$$-F_Rd=0-\left[\frac{1}{2}(m_1+m_2)v_1^2+(m_1+m_2)gd\right]$$

解之，可得地基阻力

$$F_R=(m_1+m_2)g+\frac{m_1^2gh}{(m_1+m_2)d}$$

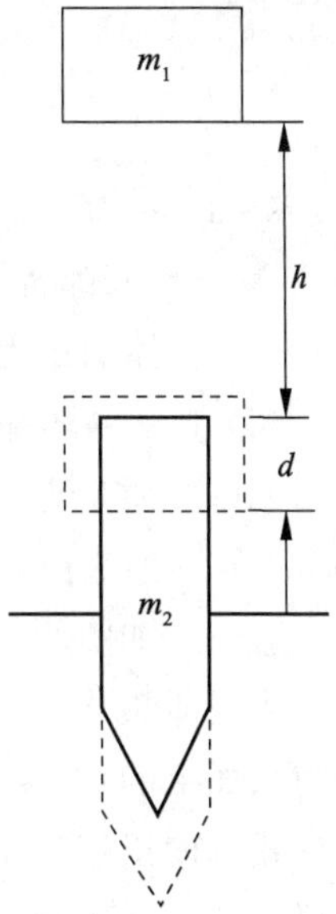

图 5.7.2　例 5.7.1 图

思考题

5-1　一物体可否只具有机械能而无动量？一物体可否只有动能而无机械能？试举例说明.

5-2　两个质量不等的物体具有相等的动能，问哪一个物体的动量较大？两个质量不等的物体具有相等的动量，问哪一个物体的动能较大？

5-3　用绳子系着一小球，使其在水平面内做匀速圆周运动，试问重力 mg、绳的张力 F_T 以及向心力是否对小球做功？

5-4　将一货物从地面搬上汽车，慢慢地搬上汽车所做的功与很快地搬上汽车所做的功是否相同？

5-5　以相同的动能从同一地点抛出两个物体，试问在下列两种情况下到达最高点时，这两物体的动能是否相同？势能是否相同？

(1) 两个物体的质量不同，但均垂直地往上抛；

（2）两个物体的质量相同，但一个垂直地往上抛，另一个斜向上抛.

5-6　为什么重力势能有正负，弹性势能只有正值？

5-7　一人逆水划船，要使船相对于岸静止不动.试问：

（1）人是否要做功？

（2）如果人停止划船，让船顺流而下，则流水对船是否做功？

5-8　“跳伞员张伞后匀速下降，重力与空气阻力相等，合力之功为零，因此机械能应守恒”.根据机械能守恒的条件分析这一说法是否正确？

习题

5-1　一质量为 3.0 kg 的物体，被一压缩的弹簧弹出，弹簧劲度系数为 $k=120\ \mathrm{N\cdot m^{-1}}$，物体离开弹簧后在一水平面上滑行 8.0 m 后停止.若水平面的摩擦因数为 0.2.求：

（1）物体的最大动能；

（2）弹簧被压缩的距离.

5-2　质量为 0.2 kg 的盘子，用一弹簧悬挂起来，弹簧伸长 0.10 m，今有一团质量为 0.2 g 的油灰由 0.30 m 高处落在盘子上，求盘子向下运动的最大距离.

5-3　如图所示，一轻质弹簧劲度系数为 k，两端各固定质量均为 m 的物块 A 和 B，将其放在水平光滑桌面上静止.今有一质量为 $m_{子弹}$ 的子弹沿弹簧的轴线方向以速度 v_0 射入物块 A 而不复出，求此后弹簧的最大压缩长度.

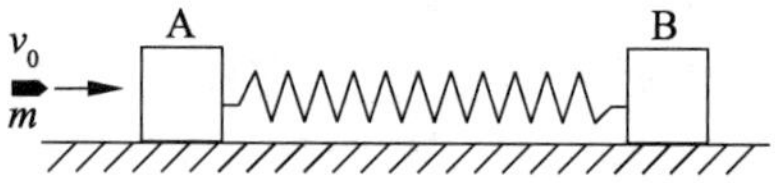

习题 5-3 图

5-4　质量为 2 g 的子弹以 $500\ \mathrm{m\cdot s^{-1}}$ 的速度射向用 1 m 长的绳子悬挂着的摆，摆的质量为 1 kg.子弹穿过摆后仍然有 $100\ \mathrm{m\cdot s^{-1}}$ 的速度.问摆沿竖直方向上升的高度是多少？

5-5　如图所示，在一竖直面内有一个光滑的轨道，左边是一段曲线，右边是足够长的水平直线，两者平滑连接，现有 A、B 两个质点，B 在水平轨道上静止，A 在曲线部分高 h 处由静止滑下，与 B 发生完全弹性碰撞，碰后 A 仍可返回上升到曲线轨道某处，并再度滑下，已知 A、B 两质点的质量分别为 m_1 和 m_2.求 A、B 至少发生两次碰撞的条件.

习题 5-5 图

5-6　一链条放在光滑桌面上，其长度的 1/5 悬挂在桌边，设链条全长为 L，质量为 m，求将悬挂的部分匀速拉回桌面所做的功.

5-7　一人把质量为 10 kg 的物体举起来.问：

（1）当他将物体匀速举高 2 m 时，做了多少功？

（2）当他将物体匀加速举起同样高度时，做了多少功？设物体初速度为零，到 2 m 高处时，速度增为 $2\ \mathrm{m\cdot s^{-1}}$.

5-8　有一弹簧，将其压缩 0.5 m 时，需施力 200 N，现要把这弹簧压缩 0.2 m，需做功多少？

5-9　如果一个物体从高为 h 处由静止下落，试以时间为自变量和以高度为自变量分别画出它的动能和势能图线. 并证明两曲线中动能和势能之和相等.

第 6 章　刚体的定轴转动

6.1　刚体模型

前面我们研究的都是质点力学的规律.质点力学的规律是力学中比较简单,也是比较基本的规律.如前所述,当物体的大小、形状可以忽略时,我们就把物体看作质点.但在许多问题的研究中,物体的大小和形状对运动有着重要的影响,以致不能再把物体视为质点,物体的大小和形状是不可忽略的.例如,地球的自转、轮子的转动.并且在实际问题中,物体受力后,大小、形状或多或少都要发生改变(形变),为了使问题简化,如果物体在外力作用下的形变不大可以忽略时,这样的物体就称为刚体.刚体也是一个理想化的物理模型,一个物体在什么情况下可以看成刚体,什么情况下不可以看成刚体,也必须由所研究问题的性质来决定:比如,研究涡轮在水中的转速和水流的流速之间的关系时,就可以把涡轮看作刚体;但是,研究涡轮的转速和涡轮内应力的关系时,就不能把涡轮看成刚体.另外,刚体可以看成由无数质点所组成的质点系,这些质点之间的距离都保持不变,组成刚体的每一质点的运动都服从牛顿运动定律,这样就有无数个力学方程,然后对这些方程进行数学处理,从而寻找到刚体运动的规律.

6.2　刚体定轴转动的运动描述

刚体的运动可分为平动和转动两种,刚体转动又可分为定轴转动和非定轴转动.

如图 6.2.1 所示,刚体上任一给定直线在运动中,其空间方向始终保持不变,这样的运动为刚体的平动.平动的特征是刚体内各点的运动轨迹都是相互平行的,但各点的运动轨迹不一定是直线.很显然,平动时各点在任意相同的时间内具有相同的位移,因而在任意时刻各点具有相同的速度和加速度,即刚体上任一点的运动可代表整个刚体的运动,通常我们用刚体的质心运动来代替整个刚体的平动,所以刚体的平动归结为质点的运动.

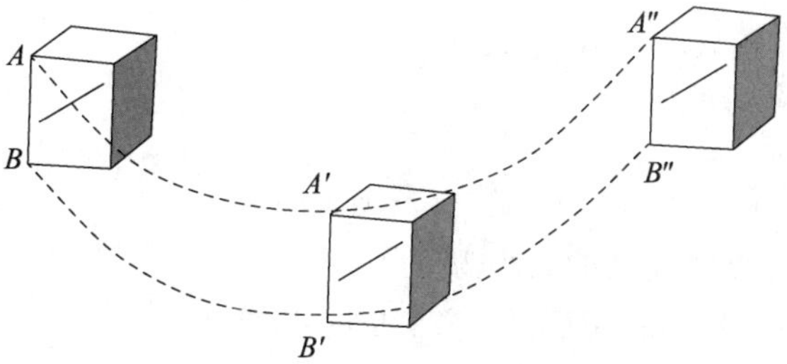

图 6.2.1　刚体的平动

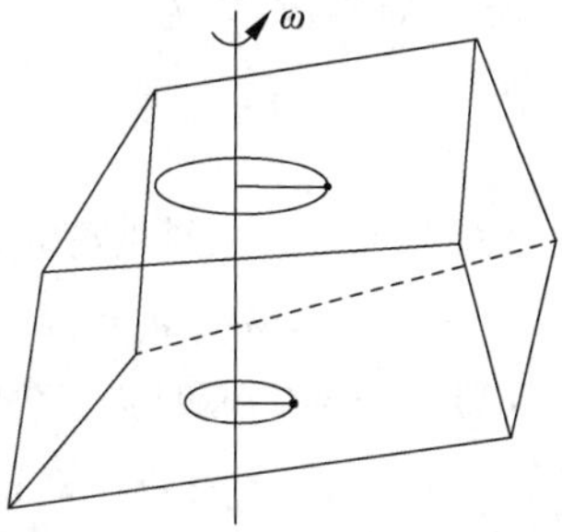

图 6.2.2　刚体的定轴转动

如图 6.2.2 所示，如果刚体的各个质点在运动中都绕同一直线做圆周运动，这种运动就称为转动，这条直线称为转轴. 若转轴固定不变，既不改变方向又不平移，则这个轴称为固定转轴，这种转动称为定轴转动. 刚体做定轴转动时，刚体中的各质点都在与转轴垂直的平面内做不同半径的圆周运动，圆心就是各平面与转轴的交点，这无数个和转轴垂直的平面，称为转动平面. 当刚体定轴转动时，刚体内任何质点都具有相同的角位移、角速度和角加速度. 前面讨论过的对圆周运动的角量描述及有关公式，都适用于定轴转动. 但由于各个质点离转轴的距离不同，也即圆周运动的半径不同，故各质点的位移、速度和加速度等线量不同. 同样，前面讨论的圆周运动的角量和线量的关系式也都适用于定轴转动.

刚体的一般运动比较复杂，但可以证明，刚体的一般运动可看作平动和转动的叠加. 例如，一个车轮的滚动，可以分解为车轮随着转轴的平动和整个车轮绕转轴的转动. 又如，在拧紧或松开螺帽时，螺帽同时做平动和转动.

［例 6.2.1］　一飞轮以 1500 r/min 的转速做定轴转动，经制动后，飞轮均匀地减速，经时间 $t=50$ s 后停止转动. 试求：

(1) 角加速度 α；

(2) 从开始制动到静止，飞轮转过的转数 N；

(3) 制动开始后 $t=25$ s 时，飞轮的角速度 ω；

(4) 设飞轮的半径为 $r=1$ m，求 $t=25$ s 时飞轮边缘上一点的速度和加速度大小.

解： 由题意知 $t=0$ 时飞轮的角速度为

$$\omega_0=2\pi\frac{1500}{60}\ \text{rad}\cdot\text{s}^{-1}=50\pi\ \text{rad}\cdot\text{s}^{-1}$$

(1) $t=50$ s 时，$\omega=0$，所以角加速度为

$$\alpha=\frac{\omega-\omega_0}{t}=\frac{0-50\pi}{50}\ \text{rad}\cdot\text{s}^{-2}=-\pi\ \text{rad}\cdot\text{s}^{-2}$$

式中，“－”号表示 α 与 ω 反向.

(2) 从开始制动到停止，飞轮的角位移 θ 为

$$\theta=\omega_0 t+\frac{1}{2}\alpha t^2=50\pi\times50+\frac{1}{2}\times(-\pi)\times(50)^2\ \text{rad}=1250\pi\ \text{rad}$$

转过的转数 N 为

$$N=\frac{\theta}{2\pi}=\frac{1250\pi}{2\pi}=625\text{ 转}$$

(3) $t=25$ s 时刻飞轮的角速度为

$$\omega=\omega_0+\alpha t=50\pi+(-\pi)\times 25\ \text{rad}\cdot\text{s}^{-1}=25\pi\ \text{rad}\cdot\text{s}^{-1}$$

(4) 在 $t=25$ s 时刻,飞轮边缘上一点线速度的大小为

$$v=\omega r=25\pi\times 1\ \text{m}\cdot\text{s}^{-1}=25\pi\ \text{m}\cdot\text{s}^{-1}=78.5\ \text{m}\cdot\text{s}^{-1}$$

切向加速度的大小为

$$a_{\text{t}}=\alpha r=(-\pi)\times 1\ \text{m}\cdot\text{s}^{-2}=-3.14\ \text{m}\cdot\text{s}^{-2}$$

法向加速度的大小为

$$a_{\text{n}}=\omega^2 r=(25\pi)^2\times 1\ \text{m}\cdot\text{s}^{-2}=6.16\times 10^3\ \text{m}\cdot\text{s}^{-2}$$

合加速度的大小为

$$a=\sqrt{a_{\text{t}}^2+a_{\text{n}}^2}=\sqrt{(-3.14)^2+(6.16\times 10^3)^2}\ \text{m}\cdot\text{s}^{-2}=6.16\times 10^3\ \text{m}\cdot\text{s}^{-2}$$

6.3 力矩

经验告诉我们,用力使物体转动,其效果不仅取决于力的大小,而且取决于力的方向和力的作用点的位置.例如,用同样大小的力推门,当作用点靠近门轴时不容易把门推开,而当作用点远离门轴时则容易把门推开.如果力的作用方向与转轴平行或通过转轴,则不论用多大的力都不能把门推开.实践表明,仅当作用力在转动平面内的分量不为零,且与转轴不相交时,才能使刚体产生转动效果.力使刚体转动的这种作用,用力矩这一物理量来描述.

如图 6.3.1 所示,设作用于刚体的外力 $\boldsymbol{F}_{\text{f}}$ 在转动平面内,转轴到外力作用线的垂直距离 d 称为力臂.力的大小与力臂的乘积称为力对转轴的力矩,记为 M,则有

$$M=F_{\text{f}}d$$

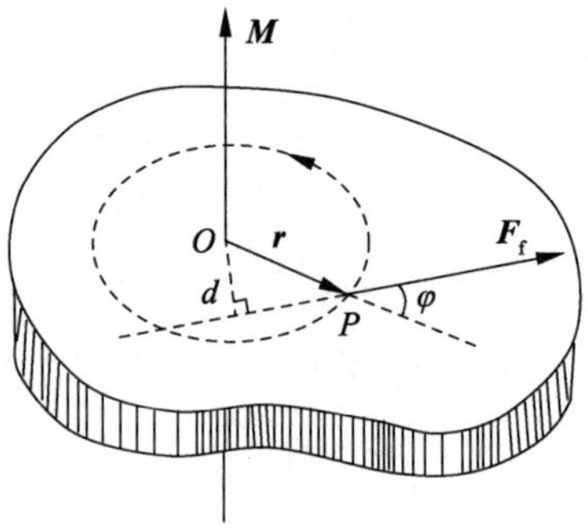

图 6.3.1 力矩

设外力 $\boldsymbol{F}_{\text{f}}$ 的作用点在 P 位置,转轴到作用点的径矢为 $\boldsymbol{r}$,则由图看出:力臂 $d=r\sin\varphi$(φ 是径矢 $\boldsymbol{r}$ 和外力 $\boldsymbol{F}_{\text{f}}$ 间的夹角).于是上式改写为

$$M=F_{\text{f}}r\sin\varphi$$

根据两矢量的矢积定义,上式可以写成矢量形式,即

$$\boldsymbol{M}=\boldsymbol{r}\times\boldsymbol{F}_{\text{f}}$$

力矩是矢量,它不仅有大小,而且有方向.在定轴转动中,力矩的方向总是沿着转轴,它的方向由右手螺旋定则判定:将右手大拇指伸直,其余四指由径矢 $\boldsymbol{r}$ 经小于 180°的角度转到力 $\boldsymbol{F}_{\text{f}}$ 的方向,这时大拇指的指向就是力矩 $\boldsymbol{M}$ 的方向,如图 6.3.1 所示.

在刚体定轴转动中，力矩的方向总是沿着固定转轴，它不是沿转轴的正向，便是沿转轴的负向，所以通常以正、负来表示它的方向. 预先规定一个正方向，若按右手螺旋定则判定一力矩的方向与规定的正方向一致，则该力矩取为正，反之，该力矩取为负. 因此，在定轴转动中，力矩的方向以其正、负表示，力矩矢量按代数量处理. 当几个力同时作用于刚体时，它们的合力矩等于各分力矩的代数和. 数学表示式为

$$M=\sum M_i \tag{6.3.1}$$

要说明的是，如果刚体所受的外力不在转动平面内，则总可以将该力正交分解为一个分力在转动平面内，而另一个分力与转轴平行，后者对该转轴不产生转动效应.

6.4　转动定律

把刚体分割成无数个连续分布的质点，先看任意一个标号为 i、质量为 m_i 的质点，在它的转动平面内以半径 r_i 做圆周运动，如图 6.4.1 所示. 设质点 m_i 在转动平面内受到合外力 $\boldsymbol{F}_{fi}$ 作用(不失一般性)，$\boldsymbol{F}_{fi}$ 与径矢 $\boldsymbol{r}_i$ 间的夹角为 φ_i；该质点还受到刚体内其他质点对它的作用力，称为合内力，记为 $\boldsymbol{F}'_{fi}$，$\boldsymbol{F}'_{fi}$与径矢 $\boldsymbol{r}_i$ 间的夹角为 θ_i. 对质点 m_i 运用牛顿第二定律，则相应于切向和法向的两个方程为

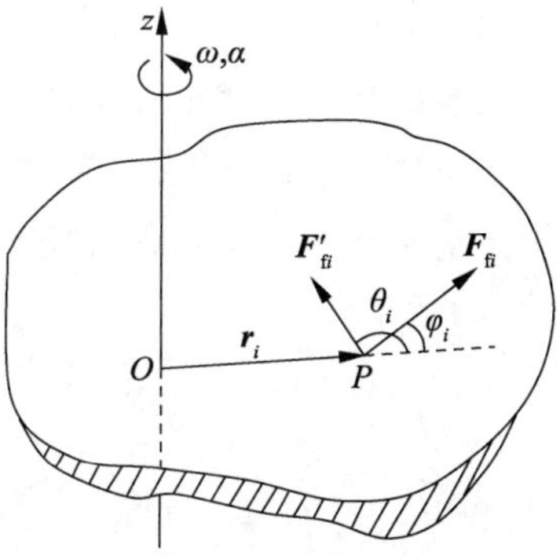

图 6.4.1　转动定律

切向　$F_{fi}\sin\varphi_i+F'_{fi}\sin\theta_i=m_i\alpha r_i$

法向　$-F_{fi}\cos\varphi_i-F'_{fi}\cos\theta_i=m_i\omega^2 r_i$

第二式中的法向力的方向通过转轴，该力的力矩为零，不予讨论. 将第一式中的等式两边同时乘以 r_i，则得

$$r_iF_{fi}\sin\varphi_i+r_iF'_{fi}\sin\theta_i=m_i\alpha r_i^2$$

对组成刚体的所有质点均有形如上式的表达式，将所有这些方程相加，得

$$\sum r_iF_{fi}\sin\varphi_i+\sum r_iF'_{fi}\sin\theta_i=\left(\sum m_ir_i^2\right)\alpha \tag{6.4.1}$$

式(6.4.1)中，第二项表示整个刚体的内力对转轴的力矩的代数和. 内力是刚体中质点彼此之间的相互作用力，总是成对出现，大小相等，方向相反，又因力臂相同，所以每一对内力矩的代数和为零，于是对整个刚体有

$$\sum r_iF'_{fi}\sin\theta_i=0$$

式(6.4.1)中，第一项表示作用于刚体所有质点上外力对转轴的力矩的代数和，也就是刚体所受的合外力矩，设为 M，于是有

$$M=\sum r_iF_{fi}\sin\varphi_i$$

式(6.4.1)中的 $\sum m_ir_i^2$ 是由刚体本身性质决定的物理量，对于给定的刚体和确定的转

轴，它是一个常量，称为刚体对给定轴的转动惯量，记为 J（下面将在 6.5 节专门讨论 J）.

$$J=\sum m_i r_i^2$$

于是得

$$M=J\alpha \tag{6.4.2}$$

式(6.4.2)即为刚体定轴转动定律.

当 $M=0$ 时，$\alpha=0$，刚体将保持原有的转动状态，即保持静止或匀速转动状态；当 $M\neq 0$ 时，$\alpha\neq 0$，刚体将做变速转动. 这一定律在定轴转动中的地位和牛顿第二定律在质点做一维运动时的地位相当，是解决刚体定轴转动的基本方程. 为此，将刚体定轴转动定律与牛顿第二定律相比较，得到如下关系：

$$\begin{cases}M=J\alpha\\ F=ma\end{cases}\quad \text{其对应关系：}\begin{cases}M\leftrightarrow F\\ J\leftrightarrow m\\ \text{角量}\leftrightarrow\text{线量}\end{cases}\quad\begin{cases}\alpha\leftrightarrow a\\ \omega\leftrightarrow v\\ \theta\leftrightarrow x\end{cases} \tag{6.4.3}$$

这样的对应关系将贯穿整个刚体定轴转动的讨论中，有助于我们理解、应用、熟记刚体定轴转动中的一系列公式、定理、定律，从而把初次接触的刚体定轴转动情况和我们已经比较熟悉的质点一维运动情况对应、联系起来.

6.5 刚体的转动惯量及计算

从式(6.4.2)以及 J 和 m 的对应关系可看出：以相同的力矩作用于两个绕定轴转动的不同刚体，转动惯量大的刚体所产生的角加速度小，即角速度改变得慢，也就是保持原有转动状态（转速为 ω）的惯性大；反之，转动惯量小的刚体所产生的角加速度大，即角速度改变得快，也就是保持原有转动状态（转速为 ω）的惯性小. 因此，转动惯量是刚体绕定轴转动的转动惯性大小的量度.

转动惯量的计算通常分以下两种情况：

(1) 质量分布不连续时，由定义式得

$$J=\sum m_i r_i^2 \tag{6.5.1}$$

即质点系对某轴的转动惯量等于各质点的质量和它们到转轴的垂直距离二次方的乘积之总和.

(2) 若刚体的质量是连续分布的，上式可写成积分形式，有

$$J=\int r^2\,\mathrm{d}m\text{（积分遍及整个刚体）} \tag{6.5.2}$$

式中，$\mathrm{d}m$ 是质元的质量；r 是此质元到转轴的距离. 在国际单位制中，转动惯量的单位为 $\mathrm{kg\cdot m^2}$.

[例 6.5.1] (1) 如图 6.5.1 所示，讨论质量为 m、半径为 a 的圆环，对通过圆心并垂直于圆环面的转轴的转动惯量.

解:将圆环分割成无数个质点,任一个质点的质量为 $\mathrm{d}m$.

则
$$J=\int a^2\mathrm{d}m=a^2\int \mathrm{d}m=ma^2$$

可见,圆环质量 m 越大,则圆环的转动惯量越大.

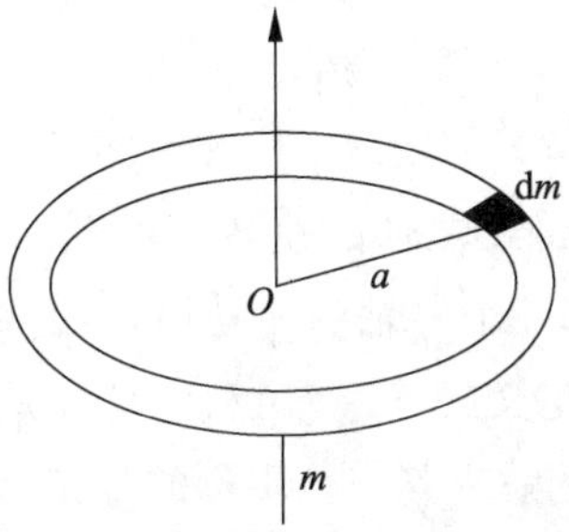

图 6.5.1　圆环之转动惯量

[**例 6.5.1**]　(2) 如图 6.5.2 所示,讨论质量为 m、半径为 a 的匀质圆盘,对通过圆心并垂直于圆盘面的转轴的转动惯量.

解:将圆盘分割成无数个圆环,任一个半径为 r、宽度为 $\mathrm{d}r$、质量为 $\mathrm{d}m=\dfrac{m}{\pi a^2}2\pi r\mathrm{d}r$ 的圆环的转动惯量由题(1)得

$$\mathrm{d}J=\mathrm{d}m\cdot r^2$$

所以

$$J=\int \mathrm{d}J=\int \mathrm{d}m\cdot r^2=\int_0^a \frac{m}{\pi a^2}\cdot 2\pi r\cdot \mathrm{d}r\cdot r^2=\frac{1}{2}ma^2$$

由此可见,两个质量相同、形状相同、转轴位置也相同的刚体,由于质量分布情况不同,两个刚体的转动惯量不同.质量分布离转轴越远,转动惯量越大.圆环之转动惯量是圆盘之转动惯量的两倍.

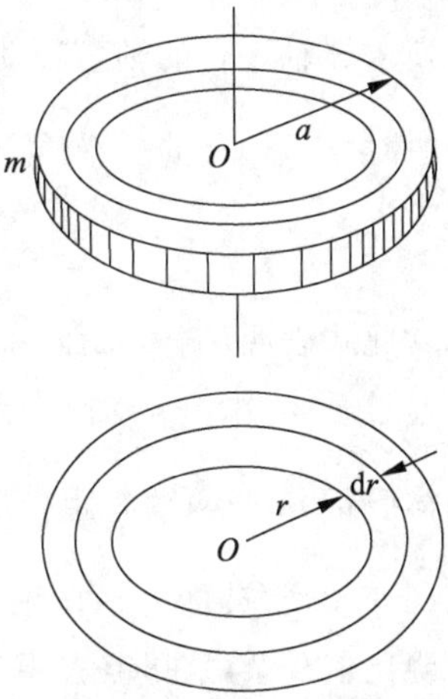

图 6.5.2　圆盘之转动惯量

[**例 6.5.1**]　(3) 如图 6.5.3 所示,讨论一质量为 m、长为 l 的均匀细棒,绕垂直于棒之转轴并且转轴和棒一端的距离为 d 时的转动惯量.

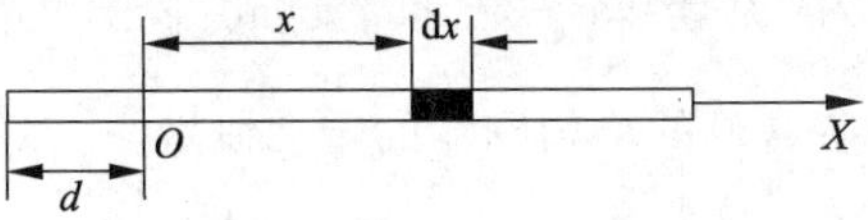

图 6.5.3　棒之转动惯量

解:取如图所示的坐标轴,转轴和棒之交点为 X 轴原点 O,将细棒分割成无数个质点,任一距 O 点 x、质量 $\mathrm{d}m=\dfrac{m}{l}\mathrm{d}x$ 的质点的转动惯量为

$$\mathrm{d}J=\mathrm{d}m\cdot x^2$$

所以

$$J=\int \mathrm{d}J=\int \mathrm{d}m\cdot x^2=\int_{-d}^{l-d}\frac{m}{l}\mathrm{d}x\cdot x^2=\frac{1}{12}ml^2+m\left(\frac{l}{2}-d\right)^2$$

当 $d=0$,即转轴在棒的一端时,$J=\frac{1}{3}ml^2$;

当 $d=\frac{l}{2}$,即转轴在棒的中点时,$J=\frac{1}{12}ml^2$.

由此可见,同一均匀细棒,如果转轴的位置不同,转动惯量也不同,所以当讲到刚体的转动惯量时,必须指明是对哪一个转轴的转动惯量,否则没有意义.

由上述例题及转动惯量的定义式(6.5.1)和(6.5.2)可以看出,影响转动惯量大小的因素归纳起来有三个:① 刚体的总质量;② 质量的分布;③ 给定轴的位置.

对于任意形状刚体对某一转轴的转动惯量,理论上可以由定义式求出,但数学处理比较复杂,甚至不能解析.为此,我们引出平行轴定理.

由上述细棒的例子可看出,第一项$\frac{1}{12}ml^2$ 是棒对于通过棒之中点(也是棒之质心)并与所求转轴平行的轴之转动惯量,记为 J_C;第二项 $m\left(\frac{l}{2}-d\right)^2$ 是把棒看成质量集中在质心(棒之中点)上的一个质点,对原转轴之转动惯量,所以又可表示为

$$J=J_C+m\left(\frac{l}{2}-d\right)^2 \tag{6.5.3}$$

此式表明,刚体对任一转轴的转动惯量(J)等于刚体对通过质心并与该轴平行的轴的转动惯量(J_C)加上刚体质量 m 与两轴间距离的二次方的乘积 $m\left(\frac{l}{2}-d\right)^2$,式(6.5.3)常被称为平行轴定理.平行轴定理的严格数学证明比较复杂,这里略去不讲.

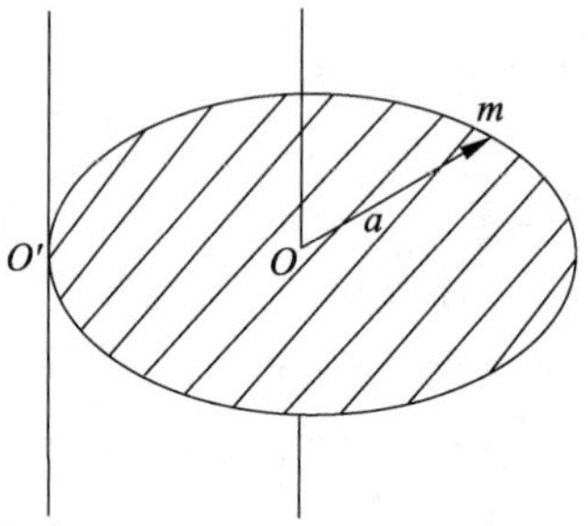

图 6.5.4 平行轴定理举例

如图 6.5.4 所示,如果要求圆盘对 O'轴的转动惯量,那么根据定义式来求,数学运算很复杂,若应用平行轴定理就很简单:作穿过 O(O 为质心)点的平行轴,则

$$J=J_C+ma^2=\frac{1}{2}ma^2+ma^2=\frac{3}{2}ma^2$$

表 6.5.1 中列举了一些常见的均匀刚体的转动惯量。

表 6.5.1 一些常见的均匀刚体的转动惯量

刚体形状	轴的位置	转动惯量
细环(半径为 a)	通过环心垂直于环面	ma^2
	直径	$\frac{1}{2}ma^2$

续表

刚体形状	轴的位置	转动惯量
细棒(棒长为 l)	通过一端垂直于棒	$\frac{1}{3}ml^2$
	通过中点垂直于棒	$\frac{1}{12}ml^2$
圆盘(半径为 a)	通过盘心垂直于盘面	$\frac{1}{2}ma^2$
	直径	$\frac{1}{4}ma^2$
实心圆柱体(半径为 a,长度为 l)	通过中心轴(几何轴)	$\frac{1}{2}ma^2$
	通过中点且垂直于柱的轴	$\frac{1}{4}ma^2+\frac{1}{12}ml^2$
空心圆棒体(内径为 R_1,外径为 R_2)	通过中心轴(几何轴)	$\frac{1}{2}m(R_1^2+R_2^2)$
圆球	通过球心	$\frac{2}{5}mR^2$
薄圆球壳	通过球心	$\frac{2}{3}mR^2$

6.6　转动定律举例

应用刚体定轴转动定律解题的步骤和应用牛顿运动定律解题的步骤基本一致.首先选取研究对象进行隔离,再对其进行受力分析,对质点列出牛顿第二定律,对刚体列出定轴转动定律,最后解方程,同时注意角量和线量的关系.

[例 6.6.1]　如图 6.6.1 所示,一细绳跨过一定滑轮,绳的两端分别悬有质量 m_1、m_2($m_1<m_2$)的物体.定滑轮质量为 m(视为半径为 r 的薄圆盘,其转动惯量 $J=\frac{1}{2}mr^2$),滑轮轴间摩擦阻力矩为 M_f,求物体的加速度和绳中的张力.

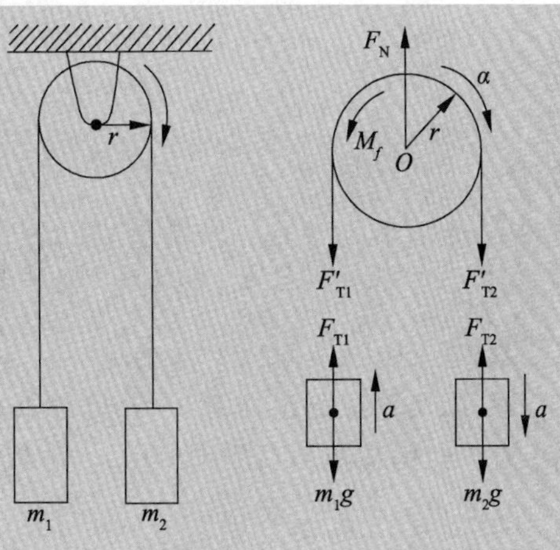

图 6.6.1　例 6.6.1 图

解:该题初看只需用牛顿运动定律即可求解,但滑轮的质量和形状、大小均不能忽略,轴间摩擦阻力矩也不能忽略,运动中,滑轮作为一个刚体绕定轴转动,不能再简化为质点.此时,两边绳子的张力也不再相等,应该结合牛顿运动定律、定轴转动定律求解.首先必须隔离物体,对每一物体进行受力分析,如图 6.6.1,设 m_1 向上,m_2 向下,均以加速度 a 运动,滑轮以顺时针方向转动,角加速度为 α,对各物体列出方程如下:

对于 m_1 $$F_{T1}-m_1g=m_1a \qquad ①$$

对于 m_2 $$m_2g-F_{T2}=m_2a \qquad ②$$

对于 m $$F_{T2}r-F_{T1}r-M_f=J\alpha \qquad ③$$

$$F_N-F_{T1}-F_{T2}=0 \qquad ④$$

其中,$J=\frac{1}{2}mr^2$.由于绳与滑轮之间无相对滑动,则滑轮边缘上一点的切向加速度必与物体加速度 a 相等,有

$$a=r\alpha \qquad ⑤$$

联立①、②、③、⑤式解方程组,得

$$a=\frac{(m_2-m_1)g-M_f/r}{m_1+m_2+m/2}$$

$$F_{T1}=m_1(g+a)=\frac{m_1\left[\left(2m_2+\frac{1}{2}m\right)g-\frac{M_f}{r}\right]}{m_1+m_2+m/2}$$

$$F_{T2}=m_2(g-a)=\frac{m_2\left[\left(2m_1+\frac{1}{2}m\right)g-\frac{M_f}{r}\right]}{m_1+m_2+m/2}$$

说明:(1) 由④式可求得轴承支撑力 $F_N=F_{T1}+F_{T2}$;

(2) 当不计滑轮质量 m 和摩擦阻力矩 M_f 时,有

$$F_{T1}=F_{T2}=\frac{2m_1m_2}{m_1+m_2}g$$

$$a=\frac{m_2-m_1}{m_1+m_2}g$$

[**例 6.6.2**] 如图 6.6.2 所示,一飞轮绕光滑水平轴转动,转速 $n_0=1000\ \mathrm{r/min}$(即每分钟 1000 转).设飞轮半径 $R=0.25\ \mathrm{m}$,转动惯量 $J=2.4\ \mathrm{kg\cdot m^2}$,今以闸瓦制动飞轮,设闸瓦对飞轮的正压力 $F_N=500\ \mathrm{N}$,闸瓦与轮缘的滑动摩擦因数 $\mu=0.4$,试求制动后飞轮运转的圈数.

解:以飞轮为研究对象,分析受力如图所示,轴承对飞轮的支承力(图中以 F_{Nx}、F_{Ny} 表示)及飞轮受的重力均通过转轴,故对转轴的转动力矩为零.闸瓦对飞轮作用的摩擦力力矩使飞轮减速.其摩擦力矩为

$$M=-F_{fr}\cdot R=-\mu F_N\cdot R$$

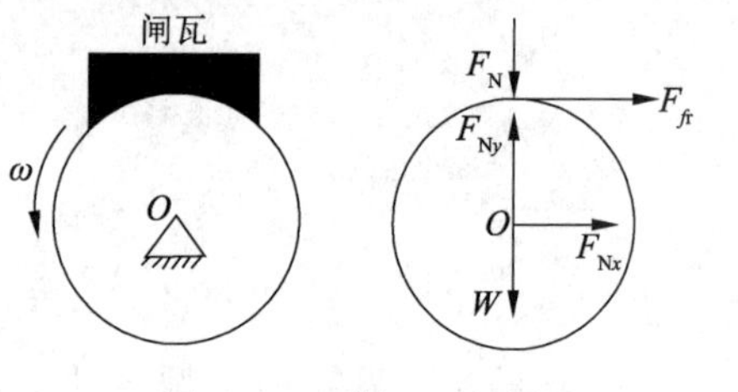

图 6.6.2 例 6.6.2 图

根据转动定律，该力矩产生的角加速度为

$$\alpha=\frac{M}{J}=-\frac{\mu F_{\mathrm{N}}\cdot R}{J}$$

飞轮在由角速度 ω_0 变为 $\omega=0$ 的过程中，转过的角位移为

$$\Delta\theta=\frac{\omega^2-\omega_0^2}{2\alpha}=-\frac{\omega_0^2}{2\alpha}$$

又

$$\omega_0=2\pi\left(\frac{n_0}{60}\right)$$

所以

$$\Delta\theta=\frac{J}{2\mu F_{\mathrm{N}}R}\left(\frac{2\pi n_0}{60}\right)^2$$

角位移 $\Delta\theta$ 对应的圈数为 $\dfrac{\Delta\theta}{2\pi}=\dfrac{\pi J}{\mu F_{\mathrm{N}}R}\left(\dfrac{n_0}{60}\right)^2=42$ 转

[例 6.6.3]　一半径为 R、质量为 m 的匀质圆盘平放在粗糙的水平桌面上，设盘与桌面间的摩擦因数为 μ，令圆盘最初以角速度 ω_0 绕通过中心且垂直盘面的轴旋转，问它经过多少时间才停止转动？

解：由于总摩擦力 $F_{fr}=\mu mg$ 不是集中作用于一点，而是分布在整个圆盘与桌子的接触面上，F_{fr} 的作用力臂无法确定，因此摩擦阻力矩的计算要用微积分的方法. 如图 6.6.3 所示，把圆盘分成许多环形质元，每个质元的质量 $\mathrm{d}m=\dfrac{m}{\pi R^2}\cdot 2\pi r\cdot \mathrm{d}r$，所受摩擦阻力为 $\mathrm{d}m\cdot g\cdot\mu$，很显然，此力的力臂为 r，这样，此摩擦阻力力矩为 $\mathrm{d}m\cdot g\cdot\mu\cdot r$，所以圆盘所受总的摩擦阻力矩为

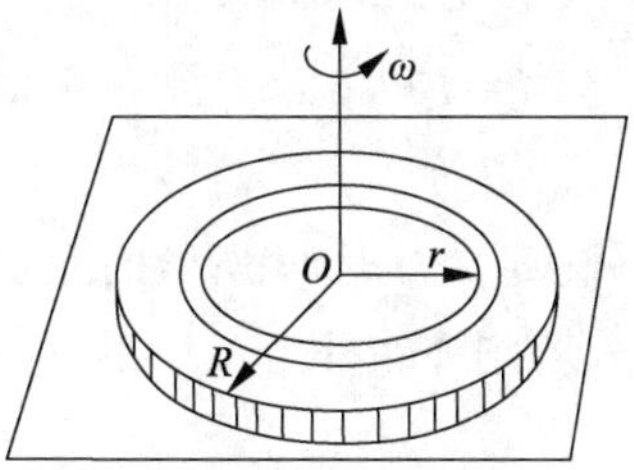

图 6.6.3　例 6.6.3 图

$$M_f=\int \mathrm{d}m\cdot g\cdot\mu\cdot r=\int_0^R\frac{m}{\pi R^2}\cdot 2\pi r\cdot \mathrm{d}r\cdot g\cdot\mu\cdot r=\frac{2}{3}\mu mgR$$

所以这里的等效力臂为$\dfrac{2}{3}R$，而非 R 或$\dfrac{R}{2}$.

根据转动定律，阻力矩使圆盘减速，即获得负的角加速度：

$$\alpha=\frac{M_f}{J}=\frac{\frac{2}{3}\mu mgR}{\frac{1}{2}mR^2}=\frac{4\mu g}{3R}$$

因为 $\omega_t=\omega_0-\alpha t$，其中 $\omega_t=0$，所以

$$t=\frac{\omega_0}{\alpha}=\frac{3R}{4\mu g}\omega_0$$

6.7 定轴转动的动能定理

刚体力学中转动定律 $M=J\alpha$ 的地位和质点力学中牛顿第二定律 $F=ma$ 的地位相当. 我们在前面讨论了牛顿第二定律 $F=ma$ 的时间和空间累积效应,下面我们在 6.7 节和 6.8 节分别讨论转动定律 $M=J\alpha$ 的时间和空间累积效应.

如图 6.7.1 所示,设在转动平面内有一外力 $\boldsymbol{F}$ 作用于刚体 P 点,P 点的位矢为 $\boldsymbol{r}$,经 $\mathrm{d}t$ 时间的作用后,刚体转过 $\mathrm{d}\theta$ 角,于是力的作用点 P 的位移为 $\mathrm{d}\boldsymbol{r}$,则力 $\boldsymbol{F}$ 作用的元功为

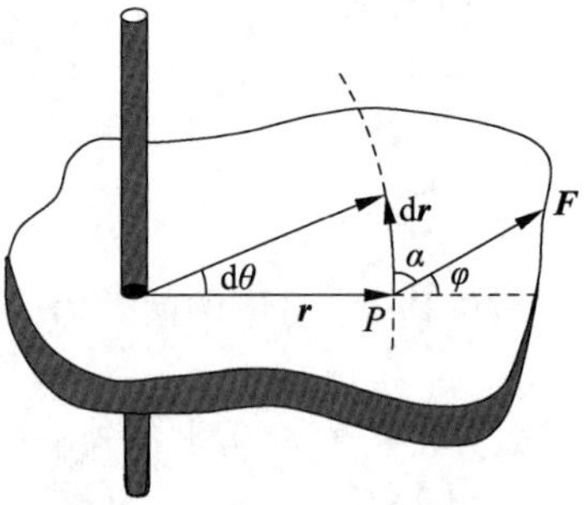

图 6.7.1 力矩的功

$$\mathrm{d}A=\boldsymbol{F}\cdot\mathrm{d}\boldsymbol{r}=F\mathrm{d}r\cos\alpha$$

当位移 $\mathrm{d}\boldsymbol{r}$ 很小时,$\mathrm{d}r=r\mathrm{d}\theta$,$\alpha=\dfrac{\pi}{2}-\varphi$,所以上式改写为

$$\mathrm{d}A=Fr\mathrm{d}\theta\cos\left(\frac{\pi}{2}-\varphi\right)=Fr\sin\varphi\mathrm{d}\theta$$

又因 $M=Fr\sin\varphi$ 为外力 $\boldsymbol{F}$ 对刚体作用的力矩,故

$$\mathrm{d}A=M\cdot\mathrm{d}\theta$$

上式表明,力矩 M 所做的元功等于力矩 M 和角位移 $\mathrm{d}\theta$ 的乘积.

若刚体在外力矩作用下,从 θ_1 角度转到 θ_2 角度,则相应力矩 M 所做的总功为

$$A=\int\mathrm{d}A=\int_{\theta_1}^{\theta_2}M\mathrm{d}\theta \tag{6.7.1}$$

当刚体在恒力矩作用下转过 θ 角时,力矩做功可简化为

$$A=M\theta$$

应当指出,式(6.7.1)中外力矩 M 可以理解为合外力矩,相应的功为合外力矩的功,这正是力矩对空间的累积效应.

由 $\mathrm{d}A=M\mathrm{d}\theta$ 可求得力矩的功率为

$$P=\frac{\mathrm{d}A}{\mathrm{d}t}=\frac{M\mathrm{d}\theta}{\mathrm{d}t}=M\omega$$

上式表明,合外力矩对转动刚体做功的功率等于合外力矩与角速度的乘积.

将转动定律写成如下形式:

$$M=J\alpha=J\frac{\mathrm{d}\omega}{\mathrm{d}t}=J\frac{\mathrm{d}\omega}{\mathrm{d}\theta}\frac{\mathrm{d}\theta}{\mathrm{d}t}=J\omega\frac{\mathrm{d}\omega}{\mathrm{d}\theta}$$

分离变量并积分,同时考虑到 $\theta=\theta_1$ 时,$\omega=\omega_1$;$\theta=\theta_2$ 时,$\omega=\omega_2$,所以

$$\int_{\theta_1}^{\theta_2}M\mathrm{d}\theta=\int_{\omega_1}^{\omega_2}J\omega\mathrm{d}\omega=\frac{1}{2}J\omega_2^2-\frac{1}{2}J\omega_1^2$$

上式左边是合外力矩对刚体所做的功 A;$\dfrac{1}{2}J\omega^2$ 称为刚体的转动动能,它的本质是刚体

因转动而具有的动能，是刚体内无数个质点的动能之和，即

$$\sum_i \frac{1}{2}m_i v_i^2 = \sum_i \frac{1}{2}m_i r_i^2 \omega^2 = \frac{1}{2}J\omega^2$$

这样，上面积分式成为

$$A = \int_{\theta_1}^{\theta_2} M\mathrm{d}\theta = \frac{1}{2}J\omega_2^2 - \frac{1}{2}J\omega_1^2 \qquad (6.7.2)$$

式(6.7.2)即为刚体定轴转动的动能定理：合外力矩对刚体所做的功等于刚体转动动能的增量. 显然，当合外力矩做正功时，刚体的转动动能增加，反之则减少.

如果一个刚体受到保守力的作用，也可引入势能的概念. 刚体在定轴转动中涉及的势能主要是重力势能. 这里把刚体—地球系统的重力势能简称刚体的重力势能，意思是取地面坐标系来计算势能值. 对于一个质量为 m（不太大）的刚体，它的重力势能应是组成刚体的各个质点的重力势能之和，即

$$E_\mathrm{p} = \sum \Delta m_i g h_i = g\sum \Delta m_i h_i$$

根据质心的定义，此刚体的质心的高度应为

$$h_C = \frac{\sum \Delta m_i h_i}{m}$$

所以重力势能可写为

$$E_\mathrm{p} = mgh_C \qquad (6.7.3)$$

这一结果表明，一个不太大的刚体的重力势能与它的质量集中在质心时所具有的重力势能一样大.

考虑了刚体的功和能的上述特点，那么一般质点系统的功能原理、机械能守恒定律等，都可方便地用于刚体的定轴转动.

[例 6.7.1]　如图 6.7.2 所示，质量为 m、长为 l 的匀质细棒，可绕通过其一端的光滑轴 O 在竖直面内转动. 如果棒在水平位置时用手托住，然后释放，任其绕 O 轴在竖直面内转动. 试求：

(1) 棒在水平位置时的角速度和角加速度；

(2) 棒转到竖直位置时的角速度和角加速度.

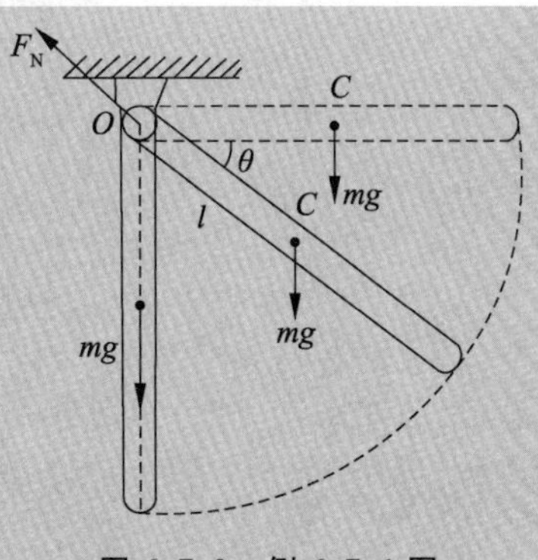

图 6.7.2　例 6.7.1 图

解：(1) 水平位置时棒的角速度 $\omega=0$，因为从静止开始释放.

角加速度可由转动定律求得，以棒为研究对象，水平位置时棒受重力 mg，作用点在质心上，方向竖直向下；轴承对棒的支承力通过转轴，对棒的转动不起作用. 根据转动定律，得

$$M = mg\frac{l}{2} = J\alpha$$

其中，棒之转动惯量为 $J = \frac{1}{3}ml^2$.

所以
$$\alpha = \frac{mg\frac{l}{2}}{J} = \frac{mg\frac{l}{2}}{\frac{1}{3}ml^2} = \frac{3g}{2l}$$

上式结果表明，当角速度为零时，角加速度不一定为零.

(2) 方法一：用刚体定轴转动的动能定理求解.

棒在竖直位置时，重力的延长线通过转轴，力矩为零，根据转动定律，相应位置的角加速度 α 为零.

棒从水平位置由静止转到竖直位置的过程中，重力矩的功为

$$A = \int_0^{\frac{\pi}{2}} M\mathrm{d}\theta = \int_0^{\frac{\pi}{2}} mg \cdot \frac{l}{2}\cos\theta \cdot \mathrm{d}\theta = mg \cdot \frac{l}{2}$$

根据刚体定轴转动的动能定理，它等于刚体转动动能的增量，于是得

$$A = mg \cdot \frac{l}{2} = \frac{1}{2}J\omega^2 - 0$$

所以

$$\omega = \sqrt{\frac{3g}{l}}$$

方法二：用机械能守恒定律求解.

棒从水平位置转到竖直位置的过程中机械能守恒，即水平位置和竖直位置的机械能相等，有

$$mgh_C = \frac{1}{2}J\omega^2$$

其中，$h_C = \frac{1}{2}l$，$J = \frac{1}{3}ml^2$，代入上式得

$$\omega = \sqrt{\frac{3g}{l}}$$

可见，角加速度为零时，角速度不一定为零.

[例 6.7.2] 如图 6.7.3 所示，滑轮的转动惯量 $J = 0.5\ \mathrm{kg \cdot m^2}$，半径 $r = 30\ \mathrm{cm}$；弹簧的劲度系数 $k = 20\ \mathrm{N \cdot m^{-1}}$；重物的质量 $m = 20\ \mathrm{kg}$. 此滑轮和重物组成的系统从静止开始启动，开始时弹簧没有伸长. 滑轮与绳子间无相对滑动，其他部分摩擦忽略不计. 问：

(1) 物体能沿斜面下滑多远？

(2) 当物体沿斜面下滑 1.00 m 时，它的速度有多大？

解:以弹簧、滑轮、物体、地球为系统,在物体下滑过程中,只有保守内力、重力、弹性力做功,斜面的支持力不做功,满足机械能守恒的条件.设弹簧原长时,物体的重力势能为零,A 位置为 1 状态,物体下滑 x 后的 B 位置为 2 状态,由机械能守恒得

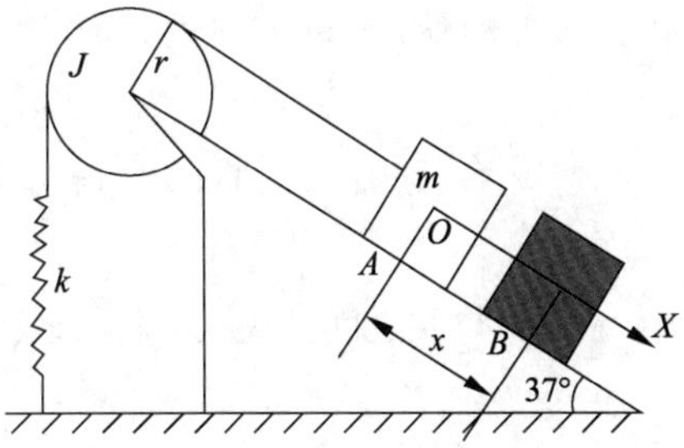

图 6.7.3　例 6.7.2 图

$$0=-mgx\sin 37°+\frac{1}{2}kx^2+\frac{1}{2}mv^2+\frac{1}{2}J\omega^2$$

其中,v 为物体运动的速度,$\omega=\frac{v}{r}$ 为滑轮的角速度,$\frac{1}{2}J\omega^2$ 为滑轮的转动动能.

(1) 物体下滑最远时,v 及 $\omega=\frac{v}{r}$ 均为零,上式成为

$$0=-mgx\sin 37°+\frac{1}{2}kx^2$$

解得

$$x=11.76\ \mathrm{m}$$

(2) $x=1.00$ m 时,解上式得

$$v=2.90\ \mathrm{m\cdot s^{-1}}$$

6.8　角动量守恒定律

转动定律反映了合外力矩对刚体作用的瞬时效应.现在讨论合外力矩在一段时间内的累积效应.

刚体的转动定律可表示为

$$M=J\alpha=J\ \frac{\mathrm{d}\omega}{\mathrm{d}t}=\frac{\mathrm{d}(J\omega)}{\mathrm{d}t}$$

或

$$M\mathrm{d}t=\mathrm{d}(J\omega)=\mathrm{d}L$$

其中

$$L=J\omega \tag{6.8.1}$$

定义为刚体对转轴的角动量(或动量矩),它是描述刚体绕定轴转动状态的物理量.

设在 $t=0$ 时刻,刚体的角动量为 L_0(刚体转动的角速度为 ω_0),t 时刻的角动量为 L(刚体转动的角速度为 ω),将上式积分,即

$$\int_0^t M\mathrm{d}t=\int_{L_0}^{L}\mathrm{d}L=L-L_0=J\omega-J\omega_0$$

其中,$\int_0^t M\mathrm{d}t$ 描述了合外力矩在作用时间过程中的累积,称为合外力矩的冲量矩.上式表明,刚体所受合外力矩的冲量矩等于刚体角动量的增量.这一结论称为角动量定理.

在国际单位制中,角动量的单位为 $\mathrm{kg\cdot m^2\cdot s^{-1}}$;冲量矩的单位为 $\mathrm{N\cdot m\cdot s}$.

说明:运动质点对轴的角动量可表示为(见图 6.8.1)

$$\boldsymbol{L}=\boldsymbol{r}\times m\boldsymbol{v}$$

当径矢 $\boldsymbol{r}$ 与动量 $m\boldsymbol{v}$ 的方向垂直时，角动量的大小为[见图 6.8.1(a)]

$$L=rmv=rm\omega r=mr^2\omega=J\omega$$

而一般情况下[见图 6.8.1(b)]，角动量的大小为

$$L=rmv\sin\alpha=mvd$$

其中，α 为 $\boldsymbol{r}$ 与 $\boldsymbol{v}$ 之间的夹角，d 为 $\boldsymbol{v}$ 和转轴的距离.

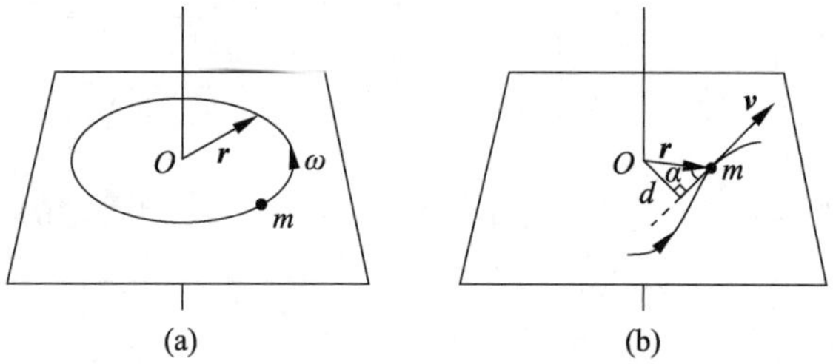

图 6.8.1　质点的角动量

由
$$M=J\alpha=J\frac{\mathrm{d}\omega}{\mathrm{d}t}=\frac{\mathrm{d}(J\omega)}{\mathrm{d}t}=\frac{\mathrm{d}L}{\mathrm{d}t}$$

可知，若物体所受合外力矩 $M=0$，则有

$$L=J\omega=\text{常量} \tag{6.8.2}$$

这就是说，如果物体在定轴转动中所受的合外力矩等于 0，则物体的角动量保持不变，这一结论称为角动量守恒定律.

针对角动量守恒定律，应明确以下几点：

(1) 对绕定轴转动的刚体，转动惯量 J 保持不变，当合外力矩 M 等于零时，由 $L=J\omega=$常量，可以得出 $\omega=$常量，即刚体原来静止的仍保持静止，原来做匀角速转动的仍保持匀角速转动.

(2) 此定律对非刚体(物体转动惯量可以改变)也是成立的. 若非刚体所受合外力矩为零时，角动量 $L=J\omega=$常量，虽然 J 变化，但是 ω 也变化，其乘积 $J\omega=L$ 不变.

例如，舞蹈演员、溜冰运动员在旋转的时候，往往先把两臂张开，然后迅速将两臂靠拢身体，使自己的转动惯量 J 迅速减小，但因 $J\omega$ 不变，故旋转角速度 ω 加快. 又如，跳水运动员在空中“翻筋斗”时，将两臂伸直，并以某一角速度离开跳板，在空中将臂和腿尽量卷缩起来以减小转动惯量，因而角速度增大，从而在空中迅速翻转；当快接近水面时，再伸直臂和腿以增大转动惯量减小角速度，以便竖直进入水中.

(3) 对于由几个物体组成的转动系统，只要合外力矩为零，系统的总角动量也是守恒的，即 $L=\sum J_i\omega_i=$常量.

例如，人手中拿着可转动的轮子，站在可自由转动的凳子上，原来静止，系统角动量为零. 当人转动手中所持的轮子时，则人和凳子必然同时发生反向转动，而总角动量保持为零，如图 6.8.2 所示.

(4) 角动量守恒定律也是物理学中最普遍、最基本的定律之一. 在这里，角动量守恒

定律虽然是从刚体的转动定律导出的，但近代的科学实验和理论分析都表明：在自然界中，大到天体间的相互作用，小到质子、中子、电子等基本粒子间的相互作用，都遵守角动量守恒定律，而在这些领域中，刚体的转动定律却不一定适用. 因此，角动量守恒定律从根本上来说是一条实验定律，它比刚体的转动定律更加基本，它与动量守恒定律、能量守恒与转化定律一样，是自然界中最普遍、最基本的定律之一.

图 6.8.2　角动量守恒

［例 6.8.1］　在工程中，两飞轮常用摩擦啮合器使它们以相同的转速一起转动，如图 6.8.3 所示，A 和 B 两飞轮的轴杆在同一中心线上，它们的转动惯量分别为 J_A 和 J_B. 开始时，A、B 两轮的转速分别为 ω_A 和 ω_B. 求两轮啮合后的转速 ω.

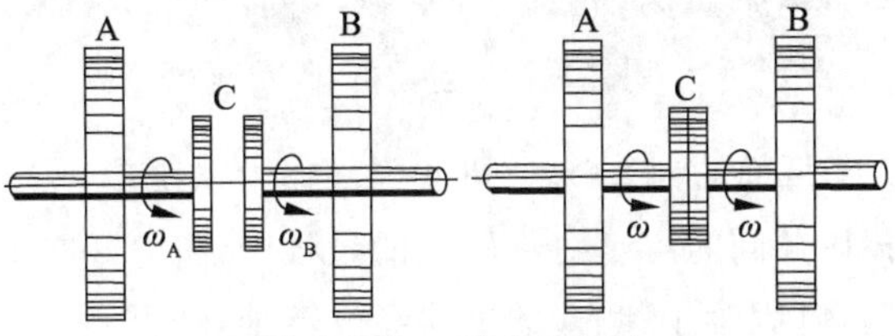

图 6.8.3　例 6.8.1 图

解：以飞轮 A、B 作为一系统来考虑，在啮合过程中，两轮之间的切向摩擦力虽对转轴有力矩，但为系统的内力矩. 整个系统所受其余的力都通过转轴，其力矩为零，所以系统的角动量守恒，根据角动量守恒定律可得

$$J_A\omega_A + J_B\omega_B = (J_A + J_B)\omega$$

即

$$\omega = \frac{J_A\omega_A + J_B\omega_B}{J_A + J_B}$$

在这类问题中，若选定角速度逆时针方向为正，则顺时针方向就为负，反之亦然.

［例 6.8.2］　一个质量为 $m_{台}$、半径为 R 的水平转台可绕通过中心的竖直光滑轴自由转动，一个质量为 $m_{人}$ 的人站在转台边缘，人和转台最初相对地面静止. 求：当人在转台上沿边缘走一周时，人和转台相对地面各转过的角度为多少？

解:如图 6.8.4 所示,对盘和人组成的系统,当人走动时,系统所受到的对转轴的合外力矩为零,因此系统角动量守恒.设人沿转台边缘相对地以角速度 $\omega_{人}$ 逆时针方向绕轴走动(设为正),转台以角速度 $\omega_{台}$ 相对地顺时针方向转动(就为负).起始状态系统的角动量为零,则有

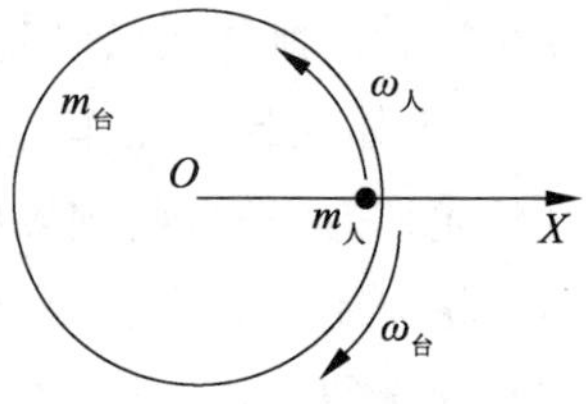

图 6.8.4　例 6.8.2 图

$$J_{人}\omega_{人}-J_{台}\omega_{台}=0$$

其中,$J_{人}=m_{人}R^2$,$J_{台}=\frac{1}{2}m_{台}R^2$ 分别为人相对于转轴和转台相对于转轴的转动惯量.将上式乘以 $\mathrm{d}t$,并积分,有

$$J_{人}\int_0^t\omega_{人}\mathrm{d}t=J_{台}\int_0^t\omega_{台}\mathrm{d}t$$

人相对于地转过的角度 $\theta_{人}=\int_0^t\omega_{人}\mathrm{d}t$,转台相对于地转过的角度 $\theta_{台}=\int_0^t\omega_{台}\mathrm{d}t$,所以有

$$J_{人}\theta_{人}=J_{台}\theta_{台}$$

又根据题意,有

$$\theta_{人}+\theta_{台}=2\pi$$

所以,解得

$$\theta_{人}=\frac{m_{台}}{m_{台}+2m_{人}}2\pi$$

$$\theta_{台}=\frac{2m_{人}}{m_{台}+2m_{人}}2\pi$$

[例 6.8.3]　长为 l、质量为 $m_{棒}$ 的匀质木棒,可绕水平轴 O 在竖直平面内转动,开始时棒自然竖直悬垂,现有质量为 $m_{子弹}$ 的子弹以速度 v 从 A 点射入棒中,A 点与 O 点的距离为 $3l/4$,如图 6.8.5 所示.求棒开始运动时的角速度.

解:以过 O 点垂直于纸面的轴为转轴.以子弹和棒为系统,则在子弹射进棒到和棒以共同的角速度 ω 转动的过程中,整个系统所受的合外力矩为零(因为子弹、棒的重力经过转轴,O 点对棒的作用力也经过转轴),所以碰撞前后的角动量守恒,有

$$m_{子弹}v\cdot\frac{3l}{4}=\left[J_{棒}+m_{子弹}\left(\frac{3}{4}l\right)^2\right]\omega$$

其中,棒的转动惯量为 $J_{棒}=\frac{1}{3}m_{棒}l^2$.解之有

$$\omega=\frac{m_{子弹}v\cdot\frac{3l}{4}}{\frac{1}{3}m_{棒}l^2+\frac{9}{16}m_{子弹}l^2}=\frac{\frac{3}{4}m_{子弹}v}{\frac{1}{3}m_{棒}l+\frac{9}{16}m_{子弹}l}$$

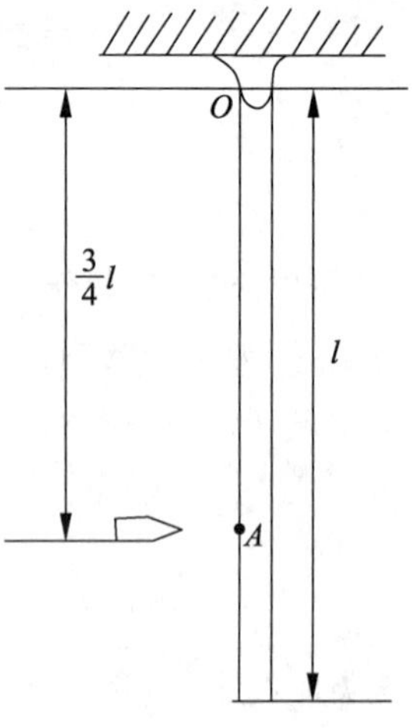

图 6.8.5　例 6.8.3 图

注意:在子弹射入棒的过程中,系统动量在水平方向的分量并不守恒,也就是说,我们不能列出 $m_{子弹}v=m_{子弹}\omega\frac{3}{4}l+m_{棒}\omega\frac{l}{2}$ 这样的等式,因为 O 点

对棒的作用力在水平方向的分量不为零,不满足动量守恒定律的条件.

思考题

6-1　刚体转动时,如果它的角速度很大,那么作用在它上面的力是否一定很大?作用在它上面的力矩是否一定很大?

6-2　“质心是刚体上的一个特殊点,用质心的运动就可以描述刚体的运动;刚体静止时,质心速度 $\boldsymbol{v}_C=0$;刚体运动时,质心速度 $\boldsymbol{v}_C\neq 0$”. 试分析这句话对不对.

6-3　两个半径不同的皮带轮 A、B 由传送皮带相连,轮的半径 $R_A>R_B$. 当它们转动时,设轮与皮带之间没有相对滑动,则两轮边缘处质点线速度大小相等吗? 两轮边缘处质点切向加速度和法向加速度大小相等吗?

6-4　几个力同时作用在一个具有光滑固定转轴的物体上,如果这几个力的矢量和为零,则此物体会转动吗? 如果转动,转动的转速会改变吗?

6-5　刚体在一力矩作用下由静止开始做定轴转动,一段时间后,力矩逐渐减小,在力矩减小到零之前,刚体的角速度和角加速度如何变化?

6-6　刚体对轴的转动惯量和哪些因素有关?

6-7　一人站在转动的转台上,在他伸出的两手中各握有一个重物,若此人向着胸部缩回他的双手及重物,忽略所有摩擦,则系统的转动惯量如何变化? 系统的角动量和转动角速度又如何变化?

6-8　在一个系统中,如果该系统的动量矩守恒,动量是否也一定守恒? 反之,如果该系统的动量守恒,动量矩是否也一定守恒?

6-9　将一个生鸡蛋与一个熟鸡蛋放在桌面上旋转,就可以判断哪个是生的,哪个是熟的. 试说明理由.

6-10　一圆形台面可绕中心轴无摩擦地转动,有一辆玩具汽车相对台面由静止启动,绕轴做圆周运动,问台面将如何运动? 若小汽车突然刹车,则又如何? 此过程中能量是否守恒? 动量是否守恒? 角动量是否守恒?

习题

6-1　飞轮以转速 $n=1500\ \mathrm{r\cdot min^{-1}}$ 转动,因受到制动而均匀地减速,经 5 s 停止,求角加速度的大小及制动过程转过的角度.

6-2　飞轮从静止状态开始做匀加速转动,在最初 2 min 内转了 3600 转,试求飞轮的角加速度和第 2 分钟末的角速度.

6-3　一矩形均匀薄板,边长为 a 和 b,质量为 m. 其转轴通过板的质心且垂直于板面. 试证:薄板对该轴的转动惯量为 $J=\frac{1}{12}m(a^2+b^2)$.

6－4　如图所示，轻绳绕于半径 $r=20$ cm 的飞轮边缘，在绳端施以大小为 98 N 的拉力，飞轮的转动惯量 $J=0.5$ kg · m^2. 设绳子与滑轮间无相对滑动，飞轮和转轴间的摩擦不计，g 取 9.8 m/s^2，试求：

（1）飞轮的角加速度；

（2）如将质量 $m=10$ kg 的物体挂在绳端，试计算飞轮的角加速度.

6－5　如图所示，斜面倾角为 θ，位于斜面顶端的卷扬机鼓轮半径为 R，转动惯量为 J，受到驱动力矩 M 通过绳牵动斜面上质量为 m 的物体，不计物体与斜面间的摩擦，求重物上滑的加速度. 绳与斜面平行，不计绳质量.

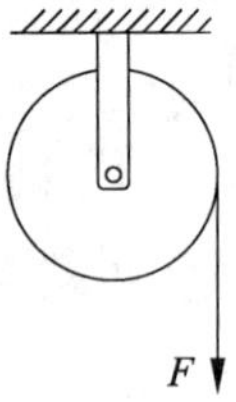

习题 6-4 图

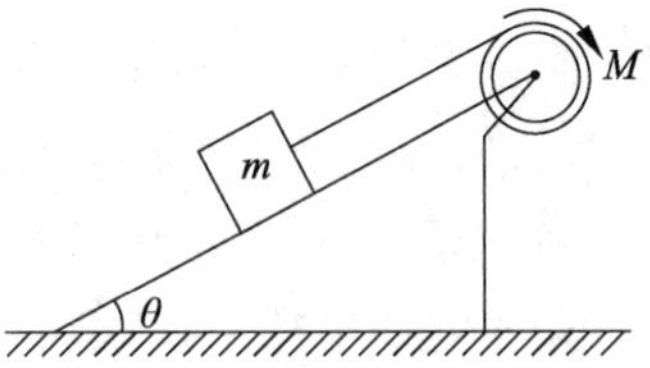

习题 6-5 图

6－6　如图所示，匀质圆柱体质量为 m_1，半径为 R，重锤质量为 m_2，最初均静止. 后将重锤释放下落并带动圆柱体转动，求重锤下落 h 高度时的速率. 不计阻力，不计绳的质量和伸长.

6－7　长 $l=1.0$ m、质量 $m_{棒}=2.97$ kg 的匀质木棒，可绕水平轴 O 在竖直平面内转动，开始时棒自然竖直悬垂，现有质量 $m=10$ g 的弹片以 $v_0=200$ m · s^{-1} 的速率水平射入棒的下端，如图所示. 求：

（1）棒开始运动时的角速度；

（2）棒的最大偏转角.

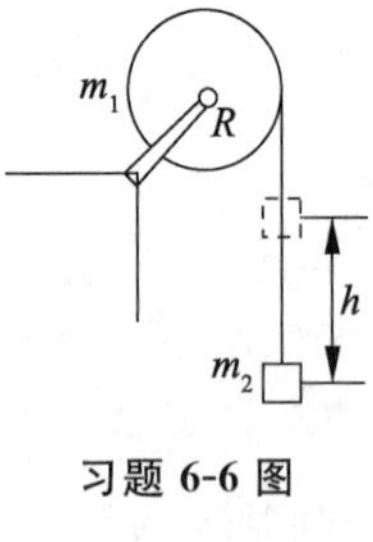

习题 6-6 图

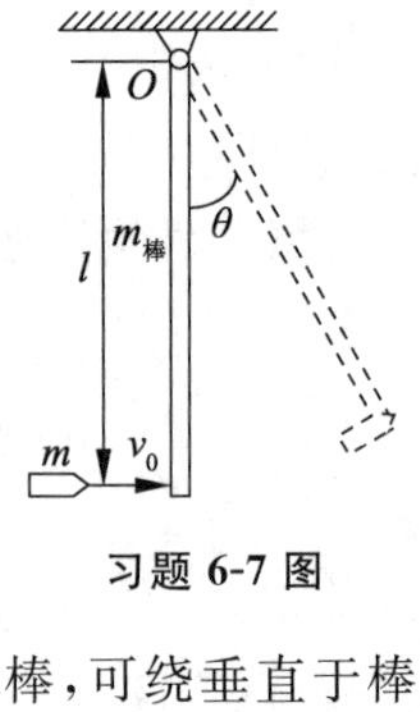

习题 6-7 图

6－8　质量为 0.50 kg、长为 0.40 m 的均匀细棒，可绕垂直于棒的一端的水平轴转动，如将此棒放在水平位置，然后任其下落，求：

（1）当棒转过 60°时的角加速度和角速度；

（2）棒下落到竖直位置时的动能；

（3）棒下落到竖直位置时的角速度.

产教融合案例一：全球定位系统

1. 全球定位系统简介

1973 年 12 月，美国国防部制订了“导弹星”全球定位系统(简称 GPS)的国防导弹卫星计划，并建立了一个供各军种使用的统一的全球军用导弹卫星系统. 该系统能够向全球用户提供连续、实时、高精度的三维位置、三维速度和时间信息. 它是一种高精度卫星定位导航系统，是由地面监控网、多个卫星和大量用户接收机组成的.

全球定位系统(见图 1)在地面上空的空间部分由 24 颗卫星组成导航卫星星座，如图 2 所示，21 颗卫星为工作卫星，3 颗卫星为备份卫星，卫星在 6 条轨道上运转，轨道面倾角为 55°，每条轨道上布设 3 颗卫星，彼此相距 120°，各轨道的升交点沿赤道等间隔配置，且相邻升交点之间的角距离为 60°. 一个轨道面的卫星到下一个轨道面的卫星之间错开 40°，另外，每隔一个轨道平面的轨道上布置 1 颗预热备份卫星，每个卫星在距地面 2.02×10^{7} m 高度的轨道上运转，或者说轨道半径为 2.65×10^{7} m，运转一周为 12 h. 每颗卫星都装有非常精确的原子钟，这样的卫星系统基本上保证了地球上任何位置的用户接收机能同时接收到 4～8 颗卫星发来的信号，如图 3 所示.

图 1　全球定位系统

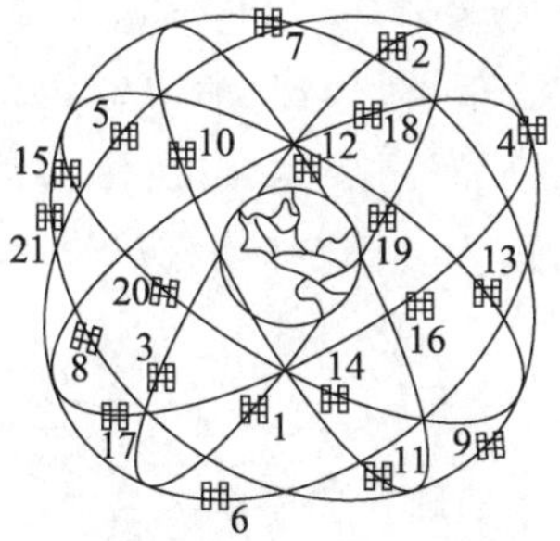

图 2　GPS 卫星星座

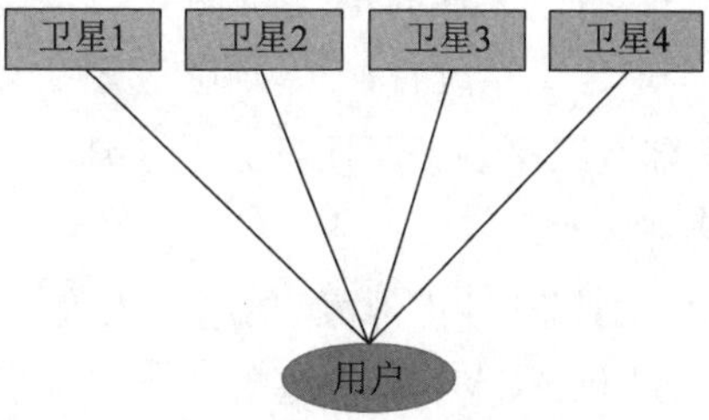

图 3　GPS 的定位原理

现代战争具有大规模、大纵深、非线性的作战特点，这就要求分布在广大地域的地面部队、坦克、火炮、飞机、水面和水下的舰艇具有协同一致的作战能力，同时也要求他们具有高度精确且一致的时间基准，并且在任何时候都能确定自身的位置和速度. 全球定位系统是卫星无线电导航、定位和授时系统，其主要任务就是为分布在全球各地的各军兵种部队及武器装备、低轨道军用卫星提供全天候的精确实时的导航、定位和授时服务.

2. 全球定位系统的物理基础

由于全球定位系统能同时保证全球任何地点或近地空间的用户最低限度连续收看到 4 颗卫星，每颗卫星又都能连续不断地向用户接收机发射导航信号，所以用户到卫星的距离等于电磁波的传播速度乘以电磁波传播所用的时间.

假设用户同时接收到 4 颗卫星信号，且 4 颗卫星发射信号时的精确位置和时间分别为(x_1,y_1,z_1,t_1)、(x_2,y_2,z_2,t_2)、(x_3,y_3,z_3,t_3)、(x_4,y_4,z_4,t_4)，电磁波的传播速度为 u，用户此时所在的位置为(x,y,z,t)，则有

$$\begin{cases}\sqrt{(x-x_1)^2+(y-y_1)^2+(z-z_1)^2}=u(t-t_1)\\\sqrt{(x-x_2)^2+(y-y_2)^2+(z-z_2)^2}=u(t-t_2)\\\sqrt{(x-x_3)^2+(y-y_3)^2+(z-z_3)^2}=u(t-t_3)\\\sqrt{(x-x_4)^2+(y-y_4)^2+(z-z_4)^2}=u(t-t_4)\end{cases}$$

解此方程组可求得 x、y、z、t 的值，得到用户此时所在的位置.

如果连续不断地定位，则可求出三维速度(v_x,v_y,v_z)，设 t 时刻用户的位置为(x,y,z)，t'时刻用户的位置为(x',y',z')，则用户的速度为

$$v_x=\frac{x-x'}{t-t'},v_y=\frac{y-y'}{t-t'},v_z=\frac{z-z'}{t-t'}$$

全球定位系统测量精度高. 国内外 10 多年的众多实验和研究表明：该系统相对定位，若方法合适、软件精良，则短距离（15 km 以内）精度可达到厘米级或更高；中长距离（几十千米到几千千米）相对精度可达到 $10^{-7}\sim10^{-8}$，是相当惊人的.

3. 全球定位系统的军事应用

全球定位系统可为地面车辆、人员以及航空、航海、航天等领域的飞机、舰艇、潜艇、卫星、航天飞机等进行导航和定位；可用于洲际导弹的中段制导，作为惯性制导系统的补充，提高导弹的精度；还可用于照相制图和大地测量、空中交会和加油、空投和空运、航空交通控制和指挥、火炮的定位和发射、靶场测试、反潜战、布雷、扫雷、船只的保持和营救工作等. 全球定位系统首次成功地广泛用于军事行动始于海湾战争，以美国为首的多国部队给海陆空三军装备了 1.7 万台全球定位系统接收机，为多国部队创造了难以估量的军事和经济效益.

例如，在实施“沙漠风暴”的第一天晚上，美军出动了 7 架 B-52G 战略轰炸机向伊拉克发射了 35 枚 AGM-80C 巡航导弹，这些导弹上都装有全球定位系统复合制导装置，能从区域目标转为定点目标命中，准确集中预定战略目标，使伊军通信、防空和供电系统陷于瘫痪状态. 在北约对南联盟的行动中，更加广泛地使用远程巡航导弹和联合直接攻击弹药等精确打击武器，对南联盟军、民用目标进行精确打击，这也是借助全球定位系统的精确定位. 所以可以肯定全球定位系统在未来战争中必将发挥越来越大的作用.

由于全球定位系统具有巨大的实用价值，各国都在大力发展. 除了美国的全球定位系统(GPS)外，俄罗斯的全球卫星导航系统(GLONASS)由 21 颗工作卫星和 3 颗在轨备用卫星组成，均匀分布在 3 个轨道平面上；欧洲空间局(ESA)筹建的全球导航卫星系统(Galileo)，称为伽利略计划，其中包括赤道面上的 6 颗同步卫星(GEO)和 12 颗高椭圆轨道(HEO)卫星的混合卫星星座. 截至 2012 年 10 月 25 日 23 时 33 分，我国的北斗卫星导航系统(BDS)导航工程区域组网顺利完成，它由 5 颗静止轨道卫星和 30 颗非静止轨道卫星组成.

第二部分

电磁学

电磁学是研究电磁现象及其规律的学科.

早在公元前几百年,人类就观察到电现象和磁现象,但直到17世纪才开始一些系统的研究,对电磁现象的定量研究最早是从1785年库仑研究电荷之间的相互作用开始的,从此静电学和静磁学开始沿着牛顿力学的模式发展起来.1786年伽伐尼发现了电流,之后伏特、欧姆、法拉第等人发现了电流定律.1820年奥斯特发现了电流的磁效应,开创了电磁学发展历史的新篇章.1831年法拉第发现了著名的电磁感应现象,并提出了场和力线的概念,进一步揭示了电与磁之间的联系.19世纪中叶,麦克斯韦在总结前人工作的基础上,加上他的感生电场和位移电流的假说,建立了完整的宏观电磁场理论,使人类对宏观电磁现象的认识达到了一个新的高度.

电磁学是许多应用学科的基础,如电工学、自动控制学、无线电电子学等,同时它也是认识物质微观结构和性质的基础.

第 7 章　电场和电场强度

7.1　电荷　库仑定律

7.1.1　电荷

1. 电荷与电荷量

人类对电的认识最早起源于自然界的闪电现象(见图 7.1.1)和摩擦起电. 我们把物体经摩擦后能够吸引羽毛、纸片等轻小物体的状态称为带电,并说物体带有电荷.

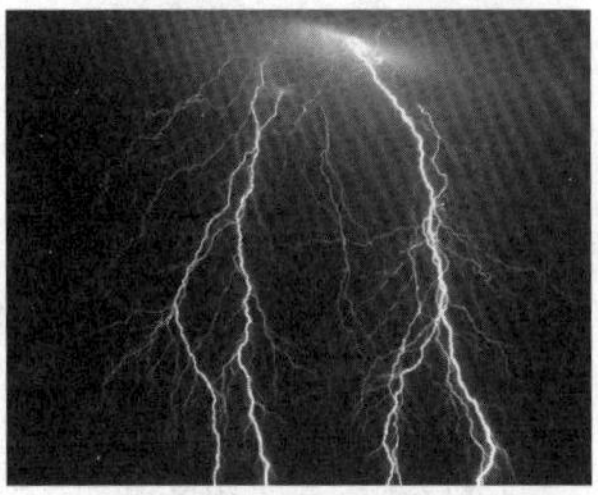

图 7.1.1　闪电

自然界存在两种电荷,一种是丝绸与玻璃棒摩擦后玻璃棒所带的电荷,称为正电荷,常用"+"号表示. 另一种是毛皮与橡胶棒摩擦后橡胶棒所带的电荷,称为负电荷,常用"−"号表示.

电荷与电荷之间存在相互作用力,静止电荷之间的相互作用称为静电力. 对于静止电荷,同种电荷之间存在相互排斥的力,异种电荷之间存在相互吸引的力. 静电力与万有引力相似,但万有引力总是相互吸引的,而静电力却随电荷的正负有吸引与排斥之分,如图 7.1.2 所示.

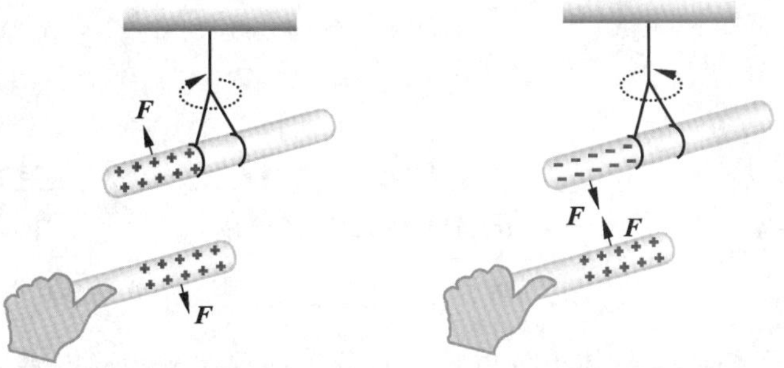

(a) 同种电荷相互排斥　　(b) 异种电荷相互吸引

图 7.1.2　电荷间的相互作用力

物质是由分子组成的,分子是由原子组成的,原子是由原子核和核外电子组成的. 原子核是由质子和中子组成的,核外电子按层分布. 质子带正电荷,电子带负电荷,中子不带电.原子核最外层电子容易脱离原子核成为自由电子.摩擦起电的实质实际上就是电子的转移.两个物体相互摩擦时,一个物体上的电子会转移到另一个物体上,得到电子的物体带负电,失去电子的物体带正电.

电荷定向运动形成电流.影响电流大小的一个因素是物质的导电性能.决定导电性能的主要因素是物体内自由电荷的数量密度.按导电性能优劣,物体可分为超导体、导体、半导体、绝缘体.常温下,金属内有许多自由电子,它是导电性能比较好的导体,在导体内很容易形成电流.绝缘体导电性能很差,它的自由电荷数量密度非常低,通常情况下可认为是不导电的.也就是说,可以认为绝缘体内不会形成电流.半导体的导电性能介于导体与绝缘体之间.超导体有极好的导电性能.不同导电性能的物体有不同的用途.

电荷的多少称为电荷量,常用字母 q 或 Q 表示.电荷量的国际单位制单位是库仑(C).1 库仑等于导线中通过 1 安培电流时,1 秒内通过导线横截面的电荷量.

一个电子的电荷量为 -1.60×10^{-19} C,一个质子的电荷量为 $+1.60\times10^{-19}$ C.

研究表明,物体的电荷量与它的运动状态无关,这种特性称为电荷量的相对论不变性.

2. 电荷守恒定律

摩擦起电时,电子从一个物体转移到另一个物体,引起一个物体上电子数目减少而另一物体上电子数目增加,但两个物体上电荷的总和保持不变.

将原来不带电的两个导体各自固定在绝缘支架上,让它们相互接触,如图 7.1.3(a)所示.当带电物体靠近时,两个导体上的电荷会重新分布,如图 7.1.3(b)所示.当用带正电的物体靠近导体时,导体中的负电荷受到吸引力,负电荷被吸引到靠近带电体的一端,导体的这一端就带负电荷;导体中的正电荷受到排斥力,正电荷被排斥到远离带电体的另一端,另一端就带正电荷.如果此时把两个导体分开,再移走带电体,两导体就会带等量异号电荷,如图 7.1.3(c)所示.

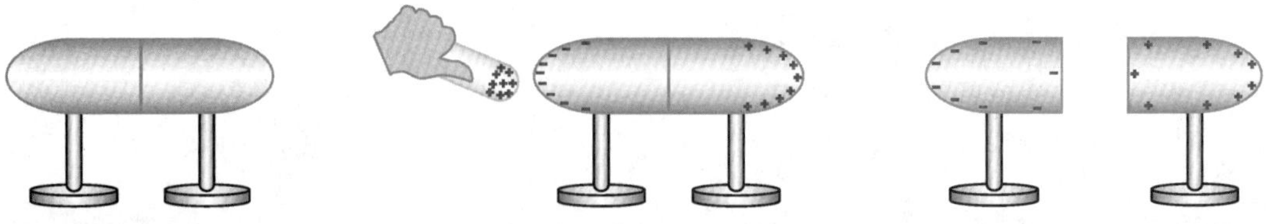

(a) 不带电的两个导体　(b) 静电感应时的两个导体　(c) 静电感应后的两个导体

图 7.1.3　感应起电

带电体靠近导体时,使导体上的电荷重新分布的现象称为静电感应.由静电感应出现的电荷称为感应电荷.用静电感应方法使物体带电称为感应起电.

科学实验表明,在一个与外界没有电荷交换的系统内,不论系统内发生什么过程,系统内正、负电荷的代数和始终保持不变,这一结论称为电荷守恒定律.摩擦起电、感应起电都遵守电荷守恒定律.不管是宏观过程还是微观过程,不管是物理过程、化学过程、生物过程还是其他过程，都遵守电荷守恒定律. 电荷守恒定律是自然界的一条基本定律.

3. 电荷的量子化

20世纪初，著名的密立根油滴实验证实电荷具有量子性. 实验表明，自然界存在最小的电荷单元，称为元电荷，常用 e 表示，任何带电物体所带的电荷量只能是元电荷电荷量的整数倍，即物体的电荷量

$$Q=ne \quad (n=\pm 1, \pm 2, \cdots) \tag{7.1.1}$$

实验测得元电荷的电荷量

$$e=1.602\ 176\ 620\ 8\times 10^{-19}\ \mathrm{C} \tag{7.1.2}$$

一般计算中，取 $e=1.60\times 10^{-19}$ C.

电荷量的这种只能取分立的、不连续量值的性质，称为电荷的量子化. 量子化是微观世界的一个基本概念，不仅电荷量是量子化的，能量、角动量等也是量子化的.

一个电子或一个质子的带电量在数值上等于元电荷的电荷量. 摩擦起电，实际上就是电子从一个物体转移到另一个物体. 所以，摩擦起电时，物体所带电荷量只能是电子电荷量绝对值的整数倍.

20世纪50年代开始，包括我国理论物理工作者在内的各国物理工作者陆续提出了物质结构更深层次的模型，认为强子（质子、中子、介子等）是由夸克（或称为层子）组成，而不同种类的夸克带有不同的分数电荷量，夸克的电荷量是元电荷的 $\pm\frac{1}{3}$ 或 $\pm\frac{2}{3}$ 倍.

质子由两个带电量为 $+\frac{2}{3}e$ 的上夸克和一个带电量为 $-\frac{1}{3}e$ 的下夸克组成，总电荷量为 e. 中子是由一个上夸克和两个下夸克组成的，总电荷量为零. 到1995年，各种夸克全部被实验发现，但到目前为止还没有发现自由状态的夸克.

尽管电荷是量子化的，但由于宏观物体带电量 $q\gg e$，e 的量值非常小，在宏观现象中常将物体的带电量看作连续变化的，带电物体上的电荷分布也看作连续的.

7.1.2　库仑定律

物体带电后的主要特征是带电体之间存在相互作用的电作用力. 从18世纪中叶开始，不少人着手研究电荷之间相互作用的定量规律. 研究静止电荷之间的相互作用的理论学科叫做静电学. 静止电荷之间的相互作用称为静电力，两个静止点电荷之间的相互作用的规律是由法国物理学家库仑（Coulomb，1736—1806，见图7.1.4）通过扭秤（见图7.1.5）实验总结出来，并于1785年首先公布的，所以称为库仑定律. 静电力也称为库仑力.

图7.1.4　库仑

实验表明，实际带电物体之间的相互作用力与所带电荷

有关，也与带电物体间距有关，还与带电物体的形状、体积、电荷在物体上的分布及周围物质的性质有关. 所以，实际带电物体之间的相互作用非常复杂.

为了让初学者更容易学习和理解这类问题，与力学中引入质点、刚体模型一样，在这里我们引入点电荷的模型，首先学习点电荷之间的相互作用规律，再研究任意带电物体间的相互作用规律.

图 7.1.5 扭秤

1. 点电荷

当带电物体的线度比带电物体之间的距离小得多时，带电物体的体积、形状对所研究问题的影响可以忽略，这时，我们把这个带电物体看作带有电荷量的点，称为点电荷. 在具体问题中，点电荷概念只具有相对意义，它本身不一定是很小的带电体.

点电荷是一个理想化的物理模型，一般的带电物体不能看作点电荷，但可以把它看作许多点电荷的集合体.

2. 库仑定律

在真空中，两个静止点电荷之间相互作用力的大小与这两个点电荷的电荷量的乘积成正比，而与这两个点电荷之间的距离的二次方成反比，作用力的方向沿着这两个点电荷的连线方向，同种电荷相互排斥，异种电荷相互吸引. 这就是库仑定律. 这两个电荷之间的作用力称为库仑力. 用数学表达式表示两个点电荷间库仑力 F 的大小为

$$F=k\frac{q_1q_2}{r^2} \tag{7.1.3}$$

式中，q_1 和 q_2 分别表示两个点电荷的电荷量；r 表示两个点电荷之间的距离；比例系数 k 由实验测定. 在国际单位制中，$k=8.99\times10^9\ \mathrm{N\cdot m^2\cdot C^{-2}}$.

由于力是矢量，我们可以用矢量表达式来表示库仑定律. 用 $\boldsymbol{e}_r$ 表示另一个点电荷指向受力点电荷的单位矢量，则一个点电荷所受的静电力可表示为

$$\boldsymbol{F}=k\frac{q_1q_2}{r^2}\boldsymbol{e}_r \tag{7.1.4}$$

如果 $\boldsymbol{F}$ 表示 q_2 所受的力，式中 $\boldsymbol{e}_r$ 就是另一个点电荷 q_1 指向受力点电荷 q_2 的单位矢量. 如果 $\boldsymbol{F}$ 表示 q_1 所受的力，式中 $\boldsymbol{e}_r$ 是另一个点电荷 q_2 指向受力点电荷 q_1 的单位矢量.

用式(7.1.3)计算静电力时，电荷量 q_1 和 q_2 可以带正、负号. 计算结果为正值表示排斥力，计算结果为负值表示吸引力.

两个点电荷间的库仑力可用图 7.1.6 表示.

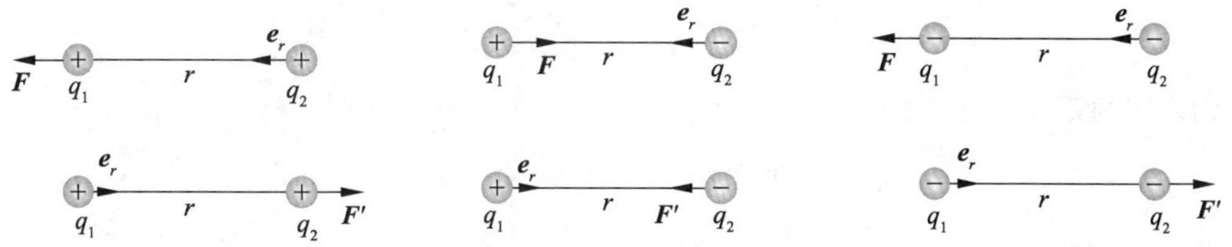

(a) 两个正点电荷　　(b) 两个异号点电荷　　(c) 两个负点电荷

图 7.1.6　两个点电荷间的库仑力

两个静止点电荷之间的静电力也满足牛顿第三定律，即 $\boldsymbol{F}=-\boldsymbol{F}'$.

在国际单位制中，通常引入常量 ε_0，将 k 写成

$$k=\frac{1}{4\pi\varepsilon_0}$$

于是，库仑定律就写成

$$\boldsymbol{F}=\frac{1}{4\pi\varepsilon_0}\frac{q_1q_2}{r^2}\boldsymbol{e}_r \tag{7.1.5}$$

ε_0 称为真空中的电容率. 在国际单位制中，$\varepsilon_0=8.85\times10^{-12}\ \mathrm{C^2\cdot N^{-1}\cdot m^{-2}}$.

注意，库仑定律仅适用于真空中的两个静止点电荷，即真空、静止和点电荷三个条件必须同时满足.

在库仑定律表达式中引入 4π 因子，这种做法称为单位制的有理化. 虽然看上去库仑定律表达式变得复杂了，但由库仑定律导出的许多其他定理或规律的表达式却因为没有 4π 因子而变得简洁.

从数学表达式看，库仑定律与牛顿万有引力定律在形式上完全一样，这种物理规律的相似性源于自然界的相似性.

自然界中存在四种基本的相互作用力，它们分别是引力相互作用、电磁相互作用、弱相互作用和强相互作用. 弱相互作用和电磁相互作用已经统一，而把四种基本的相互作用统一起来是物理工作者梦寐以求的事情.

库仑定律是由实验总结得到的，是静电场理论的基础，也是整个电磁理论的基础. 距离平方反比规律的精确性一直是物理学家关心的问题，随着实验仪器的精度不断提高，也不断有人进行实验的测定，现代精密实验测得距离平方反比中二次方的误差已经不超过 10^{-16}.

[例 7.1.1]　按照玻尔的氢原子理论，氢原子中的核外电子快速地绕原子核(质子)运动(见图 7.1.7). 在基态时，电子的轨道半径为 $r=0.529\times10^{-10}$ m. 试计算氢原子内电子和质子间的库仑力与万有引力之比. (电子质量 $m_e=9.11\times10^{-31}$ kg，电子的电荷量 $e=1.60\times10^{-19}$ C，质子的质量 $m_p=1.67\times10^{-27}$ kg，引力常量 $G=6.67\times10^{-11}\ \mathrm{N\cdot m^2\cdot kg^{-2}}$)

解：氢原子内电子和质子的电荷量相等，都是 e. 它们之间的库仑力大小

$$F_e=\frac{q_e q_p}{4\pi\varepsilon_0 r^2}=\frac{e^2}{4\pi\varepsilon_0 r^2}$$

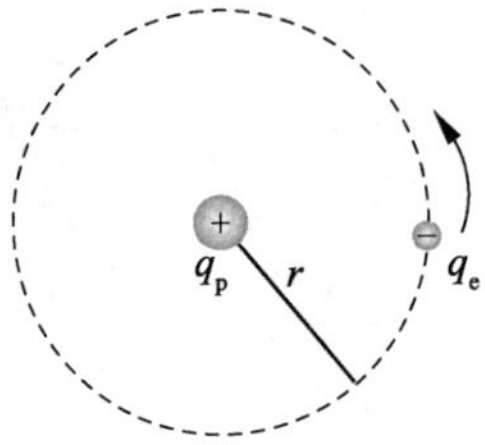

图 7.1.7　电子绕质子运动

它们之间的万有引力大小

$$F_g=G\frac{m_e m_p}{r^2}$$

库仑力与万有引力之比

$$\frac{F_e}{F_g}=\frac{e^2}{4\pi\varepsilon_0 G m_e m_p}$$

代入数值计算,得

$$\frac{F_e}{F_g}\approx 2.27\times 10^{39}$$

可见,原子内电子和质子间的库仑力远比万有引力大.因此,在处理此类问题时,万有引力可忽略不计.

同样,我们可以计算出原子核内两个质子之间的静电力,由于原子核内质子之间的距离非常小,所以原子核内质子间存在着非常大的静电排斥力.一般物体内部的原子核都处于稳定状态,说明原子核内必然存在平衡静电力的另外一种力,这种力就是核力,核力比静电力更强大.在力学中,我们研究的宏观物体之间的弹力、摩擦力等实际上是由静电力引起的.

7.1.3　静电力的叠加原理

实验证明:两个点电荷间的相互作用力并不因为第三个点电荷的存在而有所改变.因此,点电荷系对一个点电荷的作用力等于点电荷系中各个点电荷单独存在时对该点电荷作用力的矢量和.这个结论称为静电力的叠加原理.

如图 7.1.8 所示,点电荷系中有 n 个点电荷,电荷量分别为 $q_1,q_2,\cdots,q_n$,附近有一个点电荷 q_0,按照静电力的叠加原理,我们可以先求出各点电荷单独存在时对点电荷 q_0 的静电力,它们分别是

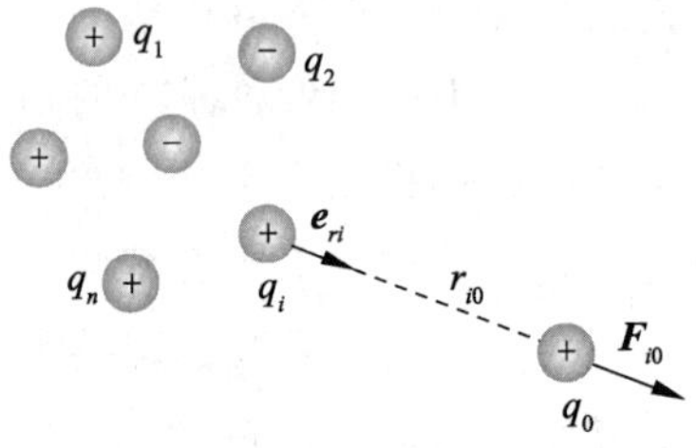

图 7.1.8　静电力的叠加原理

q_1 对 q_0 的作用力　$\boldsymbol{F}_{10}=\dfrac{1}{4\pi\varepsilon_0}\dfrac{q_1 q_0}{r_{10}^2}\boldsymbol{e}_{r1}$

式中,r_{10} 是 q_1 和 q_0 之间的距离;$\boldsymbol{e}_{r1}$ 是 q_1 指向 q_0 的单位矢量.

q_2 对 q_0 的作用力　$\boldsymbol{F}_{20}=\dfrac{1}{4\pi\varepsilon_0}\dfrac{q_2 q_0}{r_{20}^2}\boldsymbol{e}_{r2}$

式中,r_{20} 是 q_2 和 q_0 之间的距离;$\boldsymbol{e}_{r2}$ 是 q_2 指向 q_0 的单位矢量.

……

q_n 对 q_0 的作用力　$\boldsymbol{F}_{n0}=\dfrac{1}{4\pi\varepsilon_0}\dfrac{q_n q_0}{r_{n0}^2}\boldsymbol{e}_{rn}$

式中,r_{n0} 是 q_n 和 q_0 之间的距离;$\boldsymbol{e}_{rn}$ 是 q_n 指向 q_0 的单位矢量.

以上各个力的矢量和就等于点电荷系对点电荷 q_0 的静电力 $\boldsymbol{F}$，即

$$\boldsymbol{F}=\boldsymbol{F}_{10}+\boldsymbol{F}_{20}+\cdots+\boldsymbol{F}_{n0} \tag{7.1.6}$$

或

$$\boldsymbol{F}=\sum_{i=1}^{n}\frac{1}{4\pi\varepsilon_0}\frac{q_iq_0}{r_{i0}^2}\boldsymbol{e}_{ri} \tag{7.1.7}$$

［**例 7.1.2**］　如图 7.1.9 所示，边长为 l 的等边三角形，三个顶点 a、b、c 各有一个点电荷，它们的电荷量分别为 q、$-q$ 和 q_0. 求点电荷 q_0 受到的静电力.

解：根据库仑定律，先分别求出点电荷 q、$-q$ 单独存在时对点电荷 q_0 的静电力.

点电荷 q 对点电荷 q_0 的静电力 $\boldsymbol{F}_{ac}$，如图 7.1.10 所示.

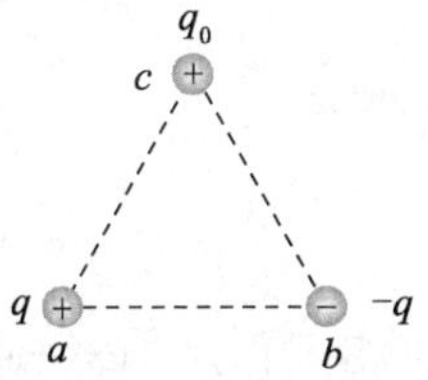

图 7.1.9　例 7.1.2 图

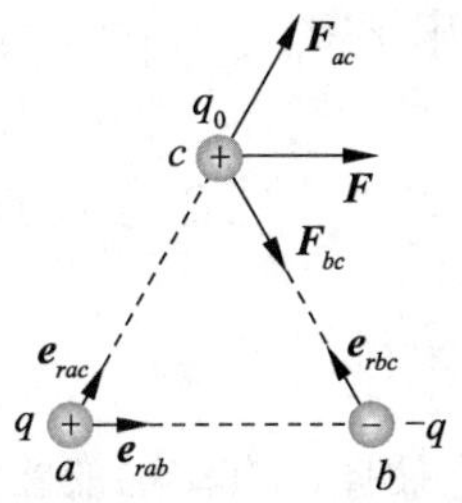

图 7.1.10　例 7.1.2 解图

$$\boldsymbol{F}_{ac}=\frac{1}{4\pi\varepsilon_0}\frac{qq_0}{r_{ac}^2}\boldsymbol{e}_{rac}=\frac{1}{4\pi\varepsilon_0}\frac{qq_0}{l^2}\boldsymbol{e}_{rac}$$

点电荷 $-q$ 对点电荷 q_0 的静电力 $\boldsymbol{F}_{bc}$，如图 7.1.10 所示.

$$\boldsymbol{F}_{bc}=\frac{1}{4\pi\varepsilon_0}\frac{-qq_0}{r_{bc}^2}\boldsymbol{e}_{rbc}=\frac{1}{4\pi\varepsilon_0}\frac{-qq_0}{l^2}\boldsymbol{e}_{rbc}$$

根据静电力的叠加原理，点电荷 q_0 受到的静电力 $\boldsymbol{F}$ 等于上面两个力的矢量和，如图 7.1.10 所示，即

$$\begin{aligned}\boldsymbol{F}&=\boldsymbol{F}_{ac}+\boldsymbol{F}_{bc}\\&=\frac{1}{4\pi\varepsilon_0}\frac{qq_0}{l^2}\boldsymbol{e}_{rac}+\frac{1}{4\pi\varepsilon_0}\frac{-qq_0}{l^2}\boldsymbol{e}_{rbc}\\&=\frac{1}{4\pi\varepsilon_0}\frac{qq_0}{l^2}(\boldsymbol{e}_{rac}-\boldsymbol{e}_{rbc})\\&=\frac{1}{4\pi\varepsilon_0}\frac{qq_0}{l^2}\boldsymbol{e}_{rab}\end{aligned}$$

要想求出连续带电物体对点电荷的静电力，可将连续带电物体看作许多无限小的点电荷的集合，这些无限小的点电荷称为电荷元. 每个电荷元对点电荷的静电力可以用库仑定律求出，最后用静电力的叠加原理求出带电物体对点电荷的总静电力.

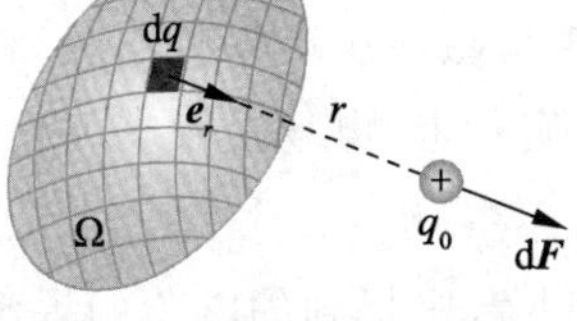

图 7.1.11　连续带电物体对点电荷的静电力

如图 7.1.11 所示. 任意带电物体 Ω 对附近点电荷

q_0 的静电力可以这样求得.将带电物体划分成无数个无限小的电荷元,取任意电荷元 dq(图中阴影小块),电荷元 dq 对点电荷 q_0 的静电力

$$d\boldsymbol{F}=\frac{1}{4\pi\varepsilon_0}\frac{q_0 dq}{r^2}\boldsymbol{e}_r \tag{7.1.8}$$

式中,$\boldsymbol{e}_r$ 是电荷元 dq 指向受力点电荷 q_0 的单位矢量.利用静电力的叠加原理,带电物体对点电荷 q_0 的静电力 $\boldsymbol{F}$ 等于式(7.1.8)对带电物体的积分,即

$$\boldsymbol{F}=\int d\boldsymbol{F}=\int_{\Omega}\frac{1}{4\pi\varepsilon_0}\frac{q_0 dq}{r^2}\boldsymbol{e}_r \tag{7.1.9}$$

用类似的方法也可以计算带电物体与带电物体之间的静电力.这些问题通常都要进行复杂的积分运算.静电力还可以通过引入电场强度概念后,用电场强度来计算,这种计算方法将在下一节中学习.

7.2 电场 电场强度

7.2.1 电场

我们知道,两个彼此没有接触的物体,如果要发生相互作用,必须通过存在于这两个物体之间的物质来传递.

上一节,我们分析了静止电荷间的作用力,电荷与电荷之间是存在距离的,而且处于真空中,那么它们之间的作用力是通过什么物质传递的呢?

历史上有过这样一种观点:电荷间的作用力不需要任何物质来传递,并且这种力的传递也不需要任何时间,即所谓的超距作用.人们经过长期的实验研究发现,这种观点是错误的.

实验表明,电荷周围存在一种特殊的物质,电荷之间的作用力就是通过这种特殊物质来传递的,这种物质称为电场.静止电荷在其周围激发的电场称为静电场.

为了让读者更好地理解电场的概念,我们先来分析小灯点亮后发光的现象.小灯点亮后,灯的四周都有光,离开灯越近光越强,离开灯越远光越弱.在距离相同的地方,灯的功率越大光越强,灯的功率越小光越弱.

电荷与电场强度的关系就好像灯与灯光的关系.如图 7.2.1 所示,电荷在其周围激发电场,图中用灰颜色表示电荷周围的电场.电荷周围充满了电场,离开电荷越近电场越强(颜色越深),离开电荷越远电场越弱(颜色越浅).同样距离的地方,电荷量越多电场越强,电荷量越少电场越弱.

实际上,电场是没有颜色的,我们根本看不见.但我们可以通过其他的办法来确认电场的存在.

本章中提到的电荷如果没有特别说明都认为是静止的,对应的电场是静电场.

物理理论认为,电荷在其周围激发电场,电场对电荷具有作用力,这种作用力称为电场力.也就是说,电荷间的作用力是通过电场来传递的.

如图 7.2.2 所示，电荷 q_1 在周围激发电场，电荷 q_2 在该电场中，电场中的电荷 q_2 就会受到电场力 $\boldsymbol{F}$.

同样，如图 7.2.3 所示，电荷 q_2 在周围激发电场，电荷 q_1 在该电场中，电场中的电荷 q_1 就会受到电场力 $\boldsymbol{F}'$. $\boldsymbol{F}$ 和 $\boldsymbol{F}'$ 就是两个电荷之间的相互作用力. 如果它们是真空中的静止点电荷，那么，它们之间的相互作用力 $\boldsymbol{F}$ 和 $\boldsymbol{F}'$ 就可以用库仑定律来计算.

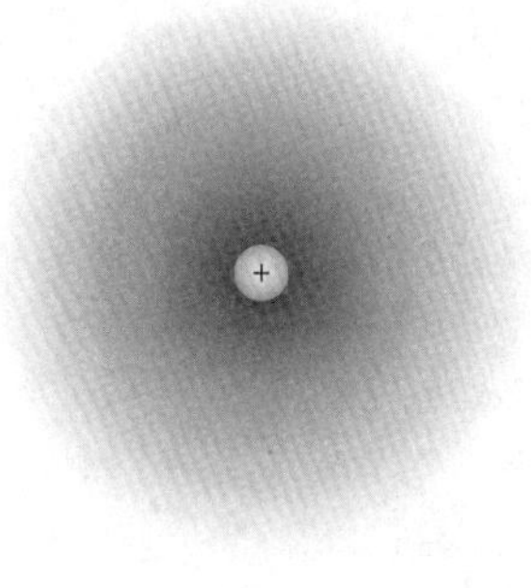

图 7.2.1　电荷周围的电场

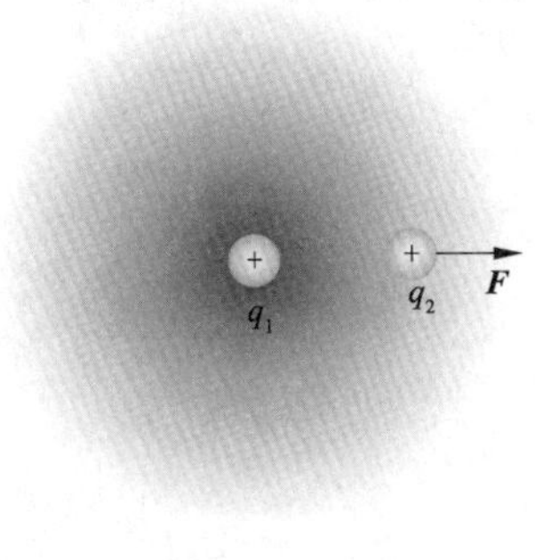

图 7.2.2　电场对电荷的作用力(1)

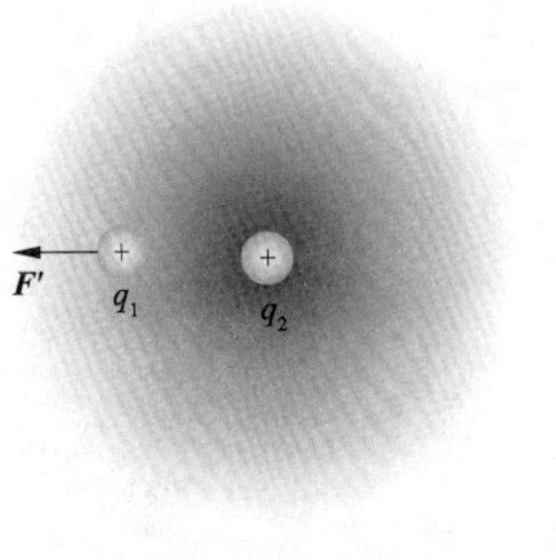

图 7.2.3　电场对电荷的作用力(2)

两个电荷之间的作用力可以用下面的框图表示. 电荷 1 激发电场，该电场对电荷 2 产生作用力. 相应地，电荷 2 激发电场，该电场对电荷 1 产生作用力.

$$\boxed{\text{电荷 1}}\underset{\text{作用}}{\overset{\text{激发}}{\rightleftharpoons}}\boxed{\text{电场}}\underset{\text{激发}}{\overset{\text{作用}}{\rightleftharpoons}}\boxed{\text{电荷 2}}$$

现代物理理论和实验已经证实，场是物质存在的一种形式. 电场不仅对电荷施加电场力，而且当电荷在电场中移动时，电场力会做功，所以电场也具有能量. 相对论质能关系告诉我们，电场也有质量. 当电荷运动时，其周围的电场会发生变化，变化的电场以光速传递，因此变化的电场还具有动量. 电场具有力的性质，我们可以用电场强度来描述. 电场具有能的性质，我们可以用电势来描述.

7.2.2　电场强度

为了研究电场的性质，我们首先介绍试验电荷的概念，然后将试验电荷放入要研究的电场中，测量电场中各处试验电荷所受的电场力. 根据试验电荷的受力特点再引入电场强度的概念.

1. 试验电荷

试验电荷是一个电荷量很小的点电荷. 这里说的电荷量很小是指当试验电荷放入要研究的电场中时，试验电荷对所研究的电场影响很小，可以忽略不计. 即所要研究的电场不会因为放入试验电荷而发生变化. 我们用 q_0 表示试验电荷的电荷量.

2. 电场强度

实验表明：试验电荷 q_0 放在电场中不同地方时，它所受的力一般都不相同，这说明各点的电场不同. 如图 7.2.4 所示，将试验电荷 q_0 放入带电物体 Ω 的电场中的 a 点时，受到的电场力为 $\boldsymbol{F}_a$；将试验电荷 q_0 放在电场中的 b 点时，受到的电场力为 $\boldsymbol{F}_b$. 实验表明，一般情况下 $\boldsymbol{F}_a \neq \boldsymbol{F}_b$.

对于电场中同一点来说，如图 7.2.4 中的 a 点. 当 a 点换另一个试验电荷 q_0' 时，该试验电荷受到的电场力变为 $\boldsymbol{F}_a'$，如图 7.2.5 所示. 实验表明，试验电荷在 a 点所受的电场力只跟试验电荷的电荷量多少及电荷的正负有关，试验电荷所受的电场力与它的电荷量之比是不变的矢量，即

$$\frac{\boldsymbol{F}_a'}{q_0'}=\frac{\boldsymbol{F}_a}{q_0}=\cdots=\text{常矢量}$$

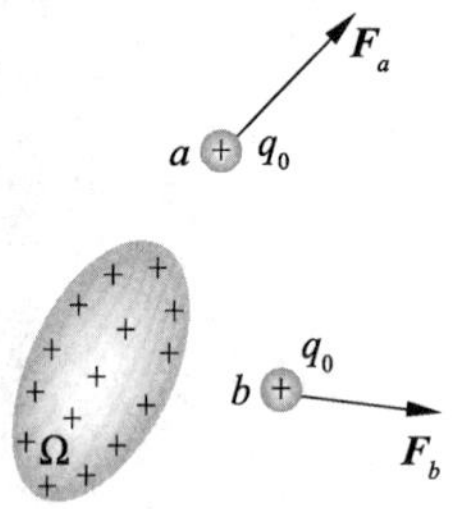

图 7.2.4　电场力(1)

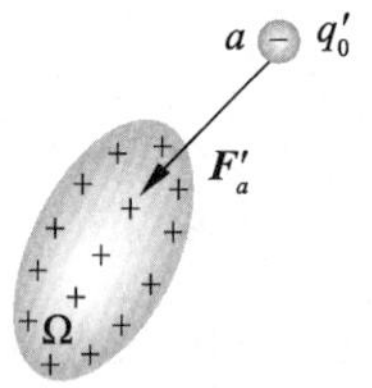

图 7.2.5　电场力(2)

实验表明，试验电荷在电场中任一点所受的电场力矢量与试验电荷的电荷量(含正负号)的比是一个常矢量. 也就是说，该常矢量与试验电荷无关，只跟该点的电场有关，我们就用这个常矢量来表示这一点电场的力的性质，这个常矢量称为电场强度，通常用 $\boldsymbol{E}$ 表示.

假设试验电荷 q_0 放在某点时所受的电场力为 $\boldsymbol{F}$，那么定义该点的电场强度

$$\boldsymbol{E}\equiv\frac{\boldsymbol{F}}{q_0} \tag{7.2.1}$$

可见，电场中某点的电场强度就等于单位正电荷在该点所受的电场力. 必须强调，电场中某点的电场强度只与该点的电场有关，与该点是否有试验电荷无关，与该点的试验电荷电荷量无关.

电场强度是矢量，它的方向就是正试验电荷放在该点时受力的方向. 在国际单位制中，电场强度的单位为牛顿每库仑($\mathrm{N\cdot C^{-1}}$)或伏特每米($\mathrm{V\cdot m^{-1}}$). 电场强度简称场强.

如图 7.2.6 所示，将试验电荷 q_0 放在 a 点时，受到的电场力为 $\boldsymbol{F}_a$，根据电场强度的定义

$$\frac{\boldsymbol{F}_a}{q_0}=\boldsymbol{E}_a$$

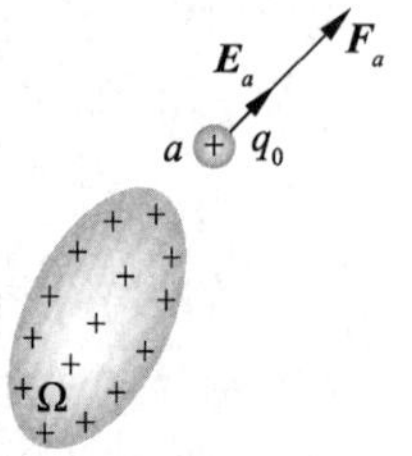

图 7.2.6　电场强度(1)

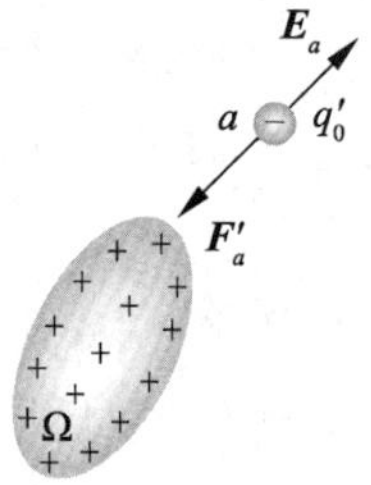

图 7.2.7　电场强度(2)

a 点换成试验电荷 q_0' 时，受到的电场力为 $\boldsymbol{F}_a'$，如图 7.2.7 所示，根据电场强度的定义

$$\frac{\boldsymbol{F}_a'}{q_0'}=\boldsymbol{E}_a$$

a 点没有电荷时，a 点的电场强度还是 $\boldsymbol{E}_a$，如图 7.2.8 所示.

电场强度是描述电场的量. 电场中各点的电场强度一般大小、方向都不同. 如图 7.2.9 所示，a 点和 b 点的电场强度分别是 $\boldsymbol{E}_a$ 和 $\boldsymbol{E}_b$. 通常，我们必须用矢量函数 $\boldsymbol{E}$ 才能完整描述电场强度在空间的分布. 如果某区域内电场强度的大小和方向处处都相同，该区域为均匀电场或匀强电场.

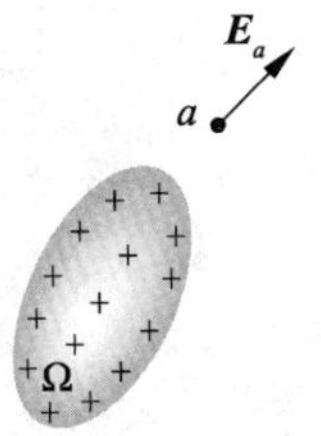

图 7.2.8　电场强度(3)

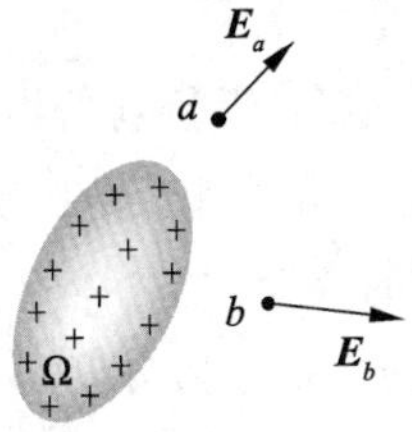

图 7.2.9　电场强度(4)

如果电场中各点的电场强度都已经知道，那么把试验电荷放入该电场中时，试验电荷所受的电场力就可以用电场强度来计算，即

$$\boldsymbol{F}=q_0\boldsymbol{E} \tag{7.2.2}$$

利用上式和力的叠加原理可计算任意带电物体在电场中所受的电场力.

3. 电场对电荷的作用力

假设电场中有一个点电荷 q 处于 a 点，如果此时 a 点的电场强度为 $\boldsymbol{E}$，根据电场强度的定义，单位正电荷在 a 点所受的电场力为 $\boldsymbol{E}$，那么点电荷 q 在 a 点所受的电场力

$$\boldsymbol{F}=q\boldsymbol{E} \tag{7.2.3}$$

式中的 $\boldsymbol{E}$ 是点电荷 q 位于 a 点时，a 点的电场强度.（要注意，由于静电感应等原因，点电荷 q 放入 a 点的前后可能会引起 a 点电场强度的变化.）

用式(7.2.3)计算时，q 可以带正、负号. 我们也可以计算任意带电物体在电场中所受的电场力.

如图 7.2.10 所示，任意带电物体 Ω 处于电场中，Ω 上各点的电场强度 $\boldsymbol{E}$ 是已知的函数. 在带电物体 Ω 上取任意体积元 dV 作为电荷元，其带电量为 dq（图中阴影小块），体积元 dV 处的电场强度为 $\boldsymbol{E}$，那么电荷元 dq 所受的电场力

$$\mathrm{d}\boldsymbol{F}=\boldsymbol{E}\,\mathrm{d}q$$

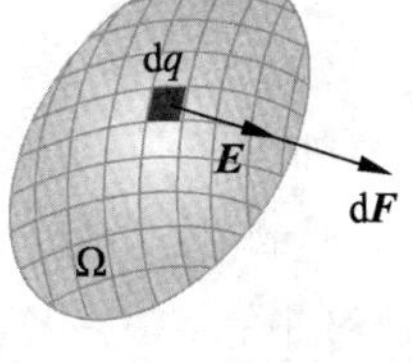

图 7.2.10　电场力计算

整个带电物体 Ω 所受的电场力 $\boldsymbol{F}$ 等于电荷元所受电场力 d$\boldsymbol{F}$ 在整个带电物体范围的积分，即

$$\boldsymbol{F}=\int_{\Omega}\mathrm{d}\boldsymbol{F}=\int_{\Omega}\boldsymbol{E}\,\mathrm{d}q \tag{7.2.4}$$

理论上说，只要已知电场的分布（$\boldsymbol{E}$ 的函数），任何带电物体在电场中所受的电场力

都可以用式(7.2.4)计算.

4. 电偶极子在匀强电场中受的力和力矩

带等量异号电荷的两个点电荷相隔一定距离,实际问题中,观察点到点电荷的距离通常远大于两个点电荷的间距,这两个带等量异号电荷的点电荷系称为电偶极子,通过两点电荷的直线称为电偶极子的轴线.

假设电偶极子两点电荷的电荷量分别为 $-q$ 和 $+q$. 用 $\boldsymbol{l}$ 表示负点电荷指向正点电荷的位置矢量,那么我们可以用电偶极矩 $\boldsymbol{p}$ 来表示这个电偶极子,定义电偶极矩

$$\boldsymbol{p} \equiv q\boldsymbol{l} \tag{7.2.5}$$

电偶极矩 $\boldsymbol{p}$ 是个矢量,它的方向由负点电荷指向正点电荷,它的数值等于点电荷电荷量的绝对值 q 与两点电荷间的距离 l 的乘积. 用 θ 表示电偶极矩 $\boldsymbol{p}$ 与电场强度 $\boldsymbol{E}$ 两矢量的夹角,如图 7.2.11 所示.

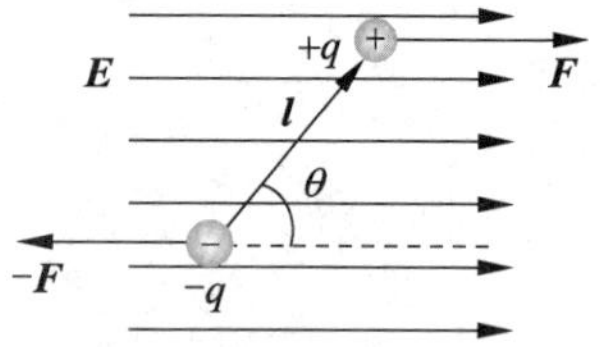

图 7.2.11 匀强电场中的电偶极子

下面计算电偶极子在匀强电场中所受的力和力矩.

(1) 电偶极子在匀强电场中所受的力。

由于电偶极子两点电荷为等量异号电荷,所以两个点电荷在匀强电场中所受电场力等值反向,它们的矢量和为零. 根据力学中的质心运动定理,电偶极子的质心没有加速度. 静止的电偶极子在匀强电场中质心保持静止.

(2) 电偶极子在匀强电场中所受的力矩。

电偶极子两点电荷在匀强电场中所受的电场力等值反向,这两个力组成一个力偶. 这个力偶的力矩大小

$$M = F \cdot l\sin\theta = qE \cdot l\sin\theta = pE\sin\theta$$

如果电偶极子可以自由转动,那么在匀强电场中的电偶极子受到力矩作用就会发生转动,使电偶极矩的方向朝电场的方向转动. 当电偶极矩方向与电场方向相同时,所受的力矩为零. 考虑到电场强度是矢量,电偶极矩也是矢量,因此电偶极子在匀强电场中所受的力矩矢量与电偶极矩矢量、电场强度矢量的关系可以写成

$$\boldsymbol{M} = \boldsymbol{p} \times \boldsymbol{E} \tag{7.2.6}$$

物质中的分子是由原子组成的,原子是由原子核和核外电子组成的. 原子核带正电荷,核外电子带负电荷. 通常一个分子的正电荷总量与负电荷总量相等,但分子的正电荷中心与负电荷中心不一定重合. 分子的正电荷中心与负电荷中心不重合时,分子相当于电偶极子,这类分子称为有极分子.

有极分子在匀强电场中受到电场的力矩而转动,引起分子按电偶极矩有序排列. 如果电场是非匀强电场,有极分子不仅受到力矩,而且分子中正、负电荷所受电场力的矢量和不为零. 因此有极分子在电场中不仅会转动,其质心也可能会移动.

7.2.3 电场强度的计算

首先,我们利用电场强度的定义求得点电荷的电场强度表达式,接着导出点电荷系

的电场强度计算方法——电场强度的叠加原理，最后得到一般带电物体电场强度的计算方法.

1. 点电荷的电场强度

如图 7.2.12 所示，真空中有一个静止的电荷量为 q 的点电荷，位于 a 点处，点电荷 q 在其周围激发了电场. 现在要计算电场中任意一点 p 处的电场强度.

p 点通常称为场点，点电荷 q 通常称为场源电荷. $\boldsymbol{r}$ 表示场源电荷 q 指向场点 p 的位置矢量，用 r 表示位置矢量 $\boldsymbol{r}$ 的模，即场源电荷到场点的距离，用 $\boldsymbol{e}_r$ 表示 $\boldsymbol{r}$ 的单位矢量. 利用电场强度的定义可求得点电荷 q 在 p 点激发的电场强度.

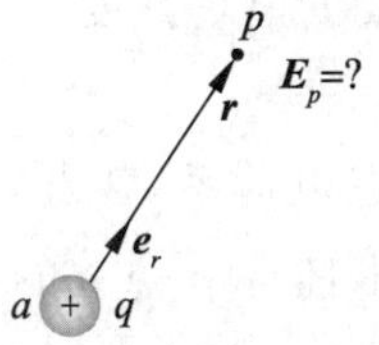

图 7.2.12　点电荷

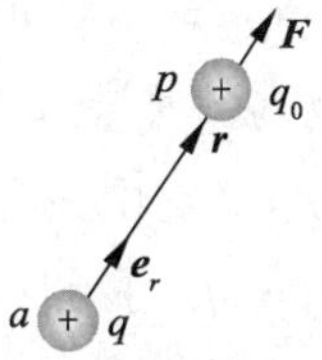

图 7.2.13　试验电荷受到的电场力

如图 7.2.13 所示，在场点 p 放入试验电荷 q_0，q_0 受到电场力 $\boldsymbol{F}$，该电场力是两个点电荷间的作用力，可以由库仑定律来表示，即 $\boldsymbol{F}=\frac{1}{4\pi\varepsilon_0}\frac{q_0 q}{r^2}\boldsymbol{e}_r$. 根据电场强度的定义，$p$ 点的电场强度就等于电场力 $\boldsymbol{F}$ 与试验电荷 q_0 的比，即

$$\boldsymbol{E}=\frac{\boldsymbol{F}}{q_0}=\frac{\frac{1}{4\pi\varepsilon_0}\frac{q_0 q}{r^2}\boldsymbol{e}_r}{q_0}$$

整理上式，得

$$\boldsymbol{E}=\frac{1}{4\pi\varepsilon_0}\frac{q}{r^2}\boldsymbol{e}_r \tag{7.2.7}$$

式(7.2.7)就是点电荷电场强度的表达式.

图 7.2.14 中画出了 p 点的电场强度方向. 电场强度的大小为

$$E=\frac{1}{4\pi\varepsilon_0}\frac{q}{r^2} \tag{7.2.8}$$

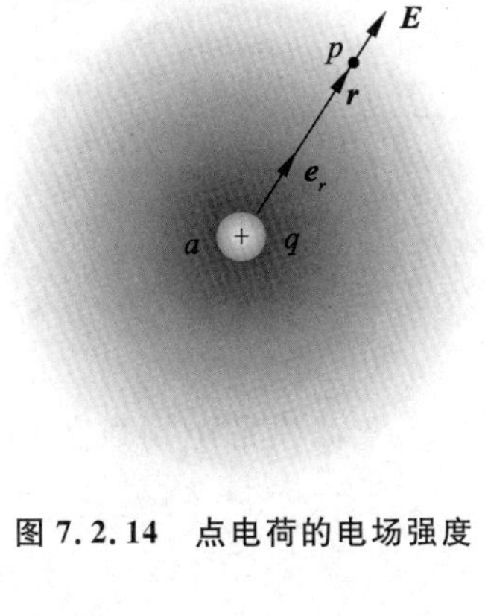

图 7.2.14　点电荷的电场强度

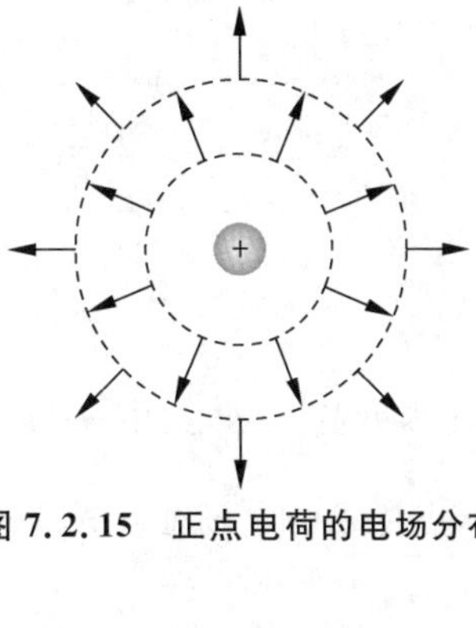

图 7.2.15　正点电荷的电场分布

由式(7.2.7)可知,点电荷的电场强度具有球对称性.图 7.2.15 所示为场源电荷是正点电荷时的电场(图中用箭头表示电场强度方向)分布图.该电场是以点电荷为球心的球对称图形(图中虚线所示),与点电荷距离相等的地方电场强度大小都相等,越靠近点电荷电场越强.电场强度方向与该球对称图形的表面垂直,即电场强度方向沿该球对称图形表面的外法线方向.

如果场源电荷为负点电荷,电场中电场强度大小分布与正点电荷相同,电场强度方向与正点电荷的电场方向相反,即电场强度方向沿球形表面的内法线方向(指向负点电荷).

用求点电荷电场强度的方法也可以求出点电荷系所激发的电场强度.

2. 点电荷系的电场强度叠加原理

如图 7.2.16 所示,真空中任意 n 个静止的点电荷组成点电荷系,各点电荷的电荷量分别为 $q_1, q_2, \cdots, q_i, \cdots, q_n$.我们可以用电场强度的定义来求任意 p 点处的电场强度.

在 p 点放置一个试验电荷 q_0,如图 7.2.17 所示.点电荷系的每个电荷对试验电荷都有作用力,我们可以根据力的叠加原理求得 q_0 所受的合力 $\boldsymbol{F}$,即

$$\boldsymbol{F}=\boldsymbol{F}_1+\boldsymbol{F}_2+\cdots+\boldsymbol{F}_i+\cdots+\boldsymbol{F}_n \tag{7.2.9}$$

其中,$\boldsymbol{F}_i$ 是点电荷 q_i 对试验电荷 q_0 的作用力.

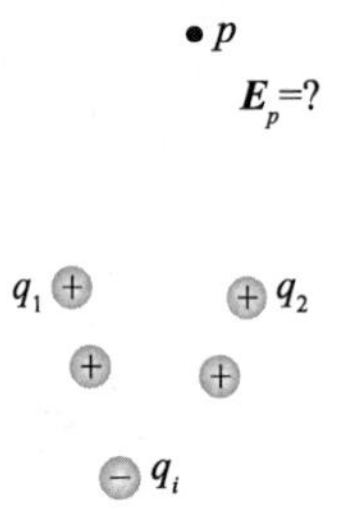

图 7.2.16　点电荷系

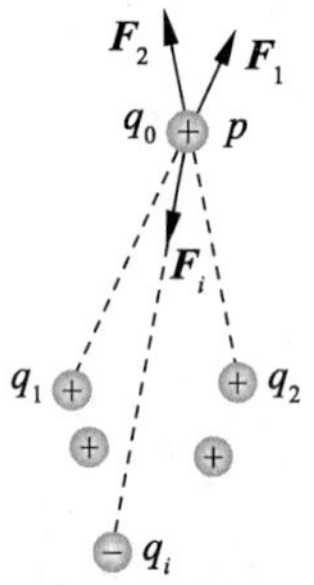

图 7.2.17　试验电荷在电场中受到电场力

根据电场强度的定义,p 点的电场强度

$$\boldsymbol{E}=\frac{\boldsymbol{F}}{q_0} \tag{7.2.10}$$

将式(7.2.9)代入上式,得

$$\boldsymbol{E}=\frac{\boldsymbol{F}_1+\boldsymbol{F}_2+\cdots+\boldsymbol{F}_i+\cdots+\boldsymbol{F}_n}{q_0}$$

或

$$\boldsymbol{E}=\frac{\boldsymbol{F}_1}{q_0}+\frac{\boldsymbol{F}_2}{q_0}+\cdots+\frac{\boldsymbol{F}_i}{q_0}+\cdots+\frac{\boldsymbol{F}_n}{q_0} \tag{7.2.11}$$

根据电场强度的定义,式中$\frac{\boldsymbol{F}_1}{q_0}$等于点电荷 q_1 在 p 点激发的电场强度 $\boldsymbol{E}_1$,$\frac{\boldsymbol{F}_2}{q_0}$等于点电荷 q_2 在 p 点激发的电场强度 $\boldsymbol{E}_2$,……

所以，上式可以写成

$$\boldsymbol{E}=\boldsymbol{E}_1+\boldsymbol{E}_2+\cdots+\boldsymbol{E}_i+\cdots+\boldsymbol{E}_n \tag{7.2.12}$$

进而简写成

$$\boldsymbol{E}=\sum_{i=1}^{n}\boldsymbol{E}_i \tag{7.2.13}$$

上式表明，点电荷系在某点激发的总电场强度等于各个点电荷单独存在时在该点激发的电场强度的矢量和，如图 7.2.18 所示. 这个规律称为电场强度的叠加原理. 它是电场的基本性质之一.

用 r_i 表示点电荷 q_i 到 p 点的距离，$\boldsymbol{e}_{ri}$ 表示点电荷 q_i 指向 p 点的单位矢量，如图 7.2.19 所示. 那么点电荷 q_i 在 p 点激发的电场强度为

$$\boldsymbol{E}_i=\frac{1}{4\pi\varepsilon_0}\frac{q_i}{r_i^2}\boldsymbol{e}_{ri} \tag{7.2.14}$$

将上式代入式(7.2.13)，得点电荷系在 p 点激发的总电场强度为

$$\boldsymbol{E}=\sum_{i=1}^{n}\frac{1}{4\pi\varepsilon_0}\frac{q_i}{r_i^2}\boldsymbol{e}_{ri} \tag{7.2.15}$$

式(7.2.15)就是点电荷系的电场强度计算公式.

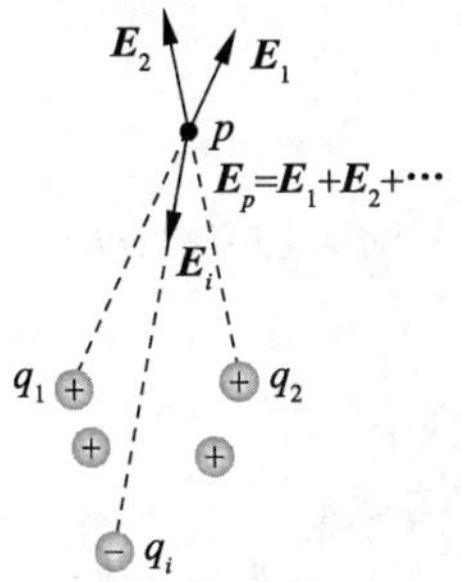

图 7.2.18　电场强度的叠加原理

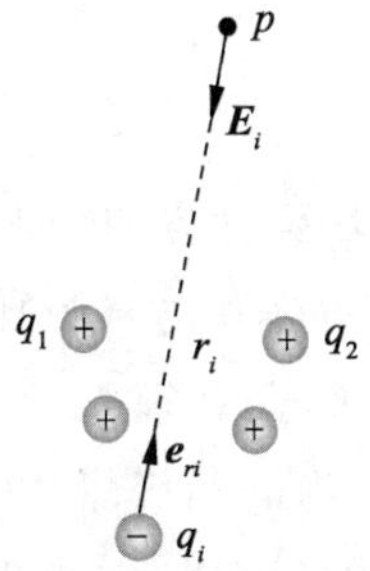

图 7.2.19　点电荷系的电场强度

[例 7.2.1]　求电偶极子轴线上和中垂线上任一点的电场强度.

解：(1) 求电偶极子轴线上任一点的电场强度. 如图 7.2.20 所示，电偶极子两个点电荷的电荷量分别为 $-q$ 和 $+q$，负点电荷指向正点电荷的矢量为 $\boldsymbol{l}$，则电偶极子的电偶极矩为 $\boldsymbol{p}=q\boldsymbol{l}$. 取两点电荷连线中点为坐标原点 O，沿电偶极矩方向为 x 轴正方向.

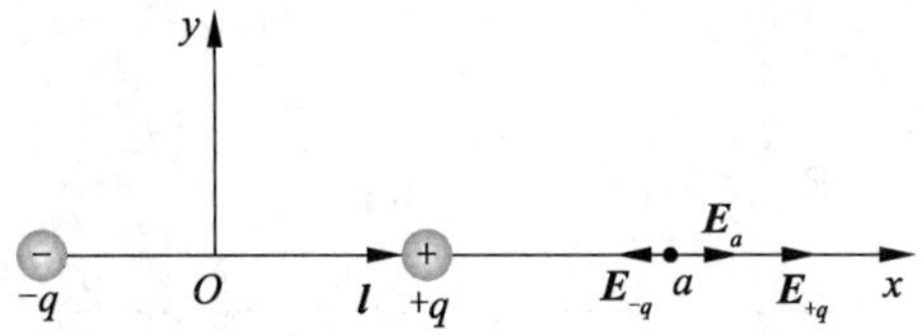

图 7.2.20　电偶极子轴线上的电场强度

a 为电偶极子轴线上任一点，其坐标为$(x,0)$. 由点电荷电场强度表达式 $\boldsymbol{E}=\frac{1}{4\pi\varepsilon_0}\frac{q}{r^2}\boldsymbol{e}_r$

可知，$+q$ 点电荷在 a 点激发的电场强度为

$$\boldsymbol{E}_{+q}=\frac{1}{4\pi\varepsilon_0}\frac{q}{\left(x-\frac{l}{2}\right)^2}\boldsymbol{i}$$

$-q$ 点电荷在 a 点激发的电场强度为

$$\boldsymbol{E}_{-q}=\frac{1}{4\pi\varepsilon_0}\frac{-q}{\left(x+\frac{l}{2}\right)^2}\boldsymbol{i}$$

a 点的总电场强度为

$$\begin{aligned}\boldsymbol{E}_a&=\boldsymbol{E}_{+q}+\boldsymbol{E}_{-q}\\&=\frac{1}{4\pi\varepsilon_0}\frac{q}{\left(x-\frac{l}{2}\right)^2}\boldsymbol{i}+\frac{1}{4\pi\varepsilon_0}\frac{-q}{\left(x+\frac{l}{2}\right)^2}\boldsymbol{i}\\&=\frac{1}{4\pi\varepsilon_0}\frac{2qlx}{\left(x+\frac{l}{2}\right)^2\left(x-\frac{l}{2}\right)^2}\boldsymbol{i}\end{aligned}$$

通常 $x\gg l$，则 $x\pm\frac{l}{2}\approx x$，上式中分母 $\left(x+\frac{l}{2}\right)^2\left(x-\frac{l}{2}\right)^2\approx x^4$. 则 a 点的总电场强度为

$$\boldsymbol{E}_a\approx\frac{1}{4\pi\varepsilon_0}\frac{2ql}{x^3}\boldsymbol{i}=\frac{1}{4\pi\varepsilon_0}\frac{2\boldsymbol{p}}{x^3}$$

可见，a 点的总电场强度方向与电偶极矩方向相同，a 点的总电场强度大小与电偶极矩大小成正比，与距离的三次方成反比.

(2) 求电偶极子中垂线上任一点的电场强度. 如图 7.2.21 所示，b 为电偶极子中垂线上任一点，沿中垂线由 O 指向 b 为 y 轴正方向，b 点坐标为 $(0,y)$. 由点电荷电场强度表达式 $\boldsymbol{E}=\frac{1}{4\pi\varepsilon_0}\frac{q}{r^2}\boldsymbol{e}_r$ 可知，$+q$ 点电荷在 b 点激发的电场强度为

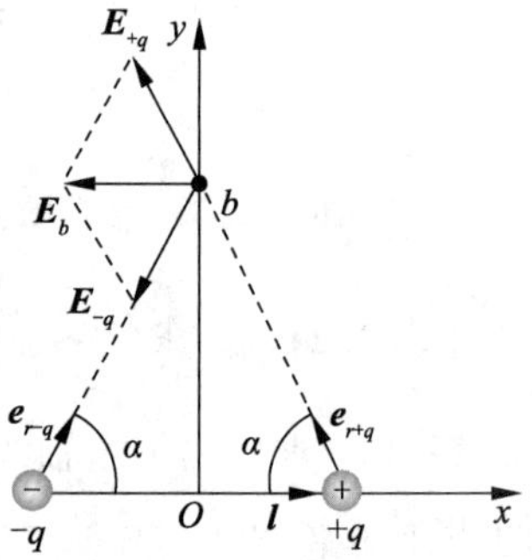

图 7.2.21 电偶极子中垂线上的电场强度

$$\boldsymbol{E}_{+q}=\frac{1}{4\pi\varepsilon_0}\frac{q}{\left(y^2+\frac{l^2}{4}\right)}\boldsymbol{e}_{r+q}$$

式中，$\boldsymbol{e}_{r+q}$ 表示 $+q$ 点电荷指向 b 点的单位矢量. 在直角坐标系中，写为

$$\begin{aligned}\boldsymbol{E}_{+q}&=-E_{+q}\cos\alpha\boldsymbol{i}+E_{+q}\sin\alpha\boldsymbol{j}\\&=-\frac{1}{4\pi\varepsilon_0}\frac{q}{\left(y^2+\frac{l^2}{4}\right)}\cos\alpha\boldsymbol{i}+\frac{1}{4\pi\varepsilon_0}\frac{q}{\left(y^2+\frac{l^2}{4}\right)}\sin\alpha\boldsymbol{j}\end{aligned}$$

$-q$ 点电荷在 b 点激发的电场强度为

$$\boldsymbol{E}_{-q}=\frac{1}{4\pi\varepsilon_0}\frac{q}{\left(y^2+\frac{l^2}{4}\right)}\boldsymbol{e}_{r-q}$$

式中，$\boldsymbol{e}_{r-q}$ 表示 $-q$ 点电荷指向 b 点的单位矢量. 在直角坐标系中，写为

$$\begin{aligned}\boldsymbol{E}_{-q}&=-E_{-q}\cos\alpha\boldsymbol{i}-E_{-q}\sin\alpha\boldsymbol{j}\\&=-\frac{1}{4\pi\varepsilon_0}\frac{q}{\left(y^2+\frac{l^2}{4}\right)}\cos\alpha\boldsymbol{i}-\frac{1}{4\pi\varepsilon_0}\frac{q}{\left(y^2+\frac{l^2}{4}\right)}\sin\alpha\boldsymbol{j}\end{aligned}$$

由于 $\cos\alpha=\dfrac{\frac{l}{2}}{\sqrt{y^2+\frac{l^2}{4}}}$，所以 b 点的总电场强度

$$\begin{aligned}\boldsymbol{E}_b&=\boldsymbol{E}_{+q}+\boldsymbol{E}_{-q}\\&=-2\times\frac{1}{4\pi\varepsilon_0}\frac{q}{\left(y^2+\frac{l^2}{4}\right)}\frac{\frac{l}{2}}{\sqrt{y^2+\frac{l^2}{4}}}\boldsymbol{i}\\&=-\frac{1}{4\pi\varepsilon_0}\frac{ql}{\left(y^2+\frac{l^2}{4}\right)^{\frac{3}{2}}}\boldsymbol{i}\end{aligned}$$

通常 $y\gg l$，$y^2+\frac{l^2}{4}\approx y^2$，上式分母 $\left(y^2+\frac{l^2}{4}\right)^{\frac{3}{2}}\approx y^3$，所以 b 点的总电场强度

$$\boldsymbol{E}_b\approx-\frac{1}{4\pi\varepsilon_0}\frac{ql}{y^3}\boldsymbol{i}=-\frac{1}{4\pi\varepsilon_0}\frac{\boldsymbol{p}}{y^3}$$

可见，b 点的总电场强度方向与电偶极矩方向相反，b 点的总电场强度大小与电偶极矩大小成正比，与距离的三次方成反比.

3. 电荷连续分布带电体的电场强度

当我们近距离观察研究带电物体时，带电物体不能看作点电荷，但可以把带电物体看作由无数个无限小微元组成，这些微元称为电荷元. 电荷元可以看成点电荷，带电物体就是这些点电荷的集合. 带电物体所激发的电场就是这些电荷元所激发电场的叠加.

任意带电物体 Ω，如图 7.2.22 所示. 把 Ω 划分成无数个无限小电荷元，取任一电荷元，其电荷量为 dq（图中阴影小块）. 根据点电荷的电场强度表达式，该电荷元 dq 在任意 p 点所激发的电场强度

$$\mathrm{d}\boldsymbol{E}=\frac{1}{4\pi\varepsilon_0}\frac{\mathrm{d}q}{r^2}\boldsymbol{e}_r \tag{7.2.16}$$

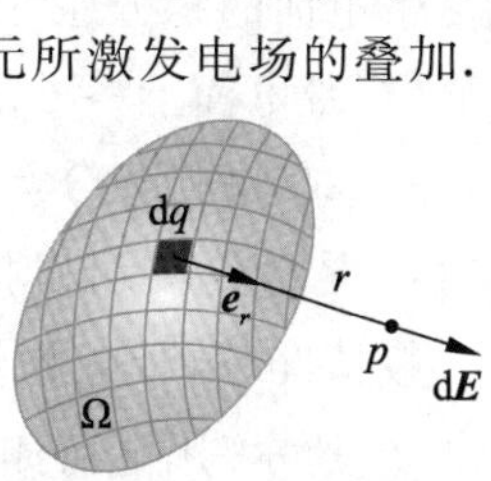

图 7.2.22　电荷元的电场强度

式中，r 表示电荷元 dq 到场点 p 的距离；$\boldsymbol{e}_r$ 表示电荷元 dq 指向场点 p 的单位矢量.

根据电场强度的叠加原理，带电物体在 p 点所激发的电场强度 $\boldsymbol{E}$ 等于电荷元 dq 在

p 点所激发的电场强度 $d\boldsymbol{E}$ 对整个带电物体 Ω 的积分，即

$$\boldsymbol{E}=\int_{\Omega}\frac{1}{4\pi\varepsilon_0}\frac{dq}{r^2}\boldsymbol{e}_r \tag{7.2.17}$$

式中，r 和 $\boldsymbol{e}_r$ 通常都是变量，随电荷元 dq 的位置变化而变化. Ω 表示积分范围，是整个带电物体 Ω 所有电荷分布的范围. 电荷分布不同，上述积分可能是线积分、面积分或体积分. 这些积分通常都比较复杂.

当电荷只分布在线上，如图 7.2.23 所示. 用电荷线密度 λ 表示该带电线 L 单位长度上的电荷量. 在带电线上取无限小线元 dl 作为电荷元，该电荷元的电荷量 $dq=\lambda dl$. 将 $dq=\lambda dl$ 代入式(7.2.16)，得

$$d\boldsymbol{E}=\frac{1}{4\pi\varepsilon_0}\frac{\lambda dl}{r^2}\boldsymbol{e}_r \tag{7.2.18}$$

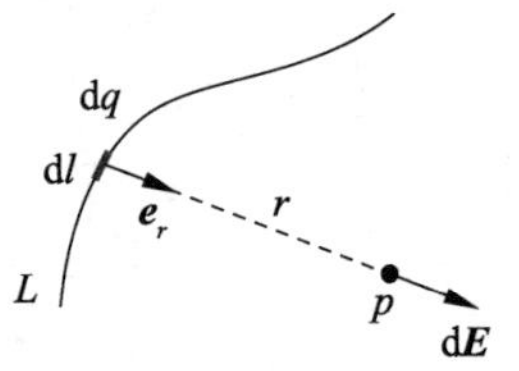

图 7.2.23 带电线的电场强度

整个带电线在 p 点所激发的电场强度等于式(7.2.18)沿带电线 L 的线积分，即

$$\boldsymbol{E}=\int_{L}\frac{1}{4\pi\varepsilon_0}\frac{\lambda dl}{r^2}\boldsymbol{e}_r \tag{7.2.19}$$

通常，带电线上各处的电荷线密度是变化的，即 λ 是个函数，只有已知 λ 函数，才能对式(7.2.19)进行积分运算. 式(7.2.19)是矢量的线积分，计算通常比较复杂. 当电荷均匀分布时，λ 是常量，λ 可以提到积分号外，积分就要简单些.

当电荷只分布在表面上，如图 7.2.24 所示. 用电荷面密度 σ 表示该带电面 S 单位面积上的电荷量. 在带电面上取无限小面积元 dS 作为电荷元，该电荷元的电荷量 $dq=\sigma dS$. 将 $dq=\sigma dS$ 代入式(7.2.16)，得

$$d\boldsymbol{E}=\frac{1}{4\pi\varepsilon_0}\frac{\sigma dS}{r^2}\boldsymbol{e}_r \tag{7.2.20}$$

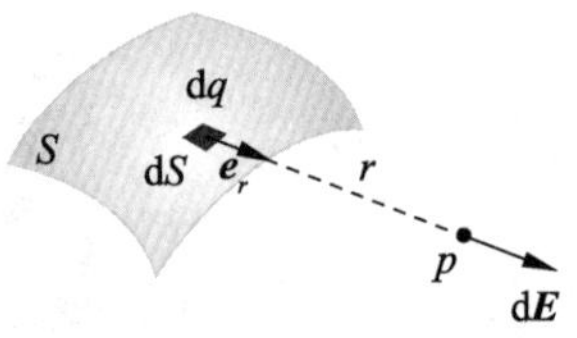

图 7.2.24 带电面的电场强度

整个带电面在 p 点所激发的电场强度等于式(7.2.20)沿带电面 S 的面积分，即

$$\boldsymbol{E}=\int_{S}\frac{1}{4\pi\varepsilon_0}\frac{\sigma dS}{r^2}\boldsymbol{e}_r \tag{7.2.21}$$

上式沿带电面的积分通常是二重积分，比线积分更复杂.

通常，带电面上各处的电荷面密度是变化的，即 σ 是个函数，只有已知 σ 函数，才能对式(7.2.21)进行积分运算. 式(7.2.21)是矢量的面积分，计算通常很复杂. 当电荷均匀分布时，σ 是常量，σ 可以提到积分号外，积分就要简单些.

一般情况下，带电物体上的电荷分布在三维空间，如图 7.2.25 所示. 用电荷体密度 ρ 表示带电物体 V 上单位体积内的电荷量. 在 V 上取无限小体元 dV 作为电荷元，该电荷元的电荷量 $dq=\rho dV$. 将 $dq=\rho dV$ 代入式(7.2.16)，得

$$d\boldsymbol{E}=\frac{1}{4\pi\varepsilon_0}\frac{\rho dV}{r^2}\boldsymbol{e}_r \tag{7.2.22}$$

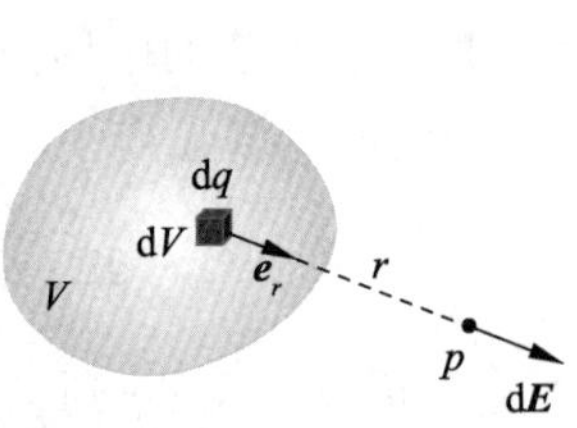

图 7.2.25 带电体的电场强度

整个带电物体在 p 点所激发的电场强度等于式(7.2.22)沿带电物体 V 的体积分，即

$$\boldsymbol{E}=\int_V \frac{1}{4\pi\varepsilon_0}\frac{\rho\mathrm{d}V}{r^2}\boldsymbol{e}_r \tag{7.2.23}$$

上式是矢量的体积分，计算非常复杂. 通常，带电物体上各处的电荷体密度是变化的，即 ρ 是个函数，只有已知 ρ 函数，才能对式(7.2.23)进行积分运算. 当电荷均匀分布时，ρ 是常量，ρ 可以提到积分号外，积分就要简单些.

下面举几个例子，说明如何计算带电体所激发电场的电场强度(先计算带电直线电场强度，再计算带电曲线电场强度，最后计算带电平面电场强度).

对于带电曲面和电荷分布在三维空间的带电体，由于积分运算太复杂，这节中只作计算方法的分析. 这些问题，有的可以用其他方法来计算.

[例 7.2.2] 一电荷线密度为 λ 的均匀带电直线，求直线外任意点的电场强度.

解：如图 7.2.26 所示的带电直线 L. 在其附近取任意一点 p，p 点到带电直线的垂直距离为 a. 求 p 点的电场强度 $\boldsymbol{E}$.

由 p 点向带电直线作垂线，垂足为坐标原点 O，由 O 点指向 p 点为 y 轴正方向，沿带电直线为 x 轴方向，建立如图 7.2.27 所示的平面直角坐标系.

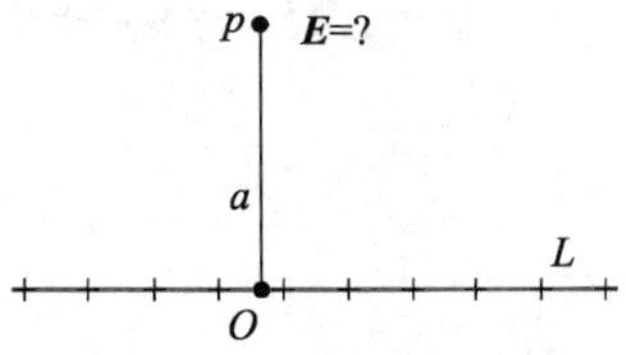

图 7.2.26　带电直线

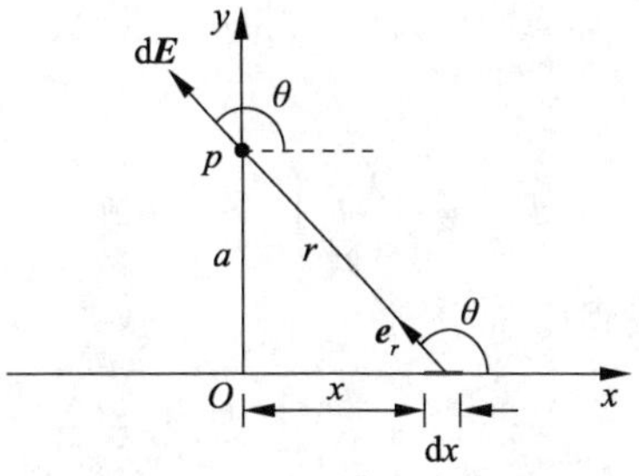

图 7.2.27　带电直线的电场强度

在带电直线上取无限小长度 $\mathrm{d}x$ 的线元为电荷元，其电荷量为 $\mathrm{d}q=\lambda\mathrm{d}x$. 由点电荷的电场强度表达式 $\boldsymbol{E}=\frac{1}{4\pi\varepsilon_0}\frac{q}{r^2}\boldsymbol{e}_r$ 可得，该电荷元 $\mathrm{d}q$ 在 p 点所激发的电场强度

$$\mathrm{d}\boldsymbol{E}=\frac{1}{4\pi\varepsilon_0}\frac{\lambda\mathrm{d}x}{r^2}\boldsymbol{e}_r$$

假设带电直线上的电荷是正电荷，单位矢量 $\boldsymbol{e}_r$ 与 x 轴正方向的夹角为 θ. 那么，$\mathrm{d}\boldsymbol{E}$ 沿两个坐标轴方向的分量

$$\mathrm{d}E_x=\frac{1}{4\pi\varepsilon_0}\frac{\lambda\mathrm{d}x}{r^2}\cos\theta$$

$$\mathrm{d}E_y=\frac{1}{4\pi\varepsilon_0}\frac{\lambda\mathrm{d}x}{r^2}\sin\theta$$

整个带电直线在 p 点所激发的电场强度

$$\boldsymbol{E}=\int_L\mathrm{d}\boldsymbol{E}=\int_L(\mathrm{d}E_x\boldsymbol{i}+\mathrm{d}E_y\boldsymbol{j})=\left(\int_L\mathrm{d}E_x\right)\boldsymbol{i}+\left(\int_L\mathrm{d}E_y\right)\boldsymbol{j}$$

其分量

$$E_x=\int_L \mathrm{d}E_x=\int_L \frac{1}{4\pi\varepsilon_0}\frac{\lambda\cos\theta}{r^2}\mathrm{d}x$$

$$E_y=\int_L \mathrm{d}E_y=\int_L \frac{1}{4\pi\varepsilon_0}\frac{\lambda\sin\theta}{r^2}\mathrm{d}x$$

为了便于计算积分，将以上两式统一变量为 θ. 由图中几何关系得

$$r=\frac{a}{\sin(\pi-\theta)}=\frac{a}{\sin\theta}$$

$$x=\frac{a}{\tan(\pi-\theta)}=-\frac{a}{\tan\theta}$$

上式两边微分，得

$$\mathrm{d}x=\frac{a}{\sin^2\theta}\mathrm{d}\theta$$

对于 θ 变量，积分范围是从 θ_1 到 θ_2，如图 7.2.28 所示. 将以上关系代入电场强度 x 分量积分表达式，得

$$E_x=\int_{\theta_1}^{\theta_2}\frac{1}{4\pi\varepsilon_0}\frac{\lambda\cos\theta}{\frac{a^2}{\sin^2\theta}}\frac{a}{\sin^2\theta}\mathrm{d}\theta$$

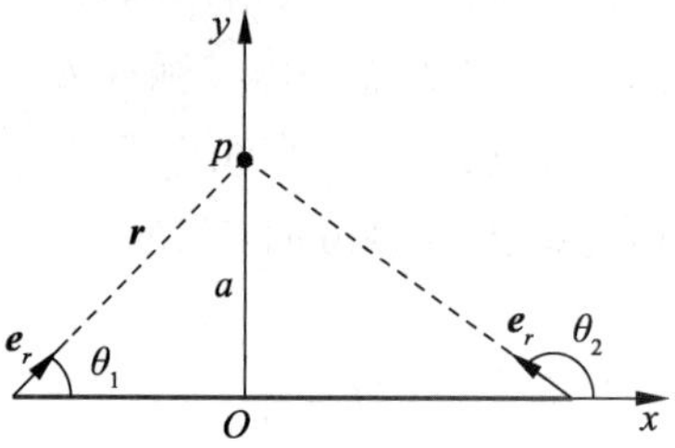

图 7.2.28 带电直线积分范围

整理后

$$E_x=\frac{\lambda}{4\pi\varepsilon_0 a}\int_{\theta_1}^{\theta_2}\cos\theta\mathrm{d}\theta$$

积分得电场强度 x 分量

$$E_x=\frac{\lambda}{4\pi\varepsilon_0 a}(\sin\theta_2-\sin\theta_1) \tag{7.2.24}$$

同样，电场强度 y 分量

$$E_y=\frac{\lambda}{4\pi\varepsilon_0 a}(\cos\theta_1-\cos\theta_2) \tag{7.2.25}$$

p 点的电场强度

$$\boldsymbol{E}=E_x\boldsymbol{i}+E_y\boldsymbol{j}=\frac{\lambda}{4\pi\varepsilon_0 a}(\sin\theta_2-\sin\theta_1)\boldsymbol{i}+\frac{\lambda}{4\pi\varepsilon_0 a}(\cos\theta_1-\cos\theta_2)\boldsymbol{j}$$

讨论

如果带电直线为无限长，即 $\theta_1\to 0$，$\theta_2\to\pi$，那么

$$E_x=0$$

$$E_y=\frac{\lambda}{2\pi\varepsilon_0 a} \tag{7.2.26}$$

或者写成矢量式

$$\boldsymbol{E}=\frac{\lambda}{2\pi\varepsilon_0 a}\boldsymbol{j} \tag{7.2.27}$$

上式表明，无限长均匀带电直线的电场具有轴对称性. 其附近任意一点的电场强度方向垂直于带电直线（带正电时电场强度方向垂直离开带电直线，带负电时电场强度方向垂直指向带电直线），电场强度大小与任意点到带电直线的距离 a 成反比. 如图 7.2.29 所示，有一无限长均匀带正电直线，作一个与带电直线同轴的圆柱面，则圆柱面侧面上的电场强度大小处处相等，电场强度方向处处沿圆柱面表面的外法线方向，即与表面垂直.

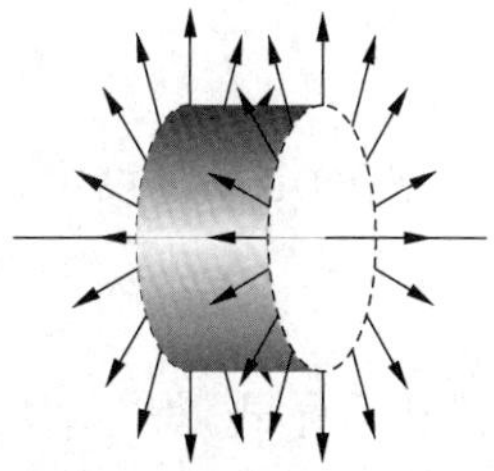

图 7.2.29　无限长带电直线周围电场的对称性

[例 7.2.3]　有一半径为 R、带电量为 q 的均匀带电细圆环. 求垂直于圆环平面的轴线上任意点的电场强度.

解： 如图 7.2.30 所示，以细圆环中心为坐标原点，沿垂直于细圆环平面的轴线为 x 轴，细圆环所在平面为 yOz 平面，建立三维直角坐标系.

p 为轴线（x 轴）上任意一点，到坐标原点 O 的距离为 a，求 p 点的电场强度 $\boldsymbol{E}$.

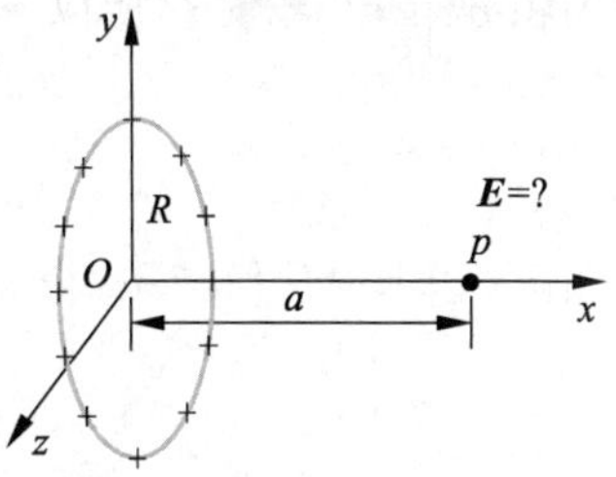

图 7.2.30　均匀带电圆环

设细圆环上电荷线密度为 λ. 如图 7.2.31(a)所示，在带电细圆环上取无限小长度 $\mathrm{d}l$ 的线元为电荷元，其电荷量 $\mathrm{d}q=\lambda\mathrm{d}l$，则 $\mathrm{d}q$ 在 p 点所激发的电场强度为

$$\mathrm{d}\boldsymbol{E}=\frac{1}{4\pi\varepsilon_0}\frac{\mathrm{d}q}{r^2}\boldsymbol{e}_r \qquad ①$$

其大小为

$$\mathrm{d}E=\frac{1}{4\pi\varepsilon_0}\frac{\mathrm{d}q}{r^2}=\frac{1}{4\pi\varepsilon_0}\frac{\lambda\mathrm{d}l}{r^2} \qquad ②$$

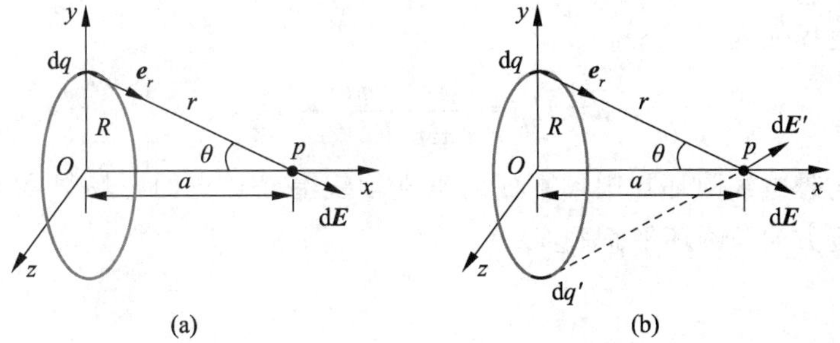

图 7.2.31　带电圆环的电场强度

整个带电细圆环在 p 点所激发的电场强度为

$$\boldsymbol{E}=\int_L \mathrm{d}\boldsymbol{E}$$

写成分量的积分为

$$\boldsymbol{E}=\left(\int_L \mathrm{d}E_x\right)\boldsymbol{i}+\left(\int_L \mathrm{d}E_y\right)\boldsymbol{j}+\left(\int_L \mathrm{d}E_z\right)\boldsymbol{k} \quad ③$$

其中,p 点的电场强度沿 x 轴的分量为

$$E_x=\int_L \mathrm{d}E_x=\int_L \mathrm{d}E\cdot\cos\theta \quad ④$$

将②式代入④式,得

$$E_x=\int_L \frac{1}{4\pi\varepsilon_0}\frac{\lambda\,\mathrm{d}l}{r^2}\cdot\cos\theta \quad ⑤$$

将常量提到积分号外面,得

$$E_x=\frac{\lambda\cos\theta}{4\pi\varepsilon_0 r^2}\int_L \mathrm{d}l \quad ⑥$$

因为积分 $\int_L \mathrm{d}l=2\pi R$,所以

$$E_x=\frac{\lambda\cos\theta}{4\pi\varepsilon_0 r^2}2\pi R \quad ⑦$$

由图 7.2.31 中几何关系,得

$$\cos\theta=\frac{a}{r}$$

$$r=\sqrt{R^2+a^2}$$

将此两式代入⑦式,并利用 $q=2\pi R\lambda$,得

$$E_x=\frac{qa}{4\pi\varepsilon_0(R^2+a^2)^{3/2}}$$

如图 7.2.31(b)所示,在电荷元 $\mathrm{d}q$ 所在圆环直径的另一端,取电荷量相等的电荷元 $\mathrm{d}q'$,$\mathrm{d}q'$在 p 点激发的电场强度 $\mathrm{d}\boldsymbol{E}'$与 $\mathrm{d}\boldsymbol{E}$ 的矢量和必然沿 x 轴,所以,整个带电圆环在 p 点激发的电场强度 $\boldsymbol{E}$ 沿 x 轴,而沿 y 轴和 z 轴的分量均为零,即

$$E_y=0,E_z=0$$

所以,p 点的电场强度

$$\boldsymbol{E}=E_x\boldsymbol{i}=\frac{qa}{4\pi\varepsilon_0(R^2+a^2)^{3/2}}\boldsymbol{i} \quad (7.2.28)$$

可见,均匀带电细圆环在圆环平面的垂直轴线上任意点的电场强度方向沿轴线方向,即电场强度方向与圆环平面垂直.

讨论

当场点 p 离开带电圆环很远时,即 $a\gg R$ 时,有 $R^2+a^2\approx a^2$. 将 R^2+a^2 用 a^2 代入式(7.2.28),得

$$\boldsymbol{E}=\frac{q}{4\pi\varepsilon_0 a^2}\boldsymbol{i}$$

上式实际上就是点电荷的电场强度表达式.

可见，当场点距离带电圆环很远时，带电圆环可作为点电荷来处理.

[例 7.2.4]　图 7.2.32 所示为半径为 R、电荷面密度为 σ 的均匀带电圆平面. 求圆平面垂直轴线上任意点的电场强度.

解：均匀带电圆平面可看作由无数个同心带电细圆环组成，利用例 7.2.3 计算结果，再应用电场强度的叠加原理，即可求得圆平面垂直轴线上任意点 p 的电场强度.

如图 7.2.33 所示，在圆平面上取半径为 r、宽度为 $\mathrm{d}r$ 且与圆平面同心的细圆环作为带电细圆环，该细圆环的电荷量为 $\mathrm{d}q=\sigma\cdot 2\pi r\mathrm{d}r$，参考式(7.2.28)，电荷量为 $\mathrm{d}q$ 的细圆环在 p 点激发的电场强度

$$\mathrm{d}\boldsymbol{E}=\frac{a\,\mathrm{d}q}{4\pi\varepsilon_0(r^2+a^2)^{3/2}}\boldsymbol{i} \qquad ①$$

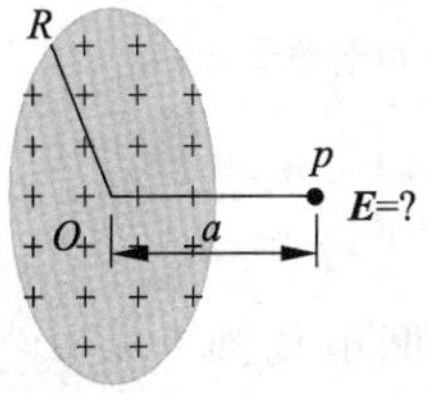

图 7.2.32　均匀带电圆平面

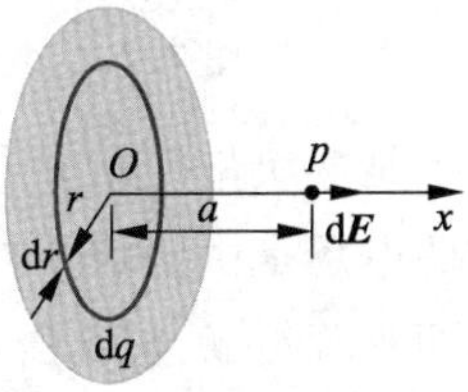

图 7.2.33　带电圆平面的电场强度

将 $\mathrm{d}q=\sigma\cdot 2\pi r\mathrm{d}r$ 代入上式，得

$$\mathrm{d}\boldsymbol{E}=\frac{a\sigma\cdot 2\pi r\,\mathrm{d}r}{4\pi\varepsilon_0(r^2+a^2)^{3/2}}\boldsymbol{i} \qquad ②$$

整个带电圆平面在 p 点的电场强度是 $\mathrm{d}\boldsymbol{E}$ 的积分，即

$$\boldsymbol{E}=\int\mathrm{d}\boldsymbol{E}=\int\frac{a\sigma\cdot 2\pi r\,\mathrm{d}r}{4\pi\varepsilon_0(r^2+a^2)^{3/2}}\boldsymbol{i} \qquad ③$$

将常量从积分号内提出来，确定积分范围是 $0\sim R$，整理得

$$\boldsymbol{E}=\frac{\sigma a}{2\varepsilon_0}\boldsymbol{i}\int_0^R\frac{r\,\mathrm{d}r}{(r^2+a^2)^{3/2}} \qquad ④$$

上式积分，得

$$\boldsymbol{E}=\frac{\sigma}{2\varepsilon_0}\left[1-\frac{a}{(R^2+a^2)^{1/2}}\right]\boldsymbol{i} \qquad ⑤$$

讨论

(1) 当圆平面的半径无限大时，$R\to\infty$，$\frac{a}{(R^2+a^2)^{1/2}}\to 0$，⑤式成为

$$\boldsymbol{E}=\frac{\sigma}{2\varepsilon_0}\boldsymbol{i} \qquad (7.2.29)$$

可见，无限大均匀带电平面所激发的电场，在其两侧都是均匀电场，电场强度大小相等，方向垂直于带电平面，带电平面两侧电场方向相反. 如图 7.2.34(a)是平面带正电时

的电场强度方向,电场方向总是垂直离开带电平面.如图 7.2.34(b)是平面带负电时的电场强度方向,电场方向总是垂直指向带电平面.

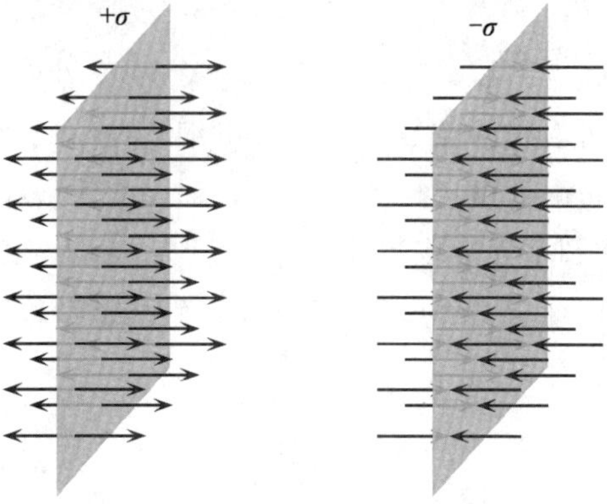

图 7.2.34 无限大均匀带电平面的电场

图 7.2.35 所示是两块带等量异号电荷的无限大均匀带电平行平面的电场.它的电场是由两块无限大均匀带电平面所激发的电场叠加得到的.两平面外侧电场强度为零.两平面之间电场强度大小为$\dfrac{\sigma}{\varepsilon_0}$,方向垂直于平面由带正电荷的平面指向带负电荷的平面.两带电平面间是均匀电场.

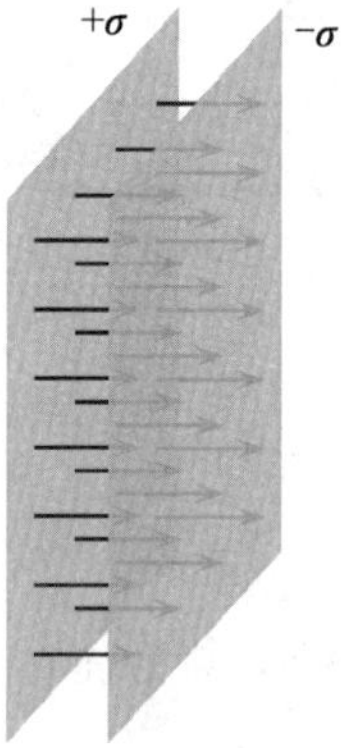

图 7.2.35 两块带等量异号电荷的无限大均匀带电平行平面的电场

(2) 当场点离开带电平面很远时,$R \ll a$,$\dfrac{a}{(R^2+a^2)^{1/2}}=\left(1+\dfrac{R^2}{a^2}\right)^{-1/2}\approx 1-\dfrac{1}{2}\left(\dfrac{R}{a}\right)^2$,⑤式成为

$$\boldsymbol{E}=\frac{\sigma R^2}{4\varepsilon_0 a^2}\boldsymbol{i}=\frac{q}{4\pi\varepsilon_0 a^2}\boldsymbol{i}$$

上式就是点电荷的电场强度表达式.可见,当场点离开带电圆平面很远时,带电圆平面可作为点电荷来处理.

4. 几种典型的电场问题计算分析

(1) 如图 7.2.36 所示,半径为 R、电荷面密度为 σ 的均匀带电球面.求任意 p 点的电场强度.

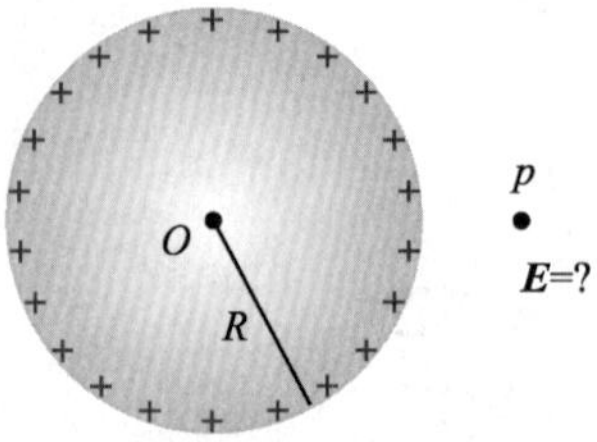

图 7.2.36 均匀带电球面

以带电球面球心 O 为坐标原点,由 O 指向 p 为 x 轴正方向建立坐标系,如图 7.2.37 所示.在球面上取半径为 r 的细圆环(图中圆环),细圆环平面垂直于 x 轴,环心 O'到 p 点的距离为 a.由细圆环上任意一点与球心 O 作一条连线,连线长度就是球的半径 R,连线与 x 轴夹角为 θ.细圆环的宽度为 $R\mathrm{d}\theta$.细圆环的电荷量为电荷面密度与细圆环面积的乘积,即 $\mathrm{d}q=\sigma\cdot\mathrm{d}S=\sigma\cdot 2\pi r\cdot R\mathrm{d}\theta$.该细圆环是均匀带电圆环,参考例 7.2.3 的计算结果,该细圆环在 p 点所激发的电场强度

$$\mathrm{d}\boldsymbol{E}=\frac{a\,\mathrm{d}q}{4\pi\varepsilon_0(r^2+a^2)^{3/2}}\boldsymbol{i}$$

整个带电球面在 p 点所激发的电场强度就是上式对整个球面的积分，即 $\boldsymbol{E}=\int_S \mathrm{d}\boldsymbol{E}$.

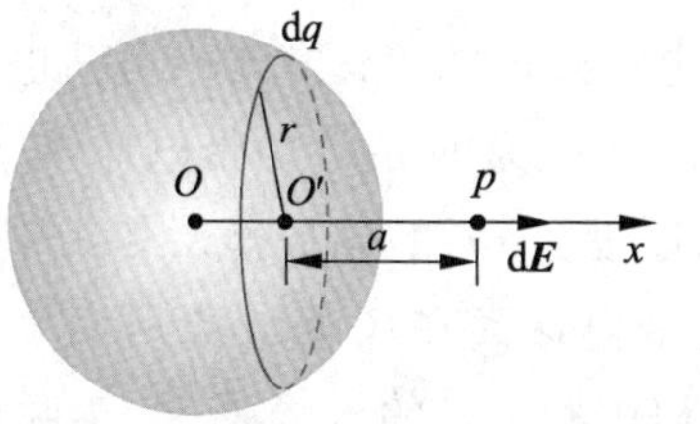

图 7.2.37　均匀带电球面的电场

计算结果：均匀带电球面内，电场强度处处为零；球面外，电场强度的表达式与点电荷电场强度表达式相同，即

$$\boldsymbol{E}=\frac{1}{4\pi\varepsilon_0}\frac{q}{r^2}\boldsymbol{i}=\frac{1}{4\pi\varepsilon_0}\frac{q}{r^2}\boldsymbol{e}_r \tag{7.2.30}$$

式中，q 是球面的总电荷量；r 是球心指向场点 p 的距离；$\boldsymbol{e}_r$ 是球心指向场点 p 的单位矢量.

可见，均匀带电球面的电场强度在空间的分布具有球对称性. 在球面外与带电球面同心的任一球面上，电场强度的大小处处相等，电场强度的方向处处沿该处球面的法线方向. 图 7.2.38 所示是带正电的均匀带电球面外，离球心距离为 r 的球面上的电场强度分布. 当球面带负电时，其周围电场方向与图中相反.

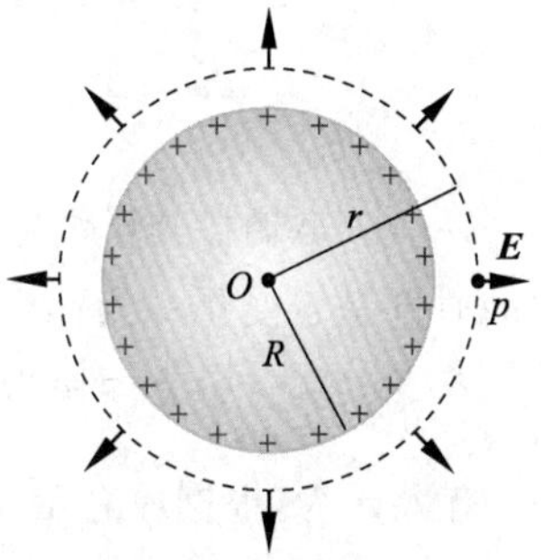

图 7.2.38　均匀带正电球面的电场强度分布

(2) 如图 7.2.39 所示，两个均匀带电同心球面，半径分别是 R_1 和 $R_2(R_1<R_2)$，所带电荷量分别是 q_1 和 q_2. 求任意 p 点的电场强度.

利用均匀带电球面电场强度表达式，再应用电场强度的叠加原理即可求得.

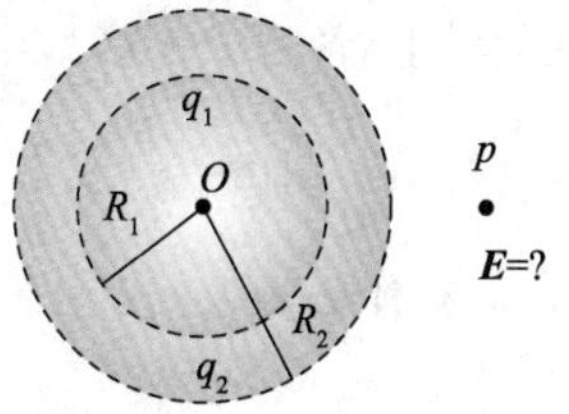

图 7.2.39　两个同心均匀带电球面的电场强度

设 p 点到球心的距离为 r，两个带电球面在 p 点所激发的电场强度分别为 $\boldsymbol{E}_1$ 和 $\boldsymbol{E}_2$，p 点的总电场强度 $\boldsymbol{E}=\boldsymbol{E}_1+\boldsymbol{E}_2$. 电场强度分三个区域表达：

当 $r<R_1$ 时，$\boldsymbol{E}_1=0$，$\boldsymbol{E}_2=0$，所以

$$\boldsymbol{E}=\boldsymbol{E}_1+\boldsymbol{E}_2=0$$

当 $R_1<r<R_2$ 时，$\boldsymbol{E}_1=\frac{1}{4\pi\varepsilon_0}\frac{q_1}{r^2}\boldsymbol{e}_r$，$\boldsymbol{E}_2=0$，所以

$$\boldsymbol{E}=\boldsymbol{E}_1+\boldsymbol{E}_2=\frac{1}{4\pi\varepsilon_0}\frac{q_1}{r^2}\boldsymbol{e}_r$$

当 $r>R_2$ 时，$\boldsymbol{E}_1=\frac{1}{4\pi\varepsilon_0}\frac{q_1}{r^2}\boldsymbol{e}_r$，$\boldsymbol{E}_2=\frac{1}{4\pi\varepsilon_0}\frac{q_2}{r^2}\boldsymbol{e}_r$，所以

$$\boldsymbol{E}=\boldsymbol{E}_1+\boldsymbol{E}_2=\frac{1}{4\pi\varepsilon_0}\frac{q_1+q_2}{r^2}\boldsymbol{e}_r$$

可见，在有电场的地方，电场强度的表达式与点电荷电场强度表达式相同.

(3) 有一电荷体密度为 ρ、半径为 R 的均匀带电球体.求任意 p 点的电场强度.

在带电球上取半径为 r、厚度为 dr 的球形薄层作为带电球面，其电荷量为 $dq=\rho\cdot dV=\rho\cdot 4\pi r^2\cdot dr$.利用均匀带电球面在任意 p 点所激发的电场强度表达式，再应用电场强度的叠加原理，即可求得任意 p 点的电场强度.实际要进行积分运算，计算结果表明，在有电场的地方，电场强度的表达式与点电荷电场强度表达式相同.

对于类似上述电荷具有特殊对称分布特征的带电体，可以通过叠加原理(积分式)求得其周围电场强度.电荷分布具有特殊对称性的带电体所激发的电场强度还可以用高斯定理来求解，有些问题用高斯定理计算更简单，这些将在第 8 章讲解.

思考题

7-1　玻璃棒与丝绸摩擦后玻璃棒带正电，这根带正电玻璃棒与没有带电时比较，它的质量是否变化？为什么？

7-2　真空中有两块带电量分别为 q 和 $-q$ 的均匀带电平行板，两块平板间距 d 很小.有人认为，根据库仑定律，两带电板之间的静电力大小为 $F=\frac{1}{4\pi\varepsilon_0}\frac{q^2}{d^2}$.你认为这种观点正确吗？为什么？

7-3　点电荷的电场强度大小表达式为

$$E=\frac{1}{4\pi\varepsilon_0}\frac{q}{r^2}$$

从数学上看，当 $r\to 0$ 时，电场强度大小 $E\to\infty$，这是没有物理意义的.你对此如何解释？

7-4　用 $\boldsymbol{E}=\frac{\boldsymbol{F}}{q_0}$ 或 $\boldsymbol{E}=\frac{1}{4\pi\varepsilon_0}\frac{q}{r^2}\boldsymbol{e}_r$ 计算电场强度时，两式有什么区别和联系，前式中对 q_0 有什么要求？

习题

7-1　如图所示，电荷量为 $+q$ 和 $-9q$ 的两个点电荷分别置于 $x=0.2$ m 和 $x=-0.2$ m 处.点电荷 q_0 置于 x 轴上的何处时，它受到的总静电力等于零？

习题 7-1 图

7-2　电荷量都是 q 的三个点电荷，分别放在等边三角形的三个顶点.试问：(1) 在

这三角形的中心放一个什么样的电荷，就可以使这四个电荷都达到平衡(即每个电荷受其他三个电荷的库仑力之矢量和都为零)？(2) 这种平衡与三角形的边长有无关系？

7-3　真空中有 A、B 两平行板，相距为 d 且很小，平板面积为 S，其带电量分别为 $+q$ 和 $-q$，电荷均匀分布在平板表面. 求这两板所受的电场力.

7-4　如图所示，长为 a 的细直线 AB 上均匀地分布了线密度为 λ 的正电荷. 求细直线延长线上与 B 端距离为 b 的 p 点处的电场强度.

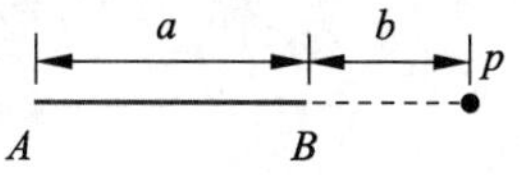

习题 7-4 图

7-5　求均匀带电细棒中垂面上的场强分布. 设棒长为 $2l$，细棒上电荷线密度为 λ.

7-6　电荷线密度为 λ 的均匀带电细线，弯成半径为 R 的半圆形. 求圆心处的电场强度.

7-7　如图所示，半径为 R 的带电细圆环，电荷线密度 $\lambda=\lambda_0\sin\theta$，式中 λ_0 为正的常量，θ 为细圆环半径 R 与 x 轴的夹角. 求细圆环中心 O 处的电场强度.

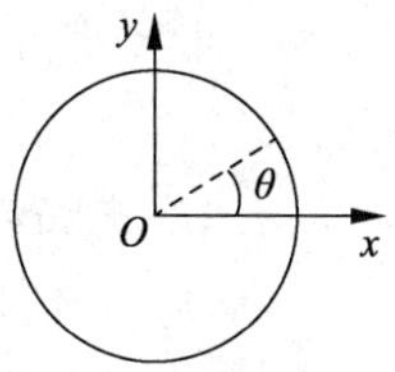

习题 7-7 图

7-8　如图所示，无限长带电圆柱面，其电荷面密度为 $\sigma=\sigma_0\cos\theta$，式中 σ_0 为正的常量，θ 为圆柱面上任一点处的半径 R 与 x 轴方向的夹角. 求圆柱轴线上任一点的电场强度.

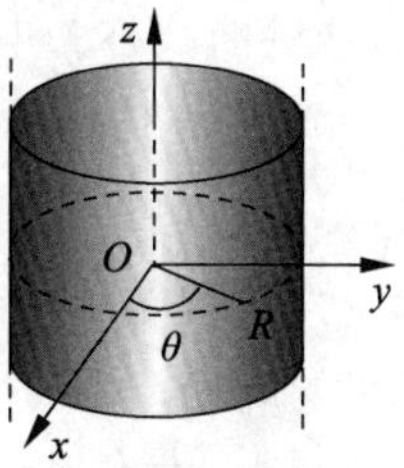

习题 7-8 图

7-9　如图所示，一块厚度为 a 的无限大带电平板，以左侧表面上任意一点为坐标原点 O，垂直平板向右为 x 轴正方向. 电荷分布体密度为 $\rho=kx(0\leqslant x\leqslant a)$，$k$ 为正的常量. 求：

(1) 平板外两侧任一点 M_1、M_2 处的场强大小；

(2) 平板内任一点 M 处的场强大小；

(3) 场强最小的点的位置.

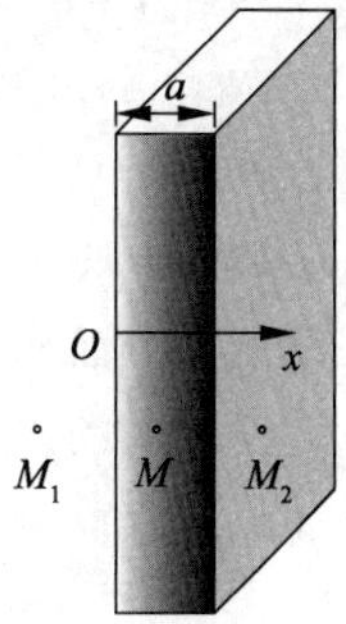

习题 7-9 图

第 8 章　电场强度通量和高斯定理

8.1　电场线　电场强度通量

为了形象直观地描绘电场，我们引入电场线的概念，再利用电场线引入电场强度通量的概念.

8.1.1　电场线

1. 电场线的概念

为了形象直观地描述电场的分布，可以在电场中画出一系列带箭头的曲线，这些曲线上任意一点的切线方向与该点的电场强度方向相同，曲线箭头的指向与电场方向相同，这些曲线称为电场线.

如图 8.1.1 所示的曲线是电场线，p 是电场线 $\overset{\frown}{apb}$ 上的任意一点，p 点的切线方向表示该点的电场方向(即电场强度 $\boldsymbol{E}$ 的方向).

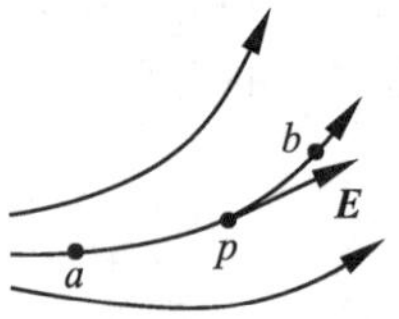

图 8.1.1　电场线

为了让电场线能够形象地表示电场强度的大小，我们规定了电场线的疏密.

规定:在电场中，垂直于电场方向的单位面积上所通过的电场线条数等于该处的电场强度大小.

做了这样的规定后，电场线密的地方电场强度数值就大，电场线疏的地方电场强度数值就小.

如图 8.1.2 所示，在电场中任意一点 p 处，垂直于电场方向取任意无限小面积元 $\mathrm{d}S_{\perp}$，通过面积元 $\mathrm{d}S_{\perp}$ 的电场线条数为 $\mathrm{d}N$. 按照电场线疏密的规定，该面积元上单位面积通过的电场线条数就等于该处电场强度大小 E，即

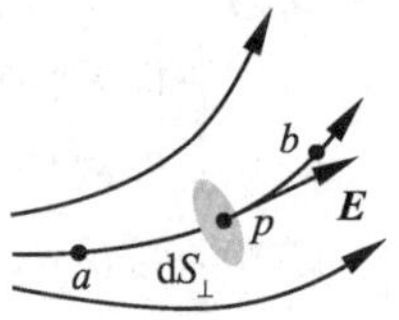

图 8.1.2　电场线密度

$$\frac{\mathrm{d}N}{\mathrm{d}S_{\perp}}=E \tag{8.1.1}$$

根据电场线疏密的规定，我们可以直观地从电场线图上看出电场中电场强度大小的分布. 从图 8.1.1 中电场线分布情况可以看出，a 点处的电场线比 b 点处的密，因此，a 点处电场强度数值比 b 点处的大.

一般情况下，电场线是一系列的曲线. 对于均匀电场(即匀强电场)来说，电场线是一

系列平行的等间距的直线. 如图 8.1.3 所示是两块带等量异号电荷的无限大均匀带电平行平面,两带电平面之间是均匀电场.

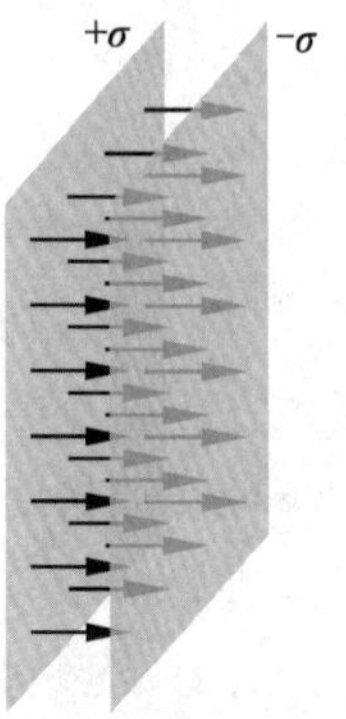

图 8.1.3　两块带等量异号电荷的无限大均匀带电平行平面间的均匀电场

2. 常见的几种静电场的电场线

如图 8.1.4(a)所示是正点电荷的电场线,该电场线具有球对称性. 电场线是起始于正点电荷的射线. 如图 8.1.4(b)所示是负点电荷的电场线,该电场线与正点电荷电场线一样也具有球对称性,但电场线是终止在负点电荷上的射线.

如图 8.1.4(c)所示是一对等量异号点电荷的电场线. 除了两点电荷的连线方向的电场线是直线外,其余的电场线都是曲线.

如图 8.1.4(d)所示是一对带等量异号电荷的均匀带电平板的电场线. 平板间的中部区域(虚线框内)电场线是平行的等间距的直线,该区域是均匀电场(即匀强电场). 工程技术上要用到均匀电场时,通常都是利用这种装置.

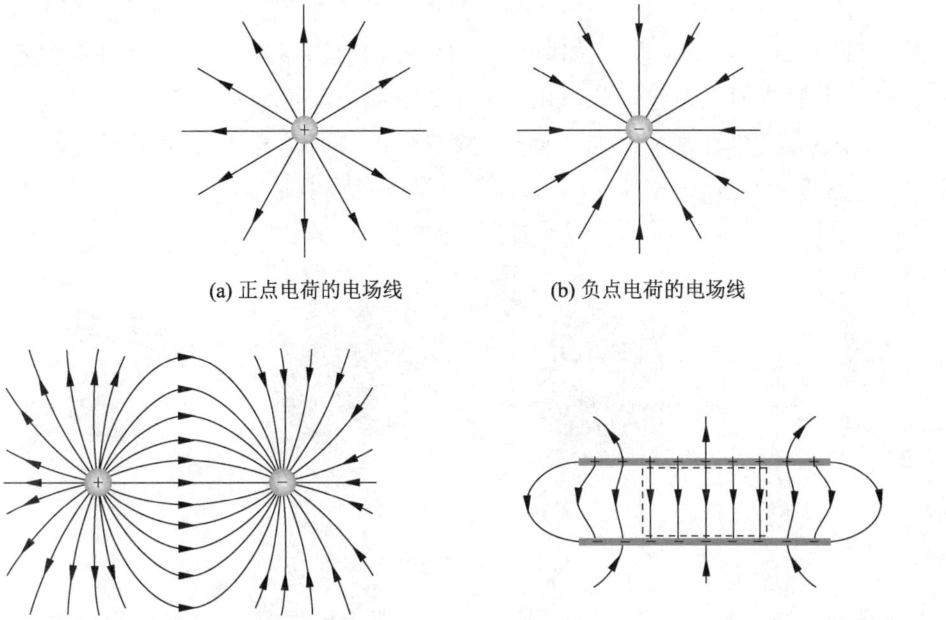

(a) 正点电荷的电场线　(b) 负点电荷的电场线

(c) 一对等量异号点电荷的电场线　(d) 一对带等量异号电荷的均匀带电平板的电场线

图 8.1.4　几种静电场的电场线

3. 电场线的特点

静电场的电场线有以下特点:

(1) 电场线起始于正电荷(或来自无限远处),终止于负电荷(或终止于无限远处),不会在没有电荷的地方中断(电场强度为零的奇点除外).

(2) 电场线不会构成闭合曲线.

(3) 任意两条电场线不会相交.

其中,前两个特点是静电场性质的反映,以后再做证明.最后一个特点是电场中某点的电场强度具有唯一性的必然结果.

应当注意:当点电荷处于电场中时,就会受到电场力,电场力的方向就是该处电场线的切线方向.当点电荷在电场力作用下运动时,点电荷不一定沿电场线运动.也就是说,电场线并不是点电荷在电场中的运动轨迹.

下面我们借助电场线来引入电场强度通量的概念.这样做的目的是让初学者具体、形象地理解电场强度通量的概念.

8.1.2 电场强度通量

按照电场线的规定,均匀电场(匀强电场)的电场线是一系列平行的、等间距的直线.

在如图 8.1.5(a)所示的均匀电场中,在垂直于电场方向取一个面积为 S 的平面,通过该平面的电场线条数就等于电场线密度(即电场强度大小 E)与面积 S 的乘积.

我们把通过面积 S 的电场线条数称为通过面积 S 的电场强度通量(简称电场强度通量或 $\boldsymbol{E}$ 通量),通常用 Φ_E 表示.即

$$\Phi_E = ES \tag{8.1.2}$$

当 S 面与电场方向不垂直时,如图 8.1.5(b)所示.我们可以先将 S 面投影到垂直于电场方向上,其投影面积为 $S_\perp$.如果用 θ 表示投影面与 S 面的夹角,就有 $S_\perp = S\cos\theta$.由于是均匀电场,显然通过 S 面的电场线条数与通过 $S_\perp$ 面的相等,也就是通过 S 面的电场强度通量与通过 $S_\perp$ 面的相等.所以通过 S 面的电场强度通量

$$\Phi_E = ES_\perp = ES\cos\theta \tag{8.1.3}$$

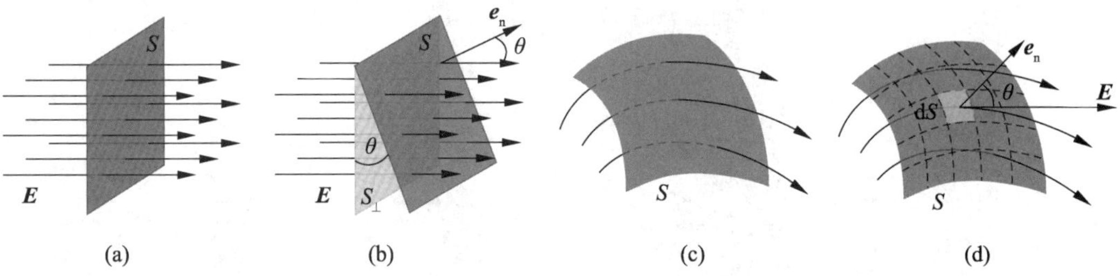

图 8.1.5 电场强度通量

为了更加简洁地表示上式中电场强度通量 Φ_E 跟电场强度 E、平面面积 S 之间的关系,引入面积矢量 $\boldsymbol{S}$ 的概念.面积矢量的大小(面积矢量的模)等于该平面的面积,面积矢量的方向是该平面的法线方向.用 $\boldsymbol{e}_\mathrm{n}$ 表示该平面的法向单位矢量,如图 8.1.5(b)所示.那么,面积矢量 $\boldsymbol{S} = S\boldsymbol{e}_\mathrm{n}$.

如图 8.1.5(b)所示,引入面积矢量后,面积矢量 $\boldsymbol{S}$ 与电场强度矢量 $\boldsymbol{E}$ 的夹角 θ 等于投影面 $S_\perp$ 与 S 面的夹角.这样,式(8.1.3) 电场强度通量 Φ_E 就等于电场强度 $\boldsymbol{E}$ 与面积矢量 $\boldsymbol{S}$ 的标量积(点积),即

$$\Phi_E = \boldsymbol{E} \cdot \boldsymbol{S} \tag{8.1.4}$$

上式就是均匀电场中通过一个平面的电场强度通量的定义.它是两个矢量标量积(点积)

的运算结果，电场强度通量是标量. 电场强度通量可以是正的，可以是负的，也可以是零.

当两矢量的夹角 θ 为锐角时，电场强度通量为正；当 θ 为钝角时，电场强度通量为负；当 θ 为直角时，电场强度通量为零，此时电场线平行于平面，电场线没有通过该平面. 电场强度通量的绝对值等于通过该平面面积的电场线条数，电场线条数是没有负值的，所以要注意，电场强度通量跟电场线条数实际上是不同的概念.

1. 电场强度通量的定义

一般情况下，电场是不均匀的，几何面也是任意曲面. 下面给出一般情况下电场强度通量的定义.

在如图 8.1.5(c)所示的任意电场中，有一任意曲面 S，曲面 S 上电场强度大小、方向处处都不同. 现在要计算通过 S 曲面的电场强度通量，方法如下：

先把曲面划分成无数个无限小的面积元，在图 8.1.5(d)中用点线来划分. 取任意一个面积元(图中浅色小块)，其面积为 $\mathrm{d}S$，法向单位矢量为 $\boldsymbol{e}_{\mathrm{n}}$，规定面元 $\mathrm{d}\boldsymbol{S}=\mathrm{d}S\boldsymbol{e}_{\mathrm{n}}$. 由于该面积元为无限小，可以看作平面，在无限小的面积元 $\mathrm{d}S$ 上电场强度可以认为处处相同(均匀电场). 参考均匀电场中电场强度通量的计算式(8.1.4)，则通过面元 $\mathrm{d}\boldsymbol{S}$ 的电场强度通量

$$\mathrm{d}\Phi_E \equiv \boldsymbol{E}\cdot\mathrm{d}\boldsymbol{S} \tag{8.1.5}$$

电场强度通量是标量，整个曲面 S 上所有无限小面积元的电场强度通量的代数和(实际是积分运算)就是任意曲面 S 的电场强度通量，即

$$\Phi_E \equiv \int_S \boldsymbol{E}\cdot\mathrm{d}\boldsymbol{S} \tag{8.1.6}$$

上式就是电场强度通量的一般定义. 积分的范围是整个曲面 S，一般情况下是二重积分.

当曲面 S 闭合时，在上式积分符号上画一个圆圈，以表示积分范围是闭合曲面，写成

$$\Phi_E = \oint_S \boldsymbol{E}\cdot\mathrm{d}\boldsymbol{S} \tag{8.1.7}$$

对于闭合曲面的电场强度通量，我们规定面元 $\mathrm{d}\boldsymbol{S}$ 的方向是该处曲面的外法线方向，即法向单位矢量 $\boldsymbol{e}_{\mathrm{n}}$ 的方向由曲面内指向曲面外. 这样规定以后，闭合曲面上电场线由曲面内向外穿出时(如图 8.1.6 中闭合曲面 S 上 a 处，$\boldsymbol{E}$ 和 $\mathrm{d}\boldsymbol{S}$ 的夹角是锐角)，该处的电场强度通量为正值；闭合曲面上电场线由曲面外向内穿进时(如图 8.1.6 中闭合曲面 b 处，$\boldsymbol{E}$ 和 $\mathrm{d}\boldsymbol{S}$ 的夹角是钝角)，该处的电场强度通量为负值. 整个闭合曲面电场强度通量为正值，表示穿出闭合曲面的电场线条数较多；整个闭合曲面电场强度通量为负值，表示穿进闭合曲面的电场线条数较多；整个闭合曲面电场强度通量为零值，表示穿进、穿出闭合曲面的电场线条数一样多.

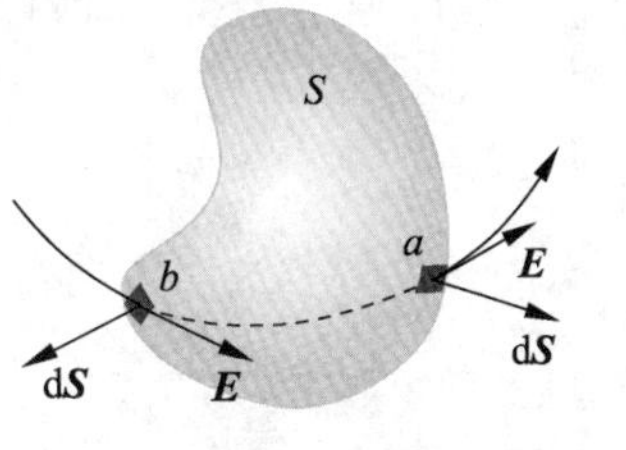

图 8.1.6　电场线与电场强度通量

2. 点电荷及点电荷系电场的电场强度通量

(1) 点电荷的电场强度通量。

下面根据电场强度通量的定义和电场线的特点，计算点电荷电场中的电场强度

通量.

如图 8.1.7 所示,在电荷量为 q 的正点电荷的电场中,作半径为 r 的球面 S,点电荷位于球心处,计算通过该球面的电场强度通量.

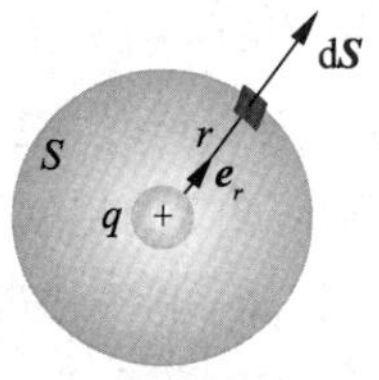

图 8.1.7　正点电荷在球心处通过面元的电场强度通

首先,在球面上任意位置取无限小面元 d$\boldsymbol{S}$,该处电场强度 $\boldsymbol{E}=\dfrac{1}{4\pi\varepsilon_0}\dfrac{q}{r^2}\boldsymbol{e}_r$,把 $\boldsymbol{E}$ 的表达式代入闭合曲面电场强度通量的计算式(8.1.7). 在球面 S 上积分时,单位矢量 $\boldsymbol{e}_r$ 与面元 d$\boldsymbol{S}$ 处处同方向,所以两个矢量的标量积(点积)$\boldsymbol{e}_r\cdot\mathrm{d}\boldsymbol{S}=\mathrm{d}S$. 在球面 S 上积分时,$\dfrac{1}{4\pi\varepsilon_0}\dfrac{q}{r^2}$为常量,可以提到积分号外. 最后$\oint_S\mathrm{d}S$ 等于积分球面的面积,具体计算过程如下:

$$\begin{aligned}\Phi_E&=\oint_S\boldsymbol{E}\cdot\mathrm{d}\boldsymbol{S}=\oint_S\frac{1}{4\pi\varepsilon_0}\frac{q}{r^2}\boldsymbol{e}_r\cdot\mathrm{d}\boldsymbol{S}\\&=\oint_S\frac{1}{4\pi\varepsilon_0}\frac{q}{r^2}\mathrm{d}S=\frac{1}{4\pi\varepsilon_0}\frac{q}{r^2}\oint_S\mathrm{d}S\\&=\frac{q}{4\pi\varepsilon_0 r^2}\cdot4\pi r^2=\frac{q}{\varepsilon_0}\end{aligned}$$

上面计算结果表明,通过球面 S 的电场强度通量与球心处点电荷的电荷量成正比,与球面的半径无关.

结合电场强度通量与电场线的关系可以得到,无论球面半径是多少,都有$\dfrac{q}{\varepsilon_0}$条电场线由球面内向外穿出,如图 8.1.8 所示.

如图 8.1.9 所示,当球面半径无限小时,球面就到达点电荷处,通过这个无限小球面的电场强度通量还是$\dfrac{q}{\varepsilon_0}$. 所以说,电场线是由正点电荷发出的,并一直延伸到无限远处.

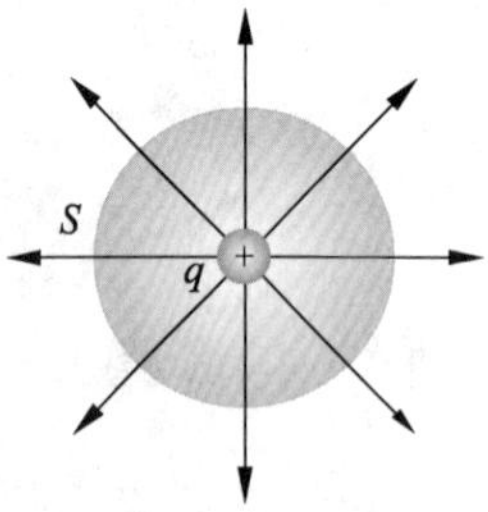

图 8.1.8　正点电荷在球心处时球面的电场强度通量

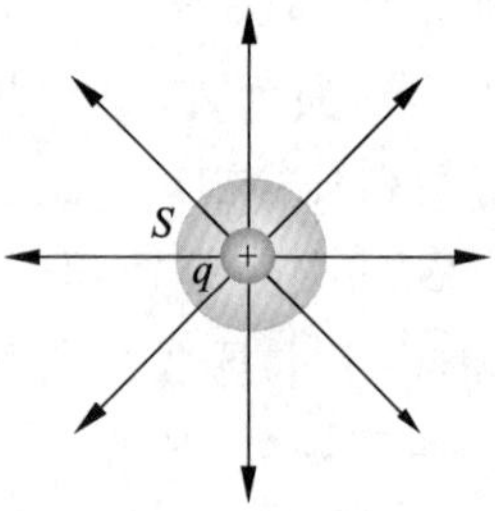

图 8.1.9　正点电荷在球心处时球面的电场强度通量(球面半径无限小)

当点电荷带负电时($q<0$),上面积分为负值,电场线穿进闭合曲面,有$\dfrac{|q|}{\varepsilon_0}$条电场线由球面外向内穿入,最后终止在负点电荷上,如图 8.1.10 所示.

如图 8.1.11 所示,若球面 S 变形成任意闭合曲面 S_1,点电荷仍处于闭合曲面 S_1 内时,则通过曲面 S_1 的电场强度通量与通过球面 S 的电场强度通量相等.

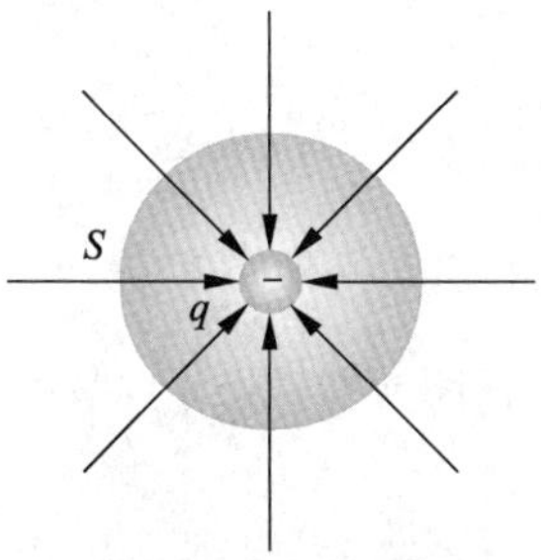

图 8.1.10　负点电荷在球心处时球面的电场强度通量

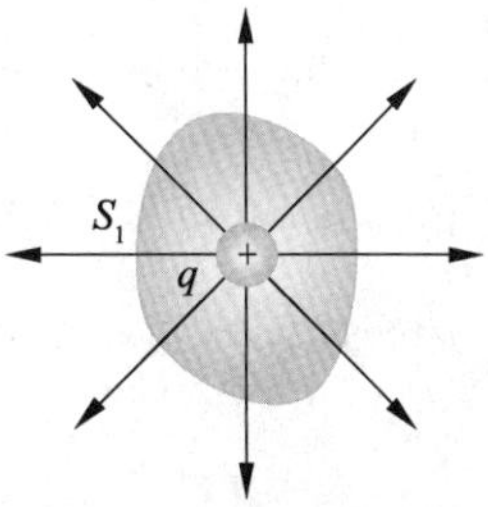

图 8.1.11　任意闭合曲面包围点电荷的电场强度通量

如图 8.1.12 所示. 当球面 S 变形成任意闭合曲面 S_2,点电荷处于闭合曲面 S_2 外时,穿入闭合曲面 S_2 的电场线条数与穿出的条数相等,则通过闭合曲面 S_2 的电场强度通量为零.

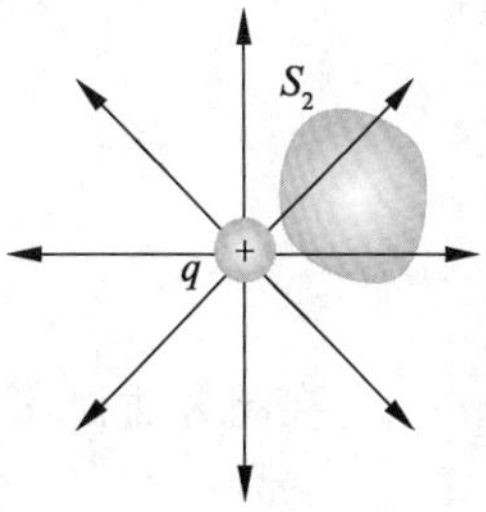

图 8.1.12　任意闭合曲面不包围点电荷的电场强度通量

综上所述,在一个点电荷的电场中,任意闭合曲面 S 的电场强度通量只有两种结果:

① 闭合曲面 S 包围点电荷时,电场强度通量

$$\Phi_E = \oint_S \boldsymbol{E} \cdot \mathrm{d}\boldsymbol{S} = \frac{q}{\varepsilon_0} \tag{8.1.8}$$

② 闭合曲面 S 不包围点电荷时,电场强度通量

$$\Phi_E = \oint_S \boldsymbol{E} \cdot \mathrm{d}\boldsymbol{S} = 0 \tag{8.1.9}$$

上面我们计算了在一个点电荷的电场中任意闭合曲面的电场强度通量,只有两种结果. 不论闭合曲面是什么形状,只要闭合曲面把点电荷包围在内,闭合曲面的电场强度通量就等于点电荷的电荷量 q(可以正,可以负)除以真空中的电容率 ε_0. 只要闭合曲面没有把点电荷包围在内,闭合曲面的电场强度通量就等于零.

(2) 点电荷系的电场强度通量。

现在我们来计算在点电荷系的电场中任意闭合曲面的电场强度通量.

如图 8.1.13 所示,点电荷系由任意 n 个点电荷组成,它们的电荷量分别为 $q_1, q_2, \cdots, q_n$. 在电场中作任意闭合曲面 S,电荷量分别为 $q_1, q_2, \cdots, q_k$ 的点电荷处于闭合曲面 S 内,电荷量分别为 $q_{k+1}, q_{k+2}, \cdots, q_n$ 的点电荷处于闭合曲面 S 外.

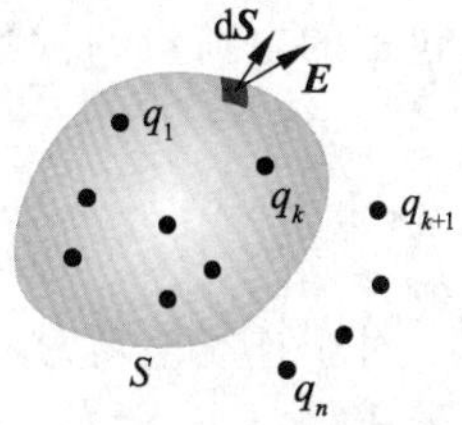

图 8.1.13　点电荷系的电场强度通量

通过闭合曲面 S 的电场强度通量

$$\Phi_E = \oint_S \boldsymbol{E} \cdot \mathrm{d}\boldsymbol{S}$$

式中 $\mathrm{d}\boldsymbol{S}$ 为闭合曲面 S 上的任意无限小面元矢量,$\boldsymbol{E}$ 是面元 $\mathrm{d}\boldsymbol{S}$ 处的电场强度. 根据电场强度的叠加原理

$$\boldsymbol{E} = \boldsymbol{E}_1 + \boldsymbol{E}_2 + \cdots + \boldsymbol{E}_n$$

式中,任意一项 $\boldsymbol{E}_i$ 表示电荷量为 q_i 的点电荷在 $\mathrm{d}\boldsymbol{S}$ 处激发的电场强度.将上式代入电场强度通量计算式,得

$$\Phi_E = \oint_S \boldsymbol{E}_1 \cdot \mathrm{d}\boldsymbol{S} + \oint_S \boldsymbol{E}_2 \cdot \mathrm{d}\boldsymbol{S} + \cdots + \oint_S \boldsymbol{E}_n \cdot \mathrm{d}\boldsymbol{S} \tag{8.1.10}$$

式中,$\boldsymbol{E}_1$ 表示点电荷 q_1 单独存在时激发的电场强度,上式第一项 $\oint_S \boldsymbol{E}_1 \cdot \mathrm{d}\boldsymbol{S}$ 表示点电荷 q_1 激发的电场通过闭合曲面 S 的电场强度通量.由于 q_1 在闭合曲面 S 内,参考式(8.1.8)得

$$\oint_S \boldsymbol{E}_1 \cdot \mathrm{d}\boldsymbol{S} = \frac{q_1}{\varepsilon_0}$$

同样,得

$$\oint_S \boldsymbol{E}_2 \cdot \mathrm{d}\boldsymbol{S} = \frac{q_2}{\varepsilon_0}$$

$$\vdots$$

$$\oint_S \boldsymbol{E}_k \cdot \mathrm{d}\boldsymbol{S} = \frac{q_k}{\varepsilon_0}$$

由于 q_{k+1} 在闭合曲面 S 外,参考式(8.1.9),得

$$\oint_S \boldsymbol{E}_{k+1} \cdot \mathrm{d}\boldsymbol{S} = 0$$

同样,得

$$\oint_S \boldsymbol{E}_{k+2} \cdot \mathrm{d}\boldsymbol{S} = 0$$

$$\vdots$$

$$\oint_S \boldsymbol{E}_n \cdot \mathrm{d}\boldsymbol{S} = 0$$

式(8.1.10)的计算结果为 $\frac{q_1}{\varepsilon_0} + \frac{q_2}{\varepsilon_0} + \cdots + \frac{q_k}{\varepsilon_0}$,这个结果可以表示为 $\frac{\sum\limits_{S内} q_i}{\varepsilon_0}$.其中,$\sum\limits_{S内} q_i$ 表示闭合曲面 S 所包围的电荷量的代数和.

综上所述,在点电荷系的静电场中,任意闭合曲面 S 的电场强度通量等于闭合曲面所包围的电荷量的代数和除以真空中的电容率 ε_0,即

$$\Phi_E = \oint_S \boldsymbol{E} \cdot \mathrm{d}\boldsymbol{S} = \frac{\sum\limits_{S内} q_i}{\varepsilon_0} \tag{8.1.11}$$

对于连续电荷分布的带电体,可以将其看成无数点电荷的集合,上式也适用.

式(8.1.11)适用于任意静电场,它就是下一节要学习的高斯定理.这条定理可以通过库仑定律和电场强度的叠加原理推导出来.

8.2　高斯定理

8.2.1　高斯定理

1. 高斯定理的描述

在真空中,通过任意闭合曲面的电场强度通量,等于该曲面内电荷量的代数和除以真空中的电容率,数学表达式为

$$\oint_S \boldsymbol{E} \cdot \mathrm{d}\boldsymbol{S} = \frac{\sum\limits_{S内} q_i}{\varepsilon_0} \qquad (8.2.1)$$

图 8.2.1　高斯

高斯(见图 8.2.1)定理中所说的闭合曲面,通常称为高斯面.

2. 讨论

(1) 高斯定理是反映静电场性质(有源性)的基本定理. 若无限小闭合曲面内存在正电荷,则通过闭合曲面的电场强度通量为正,表明有电场线从闭合曲面内穿出,即电场线由正电荷发出;若无限小闭合曲面内存在负电荷,则通过闭合曲面的电场强度通量为负,表明有电场线从闭合曲面外穿入,即电场线终止于负电荷;若无限小闭合曲面内没有电荷,则通过闭合曲面的电场强度通量为零,电场线穿入多少就穿出多少,说明在没有电荷的区域内电场线不会中断.

高斯定理告诉我们,正电荷是电场线起始的源头,负电荷是电场线终止的归宿(负源头). 静电场是有源场,它是静电场的基本性质之一.

(2) 高斯定理是在库仑定律的基础上得出的,但它的应用范围比库仑定律更为广泛.

高斯定理与库仑定律并不是互相独立的规律,而是以不同形式表示了电场与电荷之间关系的同一客观规律. 库仑定律把电场强度与电荷直接联系起来,而高斯定理将闭合曲面电场强度的通量与该曲面内的电荷联系在一起. 库仑定律只适用于静电场,而高斯定理不仅适用于静电场,也适用于变化的电场. 高斯定理是电磁场理论的基本定理之一.

(3) 高斯定理中的 $\boldsymbol{E}$ 是闭合曲面内、外所有电荷共同产生的,而闭合曲面的电场强度通量只跟闭合曲面内的电荷代数和有关,闭合曲面外的电荷对电场强度通量没有贡献.

(4) 若高斯面内电荷量代数和为零,只表示通过高斯面的电场强度通量为零,闭合曲面上各处的电场强度并不一定为零.

(5) 闭合曲面的电场强度通量为零,只表示高斯面内电荷量代数和为零,并不一定表示高斯面内没有电荷.

(6) 闭合曲面内有电荷连续分布带电体时,电荷量代数和 $\sum\limits_{S内} q_i$ 一般要进行积分运算.

8.2.2 高斯定理的应用

1. 用高斯定理计算电场强度通量

如图 8.2.2(a)所示,电荷量为 q 的点电荷位于边长为 a 的立方体顶角处,计算通过立方体每个正方形面的电场强度通量.

很明显,立方体的三个正方形面相交于点电荷 q 所处的顶点,这三个面的电场强度通量均为零.另外三个面的电场强度通量都相等,如果用电场强度通量的定义直接积分运算是比较复杂的,用高斯定理计算就非常简单.

用边长为 a 的八个小立方体组成一个边长为 $2a$ 的大立方体,如图 8.2.2(b)所示,点电荷 q 位于大立方体正中央.大立方体的每个大正方形面由 4 个小正方形组成,24 个小正方形面组成大立方体表面(闭合曲面).由高斯定理得,通过大立方体表面的电场强度通量等于$\frac{q}{\varepsilon_0}$,根据电场的对称性,通过每个小正方形的电场强度通量等于大立方体表面电场强度通量的 1/24,即$\frac{q}{24\varepsilon_0}$.

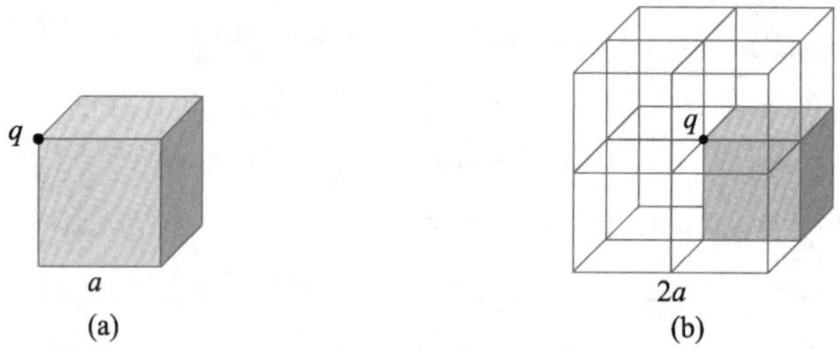

图 8.2.2 立方体表面的电场强度通量

2. 用高斯定理计算电场强度大小

以下两种情况可以用高斯定理计算电场强度大小:

(1) 高斯面 S 上电场强度大小处处相等,电场强度方向处处沿着高斯面 S 的法线方向.

高斯面 S 的电场强度通量计算式为 $\Phi_E = \oint_S \boldsymbol{E} \cdot \mathrm{d}\boldsymbol{S}$. 如果电场强度方向处处沿着高斯面的法线方向,就是 $\mathrm{d}\boldsymbol{S}$ 与 $\boldsymbol{E}$ 处处平行,即 $\boldsymbol{E} \cdot \mathrm{d}\boldsymbol{S} = \pm E\mathrm{d}S$. 如果高斯面上电场强度大小处处相等,则 E 是常量可从积分号中提出来.积分 $\oint_S \mathrm{d}S$ 就等于高斯面 S 的面积,该面积一般可以用几何方法计算.

具体计算过程如下:

$$\Phi_E = \oint_S \boldsymbol{E} \cdot \mathrm{d}\boldsymbol{S} = \oint_S \pm E\mathrm{d}S = \pm E \oint_S \mathrm{d}S$$

接下来计算高斯面内电荷量的代数和 $\sum_{S内} q_i$,通常不难计算.

将以上计算结果代入高斯定理表达式,求得高斯面 S 上电场强度大小

$$E=\pm\frac{\sum\limits_{S内}q_i}{\varepsilon_0\oint_S \mathrm{d}S} \tag{8.2.2}$$

(2) 高斯面 S 可分成两部分，一部分面 S_1 上符合上述第一种情况，其余部分面 S_2 上电场强度方向处处沿着高斯面的切线方向(或电场强度处处为零)，面 S_2 上的电场强度通量为零.

高斯面 S 的电场强度通量 $\Phi_E=\oint_S \boldsymbol{E}\cdot\mathrm{d}\boldsymbol{S}$ 的计算分两部分进行，即 $\Phi_E=\int_{S_1}\boldsymbol{E}\cdot\mathrm{d}\boldsymbol{S}+\int_{S_2}\boldsymbol{E}\cdot\mathrm{d}\boldsymbol{S}$. 在部分面 S_1 上电场强度方向处处沿着表面法线方向，就是 $\mathrm{d}\boldsymbol{S}$ 与 $\boldsymbol{E}$ 处处平行，即 $\boldsymbol{E}\cdot\mathrm{d}\boldsymbol{S}=\pm E\cdot\mathrm{d}S$. 并且在该部分面 S_1 上电场强度大小处处相等，E 为常量，可从积分号中提出来. 最后，积分 $\int_{S_1}\mathrm{d}S$ 等于 S_1 的面积，该面积一般可以用几何方法计算. 其余部分面 S_2 上电场强度方向处处沿着表面的切线方向(或电场强度处处为零)，面 S_2 上的电场强度通量为零. 具体计算过程如下：

$$\begin{aligned}\Phi_E&=\oint_S \boldsymbol{E}\cdot\mathrm{d}\boldsymbol{S}\\&=\int_{S_1}\boldsymbol{E}\cdot\mathrm{d}\boldsymbol{S}+\int_{S_2}\boldsymbol{E}\cdot\mathrm{d}\boldsymbol{S}\\&=\int_{S_1}\pm E\mathrm{d}S+0\\&=\pm E\int_{S_1}\mathrm{d}S\end{aligned}$$

接下来计算高斯面内电荷量的代数和 $\sum\limits_{S内}q_i$.

将以上计算结果代入高斯定理表达式，求得面 S_1 上电场强度的大小

$$E=\pm\frac{\sum\limits_{S内}q_i}{\varepsilon_0\int_{S_1}\mathrm{d}S} \tag{8.2.3}$$

以上两种情况的电场都具有特殊的对称性. 只有电荷分布具有特殊对称性时，电场才具有特殊对称性. 解决问题的关键是通过电荷分布的对称性得到电场分布的对称性，最后选择合适的高斯面求得电场强度. 满足以上两种情况的问题不多，下面我们以电荷球对称分布、轴对称分布和面对称分布为例，应用高斯定理计算电场强度大小.

[例 8.2.1]　如图 8.2.3(a)所示，有一半径为 R、电荷面密度为 σ 的均匀带电球面(总电荷量 $q=\sigma\cdot 4\pi R^2$)，求空间电场强度的分布.

解：如图 8.2.3(b)所示，O 为带电球面的球心. 作半径为 r 且与带电球同心的球面 S 为高斯面(图中外部球面).

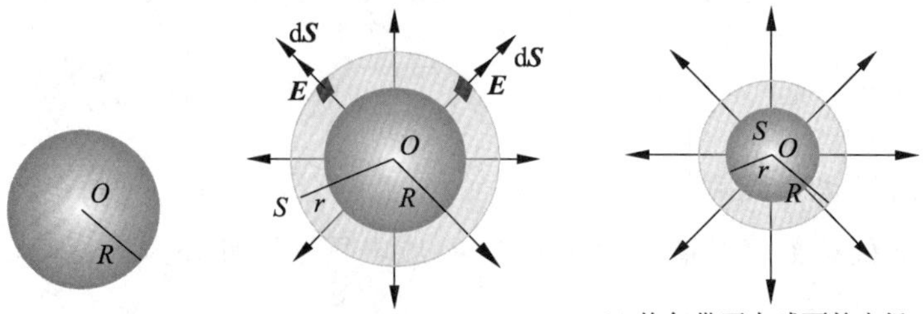

(a) 均匀带电球面　(b) 均匀带正电球面外的电场　(c) 均匀带正电球面的电场

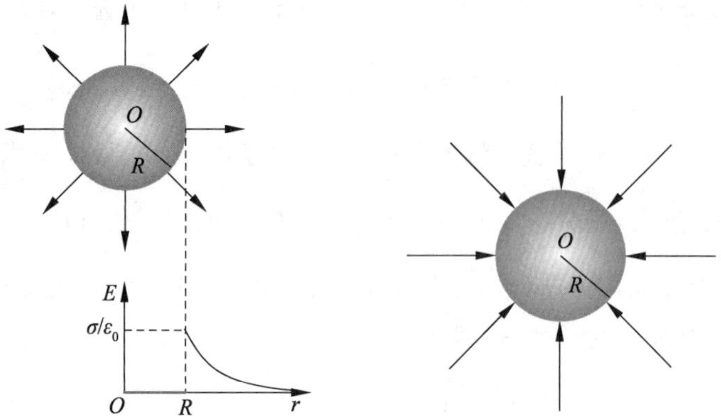

(d) 均匀带正电球面的电场分布　(e) 均匀带负电球面的电场线

图 8.2.3　例 8.2.1 图

根据电荷分布的球对称性可知，高斯面 S 上电场强度大小处处相等，电场强度方向处处沿着高斯面的法线方向. 符合我们前面所说的可以应用高斯定理计算电场强度的第一种情况.

假设带电球所带的是正电荷(即 $\sigma>0$)，高斯面上的电场方向指向高斯面的外法线方向，$\boldsymbol{E}\cdot \mathrm{d}\boldsymbol{S}=E\mathrm{d}S$，$\oint_S \mathrm{d}S$ 等于高斯面的面积 $4\pi r^2$.

高斯面 S 的电场强度通量计算过程如下：

$$\begin{aligned}\Phi_E &=\oint_S \boldsymbol{E}\cdot \mathrm{d}\boldsymbol{S}\\ &=\oint_S E\mathrm{d}S\\ &=E\oint_S \mathrm{d}S\\ &=E\cdot 4\pi r^2\end{aligned}$$

(1) 带电球面外的电场. $r>R$，高斯面内电荷量的代数和等于带电球的电荷量，即

$$\sum_{S内} q_i=q=\sigma\cdot 4\pi R^2$$

将以上计算结果代入高斯定理表达式 $\oint_S \boldsymbol{E}\cdot \mathrm{d}\boldsymbol{S}=\dfrac{\sum\limits_{S内} q_i}{\varepsilon_0}$，得

$$E \cdot 4\pi r^2 = \frac{q}{\varepsilon_0}$$

即
$$E = \frac{1}{4\pi\varepsilon_0}\frac{q}{r^2} \tag{8.2.4}$$

上式中 $q=\sigma \cdot 4\pi R^2$，是高斯面内的电荷量的代数和. 可见，均匀带电球面外，电场的分布与点电荷的电场分布完全相同，电场强度大小与均匀带电球面电荷量成正比，与离开球心的距离 r 的平方成反比.

将 $q=\sigma \cdot 4\pi R^2$ 代入上式，得

$$E = \frac{\sigma R^2}{\varepsilon_0 r^2} \tag{8.2.5}$$

可见，均匀带电球面外，无限靠近球面处($r \to R$)，电场强度大小 $E \to \frac{\sigma}{\varepsilon_0}$. 这个结果表明，均匀带电球面外表面附近的电场强度大小与带电球面上电荷面密度成正比.

(2) 带电球面内的电场. $r<R$，如图 8.2.3(c)所示，图中箭头线是电场线，内部球面是高斯面 S. 高斯面 S 内没有电荷，即

$$\sum_{S内} q_i = 0$$

将计算结果代入高斯定理表达式 $\oint_S \boldsymbol{E} \cdot \mathrm{d}\boldsymbol{S} = \frac{\sum\limits_{S内} q_i}{\varepsilon_0}$，得

$$E \cdot 4\pi r^2 = \frac{0}{\varepsilon_0}$$

即
$$E = 0$$

可见，均匀带电球面内，电场强度处处为零，即没有电场.

电场强度大小沿径向 r 的分布如图 8.2.3(d)所示.

电场强度分布用矢量表示如下：

$$\begin{cases} \boldsymbol{E} = 0 & r<R \\ \boldsymbol{E} = \dfrac{1}{4\pi\varepsilon_0}\dfrac{q}{r^2}\boldsymbol{e}_r & r>R \end{cases}$$

式中，$\boldsymbol{e}_r$ 是球心指向场点的单位矢量.

可见，均匀带电球面外的电场分布与点电荷电场相同.

当均匀带电球面所带电荷为负电时，电场强度大小分布与带正电时的相同，球外电场强度方向与带正电时的相反，如图 8.2.3(e)所示. 它们的电场强度的表达式完全相同. 上式中 $q<0$ 就是均匀带负电球面的电场强度.

如果有几个均匀带电球面. 只要利用均匀带电球面电场分布的结论，再结合电场强度的叠加原理(电场强度矢量和)就可以求得电场强度的分布.

[例 8.2.2] 如图 8.2.4 所示，半径分别为 R_1 和 $R_2(R_1<R_2)$ 的两个均匀带电同心球面，带电量分别为 q_1 和 q_2. 求电场强度的分布.

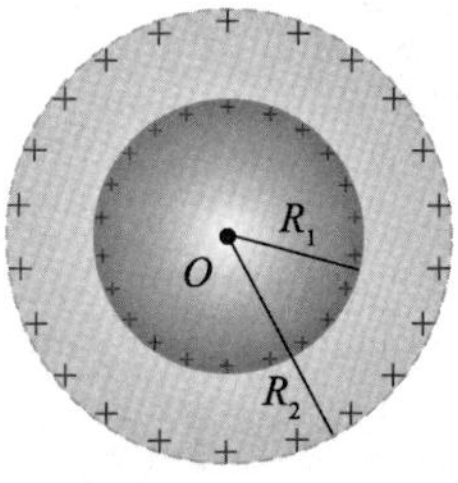

图 8.2.4 两个均匀带电同心球面

解：求解时可分为三个区域，小球内 $r<R_1$、两球之间 $R_1<r<R_2$ 和大球外 $r>R_2$. 利用上一例题均匀带电球面电场分布的结论，分别把两个球面各自所带电荷在三个区域所激发的电场强度表达式写出来，然后用电场强度叠加原理求得结果. 电场强度分布如表 8.2.1 所示.

表 8.2.1 电场强度分布

区域	R_1 球面电荷 q_1 激发的场强 $\boldsymbol{E}_1$	R_2 球面电荷 q_2 激发的场强 $\boldsymbol{E}_2$	两个球面电荷 q_1、q_2 激发的合场强 $\boldsymbol{E}=\boldsymbol{E}_1+\boldsymbol{E}_2$
$r<R_1$	0	0	0
$R_1<r<R_2$	$\frac{1}{4\pi\varepsilon_0}\frac{q_1}{r^2}\boldsymbol{e}_r$	0	$\frac{1}{4\pi\varepsilon_0}\frac{q_1}{r^2}\boldsymbol{e}_r$
$r>R_2$	$\frac{1}{4\pi\varepsilon_0}\frac{q_1}{r^2}\boldsymbol{e}_r$	$\frac{1}{4\pi\varepsilon_0}\frac{q_2}{r^2}\boldsymbol{e}_r$	$\frac{1}{4\pi\varepsilon_0}\frac{q_1+q_2}{r^2}\boldsymbol{e}_r$

当两个均匀带电球面带等量异号电荷($q_1=-q_2$)时，不仅小球面内($r<R_1$)电场强度处处为零，大球面外($r>R_2$)的电场强度也处处为零. 电场只分布在两球面之间，电场强度 $\boldsymbol{E}=\frac{1}{4\pi\varepsilon_0}\frac{q_1}{r^2}\boldsymbol{e}_r(R_1<r<R_2)$.

本题也可以应用高斯定理求电场强度的分布. 实际计算时，可分为三个区域分别计算.

本题电荷分布具有球对称性，电荷密度是半径 r(离开球心的距离)的函数，这类问题都可应用高斯定理求得电场强度的分布. 实际计算中，根据电荷分布函数的分段区间，相应分几个区域分别计算. 不同区间高斯面大小不同，高斯面内的电荷代数和(一般要积分运算)一般也不同，所以电场强度大小的表达式也不一样.

下面我们来计算电荷轴对称分布的问题.

[例 8.2.3] 如图 8.2.5(a)所示，半径为 R 的均匀带正电无限长直圆柱面，电荷面密度为 $\sigma(\sigma>0)$. 求电场强度分布.

解：圆柱面单位长度上的电荷量 $\lambda=\sigma\cdot 2\pi R$. 如图 8.2.5(b)所示，作半径为 r、长度为 l，且与带电圆柱面同轴的圆柱面 S 为高斯面(图中外部圆柱面). 高斯面 S 由侧面 $S_{侧}$、上底面 $S_{上底}$ 和下底面 $S_{下底}$ 三部分组成.

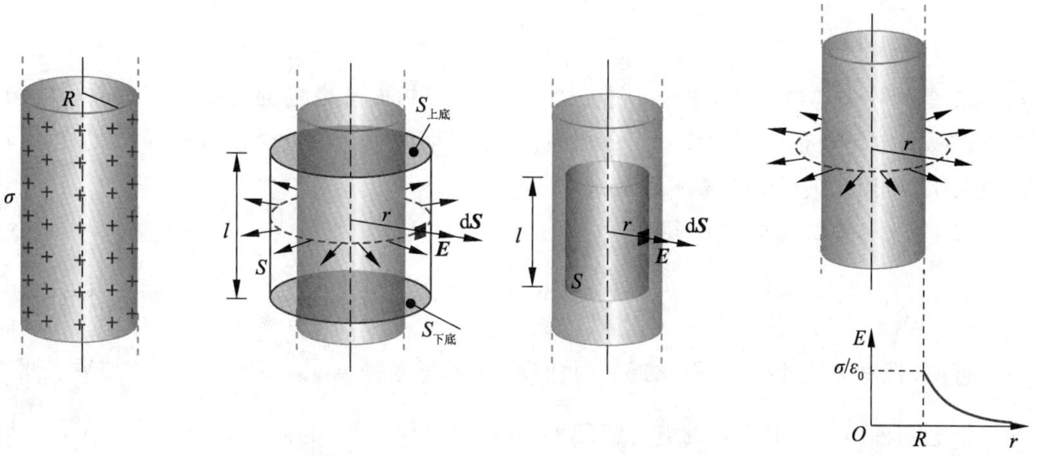

(a) 无限长均匀带正电圆柱面　(b) 无限长均匀带正电圆柱面外的电场　(c) 无限长均匀带正电圆柱面内的电场　(d) 无限长均匀带正电圆柱面的电场分布

图 8.2.5　例 8.2.3 图

根据电荷分布的轴对称性，高斯面 S 的侧面 $S_{侧}$ 上电场强度大小处处相等，电场强度方向(图中箭头)处处沿着面的外法线方向. 高斯面侧面 $S_{侧}$ 上，$\boldsymbol{E}\cdot \mathrm{d}\boldsymbol{S}=E\mathrm{d}S$，$\int_{S_{侧}}\mathrm{d}S=2\pi rl$.

高斯面 S 的上底面 $S_{上底}$ 或下底面 $S_{下底}$ 上电场强度方向与两底面处处平行，两底面的电场强度通量都等于零.

因此，高斯面 S 上符合前面所说的可以应用高斯定理计算电场强度的第二种情况. 高斯面 S 的电场强度通量

$$\begin{aligned}\Phi_E &= \oint_S \boldsymbol{E}\cdot \mathrm{d}\boldsymbol{S}\\ &= \int_{S_{侧}}\boldsymbol{E}\cdot \mathrm{d}\boldsymbol{S}+\int_{S_{上底}}\boldsymbol{E}\cdot \mathrm{d}\boldsymbol{S}+\int_{S_{下底}}\boldsymbol{E}\cdot \mathrm{d}\boldsymbol{S}\\ &= \int_{S_{侧}}E\mathrm{d}S+0+0\\ &= E\int_{S_{侧}}\mathrm{d}S\\ &= E\cdot 2\pi rl\end{aligned}$$

(1) 在带电圆柱面外. $r>R$，高斯面内电荷代数和等于带电圆柱 l 长度上的电荷量，即 $\sum\limits_{S内} q_i=\lambda l=\sigma\cdot 2\pi Rl$.

将以上计算结果代入高斯定理表达式 $\oint_S \boldsymbol{E}\cdot \mathrm{d}\boldsymbol{S}=\dfrac{\sum\limits_{S内} q_i}{\varepsilon_0}$，得

$$E\cdot 2\pi rl=\frac{\lambda l}{\varepsilon_0}$$

即

$$E=\frac{\lambda}{2\pi\varepsilon_0 r} \tag{8.2.6}$$

式中，λ 是圆柱面单位长度上的电荷量. 可见，带电圆柱面外电场的分布式与无限长均匀带电直线的电场分布式(7.2.26)完全相同，电场强度大小与带电圆柱面单位长度的电荷量成正比，与离开轴线的距离 r 成反比.

将 $\lambda=\sigma\cdot 2\pi R$ 代入上式，得

$$E=\frac{\sigma R}{\varepsilon_0 r} \tag{8.2.7}$$

可见，带电圆柱面外，无限靠近柱面处($r\to R$)，电场强度大小 $E\to\frac{\sigma}{\varepsilon_0}$. 这个结果表明，均匀带电圆柱面外表面附近的电场强度大小与带电圆柱面上电荷面密度成正比.

(2) 在带电圆柱面内. $r<R$，如图 8.2.5(c)所示，内部圆柱面是高斯面 S. 高斯面内没有电荷，$\sum\limits_{S内} q_i=0$.

将上面计算结果代入高斯定理表达式 $\oint_S \boldsymbol{E}\cdot \mathrm{d}\boldsymbol{S}=\frac{\sum\limits_{S内} q_i}{\varepsilon_0}$，得

$$E\cdot 2\pi r l=\frac{0}{\varepsilon_0}$$

得

$$E=0$$

可见，均匀带电圆柱面内，电场强度处处为零.

电场强度大小沿径向 r 的分布如图 8.2.5(d)所示. 电场强度分布用矢量式表示如下：

$$\begin{cases}\boldsymbol{E}=0 & r<R\\ \boldsymbol{E}=\dfrac{\lambda}{2\pi\varepsilon_0 r}\boldsymbol{e}_r & r>R\end{cases}$$

式中，$\boldsymbol{e}_r$ 是轴线上一点垂直指向场点的单位矢量.

当均匀带电圆柱面所带电荷为负电时，电场强度大小分布与带正电时相同，电场强度方向与带正电时相反.

如果有几个均匀带电圆柱面，只要利用上面的结论，再结合电场强度的叠加原理就可以求得电场强度的分布.

[例 8.2.4] 如图 8.2.6 所示，半径分别为 R_1 和 R_2($R_1<R_2$)的两个同轴无限长均匀带电圆柱面，圆柱面沿轴线方向单位长度上的电荷量分别为 λ_1 和 λ_2. 求电场强度的分布.

图 8.2.6 两个同轴无限长均匀带电圆柱面

解：求解时可分为三个区域，小圆柱面内 $r<R_1$、两圆柱面之间 $R_1<r<R_2$ 和大圆柱面外 $r>R_2$. 利用例 8.2.3 的结论分别把

两个圆柱面各自所带电荷在三个区域所激发的电场强度表达式写出来，然后用电场强度叠加原理求得结果. 电场强度的分布如表 8.2.2 所示.

表 8.2.2　电场强度分布

区域	R_1 圆柱面电荷激发的场强 $\boldsymbol{E}_1$	R_2 圆柱面电荷激发的场强 $\boldsymbol{E}_2$	两个圆柱面电荷激发的合场强 $\boldsymbol{E}=\boldsymbol{E}_1+\boldsymbol{E}_2$
$r<R_1$	0	0	0
$R_1<r<R_2$	$\frac{\lambda_1}{2\pi\varepsilon_0 r}\boldsymbol{e}_r$	0	$\frac{\lambda_1}{2\pi\varepsilon_0 r}\boldsymbol{e}_r$
$r>R_2$	$\frac{\lambda_1}{2\pi\varepsilon_0 r}\boldsymbol{e}_r$	$\frac{\lambda_2}{2\pi\varepsilon_0 r}\boldsymbol{e}_r$	$\frac{\lambda_1+\lambda_2}{2\pi\varepsilon_0 r}\boldsymbol{e}_r$

当两个均匀带电圆柱面带等量异号电荷时，不仅小圆柱面内($r<R_1$)电场强度处处为零，大圆柱面外($r>R_2$)的电场强度也处处为零，电场只分布在两个圆柱面之间.

本题也可以应用高斯定理求得电场强度的分布. 实际计算可分三个区域进行.

本题电荷分布具有轴对称性，电荷密度是半径 r(离开轴线的距离)的函数，这类问题都可应用高斯定理求得电场强度的分布. 实际计算中，根据电荷分布函数的分段区间，相应分几个区域分别计算，不同区间高斯面大小不同，高斯面内的电荷代数和(一般要积分运算)一般也不同，所以电场强度大小的表达式也不一样.

下面我们来计算电荷面对称分布的问题.

[例 8.2.5]　如图 8.2.7(a)所示，有一电荷面密度为 $\sigma(\sigma>0)$ 的无限大均匀带电平面. 求电场强度的分布.

解：如图 8.2.7(b)所示，作底面积为 ΔS 的圆柱面为高斯面 S(图中圆柱面). 该圆柱面两个底面平行于带电平面，两个底面到带电平面的距离相等.

根据电荷分布的对称性，电场方向垂直于带电平面. 在圆柱形高斯面 S 的侧面($S_{侧}$)上，电场强度的方向处处与该处面的法线方向垂直，即侧面的电场强度通量为零

$$\int_{S_{侧}} \boldsymbol{E}\cdot \mathrm{d}\boldsymbol{S}=0 \qquad ①$$

根据电荷分布的对称性，在圆柱形高斯面 S 的右底面($S_{右底}$)上，电场强度方向处处沿着底面的外法线方向，如图 8.2.7(c)所示. 所以，右底面的电场强度通量

$$\int_{S_{右底}} \boldsymbol{E}\cdot \mathrm{d}\boldsymbol{S}=\int_{S_{右底}} E\mathrm{d}S$$

右底面($S_{右底}$)上，电场强度大小 E 处处相等，E 提到积分号外，即

$$\int_{S_{右底}} E\mathrm{d}S=E\int_{S_{右底}} \mathrm{d}S$$

积分 $\int_{S_{右底}} \mathrm{d}S$ 等于圆柱底面积 ΔS，所以

$$E\int_{S_{右底}} \mathrm{d}S=E\Delta S$$

最后，得到右底面的电场强度通量

$$\int_{S_{\text{右底}}} \boldsymbol{E} \cdot \mathrm{d}\boldsymbol{S} = E\Delta S \qquad ②$$

同样，计算得到左底面的电场强度通量

$$\int_{S_{\text{左底}}} \boldsymbol{E} \cdot \mathrm{d}\boldsymbol{S} = E\Delta S \qquad ③$$

圆柱形高斯面 S 符合前面所说的可以应用高斯定理计算电场强度的第二种情况.

高斯面 S 的电场强度通量

$$\begin{aligned}\Phi_E &= \oint_S \boldsymbol{E} \cdot \mathrm{d}\boldsymbol{S} \\ &= \int_{S_{\text{侧}}} \boldsymbol{E} \cdot \mathrm{d}\boldsymbol{S} + \int_{S_{\text{左底}}} \boldsymbol{E} \cdot \mathrm{d}\boldsymbol{S} + \int_{S_{\text{右底}}} \boldsymbol{E} \cdot \mathrm{d}\boldsymbol{S} \\ &= 2E\Delta S\end{aligned}$$

如图 8.2.7(d)所示，圆柱形高斯面 S 包围了一块面积为 ΔS 的带电面，高斯面 S 内电荷量的代数和 $\sum\limits_{S\text{内}} q_i = \sigma\Delta S$.

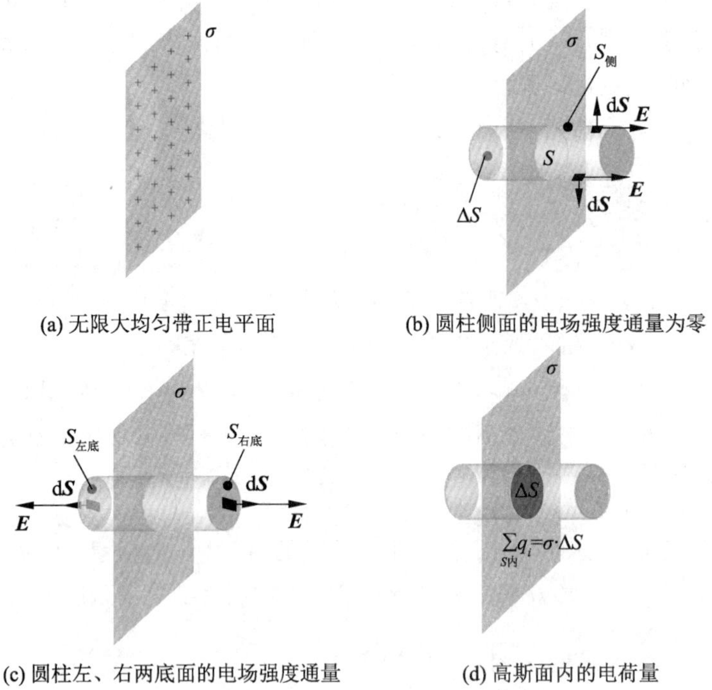

(a) 无限大均匀带正电平面

(b) 圆柱侧面的电场强度通量为零

(c) 圆柱左、右两底面的电场强度通量

(d) 高斯面内的电荷量

图 8.2.7　例 8.2.5 图

将以上计算结果代入高斯定理表达式 $\oint_S \boldsymbol{E} \cdot \mathrm{d}\boldsymbol{S} = \dfrac{\sum\limits_{S\text{内}} q_i}{\varepsilon_0}$，得

$$2E\Delta S = \frac{\sigma\Delta S}{\varepsilon_0}$$

即

$$E=\frac{\sigma}{2\varepsilon_0} \tag{8.2.8}$$

可见，无限大均匀带电平面两侧都是均匀电场，两侧的电场方向相反，并垂直于带电平面，如图 7.2.34 所示. 带电平面所带电荷为正电荷时，电场强度方向由带电平面垂直指向无限远处；带电平面所带电荷为负电荷时，电场强度方向由无限远处垂直指向带电平面，式(8.2.8)中 σ 可直接用负值代入计算.

以带电平面上任意一点为坐标原点，垂直于带电平面向右为 x 轴的正方向，电场强度分布用矢量式表示如下：

$$\boldsymbol{E}=\frac{\sigma}{2\varepsilon_0}\boldsymbol{i} \quad x>0$$

$$\boldsymbol{E}=-\frac{\sigma}{2\varepsilon_0}\boldsymbol{i} \quad x<0$$

对比例 7.2.4，计算无限大均匀带电平面的电场强度时用高斯定理计算更简单.

如果有多个均匀带电平面，只要利用上面的结论，再结合电场强度的叠加原理就可以求得电场强度的分布.

［例 8.2.6］ 电荷面密度分别为 σ_1 和 σ_2 的两块无限大均匀带电平面，相互平行放置. 求电场强度的分布.

解：设带电平面之间的距离为 d. 以电荷面密度 σ_1 的带电平面上任意一点为坐标原点 O，垂直指向另一带电平面为 x 轴的正方向，如图 8.2.8 所示.

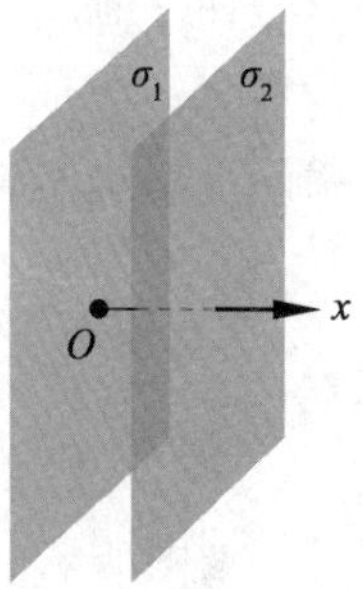

图 8.2.8　两块相互平行的无限大均匀带电平面的电场

求解时可分为三个区域，即 $x<0$、$0<x<d$ 和 $x>d$，利用例 8.2.5 的结论分别把两个带电平面各自在三个区域所激发的电场强度表达式写出来，然后用电场强度叠加原理求得结果.

电场强度的分布如表 8.2.3 所示.

表 8.2.3　电场强度分布

区域	σ_1 平面上电荷激发的场强 $\boldsymbol{E}_1$	σ_2 平面上电荷激发的场强 $\boldsymbol{E}_2$	两个平面上电荷激发的合场强 $\boldsymbol{E}=\boldsymbol{E}_1+\boldsymbol{E}_2$
$x<0$	$-\frac{\sigma_1}{2\varepsilon_0}\boldsymbol{i}$	$-\frac{\sigma_2}{2\varepsilon_0}\boldsymbol{i}$	$-\frac{\sigma_1+\sigma_2}{2\varepsilon_0}\boldsymbol{i}$
$0<x<d$	$\frac{\sigma_1}{2\varepsilon_0}\boldsymbol{i}$	$-\frac{\sigma_2}{2\varepsilon_0}\boldsymbol{i}$	$\frac{\sigma_1-\sigma_2}{2\varepsilon_0}\boldsymbol{i}$
$x>d$	$\frac{\sigma_1}{2\varepsilon_0}\boldsymbol{i}$	$\frac{\sigma_2}{2\varepsilon_0}\boldsymbol{i}$	$\frac{\sigma_1+\sigma_2}{2\varepsilon_0}\boldsymbol{i}$

可见，当两块无限大均匀带电平面的电荷面密度为等量异号时，两带电平面之间是均匀电场，电场方向垂直于带电平面，且由带正电的平面指向带负电的平面. 其他地方电

场强度处处为零.电场线分布如图 7.2.35 所示.

本题也可以应用高斯定理求得电场强度的分布.实际计算可分三个区域进行.

本题电荷分布具有平面对称性,电荷密度是垂直于平面的坐标 x 的函数,这类问题都可应用高斯定理求得电场强度的分布.实际计算中,根据电荷分布函数的分段区间,相应分几个区域分别计算,不同区间高斯面大小不同,高斯面内的电荷代数和(一般要积分运算)一般也不同,所以电场强度大小的表达式也不一样.

电场强度的求解方法我们已经学习了两种.第一种方法用电场强度的叠加原理,第二种方法用高斯定理.等我们学习了电势概念以后就会知道,电场强度还有第三种方法求解.

思考题

8-1　同一电场中,两条电场线会相交吗?为什么?

8-2　电场强度、电场线和电场强度通量的关系是怎样的?电场强度通量的正、负表示什么意义?

8-3　如果通过闭合曲面 S 的电场强度通量为零,是否能肯定:(1) S 面上的电场强度处处为零;(2) S 面内没有电荷;(3) S 面内净电荷为零.

8-4　电场线能否在没有电荷的地方中断?为什么?

习　题

8-1　如图所示,在点电荷 q 的电场中,取半径为 R 的圆形平面.设点电荷 q 位于垂直于平面并通过圆心 O 的轴线上的 A 点处,A 点与圆心的距离为 d.计算通过此平面的电场强度通量.

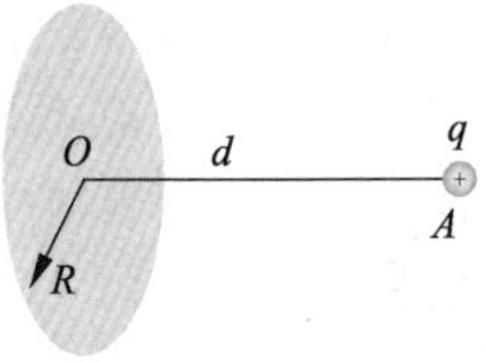

习题 8-1 图

8-2　(1) 地球表面的场强近似为 200 V/m,方向指向地球中心,地球的半径为 $R=6.37\times10^6$ m.试计算地球带的总电荷量.

(2) 在离地面 $h=1400$ m 处,场强降为 20 V/m,方向仍指向地球中心,计算这 1400 m 厚的大气层里的平均电荷密度.

8-3　如图所示,半径为 R 的均匀带电球,电荷体密度为 ρ,挖去一个半径为 R'的完整小球.试求空腔内的电场强度.

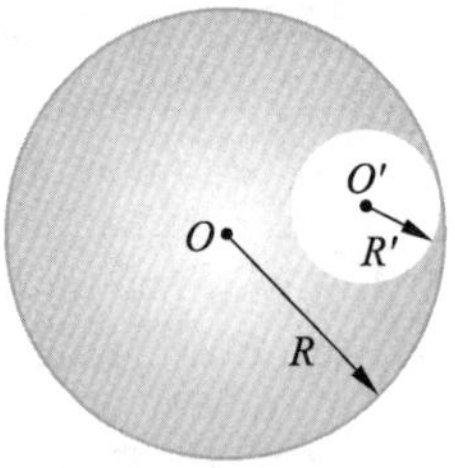

习题 8-3 图

8-4　如图所示，电荷体密度为 $\rho(\rho>0)$，厚度为 d 的无限大均匀带电平板，垂直于板表面为 x 轴，坐标原点与平板两表面等距离. 求平板内、外电场强度分布，并画出 $E-x$ 曲线.

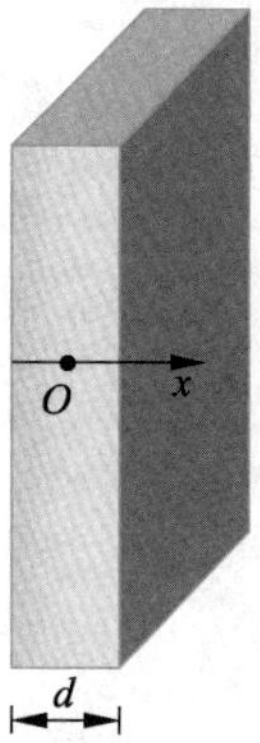

习题 8-4 图

8-5　如图所示，内、外半径分别为 a 和 b 的均匀带电球形壳层，电荷体密度为 ρ. 求壳层区域内任一点 p 处的电场强度大小.

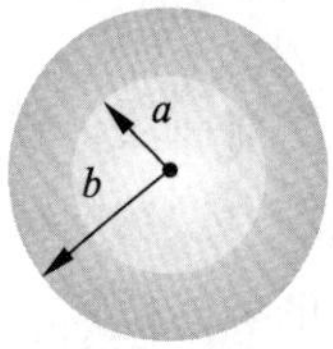

习题 8-5 图

8-6　如图所示，内、外半径分别为 a 和 b 的无限长均匀带电圆柱形壳层，电荷体密度为 ρ. 求壳层区域内任一点 p 处的电场强度大小.

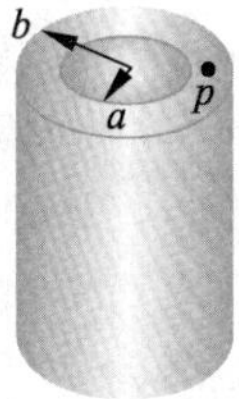

习题 8-6 图

第 9 章 环路定理和电势

9.1 电场力的功 静电场环路定理

前面从电荷在电场中受到电场力出发,引入电场强度 $\boldsymbol{E}$ 来描述电场特性.本节从静电场力做功的特点入手,揭示静电场是一个保守力场,引入电势能的概念,并用电势来描述电场的特征.

9.1.1 静电场力的功

1. 点电荷电场中电场力做的功

如图 9.1.1(a)所示,在点电荷 q 的静电场中,有一试验电荷 q_0 从 a 点经任意路径 L(图中曲线)移到 b 点.试验电荷 q_0 移动时,受到点电荷 q 的作用力 $\boldsymbol{F}$.根据功的定义,可以计算出试验电荷 q_0 从 a 点经路径 L 移到 b 点的过程中,电场力 $\boldsymbol{F}$ 所做的功.

任意时刻 t,试验电荷 q_0 在 p 点处,p 点的电场强度为 $\boldsymbol{E}$,那么,试验电荷受到的电场力

$$\boldsymbol{F}=q_0\boldsymbol{E} \tag{9.1.1}$$

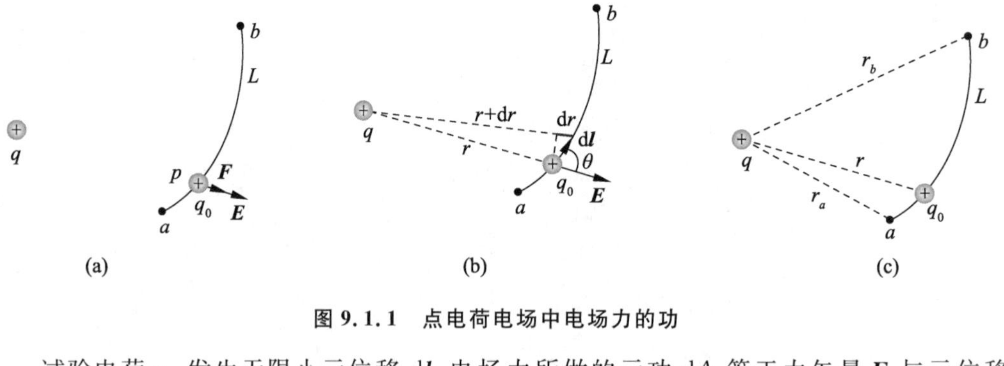

图 9.1.1 点电荷电场中电场力的功

试验电荷 q_0 发生无限小元位移 $\mathrm{d}\boldsymbol{l}$,电场力所做的元功 $\mathrm{d}A$ 等于力矢量 $\boldsymbol{F}$ 与元位移 $\mathrm{d}\boldsymbol{l}$ 的点积,即

$$\mathrm{d}A=\boldsymbol{F}\cdot\mathrm{d}\boldsymbol{l} \tag{9.1.2}$$

将 $\boldsymbol{F}=q_0\boldsymbol{E}$ 代入上式,用 θ 表示电场强度 $\boldsymbol{E}$ 和元位移 $\mathrm{d}\boldsymbol{l}$ 的夹角,所以有

$$\mathrm{d}A=q_0E\mathrm{d}l\cdot\cos\theta \tag{9.1.3}$$

$$\boldsymbol{E}\cdot\mathrm{d}\boldsymbol{l}=E\mathrm{d}l\cdot\cos\theta$$

用 $\mathrm{d}r$ 表示发生位移 $\mathrm{d}\boldsymbol{l}$ 时，试验电荷 q_0 与点电荷 q 间距离的增量，由图 9.1.1(b)所示几何关系可以看出

$$\mathrm{d}r=\mathrm{d}l\cdot\cos\theta \tag{9.1.4}$$

利用上式，式(9.1.3)可写成

$$\mathrm{d}A=q_0E\mathrm{d}r \tag{9.1.5}$$

将点电荷 q 在 p 点的电场强度大小 $E=\dfrac{1}{4\pi\varepsilon_0}\dfrac{q}{r^2}$ 代入式(9.1.5)得

$$\mathrm{d}A=q_0\frac{1}{4\pi\varepsilon_0}\frac{q}{r^2}\mathrm{d}r \tag{9.1.6}$$

上式表示试验电荷 q_0 在点电荷 q 的电场中发生位移 $\mathrm{d}\boldsymbol{l}$ 时电场力所做的功.

试验电荷 q_0 从 a 点经任意路径 L 移动到 b 点电场力做的功等于式(9.1.6)沿路径 L 的线积分，即

$$A_{\widehat{ab}}=\int_L\boldsymbol{F}\cdot\mathrm{d}\boldsymbol{l}=\int_{r_a}^{r_b}q_0\frac{1}{4\pi\varepsilon_0}\frac{q}{r^2}\mathrm{d}r \tag{9.1.7}$$

式中，r_a 和 r_b 分别表示试验电荷 q_0 在路径 L 的起点和终点处与点电荷 q 的距离，如图 9.1.1(c)所示. 上式积分得

$$A_{\widehat{ab}}=qq_0\frac{1}{4\pi\varepsilon_0}\left(\frac{1}{r_a}-\frac{1}{r_b}\right) \tag{9.1.8}$$

上式表明，在静止点电荷 q 的电场中，电场力对试验电荷 q_0 所做的功与试验电荷移动的路径无关，只与移动路径的起点和终点的位置有关.

2. 点电荷系电场中电场力做的功

在如图 9.1.2(a)所示的点电荷系中，各点电荷所带电荷量分别为 $q_1,q_2,\cdots,q_i,\cdots,q_n$. 在这个点电荷系的静电场中，试验电荷 q_0 从 a 点经任意路径 L 移动到 b 点. 试验电荷 q_0 移动时受到这个点电荷系的电场力 $\boldsymbol{F}$ 作用.

根据功的定义，我们可以计算出 q_0 从 a 点经路径 L 移动到 b 点的过程中，电场力 $\boldsymbol{F}$ 所做的功，即

$$A_{\widehat{ab}}=\int_L\boldsymbol{F}\cdot\mathrm{d}\boldsymbol{l}=\int_L q_0\boldsymbol{E}\cdot\mathrm{d}\boldsymbol{l}=q_0\int_L\boldsymbol{E}\cdot\mathrm{d}\boldsymbol{l} \tag{9.1.9}$$

式中，$\boldsymbol{E}$ 表示试验电荷 q_0 所在处($\mathrm{d}\boldsymbol{l}$ 处)的电场强度.

用 $\boldsymbol{E}_1,\boldsymbol{E}_2,\cdots,\boldsymbol{E}_n$ 分别表示点电荷 $q_1,q_2,\cdots,q_n$ 在试验电荷 q_0 所在处的电场强度，根据电场强度叠加原理

$$\boldsymbol{E}=\boldsymbol{E}_1+\boldsymbol{E}_2+\cdots+\boldsymbol{E}_n$$

将上式代入式(9.1.9)，得

$$A_{\widehat{ab}}=q_0\int_L(\boldsymbol{E}_1+\boldsymbol{E}_2+\cdots+\boldsymbol{E}_n)\cdot\mathrm{d}\boldsymbol{l} \tag{9.1.10}$$

写成各项积分形式为

$$A_{\widehat{ab}}=q_0\int_L\boldsymbol{E}_1\cdot\mathrm{d}\boldsymbol{l}+q_0\int_L\boldsymbol{E}_2\cdot\mathrm{d}\boldsymbol{l}+\cdots+q_0\int_L\boldsymbol{E}_n\cdot\mathrm{d}\boldsymbol{l} \tag{9.1.11}$$

式(9.1.11)表明,电场力的功是 n 项积分的代数和.其中第一项积分 $q_0\int_L \boldsymbol{E}_1 \cdot \mathrm{d}\boldsymbol{l}$ 表示试验电荷 q_0 在 q_1 所激发的电场 $\boldsymbol{E}_1$ 中从 a 点经路径 L 移动到 b 点的过程中电场力所做的功 A_1. A_1 的计算结果可参考式(9.1.8),将其中的 q 换成 q_1, r_a 和 r_b 分别换成 r_{1a} 和 r_{1b}(r_{1a} 表示 a 点到点电荷 q_1 的距离,r_{1b} 表示 b 点到点电荷 q_1 的距离),得

$$A_1 = q_0\int_L \boldsymbol{E}_1 \cdot \mathrm{d}\boldsymbol{l} = q_1 q_0 \frac{1}{4\pi\varepsilon_0}\left(\frac{1}{r_{1a}} - \frac{1}{r_{1b}}\right) \tag{9.1.12}$$

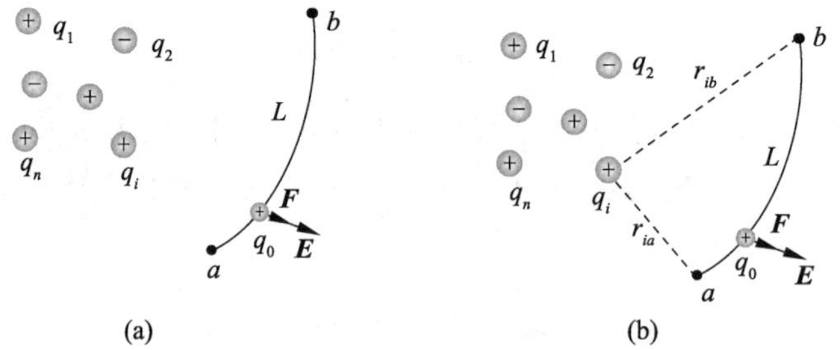

图 9.1.2　点电荷系电场中电场力的功

用类似的方法,计算出第二项积分

$$A_2 = q_0\int_L \boldsymbol{E}_2 \cdot \mathrm{d}\boldsymbol{l} = q_2 q_0 \frac{1}{4\pi\varepsilon_0}\left(\frac{1}{r_{2a}} - \frac{1}{r_{2b}}\right)$$

其余各项也可进行类似的计算.求各项代数和

$$A_{\overset{\frown}{ab}} = A_1 + A_2 + \cdots + A_n \tag{9.1.13}$$

得

$$A_{\overset{\frown}{ab}} = \sum_{i=1}^{n} \frac{q_i q_0}{4\pi\varepsilon_0}\frac{1}{r_{ia}} - \sum_{i=1}^{n} \frac{q_i q_0}{4\pi\varepsilon_0}\frac{1}{r_{ib}} \tag{9.1.14}$$

式中,r_{ia} 和 r_{ib} 分别表示试验电荷 q_0 在移动路径 L 起点 a 和终点 b 时与点电荷 q_i 的距离,如图 9.1.2(b)所示.

式(9.1.14)表明,在静止点电荷系的电场中,电场力对试验电荷 q_0 所做的功与试验电荷移动的路径无关,只与移动路径的起点和终点的位置有关.

3. 任意带电体电场中电场力做的功

若将点电荷系换成电荷连续分布的任意带电物体,如图 9.1.3 所示,计算电场力所做的功时,可把电荷连续分布的带电物体看作无数个无限小电荷元(点电荷)的集合.

实际计算表达式时,只要将式(9.1.14)中的 q_i 对应改成电荷元 $\mathrm{d}q$, r_{ia} 和 r_{ib} 分别对应改成 r_a 和 r_b,再将求和改成积分就可以了,即

$$A_{\overset{\frown}{ab}} = \int_\Omega \frac{q_0}{4\pi\varepsilon_0}\frac{1}{r_a}\mathrm{d}q - \int_\Omega \frac{q_0}{4\pi\varepsilon_0}\frac{1}{r_b}\mathrm{d}q \tag{9.1.15}$$

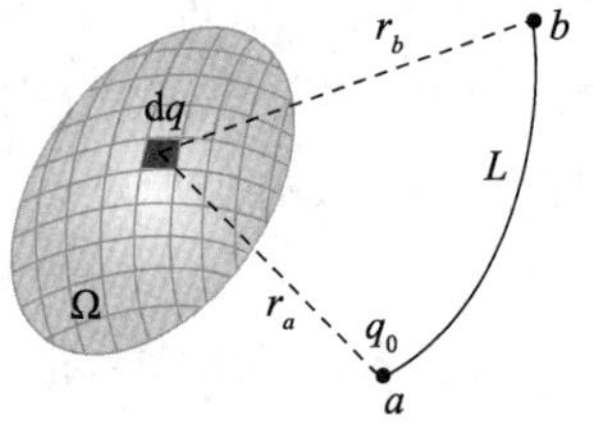

图 9.1.3　任意带电体电场中电场力的功

式中,Ω 表示积分范围,实际上就是带电物体电荷分布的范围;r_a 和 r_b 分别表示试验电

荷 q_0 在路径 L 的起点 a 和终点 b 处时 q_0 与电荷元 $\mathrm{d}q$ 的距离.

电荷元 $\mathrm{d}q$ 在带电物体的不同位置时，r_a 和 r_b 是不同的. 也就是说，式(9.1.15)积分时，r_a 和 r_b 是变量.

在给定试验电荷的电荷量 q_0 和带电物体的电荷分布的条件下，式(9.1.15)的两部分积分中，第一部分积分 $\int_\Omega \frac{q_0}{4\pi\varepsilon_0}\frac{1}{r_a}\mathrm{d}q$ 取决于 a 点的位置，我们把第一部分积分结果记作 W_a，第二部分积分 $\int_\Omega \frac{q_0}{4\pi\varepsilon_0}\frac{1}{r_b}\mathrm{d}q$ 取决于 b 点的位置，我们把第二部分积分结果记作 W_b. 这样式(9.1.15)可以简写成

$$A_{\overset{\frown}{ab}} = W_a - W_b \tag{9.1.16}$$

综上所述，在任意静电场中，电场力对试验电荷 q_0 所做的功与试验电荷移动的路径无关，只与移动路径的起点和终点的位置有关. 所以静电场力是保守力，静电场称为保力守场.

由于静电场力所做的功与移动的路径无关，在积分计算时，原则上可以沿任意路径. 实际计算中，可选择一条积分比较简单的路径进行计算. 书写这个积分时，可以不写路径，只写积分的起点和终点位置，即

$$A_{ab} = \int_a^b q_0 \boldsymbol{E} \cdot \mathrm{d}\boldsymbol{l} \tag{9.1.17}$$

9.1.2　静电场的环路定理

我们知道了静电场力做功的特点，这种特点可以用数学表达式表示出来.

如图 9.1.4(a)所示，任意静电场中，试验电荷 q_0 从 a 点出发，经 $acbda$ 闭合路径 L 移动一周回到出发点.

试验电荷 q_0 在这个闭合路径上移动一周，电场力所做的功可分成两段来计算. 第一段试验电荷 q_0 从 a 点出发，沿 acb 到达 b 点. 第二段由 b 点出发，沿 bda 回到 a 点. 即

$$A_{acbda} = \int_{acb} q_0 \boldsymbol{E} \cdot \mathrm{d}\boldsymbol{l} + \int_{bda} q_0 \boldsymbol{E} \cdot \mathrm{d}\boldsymbol{l}$$

这两段路径的起点与终点正好做了交换. 由于静电场力所做的功只与路径的起点和终点有关，与移动路径无关，所以两段路径上电场力所做的功绝对值相等，但正、负号相反. 两段路径上功的代数和为零，即

$$A_{acbda} = \int_{acbda} q_0 \boldsymbol{E} \cdot \mathrm{d}\boldsymbol{l} = 0 \tag{9.1.18}$$

用 L 表示路径 $acbda$，用积分符号上的圆圈表示积分路径 L 是闭合路径，上式写成

$$A = \oint_L q_0 \boldsymbol{E} \cdot \mathrm{d}\boldsymbol{l} = 0 \tag{9.1.19}$$

这就是静电场力做功的特点的数学表达式. 式(9.1.19)也可写成

$$A = q_0 \oint_L \boldsymbol{E} \cdot \mathrm{d}\boldsymbol{l} = 0 \tag{9.1.20}$$

式中，试验电荷的电荷量 $q_0 \neq 0$，所以

$$\oint_L \boldsymbol{E} \cdot \mathrm{d}\boldsymbol{l} = 0 \tag{9.1.21}$$

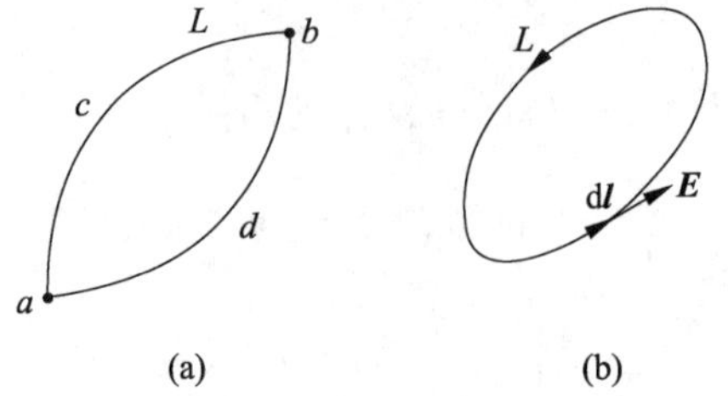

图 9.1.4　静电场的环流

很明显,式(9.1.21)与试验电荷无关,只跟静电场有关,是任何静电场都必须遵守的规律.通常把积分$\oint_L \boldsymbol{E} \cdot \mathrm{d}\boldsymbol{l}$称为电场强度的环流.

式(9.1.21)表示,在静电场中,电场强度沿任意闭合路径的线积分(电场强度的环流)恒为零.这个规律称为静电场的环路定理.式(9.1.21)就是静电场环路定理的数学表达式,它是静电场的基本方程之一.

在第 8 章,我们学习了用电场线来描述静电场,静电场的电场线是不可能形成闭合曲线的,式(9.1.21)就说明了这一点.如图 9.1.4(b)所示,假设静电场的电场线是闭合曲线(涡旋线),我们可以沿这条闭合电场线计算电场强度的环流$\oint_L \boldsymbol{E} \cdot \mathrm{d}\boldsymbol{l}$,$\boldsymbol{E}$ 和 $\mathrm{d}\boldsymbol{l}$ 处处同方向,处处有 $\boldsymbol{E} \cdot \mathrm{d}\boldsymbol{l} > 0$,则这个环流$\oint_L \boldsymbol{E} \cdot \mathrm{d}\boldsymbol{l}$必然不为零.因此,假设不成立.式(9.1.21)说明静电场线不是闭合曲线,所以静电场是无旋场.

9.2　电势　电势差

9.2.1　电势

1. 电势能

在力学中,针对保守力的功我们引入了势能的概念,重力对应重力势能,弹力对应弹性势能.静电场力是保守力,同样可以引入势能的概念.静电场力对应的势能称为电势能.

保守力的功与势能的关系是保守力的功等于势能增量的负值(或势能的减少).所以,静电场力的功等于电势能的减少.

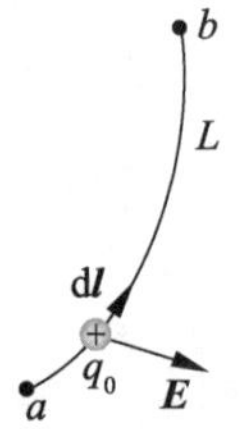

图 9.2.1　电场力的功与电势能

参考式(9.1.16)并结合图 9.2.1,式中 W 就是电势能,W_a 表示试验电荷 q_0 在 a 点时的电势能,W_b 表示试验电荷 q_0 在 b 点时的电势能,试验电荷 q_0 从 a 点移动到 b 点的过程中,电场力所做的功 A_{ab} 等于电势能的减少量 $W_a - W_b$,即

$$A_{ab}=q_0\int_a^b \boldsymbol{E}\cdot \mathrm{d}\boldsymbol{l}=W_a-W_b \tag{9.2.1}$$

我们知道,势能的量值是相对的,为了确定电势能的数值,必须选择一个电势能的零点(也称为参考点).原则上电势能的零点是任意的.通常,对于电荷分布在有限空间的电场中,取试验电荷在无限远处为电势能的零点.

如果以 b 点为电势能的零点($W_b=0$),由式(9.2.1)得

$$W_a\equiv q_0\int_a^{\text{零点}} \boldsymbol{E}\cdot \mathrm{d}\boldsymbol{l} \tag{9.2.2}$$

上式表示,试验电荷 q_0 在 a 点时的电势能 W_a 在数值上等于将试验电荷 q_0 从 a 点移动到电势能的零点(即 b 点)时,电场力所做的功.

式(9.2.2)告诉我们,电势能不仅与电场即式中积分 $\int_a^{\text{零点}} \boldsymbol{E}\cdot \mathrm{d}\boldsymbol{l}$ 有关,还与试验电荷即式中 q_0 有关.所以说,电势能是电荷 q_0 与电场所共有的,电势能不能反映电场自身能量的性质.

电势能 W_a 与试验电荷电荷量 q_0 的比 $\int_a^{\text{零点}} \boldsymbol{E}\cdot \mathrm{d}\boldsymbol{l}$ 与试验电荷无关,所以它可以用来表示电场的能量的性质.电势能 W_a 与试验电荷电荷量 q_0 的比等于单位正电荷的电势能,它反映了电场的能量的性质,这就是下面要学习的电势的概念.

2. 电势

静电场中某点的电势在数值上等于单位正电荷置于该点时的电势能,也等于单位正电荷从该点经任意路径移动到电势能零点时电场力所做的功.

试验电荷的电荷量为 q_0,根据电势的定义,a 点处的电势 V_a 等于电势能 W_a 与电荷量 q_0 的比,即

$$V_a\equiv\frac{W_a}{q_0} \tag{9.2.3}$$

上式是电势的定义式,电势也叫电位.将式(9.2.2)代入上式,得

$$V_a=\int_a^{\text{零点}} \boldsymbol{E}\cdot \mathrm{d}\boldsymbol{l} \tag{9.2.4}$$

由上式可知,电势也可以通过电场强度求出.如果电场中某点的电势已知,那么反过来可以用式(9.2.3)计算试验电荷在电场中该点的电势能 $W_a=q_0V_a$,还可以计算试验电荷在电场中移动时电场力做的功 $A_{ab}=W_a-W_b$.可见,解决静电场能量问题的关键就是电势.下面说明如何用式(9.2.4)计算电势.

如图 9.2.2 所示,取由 a 点出发到电势零点(b 点)的任意路径 L(图中曲线)作为积分路径,$\mathrm{d}\boldsymbol{l}$ 是积分路径上任意无限小元位移,$\boldsymbol{E}$ 是元位移 $\mathrm{d}\boldsymbol{l}$ 处的电场强度.将 $\boldsymbol{E}$ 的表达式代入式(9.2.4),沿路径 L 积分就能得到结果.实际计算中,选择一条最容易积分的路径 L 进行运算.

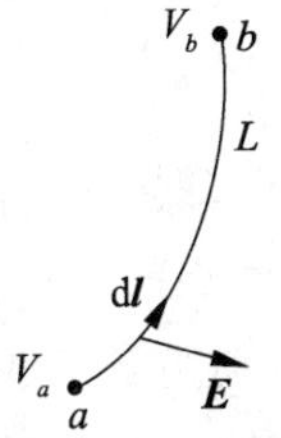

图 9.2.2 电场强度与电势

很明显,电势是标量.在国际单位制中,电势的单位为伏

特(V). 由于电势能是相对的,所以电势也是相对的,电势的零点就是电势能的零点. 原则上,电势的零点也是任意的. 通常,对于电荷分布在有限空间的电场中,取无限远处为电势的零点.

在实际问题解决中,常取地面(地球)为电势的零点. 这样做可以给求解带来方便,因为地球可以看作一个很大的导体球,地球上增减一些电荷对地球的电势影响很小,所以地球的电势比较稳定.

3. 电势差

工程上用得更多的不是电势而是电势差,电场中两点的电势之差称为电势差. 电势差也叫电位差,在电路中也叫电压,常用 U 表示.

如果静电场中任意两点 a、b 的电势分别为 V_a、V_b,则 a、b 两点的电势差

$$U_{ab} \equiv V_a - V_b \tag{9.2.5}$$

电势差用双下标来表示,两个下标次序不能颠倒,否则会改变电势差的正负,即 $U_{ab} = -U_{ba}$.

根据式(9.2.4),将 a、b 两点的电势 $V_a = \int_a^{零点} \boldsymbol{E} \cdot \mathrm{d}\boldsymbol{l}$ 和 $V_b = \int_b^{零点} \boldsymbol{E} \cdot \mathrm{d}\boldsymbol{l}$ 代入式(9.2.5),得

$$U_{ab} = \int_a^{零点} \boldsymbol{E} \cdot \mathrm{d}\boldsymbol{l} - \int_b^{零点} \boldsymbol{E} \cdot \mathrm{d}\boldsymbol{l} \tag{9.2.6}$$

将上式第二项积分的上、下限调换,则有

$$U_{ab} = \int_a^{零点} \boldsymbol{E} \cdot \mathrm{d}\boldsymbol{l} + \int_{零点}^{b} \boldsymbol{E} \cdot \mathrm{d}\boldsymbol{l}$$

由于上式中积分与路径无关,两项积分合并在一起写成

$$U_{ab} = \int_a^b \boldsymbol{E} \cdot \mathrm{d}\boldsymbol{l} \tag{9.2.7}$$

可见,电势差与电势的零点无关.

如图 9.2.3 所示,a、b 在同一条电场线上,如果电场线方向由 a 指向 b,那么式(9.2.7)积分结果总是正值,即 a 点的电势大于 b 点的电势($V_a > V_b$). 这时,我们常说 a 点的电势高,b 点的电势低.

式(9.2.7)表明,电场线的指向是电势降低的方向.

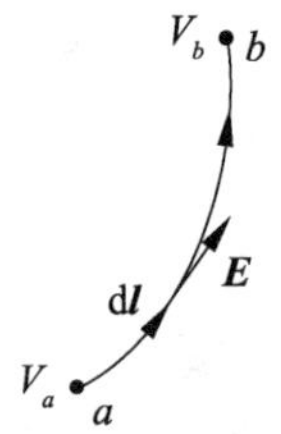

图 9.2.3　电场线与电势

将式(9.2.7)代入式(9.2.1),得

$$A_{ab} = q_0 \int_a^b \boldsymbol{E} \cdot \mathrm{d}\boldsymbol{l} = q_0 U_{ab} \tag{9.2.8}$$

上式表示,试验电荷 q_0 从 a 点移到 b 点时,静电场力所做的功等于试验电荷的电荷量 q_0 与 a、b 两点的电势差 U_{ab} 的乘积. 正电荷沿电场线方向移动时,电场力做正功,电势能减少;负电荷沿电场线方向移动时,电场力做负功,电势能增加.

电势差不仅可以通过计算得到,还可以通过仪器直接测量得到. 所以,电场力的功通常用式(9.2.8)计算.

计算微观粒子能量时，常用电子伏单位，它就是由式(9.2.8)推导计算得来的. 假设一个电子通过电场中电势差为 1 V 的两点，则电场力对电子所做的功就是 1 电子伏，即

$$A=q_0U_{ab}=1.60\times10^{-19}\times1\ \text{J}=1.60\times10^{-19}\ \text{J}$$

电子伏用符号 eV，则

$$1\ \text{eV}=1.60\times10^{-19}\ \text{J}$$

微观粒子的能量通常比 1 eV 大很多，常用兆电子伏(MeV)、吉电子伏(GeV)等单位.

$$1\ \text{MeV}=10^6\ \text{eV},1\ \text{GeV}=10^9\ \text{eV}$$

9.2.2　电势的计算

1. 点电荷电场中的电势

如图 9.2.4(a)所示，电荷量为 q 的点电荷位于坐标原点，求电场中任意 a 点处的电势.

设 a 点的位置矢量为 $\boldsymbol{r}_a$，以无限远处为电势的零点. 由 a 点出发，沿 $\boldsymbol{r}_a$ 的延长线到无限远处为积分路径 L，如图 9.2.4(b)所示直线. 由式(9.2.4)计算电势，即

$$V_a=\int_a^{\text{零点}}\boldsymbol{E}\cdot \mathrm{d}\boldsymbol{l}$$

式中，$\mathrm{d}\boldsymbol{l}$ 是积分路径上的无限小线元，现在用 $\mathrm{d}\boldsymbol{r}$ 表示，如图 9.2.4(c)所示. 所以

$$V_a=\int_a^{\text{零点}}\boldsymbol{E}\cdot \mathrm{d}\boldsymbol{r} \tag{9.2.9}$$

式中，$\boldsymbol{E}$ 是点电荷 q 在 $\mathrm{d}\boldsymbol{r}$ 处的电场强度. 如果 $\mathrm{d}\boldsymbol{r}$ 处的位置矢量为 $\boldsymbol{r}$，$\boldsymbol{e}_r$ 是位置矢量 $\boldsymbol{r}$ 的单位矢量，那么

$$\boldsymbol{E}=\frac{1}{4\pi\varepsilon_0}\frac{q}{r^2}\boldsymbol{e}_r \tag{9.2.10}$$

将上式代入式(9.2.9)，得

$$\begin{aligned}V_a&=\int_a^{\text{零点}}\frac{1}{4\pi\varepsilon_0}\frac{q}{r^2}\boldsymbol{e}_r\cdot \mathrm{d}\boldsymbol{r}\\&=\int_{r_a}^{\infty}\frac{1}{4\pi\varepsilon_0}\frac{q}{r^2}\mathrm{d}r\\&=\frac{1}{4\pi\varepsilon_0}\frac{q}{r_a}\end{aligned}$$

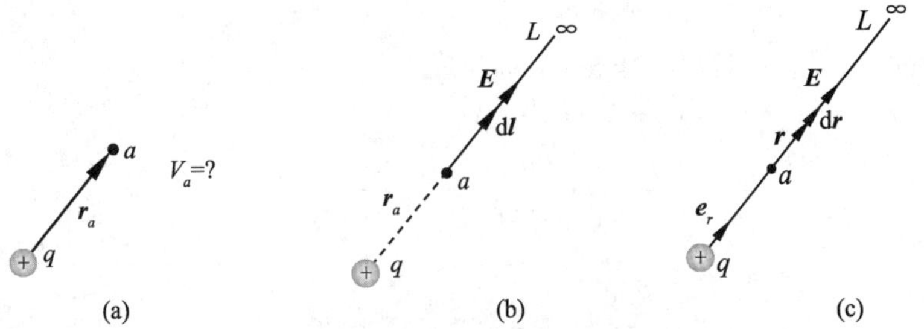

图 9.2.4　点电荷电场中的电势

由于 a 点是任意的，依据上式，可把 r_a 改写成 r，则 V_a 改写成 V，上式写成

$$V=\frac{1}{4\pi\varepsilon_0}\frac{q}{r} \tag{9.2.11}$$

式(9.2.11)称为点电荷电场的电势公式(前提是取无限远处为电势零点).

可见，在点电荷 q 的电场中，任意一点的电势与该点到点电荷 q 的距离 r 成反比. 以点电荷 q 为球心的同一球面上的电势都相等.

由式(9.2.11)可知，$q>0$ 时，总有 $V>0$，即正点电荷的电场中电势恒为正值，越靠近正点电荷处电势越高(大)，越远离正点电荷处电势越低(小)，无限远处电势为零. $q<0$ 时，总有 $V<0$，即负点电荷的电场中电势恒为负值，越靠近负点电荷处电势越低(负值越大)，越远离负点电荷处电势越高(负值越小)，无限远处电势为零.

点电荷系电场中的电势可以用类似的方法计算.

2. 点电荷系电场中的电势

如图 9.2.5 所示，点电荷系由 n 个点电荷组成，电荷量分别为 $q_1, q_2, \cdots, q_n$，求电场中任意 a 点处的电势.

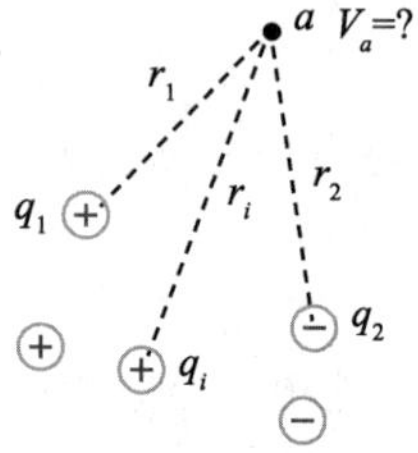

图 9.2.5 点电荷系电场中的电势

由式(9.2.4)计算电势，即

$$V_a=\int_a^{\text{零点}}\boldsymbol{E}\cdot\mathrm{d}\boldsymbol{l}$$

以无限远处为电势零点，再将电场强度叠加原理 $\boldsymbol{E}=\boldsymbol{E}_1+\boldsymbol{E}_2+\cdots+\boldsymbol{E}_n$ 代入上式，积分可分成 n 项，有

$$V_a=\int_a^{\infty}\boldsymbol{E}_1\cdot\mathrm{d}\boldsymbol{l}+\int_a^{\infty}\boldsymbol{E}_2\cdot\mathrm{d}\boldsymbol{l}+\cdots+\int_a^{\infty}\boldsymbol{E}_n\cdot\mathrm{d}\boldsymbol{l}$$

式中，$\boldsymbol{E}_1$ 表示点电荷 q_1 激发的电场强度. 对比点电荷电场中电势的计算，积分 $\int_a^{\infty}\boldsymbol{E}_1\cdot\mathrm{d}\boldsymbol{l}$ 就是点电荷 q_1 在 a 点的电势，记作 V_{1a}，$V_{1a}=\frac{1}{4\pi\varepsilon_0}\frac{q_1}{r_{1a}}$. 同理，积分 $\int_a^{\infty}\boldsymbol{E}_2\cdot\mathrm{d}\boldsymbol{l}$ 就是点电荷 q_2 在 a 点的电势，记作 V_{2a}，$V_{2a}=\frac{1}{4\pi\varepsilon_0}\frac{q_2}{r_{2a}}$；等等. 积分 $\int_a^{\infty}\boldsymbol{E}_n\cdot\mathrm{d}\boldsymbol{l}$ 就是点电荷 q_n 在 a 点的电势，记作 V_{na}，$V_{na}=\frac{1}{4\pi\varepsilon_0}\frac{q_n}{r_{na}}$. 因此，上式可改写成

$$\begin{aligned}V_a&=V_{1a}+V_{2a}+\cdots+V_{na}\\&=\frac{1}{4\pi\varepsilon_0}\frac{q_1}{r_{1a}}+\frac{1}{4\pi\varepsilon_0}\frac{q_2}{r_{2a}}+\cdots+\frac{1}{4\pi\varepsilon_0}\frac{q_n}{r_{na}}\end{aligned}$$

a 是电场中的任意一点，省略 a 下标，上式写成

$$\begin{aligned}V&=V_1+V_2+\cdots+V_n\\&=\frac{1}{4\pi\varepsilon_0}\frac{q_1}{r_1}+\frac{1}{4\pi\varepsilon_0}\frac{q_2}{r_2}+\cdots+\frac{1}{4\pi\varepsilon_0}\frac{q_n}{r_n}\end{aligned}$$

简写成

$$V=\sum_{i=1}^{n}V_i=\sum_{i=1}^{n}\frac{1}{4\pi\varepsilon_0}\frac{q_i}{r_i} \tag{9.2.12}$$

式中，r_i 表示点电荷 q_i 到场点 a 的距离；V_i 表示点电荷 q_i 单独在 a 点所激发的电势.

式(9.2.12)表明，在点电荷系的电场中，某点的电势等于每个点电荷单独在该点所激发的电势的代数和. 电势的这一性质称为电势的叠加原理.

电势叠加原理(代数和)的计算比电场强度叠加原理(矢量和)的计算简单. 理论上说，利用叠加原理可以求得任意带电物体电场中的电势.

3. 连续分布电荷电场中的电势

带电物体可看作无数无限小电荷元的集合. 带电物体所激发的电势就是这些电荷元所激发的电势的叠加(积分).

如图 9.2.6 所示，在带电物体 Ω 上取任一电荷元，其电荷量为 dq(图中阴影小块). 根据点电荷的电势公式(9.2.11)，电荷元 dq 在任意 p 点所激发的电势

$$dV=\frac{1}{4\pi\varepsilon_0}\frac{dq}{r} \tag{9.2.13}$$

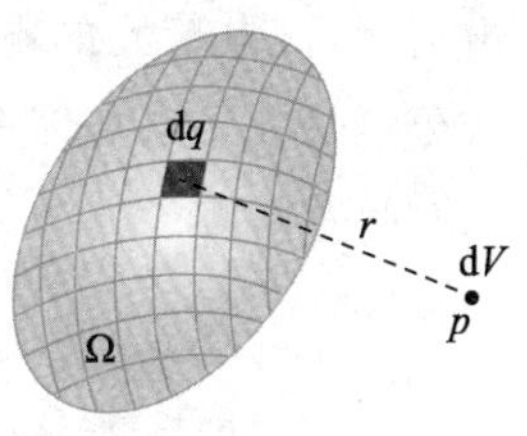

图 9.2.6　电荷元的电势

式中，r 表示电荷元 dq 到场点 p 的距离. 根据电势的叠加原理，整个带电物体 Ω 在 p 点所激发的电势 V 等于 Ω 上所有电荷元在 p 点所激发的电势 dV 的叠加(积分)，即

$$V=\int_{\Omega}\frac{1}{4\pi\varepsilon_0}\frac{dq}{r} \tag{9.2.14}$$

式中，r 通常是变量，随电荷元 dq 位置变化而变化.

上式积分的范围是整个带电物体 Ω 电荷分布的范围，根据电荷分布不同，实际积分可能是线积分、面积分或体积分. 通常这些积分的计算都比较复杂.

如果电荷只分布在一条曲线 L 上，我们用电荷线密度 λ 表示该带电线单位长度上的电荷量. 在带电线上取无限小线元 dl (见图 9.2.7)作为电荷元，该电荷元的电荷量 $dq=\lambda dl$. 那么，式(9.2.14)的积分就变成沿带电线 L 的线积分，整个带电线在 p 点所激发的电势

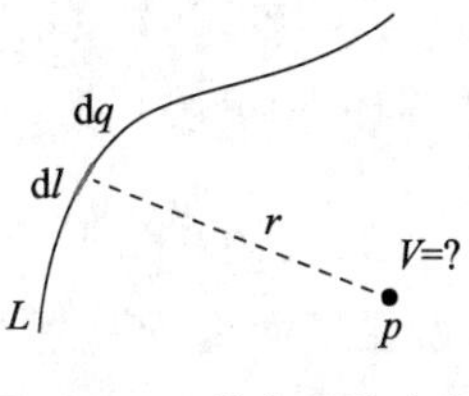

图 9.2.7　带电线的电势

$$V=\int_{L}\frac{1}{4\pi\varepsilon_0}\frac{\lambda\, dl}{r} \tag{9.2.15}$$

通常，带电线上各处的电荷线密度是变化的，即 λ 是个函数. 只有当电荷均匀分布时，λ 才是常量，它才可以提到积分号外. 式(9.2.15)是沿带电线的积分，通常计算比较复杂.

如果电荷只分布在一个物体的表面 S 上，我们用电荷面密度 σ 表示该带电面单位面积上的电荷量. 在带电面上取无限小面积元 dS(见图 9.2.8)作为电荷元，该电荷元的电荷量 $dq=\sigma dS$. 那么，式(9.2.14)的积分就变成沿带电面 S 的面积分，整个带电面在 p 点所激发的电势

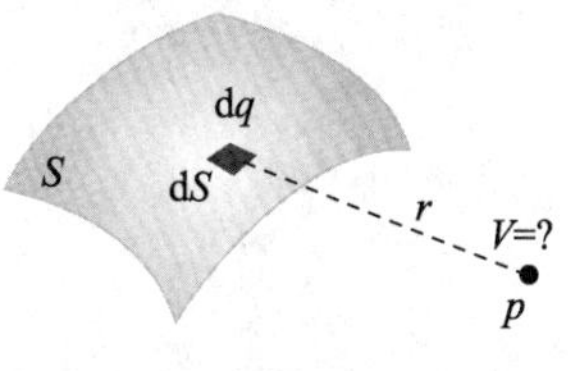

图 9.2.8　带电面的电势

$$V=\int_S \frac{1}{4\pi\varepsilon_0}\frac{\sigma \mathrm{d}S}{r} \tag{9.2.16}$$

通常带电面上各处的电荷面密度是变化的，即 σ 是个函数. 只有当电荷均匀分布时，σ 才是常量，它才可以提到积分号外. 式(9.2.16)的面积分通常是二重积分，比线积分更复杂.

一般情况下，电荷分布在三维空间，我们用电荷体密度 ρ 表示该带电体单位体积内的电荷量，在带电物体上取无限小体积元 $\mathrm{d}V$（见图 9.2.9，注意不要与电势的符号混淆）作为电荷元，该电荷元的电荷量 $\mathrm{d}q=\rho\mathrm{d}V$. 那么，式(9.2.14)的积分就是在带电物体 V 范围的体积分，整个带电物体在 p 点所激发的电势

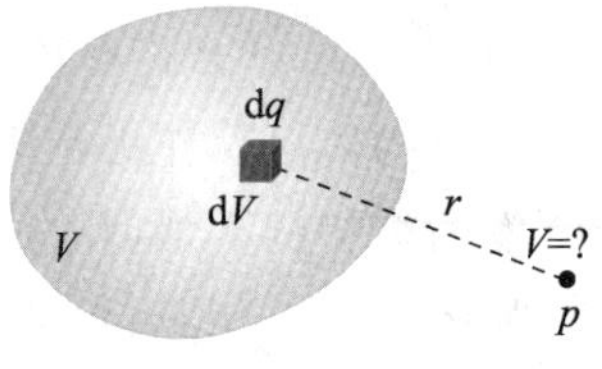

图 9.2.9　带电体的电势

$$V=\int_V \frac{1}{4\pi\varepsilon_0}\frac{\rho \mathrm{d}V}{r} \tag{9.2.17}$$

通常带电物体各处的电荷体密度是变化的，即 ρ 是个函数. 只有当电荷均匀分布时，ρ 才是常量，它才可以提到积分号外. 式(9.2.17)的体积分通常是三重积分，比线积分复杂得多.

上面给大家介绍了电势计算的一般方法，下面举几个例子来说明如何计算带电物体所激发的电势.

电势的计算方法有两种：方法一，由式(9.2.4)通过电场强度沿路径的线积分求得；方法二，由电势叠加原理求得. 实际计算时，优先考虑方法二.

[例 9.2.1]　如图 9.2.10(a)所示，有一半径为 R、带电量为 q 的均匀带电细圆环. 求圆环平面垂直轴线上任意点的电势.

解：如图 9.2.10(b)所示，以圆环中心为坐标原点 O，圆环平面的垂直轴线为 x 轴，圆环所在平面为 yOz 平面，建立直角坐标系.

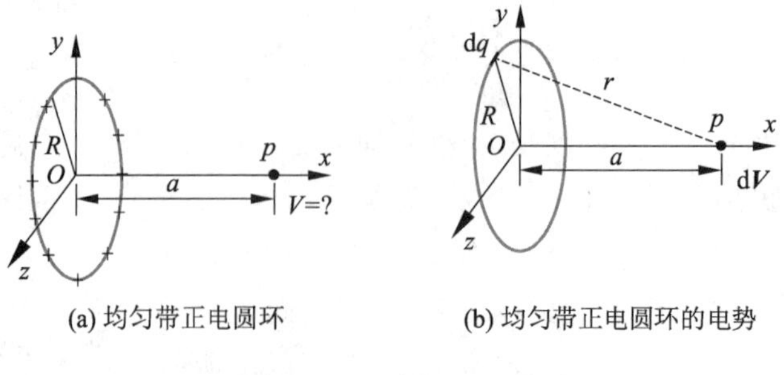

(a) 均匀带正电圆环　　(b) 均匀带正电圆环的电势

图 9.2.10　例 9.2.1 图

圆环上电荷线密度为 $\lambda=\frac{q}{2\pi R}$. 在带电圆环上取无限小长度 $\mathrm{d}l$ 的线元为电荷元，其电荷量 $\mathrm{d}q=\lambda\mathrm{d}l$. p 为轴线上任意一点，p 点到坐标原点的距离为 a，电荷元 $\mathrm{d}q$ 到 p 点的

距离为 r，由几何关系得 $r=\sqrt{R^2+a^2}$. $\mathrm{d}q$ 在 p 点所激发的电势

$$\mathrm{d}V=\frac{1}{4\pi\varepsilon_0}\frac{\mathrm{d}q}{r}=\frac{1}{4\pi\varepsilon_0}\frac{\lambda\mathrm{d}l}{r}$$

根据电势叠加原理，带电圆环在 p 点激发的电势

$$V=\int_L\frac{1}{4\pi\varepsilon_0}\frac{\lambda\mathrm{d}l}{r}$$

上式积分时，λ 和 r 都是不变的常量，把所有常量提到积分号外，积分成为

$$V=\frac{1}{4\pi\varepsilon_0}\frac{\lambda}{r}\int_L\mathrm{d}l$$

上式中，$\int_L\mathrm{d}l$ 等于圆环的周长 $2\pi R$，而且 $2\pi R\cdot\lambda=q$，所以，积分得

$$V=\frac{1}{4\pi\varepsilon_0}\frac{\lambda}{r}2\pi R=\frac{1}{4\pi\varepsilon_0}\frac{q}{r}\tag{9.2.18}$$

或

$$V=\frac{1}{4\pi\varepsilon_0}\frac{q}{(R^2+a^2)^{1/2}}\tag{9.2.19}$$

[例 9.2.2]　如图 9.2.11(a)所示，有一半径为 R、电荷量为 q 的均匀带正电圆平面. 求圆平面垂直轴线上任意点的电势.

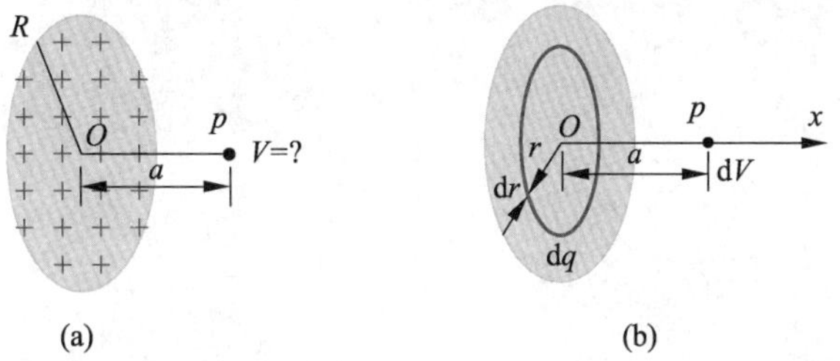

图 9.2.11　例 9.2.2 图

解：均匀带正电圆平面可看作由无数个均匀带电同心细圆环组成，利用例 9.2.1 计算结果式(9.2.19)，再利用电势的叠加原理，即可求得圆平面垂直轴线上任意点 p 的电势.

圆平面上的电荷面密度 $\sigma=\frac{q}{\pi R^2}$. 如图 9.2.11(b)所示，在圆平面上取半径为 r、宽度为 $\mathrm{d}r$，与带电圆平面同心的细圆环(图中圆环)，该细圆环的面积为 $2\pi r\mathrm{d}r$，电荷量 $\mathrm{d}q=\sigma\cdot2\pi r\mathrm{d}r$，参考式(9.2.19)，电荷量为 $\mathrm{d}q$ 的细圆环在 p 点的电势

$$\mathrm{d}V=\frac{\mathrm{d}q}{4\pi\varepsilon_0(r^2+a^2)^{1/2}}$$

根据电势叠加原理，整个均匀带电圆平面在 p 点的电势等于上式沿圆平面的面积分，即

$$V=\int_S \frac{dq}{4\pi\varepsilon_0(r^2+a^2)^{1/2}}$$

将 $dq=\sigma\cdot 2\pi r dr$ 代入上式，积分变量变为 r，r 的积分范围为 $0\sim R$，即

$$V=\int_0^R \frac{\sigma\cdot 2\pi r dr}{4\pi\varepsilon_0(r^2+a^2)^{1/2}}$$

上式积分得

$$V=\frac{\sigma}{2\varepsilon_0}[(R^2+a^2)^{1/2}-a]$$

[例 9.2.3] 如图 9.2.12(a)所示，有一半径为 R、电荷量为 q 的均匀带正电球面. 求其电势分布.

分析:这个问题可以用两种方法来求解.

第一种方法，如图 9.2.12(b)所示，将球面看作由无数的同轴圆环组成，利用例 9.2.1 计算得到的均匀带电细圆环的电势公式，再应用电势的叠加原理即可求得.

第二种方法，利用式(9.2.4)电场强度沿路径的线积分求得电势. 下面以第二种方法为例进行具体计算.

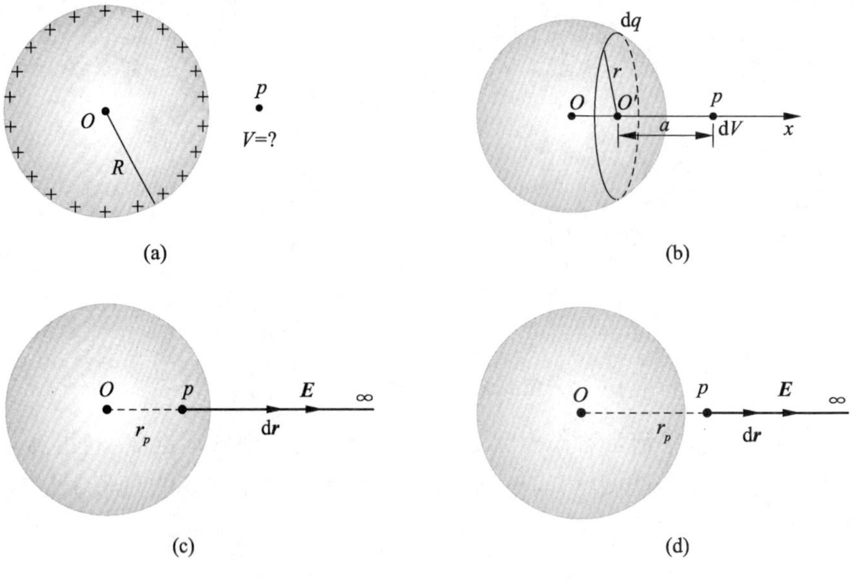

图 9.2.12 例 9.2.3 图

解:把电场分成球内、球外两个区域. 参考例 8.2.1，由高斯定理求得电场强度的分布

$$\boldsymbol{E}=\begin{cases}0 & r<R\\ \dfrac{1}{4\pi\varepsilon_0}\dfrac{q}{r^2}\boldsymbol{e}_r & r>R\end{cases}$$

(1) 计算球内的电势分布. 如图 9.2.12(c)所示，p 为球内任意一点，p 点到球心的距离为 $r_p(r_p<R)$. p 点的电势

$$V_p=\int_p^{\text{零点}}\boldsymbol{E}\cdot \mathrm{d}\boldsymbol{l}$$

以无限远处为电势零点，积分路径由 p 点出发沿 Op 延长线到无限远处. 在这个路径上，电场强度是分段函数，上式积分分成 p 点到球面和球面到无限远两段计算，即

$$V_p=\int_p^{\text{球面}}\boldsymbol{E}\cdot \mathrm{d}\boldsymbol{r}+\int_{\text{球面}}^{\infty}\boldsymbol{E}\cdot \mathrm{d}\boldsymbol{r}$$

p 点到球面这一段积分为零(这一段的电场强度为零)，即

$$\int_p^{\text{球面}}\boldsymbol{E}\cdot \mathrm{d}\boldsymbol{r}=\int_p^{\text{球面}}0\cdot \mathrm{d}\boldsymbol{r}=0$$

球面到无限远这一段积分时，将 $\boldsymbol{E}=\frac{1}{4\pi\varepsilon_0}\frac{q}{r^2}\boldsymbol{e}_r$ 代入进行积分计算，即

$$\begin{aligned}\int_{\text{球面}}^{\infty}\boldsymbol{E}\cdot \mathrm{d}\boldsymbol{r}&=\int_R^{\infty}\frac{1}{4\pi\varepsilon_0}\frac{q}{r^2}\boldsymbol{e}_r\cdot \mathrm{d}\boldsymbol{r}\\&=\int_R^{\infty}\frac{1}{4\pi\varepsilon_0}\frac{q}{r^2}\mathrm{d}r\\&=\frac{1}{4\pi\varepsilon_0}\frac{q}{R}\end{aligned}$$

所以

$$V_p=\frac{1}{4\pi\varepsilon_0}\frac{q}{R}\tag{9.2.20}$$

(2) 计算球外的电势分布. 如图 9.2.12(d)所示，p 为球外任意一点，p 点到球心的距离为 $r_p(r_p>R)$，则 p 点的电势

$$V_p=\int_p^{\text{零点}}\boldsymbol{E}\cdot \mathrm{d}\boldsymbol{l}$$

积分路径由 p 点出发沿 Op 延长线到无限远处，将 $\boldsymbol{E}=\frac{1}{4\pi\varepsilon_0}\frac{q}{r^2}\boldsymbol{e}_r$ 代入再进行积分计算，即

$$\begin{aligned}\int_p^{\infty}\boldsymbol{E}\cdot \mathrm{d}\boldsymbol{r}&=\int_p^{\infty}\frac{1}{4\pi\varepsilon_0}\frac{q}{r^2}\boldsymbol{e}_r\cdot \mathrm{d}\boldsymbol{r}\\&=\int_{r_p}^{\infty}\frac{1}{4\pi\varepsilon_0}\frac{q}{r^2}\mathrm{d}r=\frac{1}{4\pi\varepsilon_0}\frac{q}{r_p}\end{aligned}$$

所以

$$V_p=\frac{1}{4\pi\varepsilon_0}\frac{q}{r_p}$$

若 p 为球外任意一点，则省略下标 p，球外的电势

$$V=\frac{1}{4\pi\varepsilon_0}\frac{q}{r}\tag{9.2.21}$$

可以看出，均匀带电球面激发的电场中，球外的电势分布在数值上等效于将电荷集中在球心时点电荷的电势分布；球内的电势处处相等，在数值上也等于球表面上的电势.

［**例 9.2.4**］ 如图 9.2.13(a)所示，有一电荷线密度为 λ 的无限长均匀带电直线. 求其周围电势分布.

解：利用式(9.2.4)电场强度沿路径的线积分求电势.

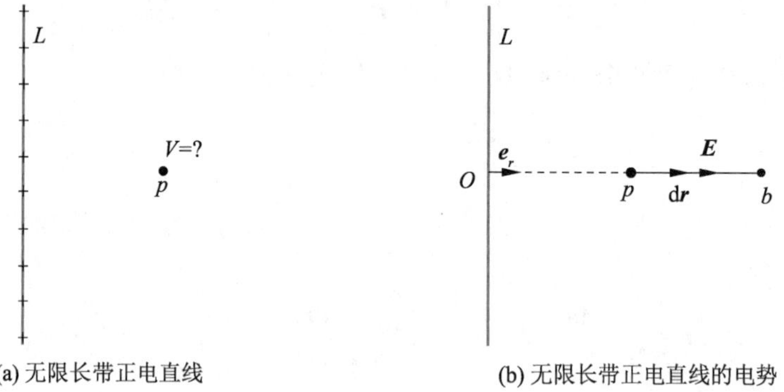

图 9.2.13 例 9.2.4 图

如图 9.2.13(b)所示，p 点为电场中任意点，由 p 点向带电直线作垂线，垂足为 O，由 O 点指向 p 点作单位矢量 $\boldsymbol{e}_r$，由高斯定理可求得电场分布

$$\boldsymbol{E}=\frac{\lambda}{2\pi\varepsilon_0 r}\boldsymbol{e}_r$$

式中，r 是场点到带电直线的距离.

以 Op 延长线上任意 b 点为电势零点，p 点的电势

$$V_p=\int_p^{零点}\boldsymbol{E}\cdot \mathrm{d}\boldsymbol{l}=\int_p^b\boldsymbol{E}\cdot \mathrm{d}\boldsymbol{r}$$

积分沿 pb 直线，将 $\boldsymbol{E}=\frac{\lambda}{2\pi\varepsilon_0 r}\boldsymbol{e}_r$ 代入上式并积分，得

$$V_p=\int_{r_p}^{r_b}\frac{\lambda}{2\pi\varepsilon_0 r}\mathrm{d}r=\frac{\lambda}{2\pi\varepsilon_0}\ln\frac{r_b}{r_p}$$

从本题计算结果看，电势零点 b 不能取无限远处，否则电场中的电势处处都是无限大，没有实际意义.

在实际问题中，当带电物体电荷量无限大时，一般不能取无限远处为电势零点，否则电场中电势为无限大.

9.3 等势面 电势梯度与电场强度

到目前，我们已经学习了描述电场的两个物理量——电场强度和电势. 电场强度是矢量，可以用电场线来形象地描绘. 电势是标量，可以用等势面来形象地描绘.

以电荷量为 q 的正点电荷为例，其电场强度表达式为

$$\boldsymbol{E}=\frac{1}{4\pi\varepsilon_0}\frac{q}{r^2}\boldsymbol{e}_r$$

它的电场线如图 9.3.1 中的射线所示.

电荷量为 q 的正点电荷的电势表达式为

$$V=\frac{1}{4\pi\varepsilon_0}\frac{q}{r}$$

由上式可见,离开点电荷相同距离的位置电势都相等. 如图 9.3.2 所示,以点电荷为球心的几个同心球面是等势面,半径越大的等势面,其电势越小.

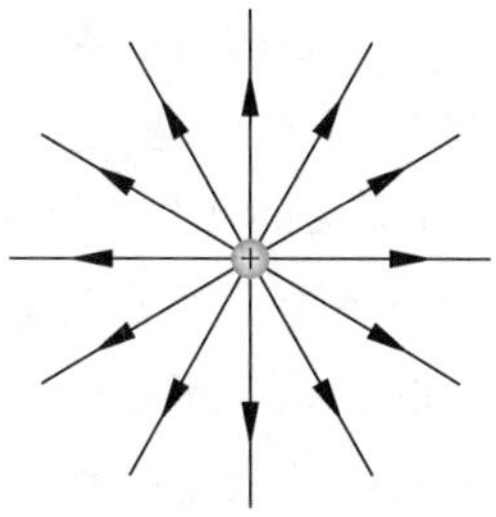

图 9.3.1　正点电荷的电场线

一般电场中,电场线是曲线,等势面是曲面. 如图 9.3.3 所示,曲线是电场线,曲面是等势面.

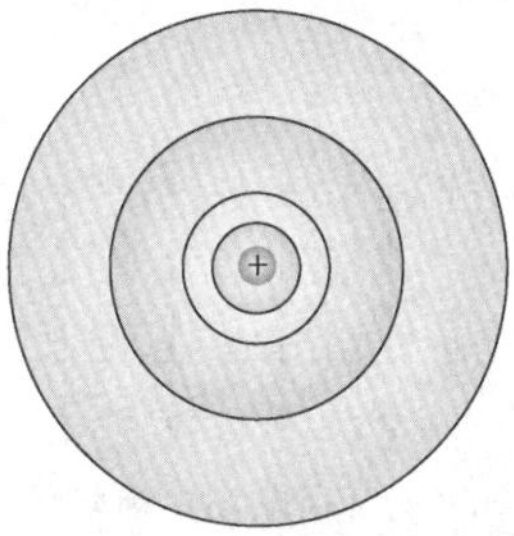

图 9.3.2　正点电荷的等势面

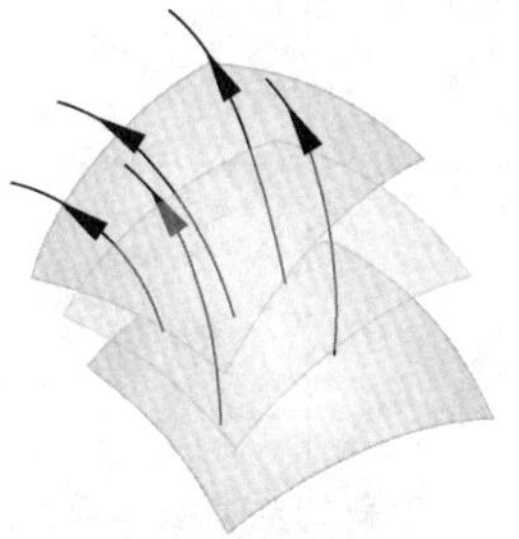

图 9.3.3　等势面与电场线

理论上说,电场中的等势面有无数个. 为了让等势面也能反映电场的分布,我们必须对等势面作密度的规定.

电场线和等势面都是用来形象描绘电场的,可以证明电场线与等势面处处正交.

9.3.1　等势面

为了形象直观地描述电场中电势的分布,在电场中画出一系列的曲面,每个曲面上所有点的电势都相等,即等势面. 等势面是电场中电势相等的点连在一起所构成的面.

在纸平面上,等势面通常只能画成曲线. 如图 9.3.4 所示的虚线就是电场中的等势线(等势面与纸平面的交线). 电场中 a、p 和 b 三点处于三个不同的等势面上.

为了让等势面的分布能够反映电场强度的大小,我们这样规定等势面的疏密:同一电场中任意两个相邻等势面间的电势差都相等.

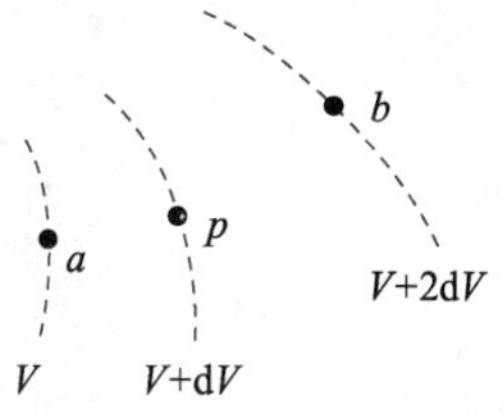

图 9.3.4　等势线(面)

在图 9.3.4 中,过 a 点的等势面的电势为 V,过 p 点的等势面的电势为 $V+\mathrm{d}V$,过 b 点的等势面的电势为 $V+2\mathrm{d}V$,相邻两个等势面的电势差均为 $\mathrm{d}V$.

一般电场中,等势面的疏密是变化的. 可以证明,等势面密的地方电场强度就大,等势面疏的地方电场强度就小.

如图 9.3.5 所示,我们把某电场中的等势面(虚线)和电场线(带箭头的实线)都画了出来. 可以证明,电场线与等势面处处正交. 电场线的箭头指向电势降低的方向.

点电荷电场中的电势表达式为 $V=\frac{1}{4\pi\varepsilon_0}\frac{q}{r}$. 可以看出,$r$ 相等的地方电势相等,即以点电荷为球心的同心球面都是等势面.

如图 9.3.6 是正点电荷电场中的电场线和等势面(线),带箭头的实线是电场线,虚线是等势面(线).可见,电场线与等势面处处正交.

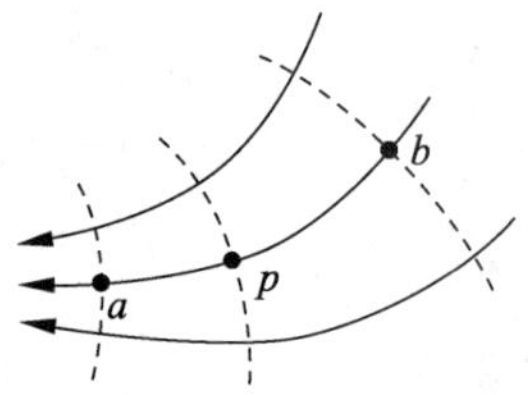

图 9.3.5　等势面(线)与电场线

如图 9.3.7 所示是均匀电场(匀强电场),电场线是一系列平行的等间距的直线,则等势面也是一系列等间距的平行平面,因为等势面与电场线是相互垂直的.

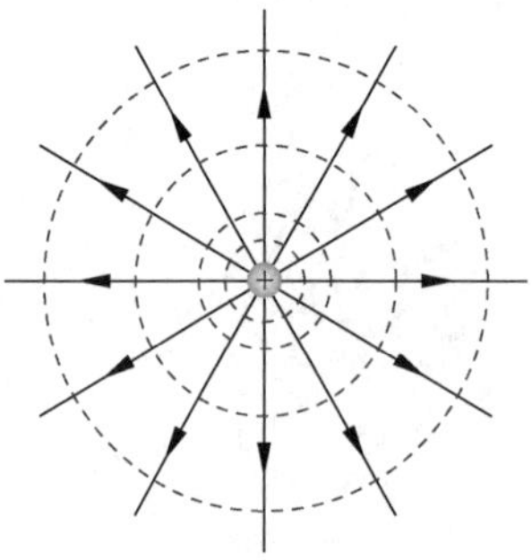
图 9.3.6　正点电荷的电场线和等势面(线)

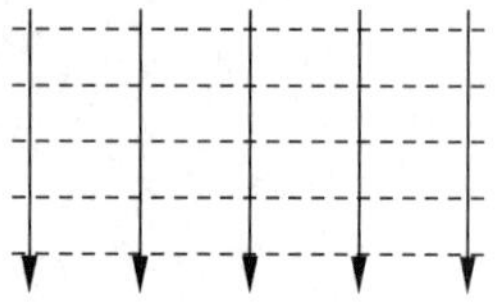
图 9.3.7　匀强电场中电场线与等势面(线)

由电势的计算式 $V_a=\int_a^{零点}\boldsymbol{E}\cdot\mathrm{d}\boldsymbol{l}$ 可知,电场强度矢量与电势是积分关系.由于微分和积分互为逆运算,所以,电场强度矢量与电势还可以写成微分关系,这就是下面要学习的电场强度与电势梯度的关系.

9.3.2　电场强度与电势梯度的关系

在如图 9.3.8(a)所示的电场中,电势分别为 V 和 $V+\mathrm{d}V$ 的两个无限靠近的等势面与一条电场线分别相交于 p_1 和 p_2 两点.

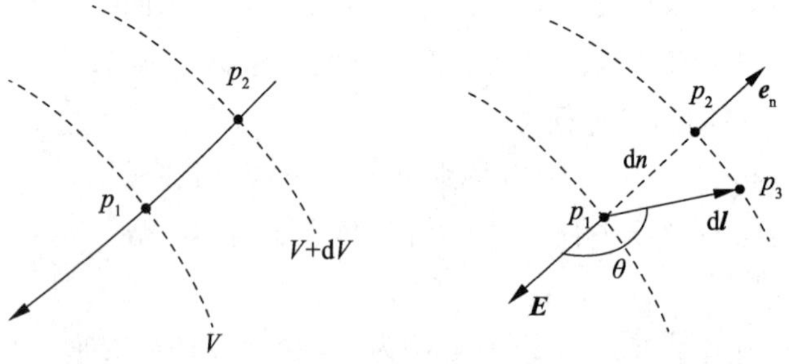

(a) 等势面(线)与电场线　　(b) 电场强度与电势梯度

图 9.3.8　电场强度与电势梯度的关系

$\boldsymbol{E}$ 是 p_1 处的电场强度,$\mathrm{d}n$ 是 p_1 和 p_2 两点的距离,如图 9.3.8(b)所示,$\boldsymbol{e}_n$ 是 p_1 指向 p_2 的单位矢量,它的方向与 $\boldsymbol{E}$ 的方向相反.p_3 是电势为 $V+\mathrm{d}V$ 的等势面上的任意一点,$\mathrm{d}\boldsymbol{l}$ 是 p_1 指向 p_3 的位置矢量,它的长度为 $\mathrm{d}l$.$\boldsymbol{E}$ 和 $\mathrm{d}\boldsymbol{l}$ 的夹角为 θ,则 $\boldsymbol{e}_n$ 和 $\mathrm{d}\boldsymbol{l}$ 的夹角为 $\pi-\theta$,所以

$$dn = dl\cos(\pi - \theta) = -dl\cos\theta \tag{9.3.1}$$

利用上式，就有

$$\frac{dV}{dl} = -\frac{dV}{dn}\cos\theta \tag{9.3.2}$$

可见，当 $\theta = 0$ 或 $\theta = \pi$ 时，$\frac{dV}{dl}$ 的数值最大，最大值等于 $\frac{dV}{dn}$. $\frac{dV}{dn}$ 是电势沿等势面法线方向($\boldsymbol{e}_n$ 方向)的变化率，$\frac{dV}{dl}$ 是电势沿 $d\boldsymbol{l}$ 方向的变化率. 式(9.3.2)告诉我们，电势沿等势面法线方向的变化率最大. 我们利用电势梯度矢量来描述电势沿等势面法线方向的变化. 电势梯度常用符号 **grad** V 表示. 定义

$$\mathbf{grad}\,V \equiv \frac{dV}{dn}\boldsymbol{e}_n \tag{9.3.3}$$

电势梯度是个矢量，它在数值上等于电势沿等势面法线方向的变化率，即

$$|\mathbf{grad}\,V| = \frac{dV}{dn}$$

电势梯度的方向就是电势增加最快的方向($\boldsymbol{e}_n$ 方向).

很明显，电势梯度的方向与电场强度的方向相反. 可以证明，电势梯度的大小就等于电场强度的大小.

假设将一试验电荷 q_0 从 p_1 点移到 p_3 点，电场力的功

$$dA = \boldsymbol{F}\cdot d\boldsymbol{l} = q_0\boldsymbol{E}\cdot d\boldsymbol{l} = q_0 E\,dl\cos\theta$$

电场力的功也可以用移动的电荷量与电势差的乘积 $A = qU$ 计算，所以

$$dA = q_0[V - (V + dV)] = -q_0 dV$$

两种方法计算的结果应该相等，即

$$q_0 E\,dl\cos\theta = -q_0 dV$$

整理，得

$$E = -\frac{dV}{dl\cos\theta} \tag{9.3.4}$$

将式(9.3.1)代入上式，得

$$E = \frac{dV}{dn} \tag{9.3.5}$$

这就证明了电场强度大小等于电势梯度的大小. 结合电场强度方向与 $\boldsymbol{e}_n$ 方向(电势梯度方向)相反，有

$$\boldsymbol{E} = -\frac{dV}{dn}\boldsymbol{e}_n = -\mathbf{grad}\,V \tag{9.3.6}$$

上式就是电场强度与电势梯度的关系. 静电场中某点的电场强度等于该点的电势梯度的负值.

如果电场中的电势分布函数求出来了，再进行梯度运算就能求出电场强度.

下面我们讨论在直角坐标系中怎样求电势梯度. 从图 9.3.8(b)可以看出，电场强度

沿 d$\boldsymbol{l}$ 方向的分量

$$E_l = E\cos\theta$$

将式(9.3.4)代入上式,得

$$E_l = -\frac{\mathrm{d}V}{\mathrm{d}l} \tag{9.3.7}$$

电场强度沿 x 方向的分量就是将上式中的 l 改成 x,即

$$E_x = -\frac{\mathrm{d}V}{\mathrm{d}x}$$

上式中 V 是空间坐标(x,y,z)的函数,所以上式实际应当写成 x 的偏导数,即

$$E_x = -\frac{\partial V}{\partial x} \tag{9.3.8}$$

同样,电场强度的 y 分量和 z 分量分别为

$$E_y = -\frac{\partial V}{\partial y} \tag{9.3.9}$$

$$E_z = -\frac{\partial V}{\partial z} \tag{9.3.10}$$

在直角坐标系中 $\boldsymbol{E}=E_x\boldsymbol{i}+E_y\boldsymbol{j}+E_z\boldsymbol{k}$,所以

$$\boldsymbol{E} = -\frac{\partial V}{\partial x}\boldsymbol{i}-\frac{\partial V}{\partial y}\boldsymbol{j}-\frac{\partial V}{\partial z}\boldsymbol{k} \tag{9.3.11}$$

上式是直角坐标系中由电势求电场强度的计算公式.

将式(9.3.11)与式(9.3.6)对比,得到直角坐标系中的电势梯度

$$\mathbf{grad}\ V = \frac{\partial V}{\partial x}\boldsymbol{i}+\frac{\partial V}{\partial y}\boldsymbol{j}+\frac{\partial V}{\partial z}\boldsymbol{k} \tag{9.3.12}$$

综上,电场可以用电场强度和电势两个量来描述,如果一个问题中两个量都要计算,可以考虑先计算电势,因为它是标量,所以计算相对简单,求得电势后再进行梯度运算,从而得到电场强度.

电势梯度的单位与电场强度单位相同.

[例 9.3.1] 如图 9.3.9 所示,有一半径为 R、带电量为 q 的均匀带电细圆环.用电势梯度法求圆环平面垂直轴线上任意点 p 的电场强度.

解: 参考例 9.2.1,由电势叠加原理,求得 p 点的电势

$$V = \frac{1}{4\pi\varepsilon_0}\frac{q}{(R^2+x^2)^{1/2}} \qquad ①$$

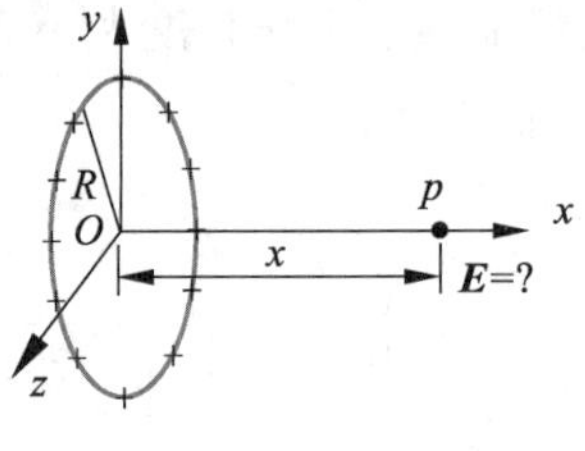

图 9.3.9 均匀带正电细圆环

根据电荷分布的对称性可知,p 点的电场强度方向沿平行 x 轴方向,也就是说,p 点的电场强度在图示的直角坐标系中只有 x 轴方向的分量,即

$$\boldsymbol{E} = E_x\boldsymbol{i} \qquad ②$$

根据式(9.3.8)对①式求 x 的偏导数

$$E_x=-\frac{\partial V}{\partial x}=\frac{1}{4\pi\varepsilon_0}\frac{qx}{(R^2+x^2)^{3/2}} \qquad ③$$

所以

$$\boldsymbol{E}=E_x\boldsymbol{i}=\frac{1}{4\pi\varepsilon_0}\frac{qx}{(R^2+x^2)^{3/2}}\boldsymbol{i} \qquad ④$$

与例 7.2.3 比较，本题的求解方法比利用电场强度叠加原理来求解简单得多.

思考题

9-1　下列几种说法是否正确？为什么？

(1) 电场强度处处相等的地方，电势也处处相等.

(2) 电场强度等于零的地方，电势一定也等于零.

(3) 电势等于零的地方，电场强度一定也等于零.

(4) 电场强度数值大的地方，电势数值一定也大.

9-2　点电荷处于电势高的地方的电势能是否一定比处于电势低的地方的电势能大？

9-3　地球表面一侧，电场强度方向指向地面. 地面以上，电势随高度增加还是减小？

9-4　如果已知某点的电场强度，能否算出该点的电势？如果不能，还需要哪些条件才能计算？

习题

9-1　如图所示，边长为 a 的正六边形每个顶点处有一个点电荷，取无限远处作为参考点. 求正六边形中心 O 点处的电势和场强大小.

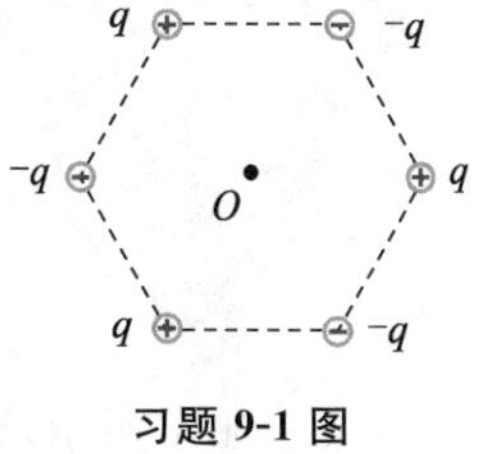

习题 9-1 图

9-2　如图所示，长为 a 的细直线 AB 上均匀地分布了线密度为 λ 的正电荷. 求细直线延长线上与 B 端距离为 b 的 p 点处的电势.

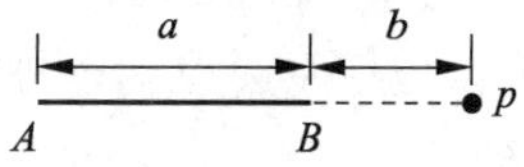

习题 9-2 图

9－3　电荷线密度为 λ 的均匀带电细线，弯成半径为 R 的半圆形. 试求环心 O 处的电势.

9－4　如图所示，电荷体密度为 ρ、厚度为 d 的无限大均匀带电平板，垂直于板表面向右的方向为 x 轴正方向，坐标原点 O 与平板两表面等距离. 以坐标原点 O 为电势零点，求平板内、外的电势.

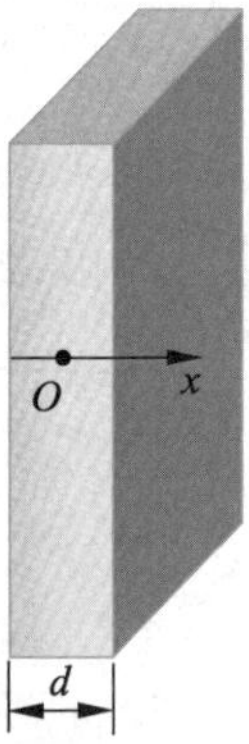

习题 9-4 图

9－5　如图所示，内、外半径分别为 R_1 和 R_2 的均匀带电薄圆环，电荷面密度为 σ. 以无限远处为电势零点，计算圆环中心 O 处的电势.

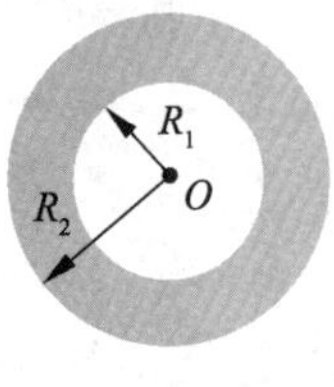

习题 9-5 图

9－6　内、外半径分别为 a 和 b 的两个无限长同轴带电圆柱面，电荷在圆柱面上均匀分布，单位长度上的电荷量分别为 λ 和 $-\lambda$.

(1) 求电场强度的分布，画出 $E-r$ 曲线(r 为场点到圆柱轴线的距离).

(2) 计算内、外圆柱面之间的电势差.

习题 9-6 图

9－7　如图所示，两块无限大均匀带电平行平面，电荷面密度分别为 $+\sigma$ 和 $-\sigma$，两带电平面分别与 x 轴垂直相交于 a 和 $-a$ 两点. 以坐标原点 O 为电势零点，求空间的电势分布表达式，画出 $V-x$ 曲线.

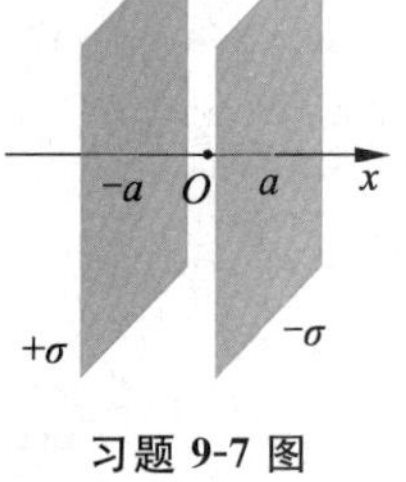

习题 9-7 图

9－8　半径为 R 的带电球体，电荷体密度表达式为 $\rho=kr$（r 为离球心的距离，k 为正的常量）．以无限远处为电势零点，计算离球心距离为 a（$a<R$）的 p 点的电势．

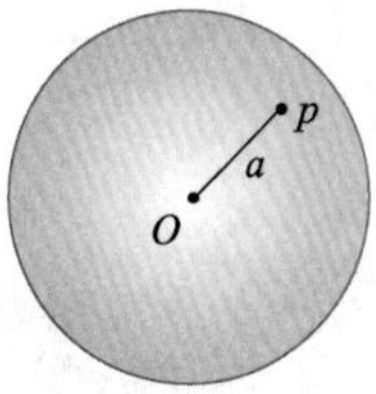

习题 9-8 图

9－9　如图所示，内半径为 a、外半径为 b 的金属球壳带有电荷 q_0，在球壳空腔内距离球心为 c 的位置有一点电荷 q．取无限远处为电势零点，试求：

（1）球壳内、外表面上的电荷量；

（2）球心 O 点处，由球壳内表面上的电荷产生的电势；

（3）球心 O 点处的总电势．

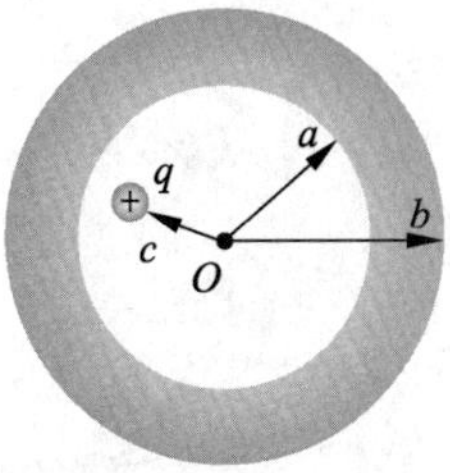

习题 9-9 图

第 10 章 导体、电容器和电介质

10.1 有导体时的静电场

10.1.1 导体的静电平衡

一般情况下，物质按照导电性能可分为导体、半导体和绝缘体(电介质)三类. 导电性能主要取决于物质内部的电结构，金、银、铜、铁、铝等金属都是导体.

从微观角度来看，金属由许多小晶粒组成，每个晶粒内的原子有序排列而构成晶格. 晶体中，原子的最外层电子不再属于某个原子，而成为所有原子共有并在晶体中做共有运动的自由电子群，留在晶格上的原子成为带正电的离子. 这样，金属导体可看作由带正电的晶格和自由电子构成，晶格不动，相当于骨架，而自由电子可在整个导体中相对晶格自由运动.

所以，金属导体在电结构方面的重要特征是具有大量的自由电子(铜的自由电子数量密度约为 $8.5\times10^{28}\ \mathrm{m^{-3}}$). 当金属导体不带电，也不受外电场作用时，导体中大量自由电子和晶格的正电荷相互中和，导体中任意小部分都是呈电中性的. 这时，导体中的正、负电荷均匀分布，除了微观上的热运动外，电荷没有宏观的定向运动.

不带电的(电中性)导体处于静电场中，导体中的电荷都会受到电场力，电场力使导体内的自由电子相对于晶格做宏观的定向运动，从而引起导体中电荷的重新分布. 重新分布的结果是使导体的一部分表面呈正电性，另一部分表面呈负电性，但电荷的总量遵守电荷守恒定律. 导体表面上所分布的这种电荷称为感应电荷. 导体(不论是否带电)处于静电场中时，导体上的电荷会重新分布，这种现象称为静电感应. 用静电感应使物体带电的方法称为感应起电.

图 10.1.1 表示了导体静电感应的过程. 如图 10.1.1(a)所示，在没有外电场时，长方形导体中的正、负电荷等量且均匀分布(图中只画出了自由电子)，导体宏观上呈电中性.

如图 10.1.1(b)所示，导体处于外电场中，带箭头的向右实线表示外电场的电场线，$\boldsymbol{E}_0$ 表示外电场的电场强度，导体中自由电子受电场力作用沿电场反方向做定向运动. 如图 10.1.1(c)所示，自由电子定向运动到导体左侧表面，该表面呈负电性，右侧表面附近因负电荷减少而呈正电性. 这些感应电荷所激发电场的电场线用带箭头虚线表示，感应电荷所激发的电场 $\boldsymbol{E}'$ 与外电场 $\boldsymbol{E}_0$ 方向相反，导体内部总电场强度($\boldsymbol{E}_0+\boldsymbol{E}'$)受到削弱.

如图 10.1.1(d)所示，在极短的时间内，感应电荷的电场强度不断增强，导体内部总电场强度($\boldsymbol{E}_0+\boldsymbol{E}'$)不断削弱，直到导体内部总电场强度($\boldsymbol{E}_0+\boldsymbol{E}'$)处处为零，导体内自由电荷定向运动完全停止.

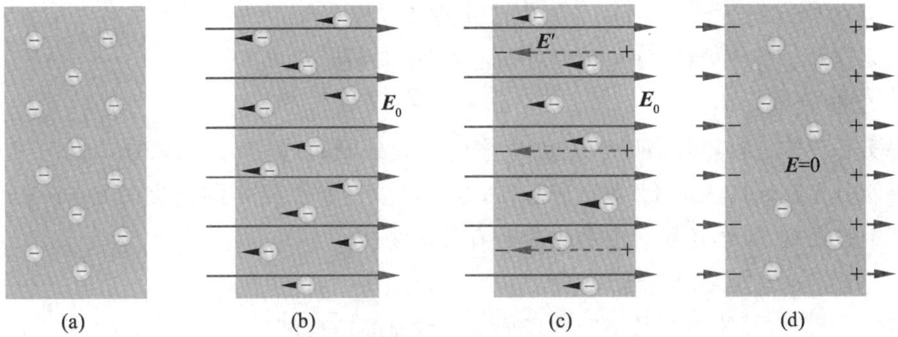

图 10.1.1　导体的静电感应

我们把导体中没有电荷做任何宏观定向运动的状态称为静电平衡状态. 要注意，静电感应过程的时间实际上非常短暂，约为 10^{-6} s 的数量级. 静电感应会改变导体上的电荷分布，但导体上电荷总量是守恒的，遵守电荷守恒定律.

综上所述，导体静电平衡的必要条件是导体内电场强度处处为零. 导体静电平衡时，电场强度、电势及电荷分布有如下规律：

(1) 导体内，电场强度处处为零. 导体外，电场线与导体表面处处正交.

(2) 导体内，电势处处相等，导体是等势体. 导体表面的电势处处相等，导体表面是等势面. 导体表面的电势与导体内的电势相等.

(3) 导体内，处处没有净电荷分布. 如果导体上有净电荷，净电荷只能分布在导体的表面.

导体静电平衡的必要条件是导体内电场强度处处为零. 根据电场强度与电势的关系，电场线箭头指向电势降低的方向，导体内电场强度处处为零，表示导体内电势处处相等不随位置变化. 所以，导体是等势体，其表面是等势面.

静电场的电场线与等势面是正交关系，静电平衡时，由于导体表面是等势面，所以，导体外电场线与导体表面处处正交.

10.1.2　静电平衡时导体上的电荷分布

1. 实心导体

静电平衡时，导体内部处处没有净电荷，电荷只能分布在导体表面上.

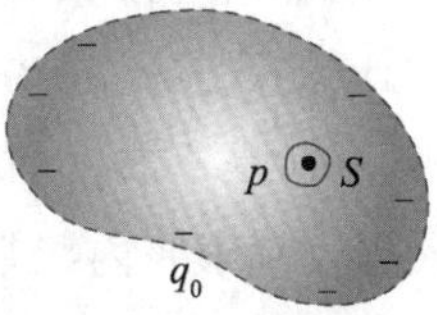

图 10.1.2　静电平衡时实心导体上的电荷分布

如图 10.1.2 所示是一个任意形状的实心导体. 在导体内取任意一点 p，围绕 p 点作任意无限小闭合曲面 S，且整个闭合曲面 S 都在导体内.

静电平衡时,闭合曲面 S 上电场强度处处为零($\boldsymbol{E}=0$),所以,通过该闭合曲面 S 的电场强度通量为零($\oint_S \boldsymbol{E}\cdot \mathrm{d}\boldsymbol{S}=0$),根据高斯定理($\oint_S \boldsymbol{E}\cdot \mathrm{d}\boldsymbol{S}=\sum_{S内}\frac{q}{\varepsilon_0}$)可知,高斯面内的电荷代数和为零($\sum_{S内} q=0$). 闭合曲面 S 内没有净电荷,也就是说 p 点处没有净电荷. 由于 p 点是导体内的任意点,所以导体内部处处没有净电荷.

如果导体上有净电荷,净电荷只能分布在导体表面上.

2. 空腔导体

跟实心导体一样,可以证明,空腔导体内部处处没有净电荷. 如果导体有净电荷,净电荷只能分布在导体表面上. 对空腔导体,电荷可以分布在导体的内表面上、外表面上或内外两个表面上. 具体还要看空腔内是否有带电物体.

(1) 空腔导体内无带电体

静电平衡时,导体内部及空腔内表面处处没有净电荷.

如图 10.1.3 所示是一个任意形状的空腔导体. 在导体内,围绕空腔作闭合曲面 S(图中用实线表示),使闭合曲面无限靠近空腔表面(图中用虚线表示). 静电平衡时,闭合曲面 S 上电场强度处处为零,通过该闭合曲面的电场强度通量为零($\oint_S \boldsymbol{E}\cdot \mathrm{d}\boldsymbol{S}=0$),根据高斯定理($\oint_S \boldsymbol{E}\cdot \mathrm{d}\boldsymbol{S}=\sum_{S内}\frac{q}{\varepsilon_0}$)可知,高斯面内的电荷代数和为零($\sum_{S内} q=0$),所以空腔导体内表面上的电荷代数和为零.

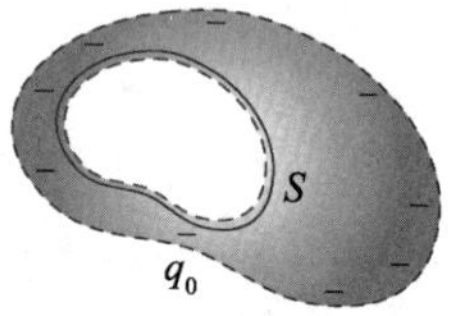

图 10.1.3 静电平衡时空腔导体上的电荷分布(1)

空腔导体内表面上的电荷代数和为零有两种情况:一种是内表面上没有净电荷,这就是我们所要的结果;另一种是空腔导体内表面上一部分带正电荷,另一部分带等量的负电荷.

对于后一种情况,根据电场线的特性,空腔导体内表面上的正电荷必有电场线从正电荷出发经过空腔终止于空腔导体内表面上的负电荷. 由于空腔内没有电荷,因此这样的电场线是不存在的. 根据电场线与电势的关系,沿着电场线方向电势是降低的. 如果刚才所说的空腔内有电场线,那么空腔导体内表面上带正电荷处的电势必然高于空腔导体内表面上带负电荷处的电势. 但我们知道,静电平衡时,导体上电势是处处相等的,所以这样的电场线是不存在的. 也就是说,空腔导体内表面上一部分带正电荷,另一部分带等量的负电荷是不成立的,所以空腔导体内表面上没有净电荷.

因此,对于腔内无带电物体的空腔导体,静电平衡时,导体内部及空腔的内表面处处没有净电荷. 如果空腔导体上有净电荷,净电荷只能分布在空腔导体的外表面上.

(2) 空腔导体内有带电体

如图 10.1.4 所示,与空腔内无带电体一样作高斯面 S,根据高斯定理得到闭合曲面 S 内电荷的代数和为零,即表示空腔导体内表面上的电荷量与空腔内的带电物体的电荷量代数和为零.假设空腔内带电物体的电荷量为 q，那么空腔内表面的电荷量为 $-q$. 如果空腔导体上的净电荷量为 q_0，那么导体外表面上的电荷量可以由电荷守恒定律求得，即导体外表面的电荷量为 q_0+q.

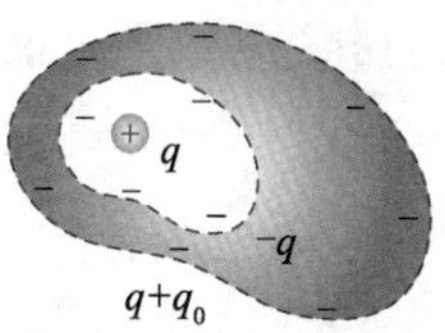

图 10.1.4　静电平衡时空腔导体上的电荷分布(2)

总之，空腔导体内在有带电物体的条件下静电平衡时，空腔导体内表面上的净电荷与空腔内带电物体的电荷量等量异号，空腔导体外表面的电荷量由电荷守恒定律决定.

静电平衡时，如果导体上电荷分布能够确定，理论上说，空间的电场及电势分布就能够确定了.

3. 导体外表面附近的电场强度大小

前面我们已经得到结论，静电平衡时导体外的电场线与导体表面处处正交，即导体外表面附近的电场强度方向沿表面的法线方向，或者说，导体外表面附近的电场强度方向垂直于该处的导体表面.

我们还可以用高斯定理得到静电平衡时导体外表面附近的电场强度大小与该表面处电荷面密度成正比.

如图 10.1.5 所示，导体处于静电平衡状态. 在导体外无限靠近导体表面处任意取一点 p，过 p 点作一个微小的圆柱形闭合曲面 S 为高斯面，p 点位于圆柱面的上底面，下底面在导体中. 使圆柱面轴线沿该处导体表面的法线方向.

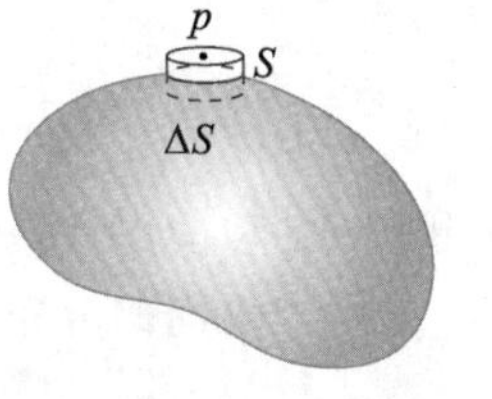

图 10.1.5　带电导体表面附近的电场强度与该表面处电荷面密度的关系

假设圆柱面的底面积为 ΔS，闭合圆柱面 S 所包围的导体表面的面积也为 ΔS，如果该表面处的电荷面密度为 σ，那么高斯面内的电荷代数和为

$$\sum_{S内} q = \sigma \Delta S \qquad (10.1.1)$$

圆柱形高斯面 S 的电场强度通量 $\oint_S \boldsymbol{E} \cdot \mathrm{d}\boldsymbol{S}$ 可分成三部分来计算. 一是导体内部电场强度处处为零($\boldsymbol{E}=0$)，所以圆柱形高斯面 S 在导体中的部分电场强度通量为零($\int_{S在导体中的部分} \boldsymbol{E} \cdot \mathrm{d}\boldsymbol{S}=0$). 二是导体外表面附近的电场强度平行于圆柱侧面，则圆柱侧面上处处满足 $\boldsymbol{E} \cdot \mathrm{d}\boldsymbol{S}=0$，即圆柱形高斯面的导体外的侧面的电场强度通量为零($\int_{S的导体外的侧面} \boldsymbol{E} \cdot \mathrm{d}\boldsymbol{S}=0$). 三是导体外表面附近的电场强度垂直于圆柱底面，则导体外的圆柱形高斯面的底面的电场强度通量 $\int_{S的导体外的底面} \boldsymbol{E} \cdot \mathrm{d}\boldsymbol{S}=E\Delta S$. 整个高斯面 S 的电场强度通量等于三部分之和，即

$$\oint_S \boldsymbol{E} \cdot \mathrm{d}\boldsymbol{S} = \int_{S在导体中的部分} \boldsymbol{E} \cdot \mathrm{d}\boldsymbol{S} + \int_{S的导体外的侧面} \boldsymbol{E} \cdot \mathrm{d}\boldsymbol{S} + \int_{S的导体外的底面} \boldsymbol{E} \cdot \mathrm{d}\boldsymbol{S}$$

前两部分为零,第三部分等于 $E\Delta S$,所以

$$\oint_S \boldsymbol{E}\cdot \mathrm{d}\boldsymbol{S}=E\Delta S \tag{10.1.2}$$

将式(10.1.1)和式(10.1.2)的结果代入高斯定理表达式 $\oint_S \boldsymbol{E}\cdot \mathrm{d}\boldsymbol{S}=\sum\limits_{S内}\frac{q}{\varepsilon_0}$,得

$$E\Delta S=\frac{\sigma\Delta S}{\varepsilon_0}$$

即

$$E=\frac{\sigma}{\varepsilon_0} \tag{10.1.3}$$

将上式写成矢量式

$$\boldsymbol{E}=\frac{\sigma}{\varepsilon_0}\boldsymbol{e}_n \tag{10.1.4}$$

式中,$\boldsymbol{e}_n$ 是 p 点附近处导体表面的外法向单位矢量.

式(10.1.4)表明,静电平衡时带电导体表面附近的电场强度大小与该表面处的电荷面密度成正比,电场强度方向沿该处表面的法线方向.如果该表面处分布的是正电荷,电场强度方向指向导体表面的外法线方向.反之,电场强度方向指向导体表面的内法线方向.

4. 孤立导体表面上的电荷分布

静电平衡时,净电荷只能分布在导体的表面,但表面上各处的电荷密度一般都不相同.电荷在导体表面的分布密度不仅跟导体表面的形状有关,还与其周围其他带电物体有关.

对于孤立的带电导体,电荷在其表面上的分布密度由导体表面的曲率决定.导体表面凸出尖锐的地方(曲率较大),电荷面密度较大;导体表面平坦的地方(曲率较小),电荷面密度较小;导体表面凹进的地方(曲率为负),电荷面密度更小.

孤立球形导体,其表面处处曲率相同,所以电荷在球面上均匀分布.下面举一例子计算电荷面密度与曲率的关系.

[例 10.1.1] 半径分别为 R 和 r 的两个球形导体($R>r$)相距很远,用一根细导线将它们连接起来.让导体球带电,求两球电荷面密度与球半径的关系.

解:两个导体球用细导线连在一起可作为一个孤立导体.静电平衡时,该导体上电势处处相等.由于两球相距很远,每个球所带的电荷在另一球处所激发的电场强度可忽略不计,细导线上的电荷量也忽略不计.

细导线的作用是让两导体球保持等电势.这样,每个球可分别近似地看作孤立导体球,其表面的电荷分布各自都是均匀的.

假设大导体球所带电荷量为 Q,小导体球所带电荷量为 q.根据均匀带电球面的电势表达式,两球面上的电势分别为 $\frac{Q}{4\pi\varepsilon_0 R}$ 和 $\frac{q}{4\pi\varepsilon_0 r}$.由于两个球的电势相等,所以

$$\frac{Q}{4\pi\varepsilon_0 R}=\frac{q}{4\pi\varepsilon_0 r}$$

解得

$$\frac{Q}{q}=\frac{R}{r} \tag{10.1.5}$$

两球表面的电荷面密度分别为 $\sigma_R=\dfrac{Q}{4\pi R^2}$ 和 $\sigma_r=\dfrac{q}{4\pi r^2}$，联合式(10.1.5)解得两球表面的电荷面密度之比为

$$\frac{\sigma_R}{\sigma_r}=\frac{Qr^2}{qR^2}=\frac{r}{R} \tag{10.1.6}$$

由此可见，孤立导体球的电荷面密度与球半径成反比.

当两导体球相距不太远时，两球上所带电荷会相互影响，每个球都不能看作孤立的导体球，球面上的电荷都不是均匀分布的.

导体表面凸出尖锐的地方曲率较大(曲率半径较小)，电荷面密度较大. 导体表面越尖锐，该处电荷面密度越大，其表面附近的电场强度就越强. 当电场强度超过某值时，会使附近物质的分子电离而产生大量离子，这些离子在电场作用下会定向运动. 静电除尘、静电喷漆都是应用了这个原理.

10.1.3　空腔导体的静电场与静电屏蔽

如图 10.1.3 所示，我们已经证明，在静电平衡状态下，如果导体空腔内没有电荷，导体空腔内表面上没有净电荷分布，导体空腔内的电场强度处处为零，即空腔外的电荷对空腔内的电场不产生影响.

如图 10.1.4 所示，导体空腔内有电荷，导体空腔内表面上就有净电荷分布，这两部分电荷在空腔外所激发的电场强度总和恒为零，即空腔外的电场只受空腔外表面电荷的影响.

如图 10.1.6 所示，当空腔导体接地时，空腔导体的电势与地球相等. 空腔内任意点 p 的电场强度和电势不会受到空腔外电荷的影响，空腔外任意点 p' 的电场强度和电势也不再受到空腔内电荷的影响.

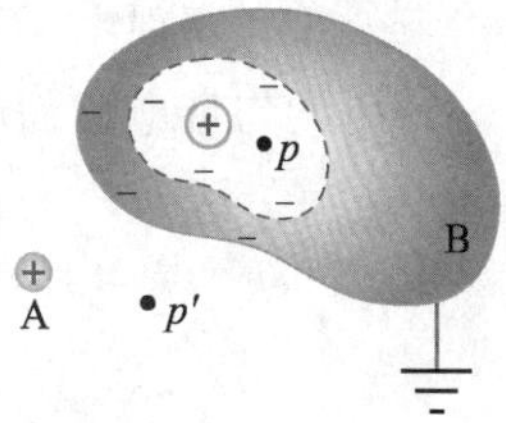

图 10.1.6　静电屏蔽

空腔外的电荷对空腔内的电场不产生影响，接地的导体空腔内的电荷对空腔外的电场不产生影响. 这种现象称为静电屏蔽. 静电屏蔽在实际生产技术中有许多应用.

10.1.4　有导体时的静电场问题

［例 10.1.2］　证明：两块无限大平行带电金属板在静电平衡时，相对的两表面上带等量异号电荷，相背的两表面上带等量同号电荷.

证明：如图 10.1.7 所示，设两块金属板的四个表面上电荷面密度依次为 σ_1、σ_2、σ_3 和 σ_4. 以水平向右为电场强度的正方向. 静电平衡时，导体中任一点的电场强度均为零. 利

用无限大均匀带电平面的电场强度表达式 $E=\frac{\sigma}{2\varepsilon_0}$ 和电场强度的叠加原理，左、右两块导体中的电场强度分别为

$$E_{左}=\frac{\sigma_1}{2\varepsilon_0}-\frac{\sigma_2}{2\varepsilon_0}-\frac{\sigma_3}{2\varepsilon_0}-\frac{\sigma_4}{2\varepsilon_0}=0$$

$$E_{右}=\frac{\sigma_1}{2\varepsilon_0}+\frac{\sigma_2}{2\varepsilon_0}+\frac{\sigma_3}{2\varepsilon_0}-\frac{\sigma_4}{2\varepsilon_0}=0$$

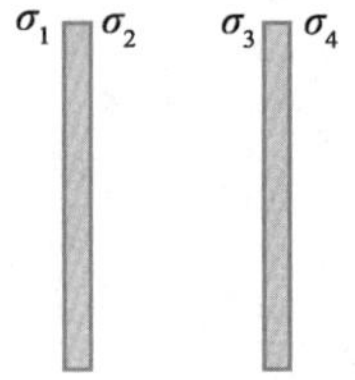

图 10.1.7 两块平行放置的无限大金属板

由以上两式，得

$$\sigma_2=-\sigma_3, \sigma_1=\sigma_4$$

[例 10.1.3] 如图 10.1.8 所示，内、外半径分别为 R_1 和 R_2 的导体球壳与半径为 r 的导体小球同心，让小球与球壳分别带上电荷量 q 和 Q. 求：

(1) 小球的电势，球壳的电势；

(2) 小球与球壳的电势差；

(3) 若球壳接地，小球与球壳的电势差怎样变化.

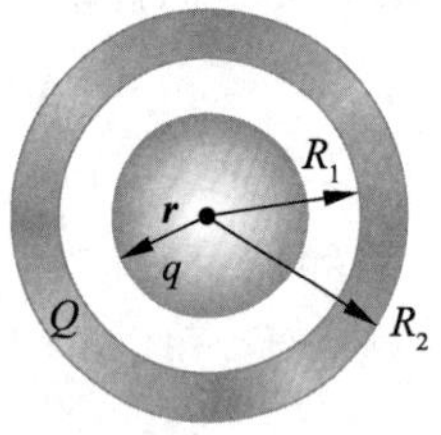

图 10.1.8 带电导体球壳与导体小球同心

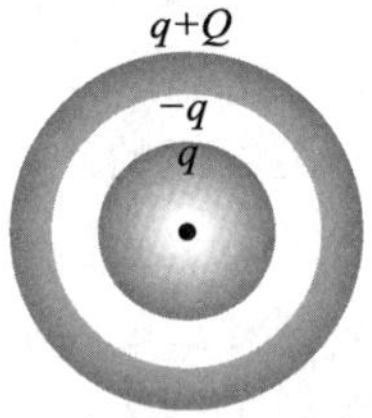

图 10.1.9 带电导体球壳与导体小球的电荷分布

解：(1) 由于静电感应，球壳内表面上有 $-q$ 的净电荷，球壳外表面上有 $q+Q$ 的净电荷. 三个球面的半径分别为 r、R_1 和 R_2，电荷量分别为 q、$-q$ 和 $q+Q$，根据对称性，电荷均匀分布在表面上，如图 10.1.9 所示.

利用均匀带电球面的电势表达式和电势叠加原理，小球和球壳的电势分别为

$$V_r=\frac{1}{4\pi\varepsilon_0}\frac{q}{r}+\frac{1}{4\pi\varepsilon_0}\frac{-q}{R_1}+\frac{1}{4\pi\varepsilon_0}\frac{q+Q}{R_2}$$

$$V_{R_1}=\frac{1}{4\pi\varepsilon_0}\frac{q}{R_1}+\frac{1}{4\pi\varepsilon_0}\frac{-q}{R_1}+\frac{1}{4\pi\varepsilon_0}\frac{q+Q}{R_2}=\frac{q+Q}{4\pi\varepsilon_0 R_2}$$

(2) 小球与球壳的电势差

$$V_r-V_{R_1}=\frac{q}{4\pi\varepsilon_0}\left(\frac{1}{r}-\frac{1}{R_1}\right)$$

(3) 球壳接地改变了球壳的电势，但小球上的电荷分布与球壳内表面上的电荷分布都不变，两球间的电场不变，所以两球的电势差也不变.

10.2　电容器　电容

10.2.1　孤立导体的电容

我们知道，静电平衡时的导体是等势体. 如图 10.2.1 所示，真空中有一个半径为 R、带电量为 q 的孤立导体球，静电平衡时，电荷均匀分布在球面上.

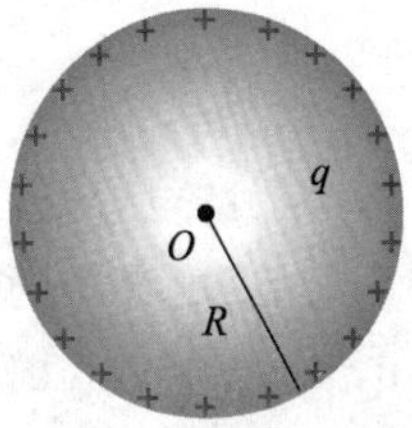

图 10.2.1　带电导体球面

根据均匀带电球面的电势分布规律，导体球的电势 $V=\frac{q}{4\pi\varepsilon_0 R}$. 可见，导体球的电势与其电荷量成正比.

实验和理论都表明，静电平衡时，孤立导体的电势 V(以无限远处为电势零点)与它的电荷量 q 成正比，电荷量 q 越大，它的电势 V 就越高.

如果把导体看作存放电荷的容器，我们引入电容的概念来描述导体存放电荷的本领.

通常把导体的电荷量与电势的比值定义为孤立导体的电容，用 C 表示. 电容定义的数学表达式为

$$C\equiv\frac{q}{V} \tag{10.2.1}$$

电容是表示导体储存电荷能力的物理量，数值上等于导体升高单位电势所增加的电荷量. 如果导体的电荷量增加 $\mathrm{d}q$ 时，导体的电势相应增加 $\mathrm{d}V$，则电容定义的表达式也可以写成

$$C=\frac{\mathrm{d}q}{\mathrm{d}V} \tag{10.2.2}$$

将孤立导体球的电势表达式代入电容的定义式，得到真空中孤立导体球的电容为

$$C=4\pi\varepsilon_0 R \tag{10.2.3}$$

可见，任意孤立导体的电容与导体的形状、体积及周围的物质有关，而与导体所带的电荷量无关.

在国际单位制中，电容的单位是法拉(F). 如果把地球看作一个巨大的导体球，其电容约为 7×10^{-4} F. 常用的电容单位是微法(μF)和皮法(pF)，其与法拉(F)单位间的换算关系如下：

$$1\ \mu\mathrm{F}=10^{-6}\ \mathrm{F},1\ \mathrm{pF}=10^{-12}\ \mathrm{F}$$

10.2.2　电容器的电容

孤立导体实际上是不存在的. 实际应用中，一个导体附近还会有其他的导体及物质，我们把相互靠近的两个导体作为一个导体系称为电容器.

一般情况下，电容器的两个导体分别带等量异号电荷 $+q$ 和 $-q$，其中 q 称为电容器的电荷量. 电容器带电时，带正电的导体称为正极板，带负电的导体称为负极板.

电容器带电后周围就有电场,两导体间就有电势差,这个电势差也叫电容器的电压.实验和理论都表明,电容器的电压 U 与电容器的电荷量 q 成正比.

把电容器的电荷量与电容器的电压之比值定义为电容器的电容,常用 C 表示,有时也称为电容器的电容量.电容器电容定义的数学表达式为

$$C\equiv\frac{q}{U} \tag{10.2.4}$$

电容器的电容与两个导体的形状、体积、相对位置及周围的物质有关,而与电容器的电荷量无关.电容器的电容在数值上等于电容器升高单位电压所需的电荷量.如果电容器的电荷量增加 $\mathrm{d}q$ 时电容器的电压相应增加 $\mathrm{d}U$,则电容定义的表达式也可以写成

$$C=\frac{\mathrm{d}q}{\mathrm{d}U} \tag{10.2.5}$$

电容器的种类很多,图 10.2.2 所示为各种外形的电容器,图 10.2.3 所示为电容可变的电容器.

图 10.2.2　各种电容器

图 10.2.3　可变电容器

电容器是电器设备中常用的元件,在电路中常用符号表示.图 10.2.4(a)所示为电容器的通用符号.图 10.2.4(b)表示有极性的电容器符号,这种电容器带电时两个导体上的电荷正负电性不能互换,标有"+"号的导体只能带正电,另一导体只能带负电.图 10.2.4(c)为电容可变的电容器符号.

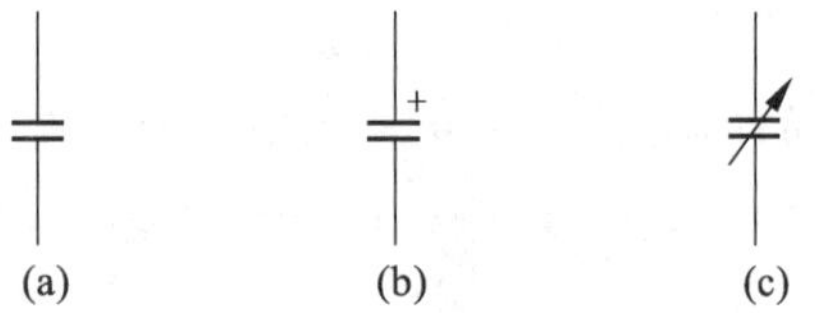

图 10.2.4　电容器符号

电容器的电容与电容器的电荷量无关.但计算电容时,通常总是假设电容器带电,然后根据电容器的结构、静电平衡和静电场的规律求出两导体的电势差与电容器电荷量的关系,最后用电容器电容的定义求出电容.

下面我们计算几种常见的真空电容器的电容.

1. 平行板电容器

如图 10.2.5 所示，真空中大小、形状相同的两块导体平板平行放置，组成平行板电容器. 导体板的面积为 S，两板相距为 d（通常很小），两块板的面积完全正对.

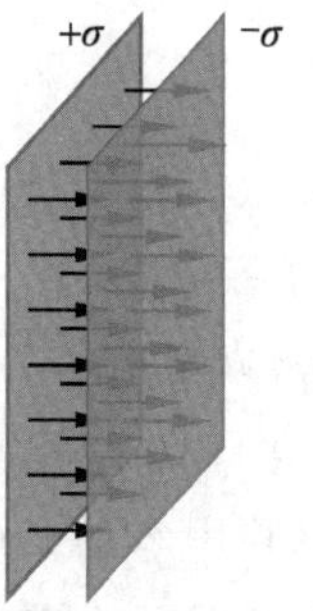

图 10.2.5　平行板电容器

假设电容器的电荷量为 q，即两极板带等量异号电荷. 根据静电感应并忽略边缘效应（参考例 8.2.6），两极板间是均匀电场，电场强度大小

$$E=\frac{\sigma}{\varepsilon_0}=\frac{q}{\varepsilon_0 S} \tag{10.2.6}$$

两极板间的电压

$$U=Ed=\frac{qd}{\varepsilon_0 S} \tag{10.2.7}$$

将式(10.2.7)代入电容的定义式 $C=\frac{q}{U}$，得到真空中平行板电容器的电容

$$C_0=\frac{\varepsilon_0 S}{d} \tag{10.2.8}$$

由上式可知，平行板电容器的电容与极板正对面积成正比，与两极板间的距离成反比. 图 10.2.3 所示为平行板电容器，它是通过将 N 块相同的平行板连接在一起，使极板总面积增加为单块极板的 N 倍，从而增加电容器的电容. 该电容器通过转动一组极板来改变其与另一组极板的正对面积，从而改变电容.

实际电容器为了增大电容，通常将很长的平行板电容器卷成圆柱状，从而减小外形体积. 图 10.2.2 中圆柱形的电容器就是这种结构.

2. 圆柱形电容器

如图 10.2.6 所示，真空中两个长度相等、半径不等的同轴圆柱面导体，组成圆柱形电容器. 圆柱面的长度为 l，半径分别为 R_1 和 R_2（$R_1<R_2$）. 假设两圆柱面带等量异号电荷，单位长度的电荷量为 λ，电容器的电荷量 $q=\lambda l$. 忽略边缘效应（把两圆柱面看作无限长），根据静电感应原理可知，电荷均匀分布在圆柱面上，参考例 8.2.4，两圆柱面间的电场强度

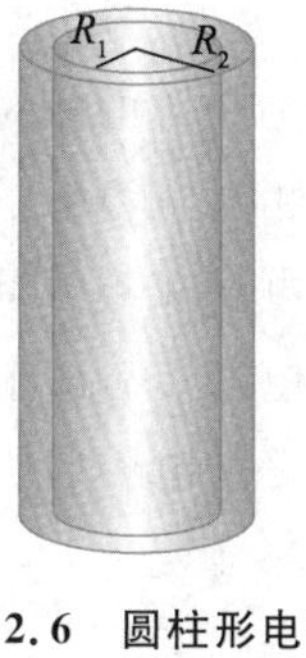

图 10.2.6　圆柱形电容器

$$\boldsymbol{E}=\frac{\lambda}{2\pi\varepsilon_0 r}\boldsymbol{e}_r \tag{10.2.9}$$

两极板间的电压

$$U=\int_{R_1}^{R_2}\boldsymbol{E}\cdot \mathrm{d}\boldsymbol{r}=\frac{\lambda}{2\pi\varepsilon_0}\ln\frac{R_2}{R_1} \tag{10.2.10}$$

将式(10.2.10)代入电容的定义式 $C=\frac{q}{U}$，并利用 $q=\lambda l$，得到真空中圆柱形电容器的电容

$$C=\frac{2\pi\varepsilon_0 l}{\ln\frac{R_2}{R_1}} \tag{10.2.11}$$

由上式可知,圆柱形电容器的电容与圆柱长度正比,传输高频信号的电缆线都是这种结构.

3. 球形电容器

如图 10.2.7 所示,真空中有两个半径不等的同心球面导体,组成球形电容器.球面半径分别为 R_1 和 $R_2(R_1<R_2)$.假设两球面带等量异号电荷,电容器的电荷量为 q.根据静电感应原理,参考例 8.2.2,两球面间的电场强度

$$\boldsymbol{E}=\frac{q}{4\pi\varepsilon_0 r^2}\boldsymbol{e}_r \tag{10.2.12}$$

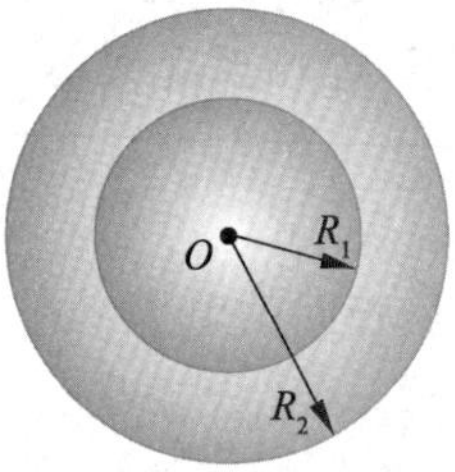

图 10.2.7　球形电容器

两极板间的电压

$$U=\int_{R_1}^{R_2}\boldsymbol{E}\cdot \mathrm{d}\boldsymbol{r}=\frac{q}{4\pi\varepsilon_0}\left(\frac{1}{R_1}-\frac{1}{R_2}\right) \tag{10.2.13}$$

将式(10.2.13)代入电容的定义式 $C=\frac{q}{U}$,得到真空中球形电容器的电容

$$C=\frac{4\pi\varepsilon_0 R_1 R_2}{R_2-R_1} \tag{10.2.14}$$

由于实际电路中到处是导体,所以电容处处存在,这种电容称为分布电容.分布电容通常很小,电路中工作频率越高,分布电容对电路的影响越大.

实际电容器的两个导体周围通常充满了电介质(绝缘材料),实验表明,充满电介质时电容器的电容 C 等于真空时的电容 C_0 的 ε_r 倍,即

$$C=\varepsilon_r C_0 \tag{10.2.15}$$

ε_r 称为介质的相对电容率或相对介电常数,它是大于 1 的数.表 10.2.1 列出了几种电介质的相对电容率,不同的介质有不同的相对电容率.有些介质相对电容率很大,利用这些介质可以在其他条件相同的情况下增加电容器的电容.

电容器有两个重要的性能指标,一个是电容器的电容,另一个是电容器的耐压值.耐压值是指电容器所能承受的电压值.当电容器工作电压超过其耐压值时,电容器介质中的电场强度过大,电容器有击穿的危险.表 10.2.1 列出了几种电介质的相对电容率和击穿电场强度.

表 10.2.1　电介质的相对电容率和击穿电场强度

电介质	相对电容率	击穿电场强度/(10^6 V·m^{-1})
空气	1.00059	3
云母	3.7～7.5	80～200
玻璃	5～10	3～13

续表

电介质	相对电容率	击穿电场强度/(10^6 V・m^{-1})
绝缘瓷	5.7～6.8	6～20
电木	7.6	16
尼龙	3.4	14
钛酸钡	1000～10000	3
熔石英	3.78	8

10.2.3　电容器的并联和串联

1. 电容器的并联

如图 10.2.8(a)所示是 n 个电容器的并联，假设这些电容器连接前是不带电的，每个电容器的上极板都连接在一起形成一个大导体，每个电容器的下极板也都连接在一起形成另一个大导体，这 n 个电容器并联后构成两个大导体，所以等效于一个电容器，如图 10.2.8(b)所示.

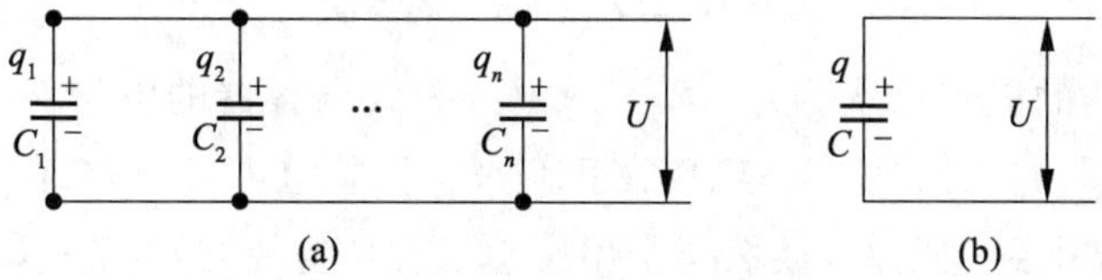

图 10.2.8　电容器的并联

假设这 n 个电容器的电容依次为 $C_1, C_2, \cdots, C_n$，等效电容器的电容为 C，则这个等效电容 C 也称为并联电容器的总电容. 现在我们来推导总电容 C 与各个并联电容的关系.

假设并联电容器充电后的电压是 U，显然每个并联电容器的电压都是 U，即

$$U_1 = U_2 = \cdots = U_n = U \tag{10.2.16}$$

很明显，等效电容器的电荷量 q 等于各并联电容器电荷量 $q_1, q_2, \cdots, q_n$ 的代数和，即

$$q = q_1 + q_2 + \cdots + q_n \tag{10.2.17}$$

根据电容器的电荷量、电容和电压的关系，每个电容器的电荷量分别为

$$q_1 = C_1U_1 = C_1U$$

$$q_2 = C_2U_2 = C_2U$$

$$\vdots$$

$$q_n = C_nU_n = C_nU$$

将上面各式代入式(10.2.17)，得

$$q = C_1U + C_2U + \cdots + C_nU$$

所以，其等效电容器的电容

$$C = \frac{q}{U} = \frac{C_1U + C_2U + \cdots + C_nU}{U}$$

$$C=C_1+C_2+\cdots+C_n \tag{10.2.18}$$

即并联等效电容器的电容等于每个并联电容器电容之和.

对 n 个完全相同的电容器并联,相当于电容器的极板面积增加为 n 倍,因此,其总电容是单个电容的 n 倍.电容器并联可以增大电容,但不能提高等效电容器的耐压.

2. 电容器的串联

如图 10.2.9(a)所示是 n 个电容器的串联,假设这些电容器连接前是不带电的,每个电容器的两个极板依次连接在一起,第一个电容器的左极板与最后一个电容器的右极板构成一个电容器,其电容就是这 n 个电容器串联后的等效电容,如图 10.2.9(b)所示.

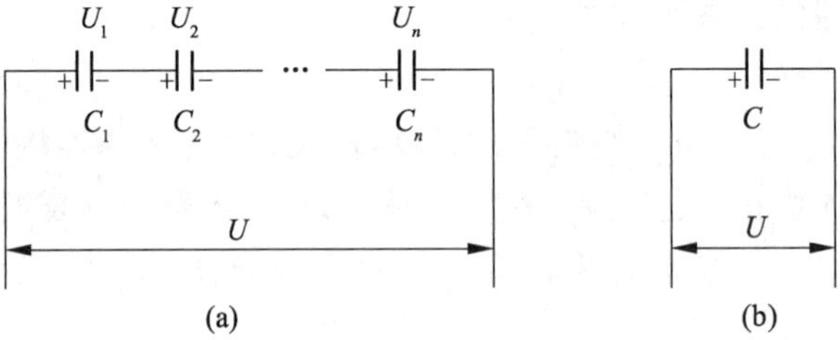

图 10.2.9 电容器的串联

设 n 个电容器的电容依次为 $C_1,C_2,\cdots,C_n$,等效电容器的电容为 C.等效电容器的电容 C 也称为串联电容器的总电容.现在我们来推导总电容 C 与各个串联电容的关系.

串联电容器充电到电压 U,显然每个串联电容器的电压之和就是 U,即

$$U_1+U_2+\cdots+U_n=U \tag{10.2.19}$$

假设 C_1 左极板带电量为 $+q$,由于静电感应右极板带电量为 $-q$.根据电荷守恒定律,C_2 左极板带电量为 $+q$,同样由于静电感应,右极板带电量为 $-q$.以此类推,串联电容器带电时每个电容器的电荷量都相等,也等于等效电容器的电荷量,即

$$q_1=q_2=\cdots=q_n=q \tag{10.2.20}$$

根据电容器的电压、电荷量和电容的关系,各个电容器的电压分别为

$$U_1=\frac{q_1}{C_1}=\frac{q}{C_1}$$

$$U_2=\frac{q_2}{C_2}=\frac{q}{C_2}$$

$$\vdots$$

$$U_n=\frac{q_n}{C_n}=\frac{q}{C_n}$$

$$U=\frac{q}{C}$$

将以上各式代入式(10.2.19),得

$$\frac{q}{C}=\frac{q}{C_1}+\frac{q}{C_2}+\cdots+\frac{q}{C_n}$$

所以,等效电容器的电容与各串联电容的关系为

$$\frac{1}{C}=\frac{1}{C_1}+\frac{1}{C_2}+\cdots+\frac{1}{C_n} \tag{10.2.21}$$

串联等效电容器电容的倒数等于每个串联电容器电容的倒数之和.

对 n 个完全相同的电容器进行串联，相当于电容器的极板间距增加为 n 倍，因此，其总电容是单个电容的 $\frac{1}{n}$. 电容器串联电容减小，但可以增加等效电容器的耐压值.

实际电路中，电容器不仅有并联和串联，还有串、并联组合的形式. 前面有关电容器串、并联的结论是在电容器连接前不带电的条件下得到的. 如果电容器连接前已经带电，前面的结论就不适用了，我们必须根据静电感应原理和电荷守恒定律等综合分析、计算才能得到各电容器最后的电荷量和电压等.

10.3　静电场能量

10.3.1　电容器的静电能

不带电的电容器与电源连接时电容器就会带电，这个过程称为电容器的充电.

电容器充电时，电源消耗能量，电容器将电源提供的能量储存起来. 从这个角度来说，电容器是储存能量的容器. 那么，这些能量储存在电容器的什么地方呢？下面我们通过研究电容器的充电过程及改变电容器储存的能量来解答这个问题.

如图 10.3.1(a)所示为不带电的电容器，其电容为 C. 电容器的两个极板分别与电源的正、负极连接，与电源正极相连的极板会带正电，称为正极板，与电源负极相连的极板会带负电，称为负极板.

电源可以将电容器一个极板上的电荷通过连接导线及电源移到另一个极板，这样电容器就带电了. 通常电容器两极板总是带等量异号的电荷，如图 10.3.1(b)所示.

恒压直流电源对电容器充电时，总是将同种电荷移到同一极板上. 理论和实验都表明，利用直流电源充电时，电容器极板上的电荷总是增加的，但极板上电荷量增加得越来越慢.

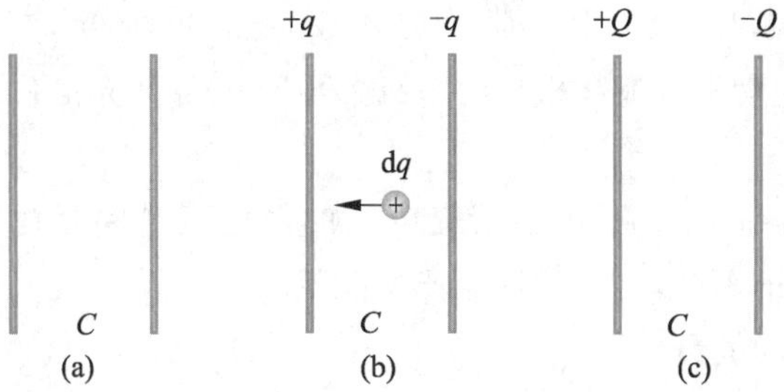

图 10.3.1　电容器的充电

假定任意 t 时刻，电容器电荷量为 q，电容器电压为 $U=\frac{q}{C}$. 此时，电源将 $\mathrm{d}q$ 的正电荷从电容器的负极板移到正极板，电源做的功(等于电场力做功的负值)为

$$dA = dq \cdot U = \frac{q}{C}dq$$

充电开始时 $q=0$,如图 10.3.1(a)所示;充电结束时 $q=Q$,如图 10.3.1(c)所示.整个充电过程中,电源所做的功等于上式的积分,即

$$A = \int dA = \int_0^Q \frac{q}{C}dq = \frac{Q^2}{2C}$$

不计其他能量损失,这些功在数值上等于电容器储存的能量.所以,电容器储存的静电能

$$W_e = \frac{Q^2}{2C} \tag{10.3.1}$$

利用电容器的电容、电压和电荷量的关系,电容器的静电能还可写成

$$W_e = \frac{1}{2}QU = \frac{1}{2}CU^2 \tag{10.3.2}$$

下面以平行板电容器为例,分析电容器静电能的分布.

设平行板电容器的极板面积为 S,极板间距为 x,则电容 $C=\frac{\varepsilon_0 S}{x}$,代入式(10.3.1),得

$$W_e = \frac{Q^2}{2\varepsilon_0 S}x \tag{10.3.3}$$

由上式可知,平行板电容器的静电能不仅跟电容器电荷量有关,还与极板面积和极板间距有关.

充电后的电容器与电源断开,电荷量 Q 保持不变.用外力无限缓慢地移动电容器的一个极板,使电容器极板间距增加 dx,如图 10.3.2 所示.由式(10.3.3)求微分,得到电容器静电能的增量为

$$dW_e = \frac{Q^2}{2\varepsilon_0 S}dx \tag{10.3.4}$$

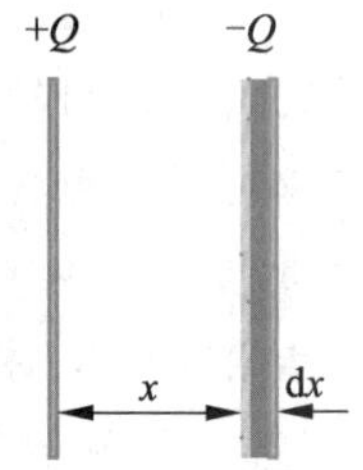

图 10.3.2 平行板电容器间距增加

这部分能量增量在数值上等于外力移动极板所做的功,由于电容器与电源已经断开,极板上电荷量 Q 不变,电荷的分布也不变,所以能量的增量不可能在极板上.也就是说,电容器充电后的静电能也不可能储存在极板上.

实际上,静电场是有能量的,电容器充电后的静电能是储存在电场中的.下面,我们先计算出静电场的能量密度,再计算静电场的能量.

10.3.2 静电场的能量

1. 静电场的能量密度

按照静电场的能量说,有电场的地方就有能量,也就是有电场强度的地方就有能量,静电场能量密度与电场强度有关.忽略边缘效应,平行板电容器极板间是均匀电场,电场强度为

$$E=\frac{\sigma}{\varepsilon_0}=\frac{Q}{\varepsilon_0 S} \tag{10.3.5}$$

由上式解出 Q 代入式(10.3.4)，得

$$\mathrm{d}W_e=\frac{\varepsilon_0 E^2}{2}S\mathrm{d}x$$

用 $\mathrm{d}V$ 表示电容器极板间距增加引起电容器极板间体积的增量．极板间距增加 $\mathrm{d}x$ 时，极板间电场强度公式(10.3.5)没有变化，但有一部分空间从电容器外移到电容器内，这部分体积 $\mathrm{d}V=S\mathrm{d}x$(图 10.3.2 中右边部分)．这部分体积在电容器外没有静电能，但移至电容器内就有静电能了，这部分体积的静电能就是电容器增加的静电能 $\mathrm{d}W_e$．这部分体积的静电能密度为

$$w_e=\frac{\mathrm{d}W_e}{\mathrm{d}V}=\frac{1}{2}\varepsilon_0 E^2 \tag{10.3.6}$$

可见，静电场的能量密度与电场强度的二次方成正比．

现在用静电场能量密度计算平行板电容器的静电场能量．由于平行板电容器极板外没有电场，所以电容器外的空间没有静电场能量．电容器极板间是均匀电场，静电场能量均匀分布在极板之间．这样电容器的静电能量等于能量密度与极板间体积的乘积，即

$$W_e=w_e V=\frac{1}{2}\varepsilon_0 E^2 Sx$$

将电场强度表达式(10.3.5)代入上式，即得到式(10.3.3)．可见，平行板电容器的静电场能量就是平行板电容器的静电能．可以证明，静电场能量密度表达式(10.3.6)适用于真空中的任意静电场．

2. 静电场的能量

非均匀电场中，用静电场能量密度计算静电场能量时要进行积分运算．取任意体积元 $\mathrm{d}V$，该体积元内的静电场能量为

$$\mathrm{d}W_e=w_e\mathrm{d}V$$

上式对电场空间积分，就得到空间静电场的能量为

$$W_e=\int w_e\mathrm{d}V=\int_V \frac{1}{2}\varepsilon_0 E^2\mathrm{d}V \tag{10.3.7}$$

式(10.3.7)适用于计算任意静电场的能量，而式(10.3.1)只适用于计算电容器的静电场能量．

静电场离不开带电物体，而变化的电磁场可以离开带电物体独立存在，这就证明了电磁场能量存在于场中．能量是物质的固有属性之一，静电场具有能量的结论证明静电场是一种特殊的物质形态．

[例 10.3.1]　半径为 R、带电量为 q 的孤立导体球，计算其静电能．

解：方法一，用电容器静电能公式计算．由上节内容可知，孤立导体球的电容 $C=4\pi\varepsilon_0 R$，将其代入式(10.3.1)，静电能

$$W_e=\frac{q^2}{2C}=\frac{q^2}{8\pi\varepsilon_0 R}$$

方法二，用静电场能量积分式(10.3.7)计算.由静电平衡及高斯定理求得电场强度的大小分布为

$$\begin{cases} E=0 & r<R \\ E=\dfrac{q}{4\pi\varepsilon_0 r^2} & r>R \end{cases}$$

如图10.3.3所示，在导体外，取半径为 r、厚度为 dr 且与导体球同心的薄球壳为体积元 dV，则

$$dV=4\pi r^2 dr$$

将上式代入式(10.3.7).由于导体内电场强度处处为零，因此导体内没有静电能，所以只要对导体外空间进行积分.r 的积分范围是 $R\sim\infty$，所以静电能为

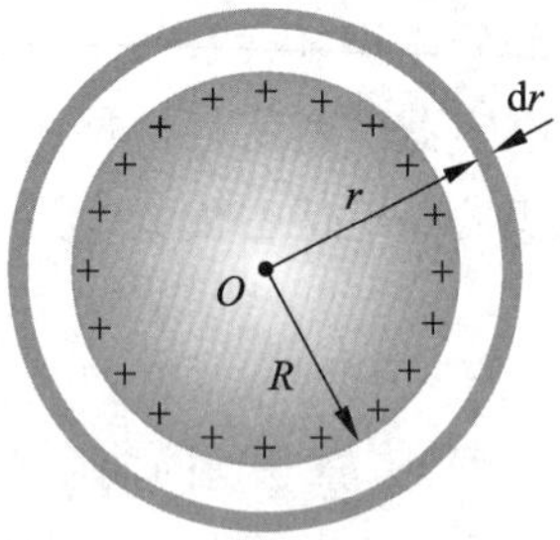

图10.3.3 孤立导体球的静电能

$$\begin{aligned} W_e&=\int_{\text{导体球外}}\frac{1}{2}\varepsilon_0 E^2 dV \\ &=\int_R^\infty \frac{1}{2}\varepsilon_0\left(\frac{q}{4\pi\varepsilon_0 r^2}\right)^2 4\pi r^2 dr \\ &=\frac{q^2}{8\pi\varepsilon_0 R} \end{aligned}$$

10.4 静电场中的电介质

我们已经学过，导体处于静电场中时会发生静电感应现象，静电平衡时，导体内的电场强度处处为零.

绝缘体也叫电介质，它们是导电性能很差的物质.如果把电介质理想化，可以认为电介质中没有自由电荷，当电介质处于静电场中时，它不会像导体那样发生静电感应，电介质内的电场强度也不会像导体那样处处为零.

实验表明，当电容器导体周围填满电介质时，电容器的电容会增加，这说明电介质的存在使电容器中的电场发生了变化.那么，当电介质放入电场中时，电介质是如何对电场产生影响的呢？电介质中的电场强度变成了多少？它与没有电介质时的电场强度有什么关系呢？下面我们就来研究这个问题.

10.4.1 电介质的电结构

当原子组成分子后，原子中电子的负电荷以及原子核的正电荷形成各自的正、负电荷中心(它与物体的质心类似).有的分子正、负电荷中心是重合的，有的分子正、负电荷中心并不重合，这样就形成了两种不同电荷分布的分子结构.根据正、负电荷中心是否重合，我们把分子分成两类：分子正、负电荷中心不重合的称为有极分子，分子正、负电荷中心重合的称为无极分子.

我们先来分析有极分子组成的电介质.假设有极分子的正电荷量为 q，负电荷量为 $-q$，整个分子本身呈电中性.分子正、负电荷中心不重合，可将分子当作由一对等量异号电荷组成的电偶极子，可以用电偶极矩 $\boldsymbol{p}$ 来描述这样的有极分子.例如，水分子(H_2O)是有极分子，它的分子结构如图 10.4.1 所示，它由两个氢原子和一个氧原子组成，图中下方点的位置表示水分子的正电荷中心，上方点的位置表示负电荷中心.分子正、负电荷中心的距离为 l，用 $\boldsymbol{l}$ 表示负电荷中心指向正电荷中心的位置矢量.根据电偶极矩的定义，有极分子的电偶极矩 $\boldsymbol{p}=q\boldsymbol{l}$，图中用箭头表示水分子的电偶极矩.

有极分子组成的电介质可看作无数电偶极子的集合，如图 10.4.2 所示.虽然每个分子都有电偶极矩(图中用箭头表示)，但由于分子的无规则热运动，它们的电偶极矩在空间的取向是杂乱无章的.宏观上，任意物理无限小体积内(有大量分子)分子电偶极矩的矢量和为零，电介质内处处呈电中性.

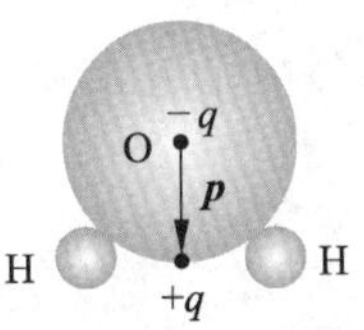

图 10.4.1　有极分子(H_2O)的电结构

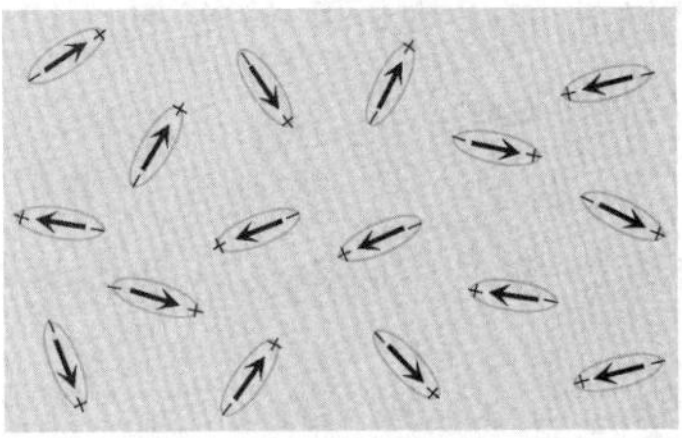

图 10.4.2　有极分子组成的电介质

下面再来分析无极分子组成的电介质.无极分子的正、负电荷中心是重合的，每个分子都没有电偶极矩.例如，甲烷分子(CH_4)是无极分子，它的分子结构如图 10.4.3 所示，它由四个氢原子和一个碳原子组成.四个氢原子对称分布在碳原子周围，正、负电荷中心重合.电介质内处处呈电中性.

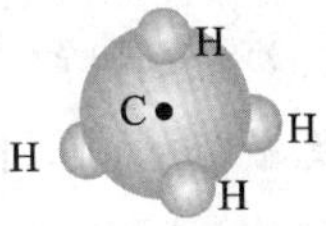

图 10.4.3　无极分子(CH_4)的电结构

10.4.2　电介质的极化

1. 无极分子的位移极化

没有外电场时，无极分子正、负电荷中心重合，如图 10.4.4(a)所示.

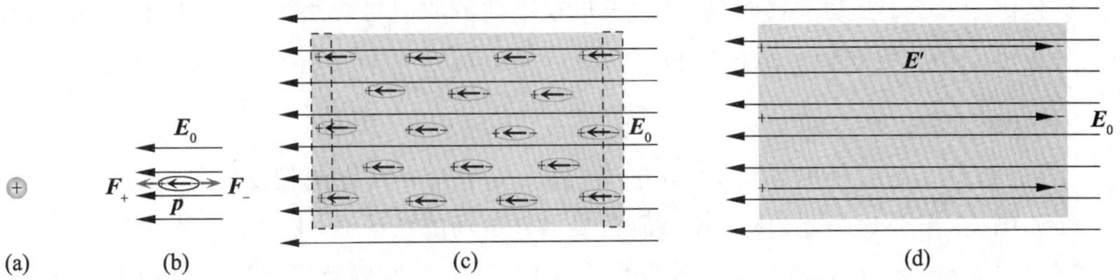

图 10.4.4　无极分子电介质的极化

当无极分子处于电场强度为 $\boldsymbol{E}_0$ 的外电场中时，分子中的正、负电荷受到方向相反的外电场力作用，此时正、负电荷中心发生位移而不再重合，无极分子变成有极分子.如图 10.4.4(b)所示，外面向左的箭头表示外电场的电场线，中间向左和向右的箭头表示正、负电荷中心受到的外电场力($\boldsymbol{F}_{+}$ 和 $\boldsymbol{F}_{-}$),内部向左的箭头表示分子的电偶极矩. 可见,电偶极矩 $\boldsymbol{p}$ 的方向与外电场的方向相同.

一整块无极分子电介质处于外电场中时,每个分子都变成有极分子,每个分子的电偶极矩方向都与外电场方向相同,如图 10.4.4(c)所示.

对于物理性质各向相同的均匀电介质,在电介质中取任意物理无限小体积 ΔV(有大量分子),在均匀外电场的作用下,ΔV 内分子的正、负电荷有移进也有移出,移进、移出的电荷量相等,所以,ΔV 内电荷总量不变,即电介质内处处保持电中性. 但电介质表面就不再是电中性了. 如图 10.4.4(c)所示的长方体电介质,外电场强度方向沿电介质长度方向向左,电介质左侧表面层内(图中虚线框内),只有负电荷移出和正电荷移进,该表面层内正电荷增加,使电介质左侧表面带正电;同样,电介质右侧表面会带负电,如图 10.4.4 所示. 电介质在外电场中静电平衡时,电介质表面出现的带电现象称为电介质的极化. 由于电介质极化而出现的电荷称为极化电荷或束缚电荷(对应把导体中能产生宏观位移的电荷称为自由电荷).

图 10.4.4(d)中,这些极化电荷所激发的电场强度为 $\boldsymbol{E}'$,$\boldsymbol{E}'$ 与外电场的电场强度 $\boldsymbol{E}_0$ 的矢量和就等于介质中该处的电场强度 $\boldsymbol{E}$,即

$$\boldsymbol{E}=\boldsymbol{E}_0+\boldsymbol{E}' \tag{10.4.1}$$

从图 10.4.4(d)可以看出,外电场 $\boldsymbol{E}_0$ 和极化电荷的电场 $\boldsymbol{E}'$ 方向相反,所以,电介质中的电场强度值比该处外电场的电场强度值要小一些. 电介质的极化会削弱该处的电场强度,但不会像导体那样使该处的电场强度变为零.

无极分子的极化是由分子正、负电荷中心发生相对位移引起的,所以这种极化称为位移极化. 位移极化使电介质中任意物理无限小体积 ΔV 内的分子电偶极矩的矢量和 $\sum\limits_{\Delta V内}\boldsymbol{p}$ 不为零,外电场越强,正、负电荷的相对位移越大,ΔV 内电偶极矩的矢量和 $\sum\limits_{\Delta V内}\boldsymbol{p}$ 也越大.

2. *有极分子的取向极化*

对于有极分子组成的电介质,每个分子可看作电偶极子,它们都有电偶极矩. 在没有外电场时,由于分子的热运动,分子的电偶极矩在空间的取向是杂乱无章的,如图 10.4.5(a)所示. 电介质中任意物理无限小体积 ΔV 内分子电偶极矩的矢量和 $\sum\limits_{\Delta V内}\boldsymbol{p}$ 为零. 宏观上,电介质中处处是电中性的.

当有极分子处于外电场中时,分子中的正、负电荷受到方向相反的外电场力($\boldsymbol{F}_{+}$ 和 $\boldsymbol{F}_{-}$),如图 10.4.5(b)所示. 图中外面箭头表示外电场的电场线,里面箭头表示正、负电荷中心受到的外电场力. 有极分子在外电场力作用下,它的电偶极矩转向外电场方向,但分子的热运动使它的电偶极矩方向偏离外电场方向. 所以,外电场越强,分子电偶极矩方向与外电场方向的一致性就越好.

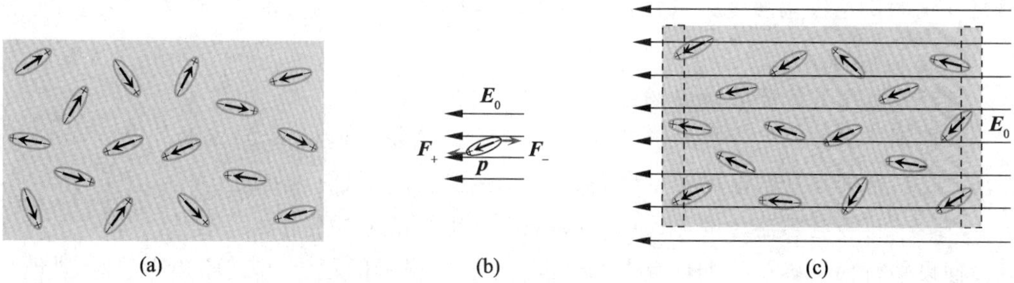

图 10.4.5　有极分子电介质的极化

处于外电场中的整块电介质，所有分子的电偶极矩的方向都转向外电场方向，如图 10.4.5(c)所示，与位移极化相似，在电介质表面会出现极化电荷. 由于这种极化是由分子电偶极矩在空间的取向变化引起的，所以称为取向极化. 取向极化使电介质中任意物理无限小体积 ΔV 内的分子电偶极矩的矢量和 $\sum\limits_{\Delta V内}\boldsymbol{p}$ 不为零，外电场越强，分子电偶极矩与外电场方向的一致性越好，ΔV 内的分子电偶极矩的矢量和 $\sum\limits_{\Delta V内}\boldsymbol{p}$ 也越大. 有极分子的极化是分子热运动和取向极化的共同作用，一定程度沿外电场方向进行有序排列.

一般来说，电介质出现取向极化时，同时也存在位移极化，对于有极分子，取向极化比位移极化要强得多. 不论是位移极化还是取向极化，都需要有一个物理量来描述电介质被极化的程度.

10.4.3　电极化强度

在电介质中，任意取物理无限小体积 ΔV，没有外电场时，ΔV 内电偶极矩的矢量和 $\sum\limits_{\Delta V内}\boldsymbol{p}$ 为零. 有外电场时，ΔV 内电偶极矩的矢量和 $\sum\limits_{\Delta V内}\boldsymbol{p}$ 不为零. 外电场越强，电介质被极化的程度也就越高，$\sum\limits_{\Delta V内}\boldsymbol{p}$ 数值也就越大. 可以用单位体积内电偶极矩的矢量和来表示电介质被极化的程度，即

$$\boldsymbol{P} \equiv \frac{\sum\limits_{\Delta V内}\boldsymbol{p}}{\Delta V} \tag{10.4.2}$$

式中，$\boldsymbol{P}$ 称为电极化强度. $\boldsymbol{P}$ 的数值越大，表示该处电介质被极化的程度越高. 在国际单位制中，电极化强度的单位是库仑每平方米($\mathrm{C \cdot m^{-2}}$).

实验表明，对物理性质各向相同的线性均匀电介质，电极化强度与该处的电场强度成正比，写成数学表达式为

$$\boldsymbol{P} = \chi_e \varepsilon_0 \boldsymbol{E} \tag{10.4.3}$$

式中，χ_e 称为电介质的电极化率. 电极化率是没有单位的量，它的大小与电介质的性质有关. 电极化率 χ_e 与电容器中学习的电介质的相对电容率 ε_r 的关系为

$$\varepsilon_r = 1 + \chi_e \tag{10.4.4}$$

由于电介质被极化，电介质表面会出现极化电荷. 可以证明，电介质表面的极化电荷

面密度 σ' 等于电极化强度矢量 $\boldsymbol{P}$ 沿电介质表面外法线方向的分量，写成数学表达式即

$$\sigma' = P_n = \boldsymbol{P} \cdot \boldsymbol{e}_n \tag{10.4.5}$$

10.4.4 电介质中的静电场

我们知道电介质处于外电场中时，极化电荷所激发的电场 $\boldsymbol{E}'$ 与该处外电场 $\boldsymbol{E}_0$ 方向相反. 所以，空间某处的电场强度会因为该处存在电介质而使该处的电场强度变弱.

现以平行板电容器为例，来研究电介质存在前后的电场变化.

假设平行板电容器处于真空中，极板面积为 S，极板间距为 d，忽略边缘效应，则电容器的电容为

$$C_0 = \frac{\varepsilon_0 S}{d} \tag{10.4.6}$$

电容器充电后与电源断开，电容器的电荷量和极板上的电荷面密度 σ_0 将保持不变. 电容器极板间的电场是均匀电场，如图 10.4.6(a)所示，电场强度大小为

$$E_0 = \frac{\sigma_0}{\varepsilon_0} \tag{10.4.7}$$

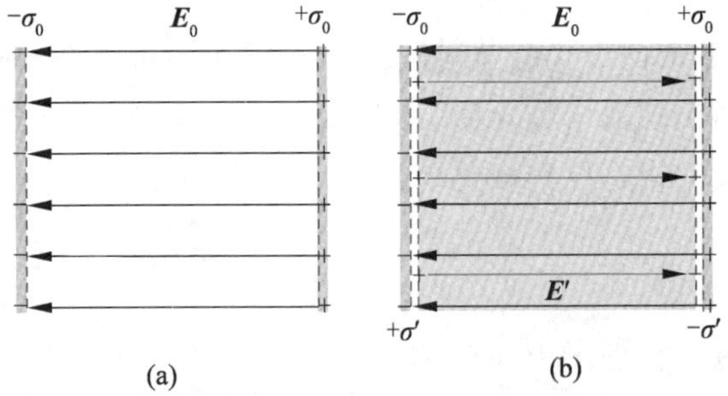

图 10.4.6 电介质中的电场强度

实验表明，当电容器极板间填满相对电容率为 ε_r 的电介质时，电容器的电容变为真空时的 ε_r 倍，即

$$C = \varepsilon_r C_0 \tag{10.4.8}$$

这是由于电介质的极化引起的. 此时，电介质中的电场强度大小变为 E. 根据电容的定义 $C=\dfrac{Q}{U}$ 和平行板电容器电压与电场强度的关系 $U=Ed$，当有电介质时

$$C = \frac{Q}{U} = \frac{Q}{Ed} \tag{10.4.9}$$

原来真空时

$$C_0 = \frac{Q_0}{U_0} = \frac{Q_0}{E_0 d} \tag{10.4.10}$$

由于电容器与电源断开，电容器极板间填满电介质不会改变电容器的电荷量，即 $Q=Q_0$. 由以上三式，得

$$E = \frac{E_0}{\varepsilon_r} \tag{10.4.11}$$

实验表明，不论是什么电介质，ε_r 总是大于 1，因此，有电介质时的电场强度比真空时的电场强度小. 这是由于极化电荷激发的电场与原外电场方向相反引起的.

进一步，我们可以求出电介质表面的极化电荷面密度. 电介质极化后，假设其表面的极化电荷面密度为 σ'，对于均匀介质，极化电荷面密度在介质两侧表面是均匀的，即电介质左右两表面极化电荷面密度等量异号，极化电荷在电介质中激发的电场强度大小为

$$E'=\frac{\sigma'}{\varepsilon_0} \tag{10.4.12}$$

电介质中的电场强度 $\boldsymbol{E}$ 等于电容器极板上自由电荷激发的电场强度 $\boldsymbol{E}_0$ 与极化电荷激发的电场强度 $\boldsymbol{E}'$ 的叠加，即

$$\boldsymbol{E}=\boldsymbol{E}_0+\boldsymbol{E}' \tag{10.4.13}$$

考虑到电场的方向后，三个电场强度的大小关系为

$$E=E_0-E' \tag{10.4.14}$$

将式(10.4.11)代入上式，得

$$\frac{E_0}{\varepsilon_r}=E_0-E' \tag{10.4.15}$$

整理上式，得

$$E'=\frac{\varepsilon_r-1}{\varepsilon_r}E_0 \tag{10.4.16}$$

上式表明，极化电荷所激发的电场强度大小与自由电荷所激发的电场强度大小成正比，且总小于自由电荷所激发的电场强度大小.

将 $E'=\dfrac{\sigma'}{\varepsilon_0}$ 和 $E=\dfrac{\sigma_0}{\varepsilon_0}$ 代入上式，得

$$\sigma'=\frac{\varepsilon_r-1}{\varepsilon_r}\sigma_0 \tag{10.4.17}$$

可见，电介质表面的极化电荷面密度与电容器极板上的自由电荷面密度成正比，且小于电容器极板上的自由电荷面密度.

下面再来计算电介质中的电极化强度.

如图 10.4.7 所示，当平行板电容器极板间填满均匀电介质时，电介质中是均匀电场，电介质中的电极化强度 $\boldsymbol{P}$ 也处处相同. 若极板面积为 S，极板间距为 d，则电介质的总体积 $V=Sd$，该电介质全部体积内电偶极矩的矢量和的大小为

$$\left|\sum_{V内}\boldsymbol{p}\right|=\sum_{V内}\Delta q'd=\left(\sum_{V内}\Delta q'\right)d=\sigma'Sd \tag{10.4.18}$$

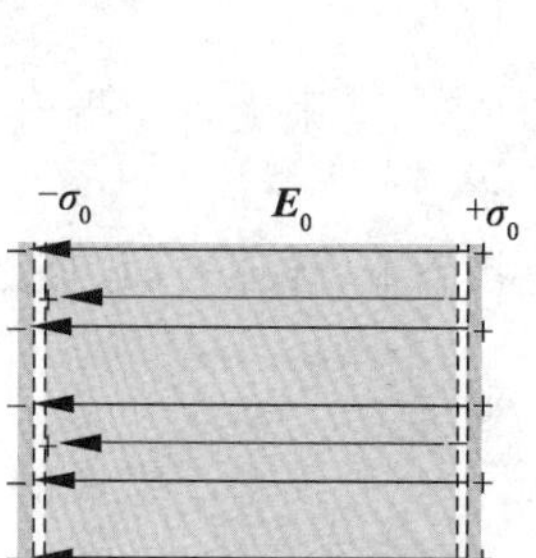

图 10.4.7　电介质中的电极化强度

根据电极化强度定义，电介质中的电极化强度大小 P 等于单位体积内的电偶极矩的

矢量和的大小，即

$$P=\frac{\left|\sum_{V内}\boldsymbol{p}\right|}{Sd}=\sigma' \tag{10.4.19}$$

上式是极化电荷面密度数值与电极化强度大小的关系，如果要计算极化电荷面密度的正、负，可直接用式(10.4.5)计算.

下面导出关系式 $\varepsilon_r=1+\chi_e$. 由式(10.4.3)得 $P=\chi_e\varepsilon_0 E$，代入式(10.4.19)，得

$$\sigma'=\chi_e\varepsilon_0 E$$

将式(10.4.11)代入上式，得

$$\sigma'=\chi_e\varepsilon_0\frac{E_0}{\varepsilon_r}=\chi_e\frac{\sigma_0}{\varepsilon_r} \tag{10.4.20}$$

将上式与式(10.4.17)比较，得

$$\chi_e=\varepsilon_r-1 \tag{10.4.21}$$

式(10.4.21)就是电介质的电极化率 χ_e 与相对电容率 ε_r 的关系，即式(10.4.4).

思考题

10－1　带电量为 Q 的导体球壳，球心处放一个电荷量为 q 的点电荷. 若此球壳电势为 V，根据电势叠加原理，与球心距离为 r 的任意 p 点的电势为

$$V+\frac{q}{4\pi\varepsilon_0 r}$$

这个结论对吗？为什么？

10－2　带电导体表面上某点附近电荷面密度为 σ，则紧靠该处导体表面外侧 p 点的电场强度大小为 $\frac{\sigma}{\varepsilon_0}$. 若将另一带电体移近该带电导体，$p$ 点的电场强度是否改变？此时 p 点的电场强度大小与该处导体表面的电荷面密度的关系是否仍具有 $E=\frac{\sigma}{\varepsilon_0}$ 的形式？

10－3　无限大均匀带电平面，电荷面密度为 σ，两侧的电场强度大小为 $\frac{\sigma}{2\varepsilon_0}$，而在静电平衡状态下，导体表面(该处表面电荷面密度为 σ)附近电场强度大小为 $\frac{\sigma}{\varepsilon_0}$，为什么前者比后者小一半？

10－4　有极分子组成的液态电介质，温度升高时，其相对电容率是增大还是减小？

习题

10-1　如图所示，在一个接地的导体球附近有一个电荷量为 q 的点电荷，已知导体球的半径为 R. 点电荷到球心的距离为 l. 求导体球表面感应电荷的总电荷量 q'.

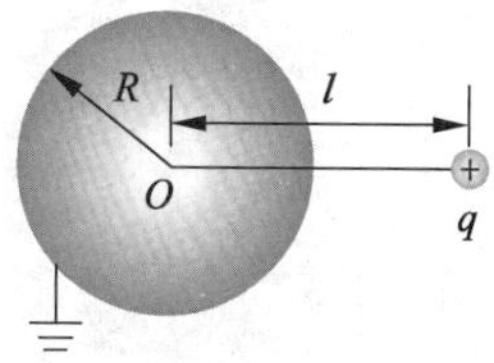

习题 10-1 图

10-2　如图所示，在一不带电的金属球面旁，有一点电荷 $+q$，金属球半径为 R，$+q$ 与金属球球心间距离为 r. 试求金属球面上感应电荷在球心 O 处产生的电场强度及球心 O 处的总电势.

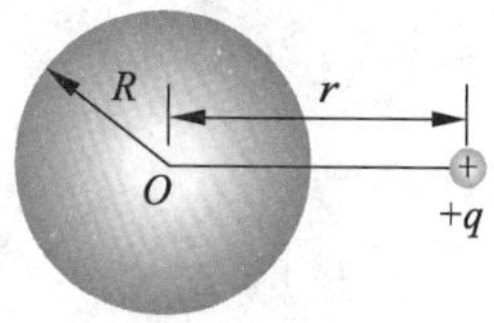

习题 10-2 图

10-3　一平行板电容器极板面积为 S，极板间距离为 d，把它充电到两极板电势差为 U 时，切断电源，然后把两极板拉开距离为 $2d$，略去边缘效应，求静电场能的增量 ΔW_e 和外力对极板做的功 $A_{外}$. 不切断电源时，静电场能的增量为多少？

10-4　如图所示，半径为 a 的均匀带电球体，总电荷量为 Q，求静电场的能量.

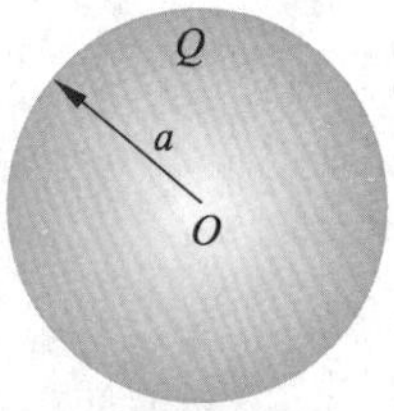

习题 10-4 图

10-5　半径分别为 R_1 和 R_2 的同心导体球面，带电量分别为 q 和 $-q$，如图所示. 计算系统的静电能.

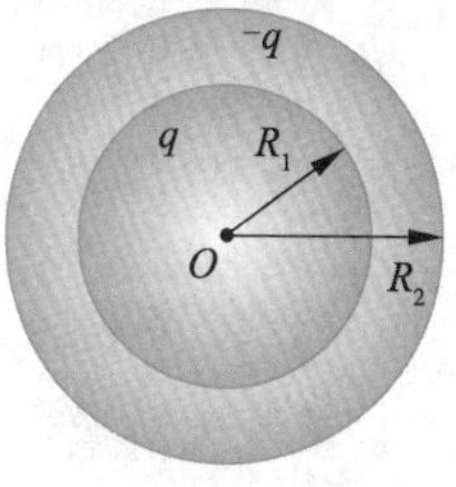

习题 10-5 图

第 11 章 电路基础

11.1 电流和电流密度

11.1.1 电流

电荷的定向运动形成电流，我们规定正电荷定向运动的方向为电流方向，负电荷定向运动的方向是电流的反方向. 形成电流的运动电荷称为载流子. 在金属导体中，自由电子就是金属导电时的载流子. 电解液中，正、负离子是电解液导电的载流子. 半导体中，电子和空穴(带正电)是半导体导电的载流子. 载流子定向运动形成的电流也称传导电流.

如图 11.1.1 所示，导线中通有电流，电流的强弱通常用电流强度 I 表示. 我们在导线上任意取一小段放大后观察，被放大的这段导线，其横截面积为 S，每秒通过导线横截面 S 的电荷量越多，导线中的电流就越强.

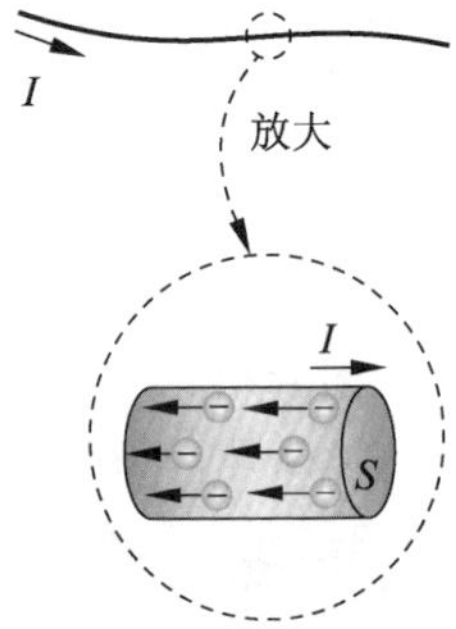

图 11.1.1 导线中的电流

电流强度 I 的定义是单位时间内通过导体横截面的电荷量. 假设在无限小时间 $\mathrm{d}t$ 内通过导体横截面的电荷量为 $\mathrm{d}q$，则电荷量 $\mathrm{d}q$ 与时间 $\mathrm{d}t$ 的比就等于电流强度，即

$$I \equiv \frac{\mathrm{d}q}{\mathrm{d}t} \tag{11.1.1}$$

电流强度简称电流，它是标量，其数值大小表示电流的强弱，电流的正、负表示电流在导体中的循行方向. 在电路中通常规定一个正方向，如图 11.1.1 所示的箭头方向. I 为正值时，表示电流沿图中箭头方向；I 为负值时，表示电流沿图中箭头的反方向.

在国际单位制中，电流的单位是安培(A)，它是物理学的基本单位. 实际应用中，还有毫安(mA)、微安(μA)等单位. 它们的换算关系为

$$1\ \mu\mathrm{A}=10^{-6}\ \mathrm{A},1\ \mathrm{mA}=10^{-3}\ \mathrm{A}$$

11.1.2 电流密度

电流强度描述了电流通过导体整个截面的电流强弱，而截面上各部分的电流强弱通常是不均匀的. 也就是说，导体截面上单位时间内通过单位面积的电荷量各处不相同，截面上各处电流的方向也不一样. 为了描述电流在导体中的这种分布，我们引入电流密度矢量，通常用 $\boldsymbol{j}$ 表示电流密度.

电流密度的方向就是该点处正电荷定向运动的方向,电流密度的大小等于通过垂直于电流方向的单位面积的电流.

如图 11.1.2 所示,在导体上垂直于电流方向取任意无限小面积元 $dS_{\perp}$,通过该面积元的电流为 dI,则该处的电流密度大小

$$j=\frac{dI}{dS_{\perp}} \tag{11.1.2}$$

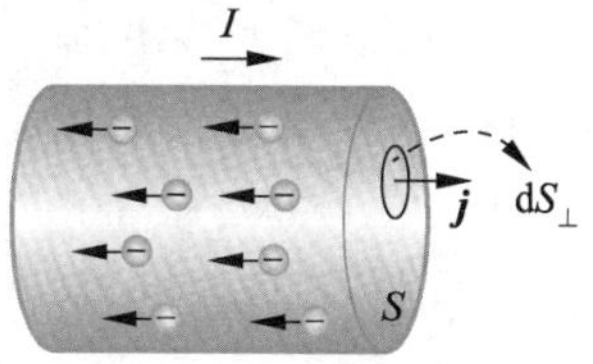

图 11.1.2　电流密度

若用单位矢量 $\boldsymbol{e}_n$ 表示该处电流方向($\boldsymbol{e}_n$ 也是面积元 $dS_{\perp}$ 的法向单位矢量),则电流密度矢量为

$$\boldsymbol{j}\equiv\frac{dI}{dS_{\perp}}\boldsymbol{e}_n \tag{11.1.3}$$

在国际单位制中,电流密度的单位为安培每平方米($A\cdot m^{-2}$).

为了形象直观地描述电流在导体中的分布,可以在导体中画出一系列带箭头的曲线,这些曲线上任意一点的切线方向与该点的电流方向(电流密度矢量方向)相同,曲线箭头的指向表示电流的方向,这些曲线称为电流线.

如图 11.1.3 所示是导体中的一些电流线,p 是电流线 $\widehat{apb}$ 上的任意一点,p 点的电流方向(即电流密度 $\boldsymbol{j}$ 的方向)沿该点的切线方向.

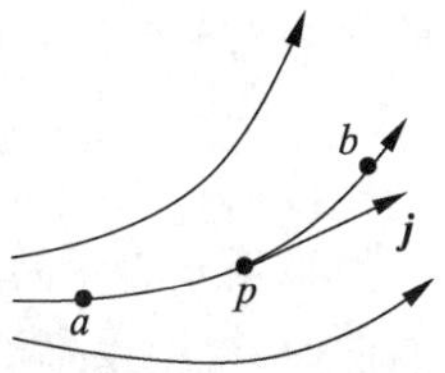

图 11.1.3　电流线

为了让电流线能够表示电流密度的大小,我们再规定电流线的疏密.规定:在导体中某点附近垂直于电流方向的单位面积上所通过的电流线条数等于该处的电流密度大小.做了这样的规定后,电流线密的地方电流密度数值就大,电流线疏的地方电流密度数值就小.

如图 11.1.4 所示,在导体中任意一点 p 处,垂直于电流方向取任意无限小面积元 $dS_{\perp}$(图中阴影部分),设通过该面积元 $dS_{\perp}$ 的电流线条数为 dN.按照电流线疏密的规定,该面积元上单位面积的电流线条数就等于该处电流密度大小 j,即

$$\frac{dN}{dS_{\perp}}=j \tag{11.1.4}$$

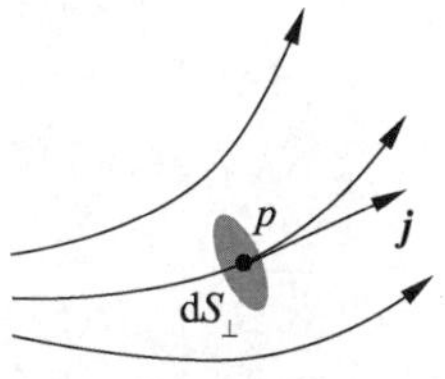

图 11.1.4　电流线密度

根据电流线疏密的规定,我们可以直观地从电流线图上看到导体中电流密度大小的分布.从图 11.1.3 中的电流线分布可以看出,a 点处的电流线比 b 点处的密,则 a 点处电流密度数值比 b 点处的大.

一般电器设备都要接地.图 11.1.5 所示为半球形电极接地后,电极附近的电流线.

一般情况下,电流线是一系列的曲线,曲线的形状会随时间变化.如果电流密度在导体中的分布不随时间变化,这种电流称为恒定电流,即电流不随时间变化.

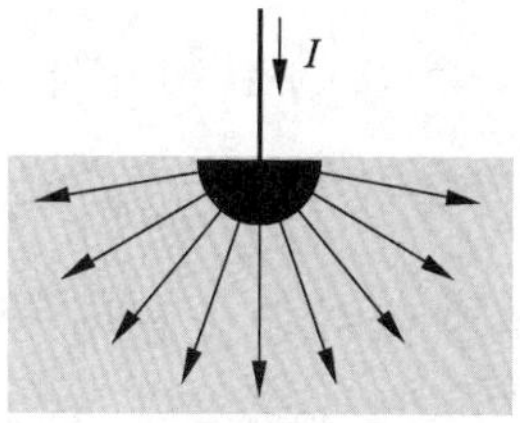

图 11.1.5　半球形电极附近的电流线

比较式(11.1.2)和(11.1.4)可以发现,电流 dI 在数值上等于电流线的数目 dN. 比较电场强度通量与电场线的关系,可以看出电流与电流密度的关系就像电场强度通量与电场线的关系. 所以,电流在数值上等于电流密度的通量.

11.1.3 电流与电流密度的关系

式(11.1.3)反映了电流密度与电流的微分关系,我们可以将这个式子变换成积分式. 由式(11.1.2)可知,通过面积元 $dS_{\perp}$ 的电流 $dI = j\,dS_{\perp}$,仿照电场强度通量与电场强度的积分关系,可得到电流与电流密度的关系.

如图 11.1.6 所示,S 面是导体中的任意曲面,在该曲面上任意取面元 $d\boldsymbol{S}$(图中深色部分),通过该面积元 $d\boldsymbol{S}$ 的电流为

$$dI = \boldsymbol{j} \cdot d\boldsymbol{S} \tag{11.1.5}$$

通过整个 S 曲面的电流等于上式对 S 面的积分,即

$$I = \int_S \boldsymbol{j} \cdot d\boldsymbol{S} \tag{11.1.6}$$

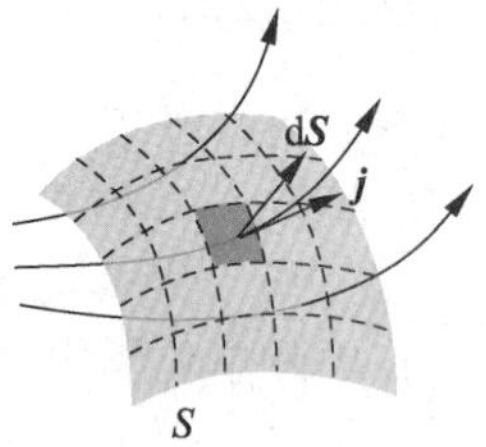

图 11.1.6 电流密度与电流

上式表明,通过 S 面的电流等于该面上电流密度的通量.

如图 11.1.7 所示,通过任意闭合曲面 S 的电流等于将式(11.1.6)中的 S 面改成闭合曲面并对整个闭合曲面积分,即

$$I = \oint_S \boldsymbol{j} \cdot d\boldsymbol{S} \tag{11.1.7}$$

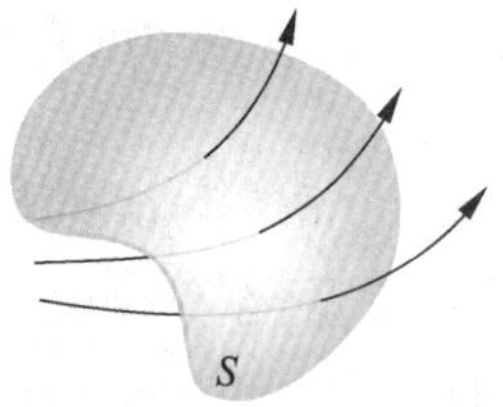

图 11.1.7 通过闭合曲面的电流

如果用 q 表示闭合曲面 S 内的电荷量. 当电流流出闭合曲面时,根据电荷守恒定律,闭合曲面 S 内的电荷量应该减少,即 $dq<0$. 根据电流的定义,电流 I 等于通过闭合曲面的电荷量 $-dq$ 与对应时间 dt 的比,即

$$I = \frac{-dq}{dt} \tag{11.1.8}$$

把式(11.1.7)和(11.1.8)合在一起,得到

$$\oint_S \boldsymbol{j} \cdot d\boldsymbol{S} = -\frac{dq}{dt} \tag{11.1.9}$$

上式称为电流的连续性方程.

电流连续性方程实质上就是电荷守恒定律的数学表达式. 电流流出闭合曲面 $S\left(\oint_S \boldsymbol{j} \cdot d\boldsymbol{S} > 0\right)$ 使闭合曲面 S 内的正电荷减少 $\left(\frac{dq}{dt}<0\right)$. 反之,电流流进闭合曲面 $S\left(\oint_S \boldsymbol{j} \cdot d\boldsymbol{S} < 0\right)$ 使闭合曲面 S 内的正电荷增加 $\left(\frac{dq}{dt}>0\right)$.

当导体中有稳定电流时,导体内的电场稳定不变. 电场要稳定不变就要求电荷分布不变,也就要求任意闭合曲面 S 内的电荷总量不变,即 $\frac{dq}{dt}=0$. 将 $\frac{dq}{dt}=0$ 代入式(11.1.9)得

$$\oint_S \boldsymbol{j} \cdot \mathrm{d}\boldsymbol{S} = 0 \tag{11.1.10}$$

上式告诉我们，当导体中通有恒定电流时，对导体中任意闭合曲面 S 来说，流进该闭合曲面的电流等于流出该曲面的电流，电流的代数和为零. 也就是通常说的恒定电流是连续的，如图 11.1.8 所示.

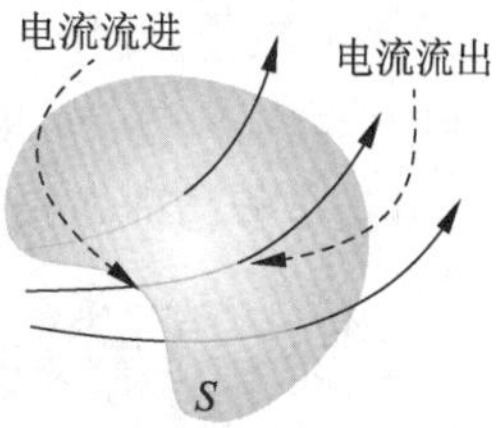

图 11.1.8　电流的连续性

式(11.1.10)是导体中通有恒定电流的数学表达式，它是电荷守恒定律的必然结果.

11.2　电源的电动势

电器设备的工作需要电源提供电力，或者说，电器设备工作需要电源提供能量. 描述电源的一个重要物理量就是电源的电动势.

图 11.2.1 所示是充满电的电容器.

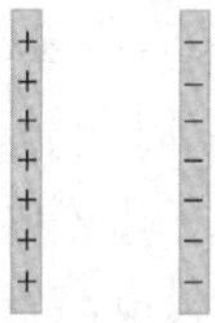

图 11.2.1　充满电的电容器

现在将电容器的两个电极通过导线连接起来，如图 11.2.2 所示. 导线中的自由电子在电场力的作用下沿导线定向运动形成电流. 自由电子运动到正极板，与原来极板上的正电荷中和，使正极板上的正电荷数量减少. 负极板上的自由电子移走了，它的负电荷量也减少. 这样的过程，使电容器的带电量不断减少，称为电容器放电.

随着电容器放电过程的进行，电容器所带的电荷量越来越少，直到电荷量为零，如图 11.2.3 所示. 此时，导线中电场消失，自由电子不受电场力作用，定向运动停止，导线中的电流也就没有了.

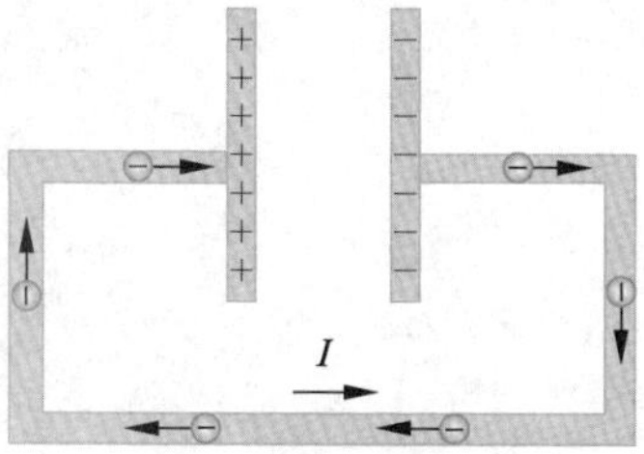

图 11.2.2　电容器放电

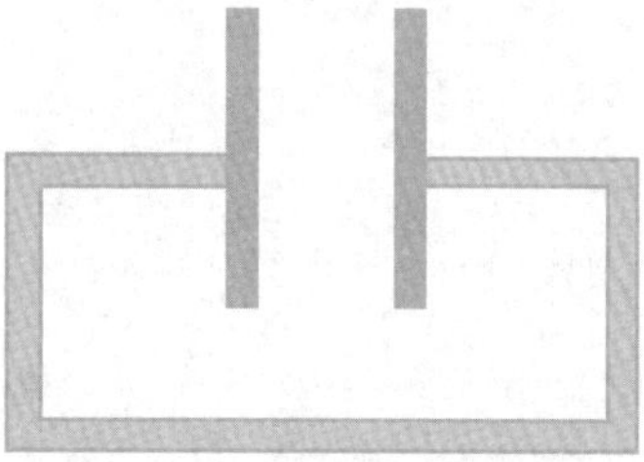

图 11.2.3　电容器放电结束

可见，电容器放电时，能够在导线中形成电流，但这种电流是短暂的，要想在导线中维持电流，就必须在电容器极板上维持电荷. 如图 11.2.4 所示，在电容器两极板之间安放一个装置，这个装置将正极板上的负电荷不断移到负极板(或者将负极板上的正电荷移到正极板)，这样就能维持两极板上的电荷量，这个装置称为电源. 电源有两个电极，带正电的称为正极，带负电的称为负极. 有了电源，导线中就能维持电流.

如图 11.2.5 所示，电源装置内部存在电场，自由电子受到指向正极板的静电场力

$\boldsymbol{F}_e$，这个力阻碍自由电子从正极板移向负极板. 因此，电源内必须存在另外一种力，称为非静电力，用 $\boldsymbol{F}_k$ 表示. 非静电力的方向与静电场力的方向相反，自由电子受到的非静电力是由正极板指向负极板的.

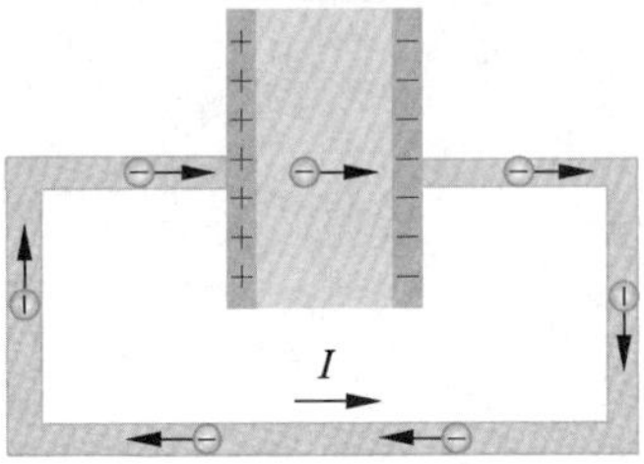

图 11.2.4 电源的作用

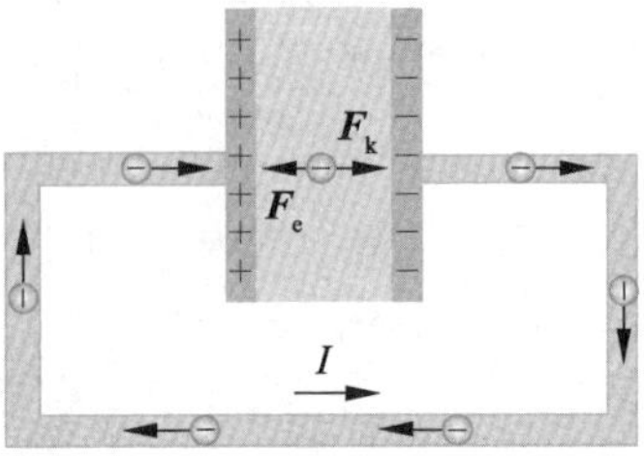

图 11.2.5 电源内部电荷受到的作用力

也可以这样说，能够提供这种非静电力的装置叫电源.

当有电流通过时，电源内部的非静电力移动电荷做功. 电源做功就是电源在转换能量. 所以说，电源是将其他形式的能量转化成电能的装置. 理论上说，各种能量都可以转换成电能，所以电源也就有各种各样的. 例如，化学电池、发电机、热电偶、太阳能电池等电源，它们分别是把化学能、机械能、热能、太阳能转换成电能的装置.

为了描述电源在移动电荷时非静电力做功的本领，下面引入电动势的概念.

假设电源将电荷量为 q 的正电荷，从电源负极移到电源正极，非静电力做的功为 A. A 与 q 的比值表示电源移动单位正电荷做的功，即电源的电动势. 用符号 $\mathscr{E}$ 表示电源电动势，即

$$\mathscr{E} \equiv \frac{A}{q} \tag{11.2.1}$$

显然，这样定义的电动势是标量，它的单位与电势的单位相同，在国际单位制中是伏特(V). 要特别注意，电动势与电势是两个完全不同的物理量，只是单位相同.

根据功的定义，电源将电荷量为 q 的正电荷，从电源负极移到电源正极，非静电力做的功为

$$A = \int_{-\text{电源内}}^{+} \boldsymbol{F}_k \cdot \mathrm{d}\boldsymbol{l} \tag{11.2.2}$$

将上式代入式(11.2.1)，得

$$\mathscr{E} = \int_{-\text{电源内}}^{+} \frac{\boldsymbol{F}_k}{q} \cdot \mathrm{d}\boldsymbol{l} \tag{11.2.3}$$

$\dfrac{\boldsymbol{F}_k}{q}$表示单位正电荷受到的非静电力，用 $\boldsymbol{E}_k$ 表示. 对比“单位正电荷受到的电场力称为电场强度”，所以 $\boldsymbol{E}_k$ 称为非静电场强，即

$$\boldsymbol{E}_k \equiv \frac{\boldsymbol{F}_k}{q} \tag{11.2.4}$$

把上式代入式(11.2.3)，得

$$\mathscr{E} = \int_{-\text{电源内}}^{+} \boldsymbol{E}_k \cdot \mathrm{d}\boldsymbol{l} \tag{11.2.5}$$

上式表示,将单位正电荷从电源负极经过电源内部移到电源正极非静电力所做的功.

从数学表达式上看,电源的电动势是非静电场强从电源负极经过电源内部到电源正极的线积分.一般,电源内各处的 $\boldsymbol{E}_{\mathrm{k}}$ 是位置的函数,所以电动势要通过复杂的积分运算才能得到.

电源外部没有非静电力,所以

$$\int_{+\text{电源外}}^{-} \boldsymbol{E}_{\mathrm{k}} \cdot \mathrm{d}\boldsymbol{l} = 0 \tag{11.2.6}$$

对整个闭合回路,$\boldsymbol{E}_{\mathrm{k}}$ 的线积分就是式(11.2.5)和式(11.2.6)中两部分积分之和,数值上就等于闭合回路上电源的电动势,即

$$\oint_L \boldsymbol{E}_{\mathrm{k}} \cdot \mathrm{d}\boldsymbol{l} = \mathscr{E} \tag{11.2.7}$$

上式表示,非静电场强 $\boldsymbol{E}_{\mathrm{k}}$ 的环流不等于零,而等于闭合回路的电动势.所以说,非静电场与静电场是不同的,因为静电场 $\boldsymbol{E}$ 的环流总是等于零,即

$$\oint_L \boldsymbol{E} \cdot \mathrm{d}\boldsymbol{l} = 0 \tag{11.2.8}$$

正负极不变的电源称为直流电源.图 11.2.6 所示是直流电源在电路中的符号.

正负极变化的电源称为交流电源.图 11.2.7 所示是交流电源在电路中的符号.

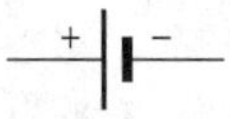

图 11.2.6　直流电源符号

图 11.2.7　交流电源符号

当电源断开时,电源内没有电流,电源内的电荷受到的是平衡力,即

$$\boldsymbol{F}_{\mathrm{e}} + \boldsymbol{F}_{\mathrm{k}} = 0$$

或 $q\boldsymbol{E} + q\boldsymbol{E}_{\mathrm{k}} = 0$,即

$$\boldsymbol{E} = -\boldsymbol{E}_{\mathrm{k}} \tag{11.2.9}$$

根据电势差与电场强度的关系 $U_{ab} = \int_a^b \boldsymbol{E} \cdot \mathrm{d}\boldsymbol{l}$,电源正负极之间的电势差

$$U_{+-} = \int_{+\text{电源内}}^{-} \boldsymbol{E} \cdot \mathrm{d}\boldsymbol{l}$$

将式(11.2.9)代入上式,得

$$U_{+-} = \int_{+\text{电源内}}^{-} -\boldsymbol{E}_{\mathrm{k}} \cdot \mathrm{d}\boldsymbol{l}$$

调换积分上、下限,得

$$U_{+-} = \int_{-\text{电源内}}^{+} \boldsymbol{E}_{\mathrm{k}} \cdot \mathrm{d}\boldsymbol{l}$$

对比式(11.2.5),上式积分结果等于电源电动势 $\mathscr{E}$,即

$$U_{+-} = \mathscr{E} \tag{11.2.10}$$

上式表明,当电源中没有电流通过时,电源正负极的电势差(电压)在数值上等于电源电动势,而且电源正极电势较高.

当电源中有电流通过时,通常电源两端的电压并不等于电源电动势,具体电压是多

少，与电动势有什么关系，将在下一节中学习.

11.3 欧姆定律

11.3.1 欧姆定律

我们知道，静电平衡时，导体中的电场强度处处为零. 如果导体处于非静电平衡状态，导体中有电场，导体中的电荷在电场作用下定向运动，就会形成电流. 也就是说，导体中的电流与导体中的电场有关.

实验表明，导体中的电流密度大小与该点的电场强度大小成正比，电流密度矢量 $\boldsymbol{j}$ 的方向与该点的电场强度矢量 $\boldsymbol{E}$ 的方向相同. 写成数学表达式，即

$$\boldsymbol{j}=\gamma\boldsymbol{E} \tag{11.3.1}$$

上式称为欧姆定律，或者称为欧姆定律的微分形式.

比例系数 γ 称为电导率. 它与导体的材料及温度等有关，与电流密度、电场强度无关.

图 11.3.1 所示是导体中的电流线分布图. 根据式(11.3.1)，任意一点 p 处的电流密度矢量方向与该点的电场强度方向相同，因此电场中的电场线与电流线是相似的.

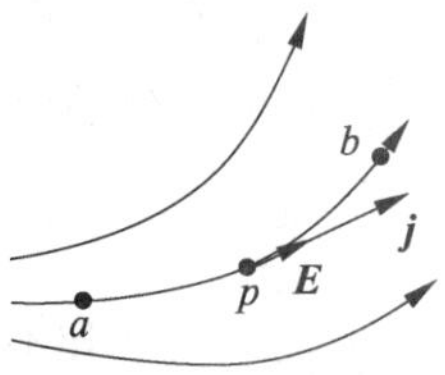

图 11.3.1 电流密度与电场强度

当导体中通有稳定电流时，也就是说，电流密度分布不随时间变化时，导体中的电场分布也是稳定不变的，这种电场称为恒定电场. 恒定电场不是静电场，但恒定电场与静电场有相似的物理规律. 恒定电场中也有电势和电势差(即电压)的概念，它们的定义与静电场相同. 恒定电场的电势与电场强度的关系与静电场相同.

大学物理实验中有一个“用模拟法测绘静电场”的实验，其原理是测量导体中恒定电场的电势差，利用电势差算出电势，再画出等势面(线)，最后利用等势面(线)与电场线的正交关系画出电场线. 所以，这个实验测绘的是恒定电场.

图 11.3.2 所示是一段粗细均匀的同质金属直导线. 导线长度为 l，横截面积为 S，电导率为 γ. 导线中存在均匀电场，电场强度为 $\boldsymbol{E}$，则导线中的电流密度 $\boldsymbol{j}$ 也是均匀的. 由式(11.3.1)得到电流密度大小为

$$j=\gamma E \tag{11.3.2}$$

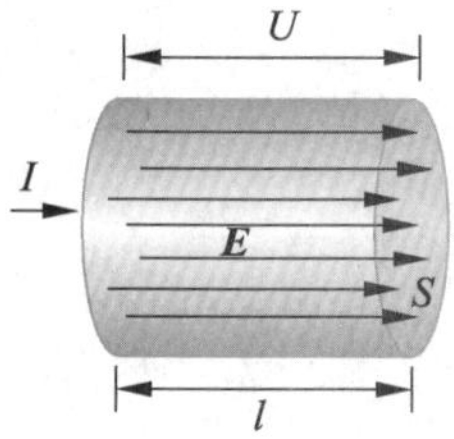

图 11.3.2 欧姆定律

根据电势差与电场强度的关系 $U_{ab}=\int_a^b \boldsymbol{E}\cdot \mathrm{d}\boldsymbol{l}$，由于这段导线中是均匀电场，导线两端的电压 U(即电势差 U_{ab})等于电场强度 E 的大小与导线长度 l 的乘积，即

$$U=El \tag{11.3.3}$$

由式(11.3.2)得到 $E=\frac{j}{\gamma}$，代入上式，得

$$U=j\,\frac{l}{\gamma} \tag{11.3.4}$$

由于导线中电流密度是均匀的，所以，电流 I 等于电流密度大小 j 与导线横截面积 S 的乘积

$$I=jS \tag{11.3.5}$$

由式(11.3.4)得到 $j=U\,\frac{\gamma}{l}$，再代入上式，得

$$I=U\,\frac{\gamma S}{l} \tag{11.3.6}$$

上式表明，导体中的电流与导体两端的电压成正比.

电流与电压的比称为电导，电导常用 G 表示. 在国际单位制中，电导的单位是西门子(S). 所以有

$$G\equiv\frac{I}{U} \tag{11.3.7}$$

将式(11.3.6)代入上式，得

$$G=\frac{\gamma S}{l} \tag{11.3.8}$$

上式表明，导线的电导与导线的横截面积成正比，与导线的长度成反比，这个规律称为电导定律. γ 称为电导率.

电导的倒数称为电阻，电阻常用 R 表示. 在国际单位制中，电阻的单位是欧姆(Ω). 电导率的倒数称为电阻率，电阻率常用 ρ 表示. 所以，电阻的表达式为

$$R=\frac{1}{G}=\frac{l}{\gamma S}=\rho\,\frac{l}{S} \tag{11.3.9}$$

上式表明，导线的电阻与导线的长度成正比，与导线的横截面积成反比. 这个规律称为电阻定律. 电阻符号如图 11.3.3 所示.

图 11.3.3　电阻符号

引入电阻概念后，式(11.3.6)可以改写成

$$I=\frac{U}{R} \tag{11.3.10}$$

上式就是中学物理中学过的欧姆定律，或称为部分电路欧姆定律.

从上面计算可以看出，当电阻(导体)有电流通过时，电阻两端有电压，且电流流进的一端电势较高.

根据欧姆定律，只要导线两端维持恒定电压不变，导线中就能保持恒定电流. 而要维持电压不变，通常需要依靠电源. 下面我们研究电路中电流与电阻、电动势的关系.

11.3.2 含源电路的欧姆定律

图 11.3.4 所示是电源与电阻连接而成的一段电路，因为这段电路中含有电源，所以称为含源电路.

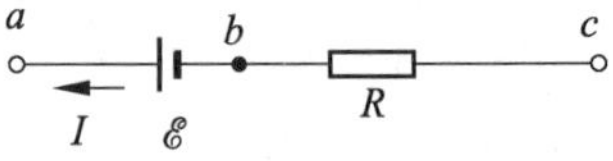

图 11.3.4 一段含源电路

假设电源电动势为 $\mathscr{E}$，导体电阻为 R，导线电阻忽略不计(一般电路问题中，导线电阻都是忽略不计的，以后不再申明). 根据式(11.2.10)，电源两端的电压在数值上等于电源电动势

$$U_{ab}=\mathscr{E} \tag{11.3.11}$$

根据欧姆定律，导体(电阻)两端的电压

$$U_{bc}=-IR \tag{11.3.12}$$

所以，电路 a、c 两端的电压

$$U_{ac}=U_{ab}+U_{bc}$$

把式(11.3.11)和(11.3.12)代入上式，得

$$U_{ac}=\mathscr{E}-IR \tag{11.3.13}$$

上式是一段含源电路两端的电压与电路中电流及电源电动势的关系，这个关系称为一段含源电路的欧姆定律.

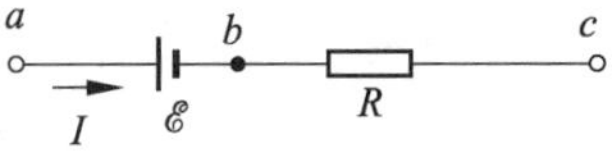

图 11.3.5 一段含源电路两端的电压

有的电源可以充电，即电流可以与图 11.3.4 所示方向相反. 如图 11.3.5 所示，此时 a、c 两端的电压为

$$U_{ac}=\mathscr{E}+IR \tag{11.3.14}$$

实际上电源内部是有电阻的，所以整个电源可等效成两部分的串联，一部分是理想电源，其电动势为 $\mathscr{E}$，另一部分是电源内部电路的等效电阻 R_0，简称内阻. 图 11.3.6 所示的虚线框内即表示实际电源的等效电路，则这段电路两端的电压

$$U_{ac}=\mathscr{E}-IR_0-IR \tag{11.3.15}$$

如果把图 11.3.6 中 a、c 两点直接用导线连接起来，变成图 11.3.7 所示，这时 $U_{ac}=0$，此时式(11.3.15)整理后，得

$$I=\frac{\mathscr{E}}{R+R_0} \tag{11.3.16}$$

上式就是中学物理中学过的闭合电路欧姆定律.

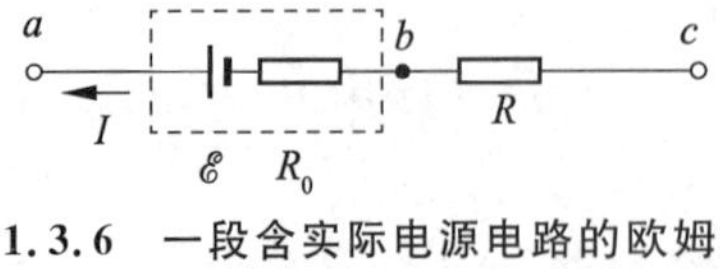

图 11.3.6 一段含实际电源电路的欧姆定律

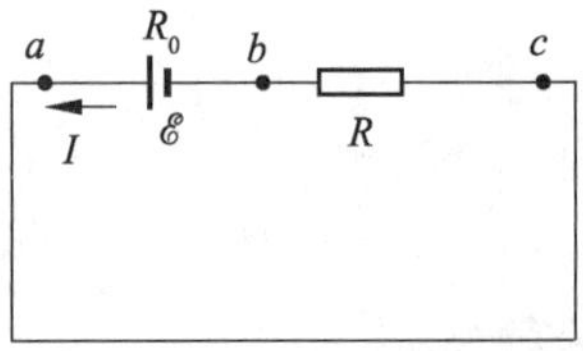

图 11.3.7 闭合电路的欧姆定律

由于电源有内阻，电源放电时(电流从电源正极流出)，电源两端的电压小于电源电动势，参考式(11.3.13)计算；电源充电时(电流从电源正极流入)，电源两端的电压大于电源电动势，参考式(11.3.14)计算.

11.4　*RC* 串联电路和电容器的充、放电

图 11.4.1 所示为 *RC* 串联电路. 电源、电容、电阻和单刀双掷开关组成电容器充、放电电路. 当开关 S 拨到位置 1,电源对电容器充电;当开关 S 拨到位置 2,电容器通过电阻放电.

11.4.1　电容器的充电

电容器开始不带电,将开关 S 拨到位置 1,如图 11.4.2 所示. 电源正极的正电荷在电场力作用下沿导线向电容器极板定向运动,形成电流 i,电流方向如图中箭头所示. 正电荷运动到电容器的极板上,这个极板称为正极板. 同样,电源负极的负电荷在电场力作用下向电容器另一个极板定向运动,也形成电流,电流方向与负电荷定向运动方向相反. 负电荷运动到电容器的另一极板上,这个极板称为负极板.

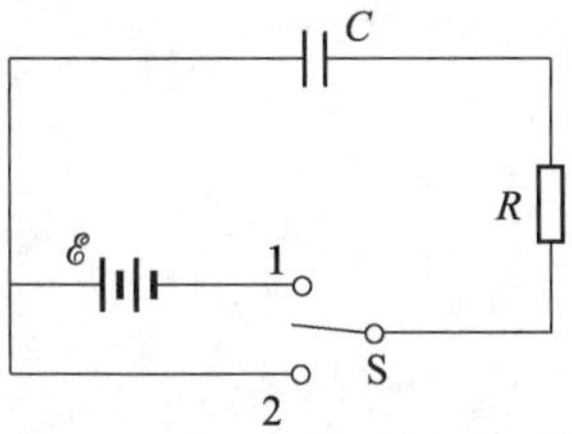

图 11.4.1　*RC* 串联电路

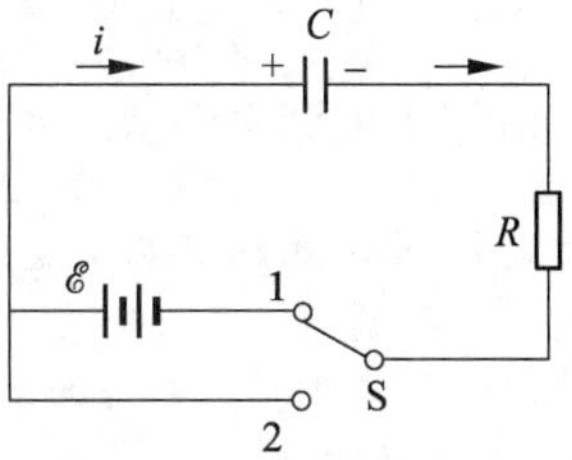

图 11.4.2　电容器充电

就这样,原来不带电的电容器,现在带电了. 电容器由不带电到带电的过程称为电容器的充电. 电流从电容器负极板流出沿导线经过电阻到电源负极,在电源内部,电流从电源负极流到正极,从电源正极流出沿导线到电容器正极板.

充电时,电容器两极板上的电荷总是等量异号的,一般电容器充电时间不长,也就是说,充电电流随时间变化,最终充电电流变成零. 下面我们来计算充电电流随时间变化的规律.

假设任意时刻 t,充电电流为 i,电容器的电荷量为 q. 根据电容器的电容、电荷量和电压的关系,有

$$U=\frac{q}{C} \tag{11.4.1}$$

根据一段含源电路的欧姆定律式(11.3.13),电容器的电压为

$$U=\mathscr{E}-iR \tag{11.4.2}$$

如果在无限小时间 $\mathrm{d}t$ 内,电容器电荷量的增量为 $\mathrm{d}q$,根据单位时间内电容器电荷量的增量等于通过导线横截面的电流,有

$$i=\frac{\mathrm{d}q}{\mathrm{d}t} \tag{11.4.3}$$

将式(11.4.1)和(11.4.3)代入式(11.4.2),得

$$\frac{q}{C}=\mathscr{E}-R\ \frac{\mathrm{d}q}{\mathrm{d}t} \tag{11.4.4}$$

整理上式,分离变量,得

$$\frac{\mathrm{d}q}{q-\mathscr{E}C}=-\frac{\mathrm{d}t}{RC} \tag{11.4.5}$$

开关刚闭合时为 $t=0$,此时电容器电荷量 $q=0$. 将上式两边进行定积分运算,时间取 $0\sim t$,对应的电荷量取 $0\sim q$,即

$$\int_0^q \frac{\mathrm{d}q}{q-\mathscr{E}C}=\int_0^t -\frac{\mathrm{d}t}{RC} \tag{11.4.6}$$

将上式积分并整理,得

$$q=\mathscr{E}C\left(1-\mathrm{e}^{-\frac{1}{RC}t}\right) \tag{11.4.7}$$

由上式可知,随着充电的进行,电容器的带电量不断增加,其两端的电压也不断增加. 当时间 $t\to\infty$时,电容器电荷量 $q\to\mathscr{E}C$,电容器电压 $U=\frac{q}{C}\to\mathscr{E}$. 可见,电容器充电后的电压理论最大值等于电源电动势.

将式(11.4.7)对时间求导数,即 $i=\frac{\mathrm{d}q}{\mathrm{d}t}$,得

$$i=\frac{\mathscr{E}}{R}\mathrm{e}^{-\frac{1}{RC}t} \tag{11.4.8}$$

式(11.4.8)中,开关刚闭合时为 $t=0$,此时充电电流最大,为 $i_{\mathrm{m}}=\frac{\mathscr{E}}{R}$,以后电流随时间按指数规律减小,当时间 $t\to\infty$时,充电电流 $i\to0$. 从理论上说,充电时间是无限的,但实际充电中,当充电电流很小时,我们认为充电即结束.

11.4.2 电容器的放电

与充电相反,电容器由带电到不带电的过程称为电容器的放电. 电容器充过电后,将开关 S 拨到位置 2,如图 11.4.3 所示. 电阻两端的电压等于电容器两端的电压,根据欧姆定律,电阻中有电流. 也可以这样认为,电容器正极板上的正电荷在电场力作用下由正极板沿导线运动,经过电阻再沿导线最后到达电容器的负极板,与负极板上的负电荷中和. 这样,电容器的带电量逐渐减小,直到电荷量为零.

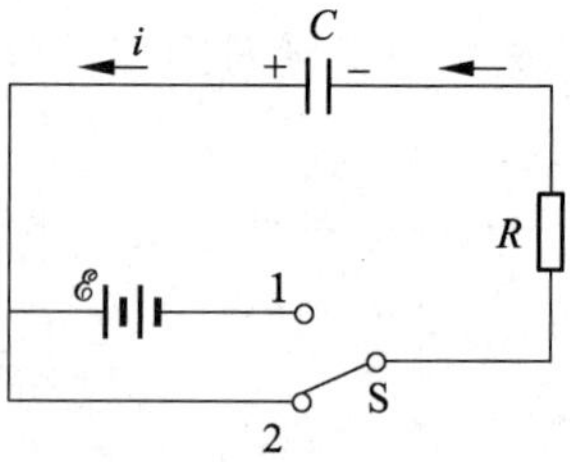

图 11.4.3 电容器放电

放电时,相当于如图 11.4.2 中电源电动势 $\mathscr{E}=0$. 将 $\mathscr{E}=0$ 代入式(11.4.2),得

$$U=-iR \tag{11.4.9}$$

将式(11.4.1)和(11.4.3)代入上式,得

$$\frac{q}{C}=-R\ \frac{\mathrm{d}q}{\mathrm{d}t} \tag{11.4.10}$$

整理上式,分离变量,得

$$\frac{\mathrm{d}q}{q}=-\frac{\mathrm{d}t}{RC} \tag{11.4.11}$$

将开关 S 拨到位置 2 时为 $t=0$，此时电容器的电荷量 $q=q_0$. 将上式两边进行定积分运算，时间取 $0\sim t$，对应的电荷量取 $q_0\sim q$，即

$$\int_{q_0}^{q}\frac{\mathrm{d}q}{q}=\int_{0}^{t}-\frac{\mathrm{d}t}{RC} \tag{11.4.12}$$

上式积分，并整理后，得

$$q=q_0\mathrm{e}^{-\frac{1}{RC}t} \tag{11.4.13}$$

由上式可知，电容器放电时，它的电荷量随时间按指数规律减小，其两端的电压也不断减小. 当时间 $t\to\infty$ 时，电容器电荷量 $q\to 0$，电容器电压 $u\to 0$.

将式(11.4.13)对时间求导数，即 $i=\frac{\mathrm{d}q}{\mathrm{d}t}$，得

$$i=-\frac{q_0}{RC}\mathrm{e}^{-\frac{1}{RC}t} \tag{11.4.14}$$

式中，电流为负值，表示放电电流与充电电流方向相反. 由式(11.4.14)可见，随着放电的进行，放电电流不断减小，当时间 $t\to\infty$ 时，电流 $i\to 0$. 从理论上说，放电时间是无限的，但实际放电中，当放电电流很小时，我们认为放电即结束.

思考题

11-1　一根粗细不均匀的载流直导线通有恒定电流，导线中各处的电场强度和电流密度大小相等吗？为什么？

11-2　一根铜导线表面涂一层银，导线两端加上恒定电压时，铜线和银层中的电场强度、电流密度是否相同？为什么？

11-3　电池中的电流方向是否总是与电动势方向相同？为什么？

习题

11-1　一个 6 V 的电池，20 min 内流出的电流保持在 0.5 A，求这段时间内通过导线截面的电荷量.

11-2　表皮破损的人体最低电阻约为 800 Ω，若有 0.05 A 的电流通过人体，人就有生命危险，求人体最低的危险电压.

11－3　如图所示，长为 l 的均匀圆台导体，电阻率为 ρ，底面半径分别为 a 和 b，求沿轴线 O_1O_2 方向的电阻.

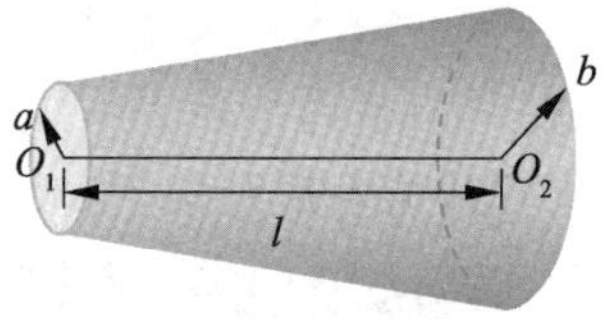

习题 11-3 图

11－4　把大地看作均匀导电介质，电阻率为 ρ，用一半径为 a 的球形电极与大地相接，电极的半个球埋在地下，如图所示，不计电极本身的电阻，求此电极的接地电阻.

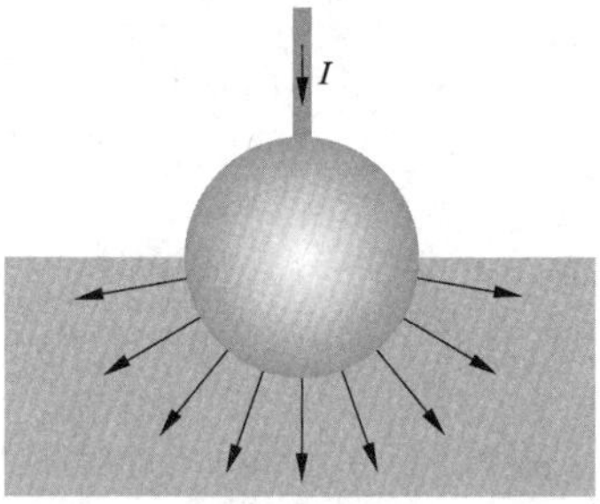

习题 11-4 图

11－5　电子的电荷量 $e=1.6\times10^{-19}$ C，铜导线中自由电子的数密度 $n=8.5\times10^{28}\ \mathrm{m^{-3}}$. 铜导线通过电流时，导线内自由电子的平均定向运动速度为 $4.4\times10^{-4}\ \mathrm{m\cdot s^{-1}}$，求铜导线内的电流密度.

11－6　用 20 A 的电流给一蓄电池充电，测得电池两端的电压为 2.30 V；当蓄电池以 12 A 的电流放电时，测得电池两端的电压为 1.98 V，求蓄电池的电动势和内阻.

第 12 章 磁场和磁力

12.1 磁场 磁感应强度

12.1.1 磁场和磁感应强度

1. 磁现象

天然磁石(主要化学成分为 Fe_3O_4)能够吸引铁,天然磁石的这种特性称为物质的磁性.

有关磁现象早在战国时期就有记载,东汉时期,王充在《论衡》中对司南勺(见图 12.1.1)的描述是最早的指南器具. 11 世纪,沈括在《梦溪笔谈》中记载了指南针的制作方法,并提出了地磁偏角(见图 12.1.3). 12 世纪,已经有指南针用于航海的记载.

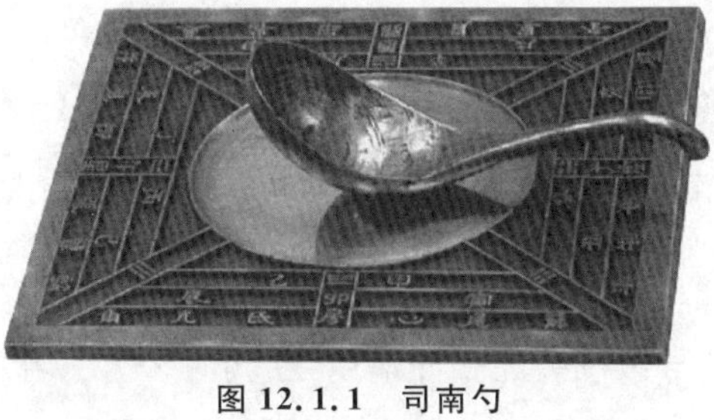

图 12.1.1 司南勺

我们把能够吸引铁、钴、镍等物质的物体称为磁体.

现在使用的磁体都是人工制造的. 磁体具有磁性,磁体上磁性特别强的地方称为磁极. 如图 12.1.2 所示是条形磁铁,它的两端磁性特别强,所以它的两端是磁极. 磁极可分为南极(S)和北极(N),磁极总是成对出现的. 到目前为止,还没有发现磁单极的粒子.

如图 12.1.3 所示,地球实际上是个大磁体,地球的地理北极实际上是地磁南极,地球的地理南极实际上是地磁北极,但地理南北极轴线与地磁南北极轴线并不重合,我们称两者的夹角为磁偏角,这个角度约为 11.5°.

图 12.1.2　磁体

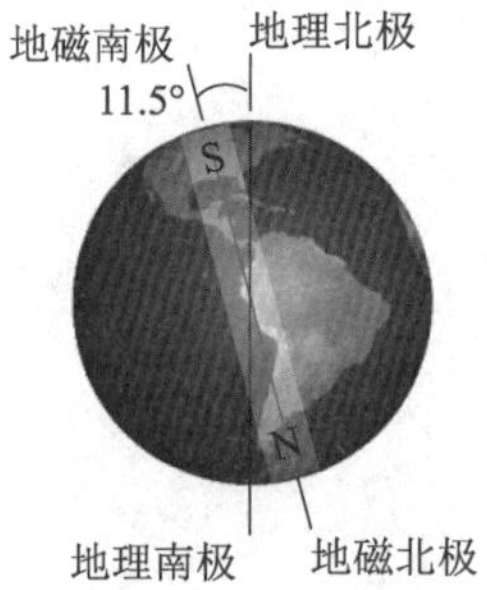

图 12.1.3　地磁

没有磁性的物质可以通过特殊方法使它带有磁性，物质由不带磁性变成带磁性的过程称为磁化.

带磁性的物质也可以通过特殊方法使它不再具有磁性，这个过程称为退磁.

磁现象和电现象虽然很早就被人类发现，但很长一段时间内人们认为它们是两个独立的现象.直到 1820 年，丹麦物理学家奥斯特(1777—1851)发现电流的磁效应，人们才认识到电与磁之间存在联系.现代物理学认为，一切磁现象的根源来自电荷的运动(即电流).

1821 年，安培(1775—1836)提出了有关物质磁性的本质性假说.他认为，任何物质中的分子都存在回路电流，称为分子电流，分子电流相当于基本磁元.物质对外显示出的磁性就是分子电流在外界作用下有序排列的结果.现代物理理论和实验都证明了安培分子电流假说的正确性.

2. *磁场*

静止电荷激发静电场，运动电荷不仅激发电场还激发磁场.在电磁场中，静止电荷只受到电场力的作用，而运动电荷除了受到电场力作用外，还受到磁力的作用.

实验表明，磁体、载流导线及运动电荷之间存在相互作用力，简单地说有下列规律：

(1) 磁体与磁体间存在相互作用力.同名磁极相互排斥，异名磁极相互吸引.

(2) 载流导线与载流导线间存在相互作用力.同向平行电流导线相互吸引，反向平行电流导线相互排斥.

(3) 运动电荷与运动电荷间存在相互作用力.同向平行运动的同种电荷相互吸引，反向平行运动的同种电荷相互排斥.同向平行运动的异种电荷相互排斥，反向平行运动的异种电荷相互吸引.

除了上述同类物体之间的相互作用外，磁体与载流导线间、磁体与运动电荷间、载流导线与运动电荷间都存在相互作用力，这些作用通常都非常复杂.

磁体、载流导线及运动电荷之间的相互作用力是通过磁场来传递的，所以磁力也称为磁场力.磁体、载流导线及运动电荷之间的相互作用力通过磁场来传递的关系可以表达如下：

$$\left.\begin{matrix}\text{磁体}\\\text{载流导线}\\\text{运动电荷}\end{matrix}\right\}\leftrightarrows\text{磁场}\leftrightarrows\left\{\begin{matrix}\text{磁体}\\\text{载流导线}\\\text{运动电荷}\end{matrix}\right.$$

磁场和电场一样，也是客观存在的一种特殊的物质形态. 磁场的物质性表现在：磁场中的磁体、载流导线和运动电荷通常受到磁场力的作用，磁场力也会做功，磁场具有能量.

将铁粉撒在磁体周围，就能显示出磁体周围的磁场. 图 12.1.4(a)显示了条形磁铁周围的磁场. 图 12.1.4(b)显示了两个异名磁极周围的磁场，图 12.1.4(c)显示了两个同名磁极周围的磁场. 磁场的强弱程度通常用磁感应强度来描述.

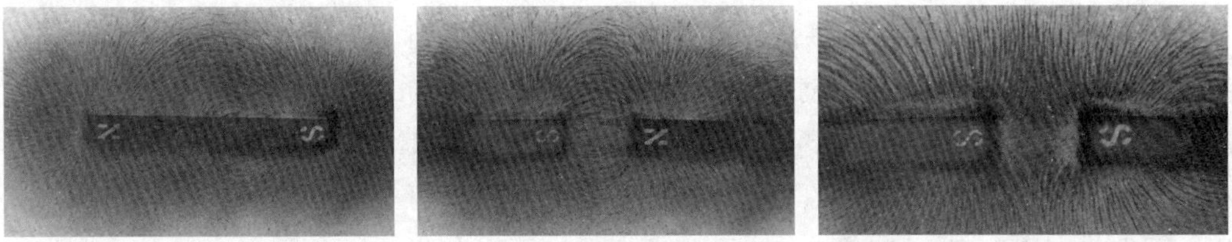

(a)　(b)　(c)

图 12.1.4　条形磁铁周围的磁场

3. *磁感应强度*

在静电场中，我们用电场强度矢量 $\boldsymbol{E}$ 来描述电场力的性质，把单位正电荷所受的电场力定义为电场强度. 在恒定电流的磁场中，我们也可以用类似的方法来定义磁感应强度矢量 $\boldsymbol{B}$. 磁感应强度 $\boldsymbol{B}$ 在磁场中的地位与电场强度 $\boldsymbol{E}$ 在电场中的地位相当，但磁感应强度 $\boldsymbol{B}$ 的定义比电场强度 $\boldsymbol{E}$ 的定义要复杂得多. 现根据运动电荷在磁场中受力的特点来详细介绍磁感应强度 $\boldsymbol{B}$ 的定义过程.

实验表明，运动电荷在磁场中受力有以下特点：

(1) 运动电荷在磁场中，通常会受到磁场的作用力，磁场力矢量与运动电荷的电荷量、速度矢量及运动电荷所在处的磁场有关.

(2) 运动电荷受到磁场力的方向始终与电荷运动方向垂直.

(3) 运动电荷沿某一个特定方向运动时，不受磁场力. 运动电荷沿这个特定方向的反方向运动时，也不受磁场力. 如图 12.1.5 所示.

(4) 运动电荷沿垂直于上述特定方向运动时，所受磁场力数值最大，如图 12.1.6 所示.

(5) 正、负电荷沿同方向通过磁场中的同一点时，所受磁场力方向相反.

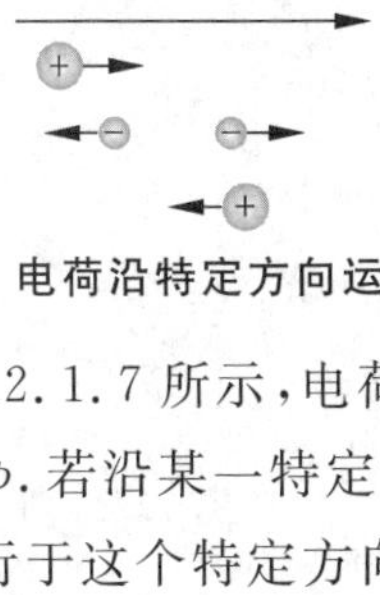

图 12.1.5　电荷沿特定方向运动时不受力

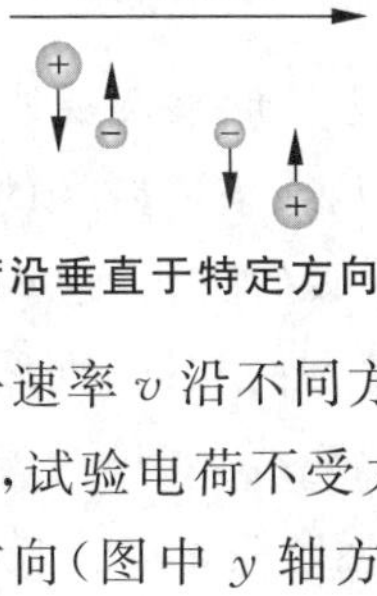

图 12.1.6　电荷沿垂直于特定方向运动时受力最大

如图 12.1.7 所示，电荷量为 q_0 的试验电荷，以同一速率 v 沿不同方向通过磁场中的某一点 p. 若沿某一特定方向(图中 x 轴方向)运动时，试验电荷不受力，则 p 点的磁场方向平行于这个特定方向. 试验电荷沿垂直于特定方向(图中 y 轴方向)运动时，试验电荷所受磁场力最大，记作 $\boldsymbol{F}_{\max}$（力沿 z 轴的负方向）. 实验表明，这个最大磁场力正比于试验电荷的电荷量与速率的乘积，即

$$F_{\max} \propto q_0 v \tag{12.1.1}$$

我们定义上式的比例系数为 p 点的磁感应强度 $\boldsymbol{B}$ 的大小，即

$$B \equiv \frac{F_{\max}}{q_0 v} \tag{12.1.2}$$

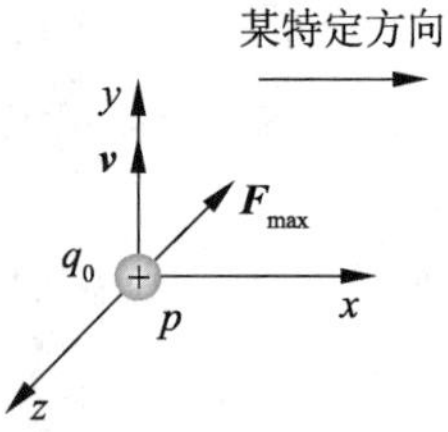

图 12.1.7　磁感应强度定义(1)

磁感应强度大小取决于该点磁场的强弱，与试验电荷的电荷量 q_0 及试验电荷的运动速率 v 无关. 磁感应强度 $\boldsymbol{B}$ 的方向定义为最大磁场力 $\boldsymbol{F}_{\max}$ 与运动速度 $\boldsymbol{v}$ 的矢量积（叉积）的方向，即 $\boldsymbol{F}_{\max} \times \boldsymbol{v}$ 的方向，如图 12.1.8 所示，该方向可用右手螺旋定则确定，此时沿 x 轴方向，该方向实际上与运动电荷不受力时的运动方向平行.

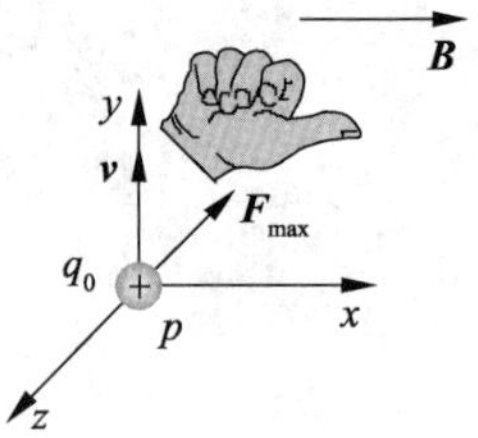

图 12.1.8　磁感应强度定义(2)

一般情况下，磁场中的磁感应强度大小、方向处处不相同. 如果在某些特定区域，磁感应强度大小、方向处处相同，则该区域的磁场称为均匀磁场或匀强磁场.

磁感应强度 $\boldsymbol{B}$ 是描述磁场性质的一个基本物理量，在国际单位制中，磁感应强度的单位是特斯拉(T)，工程上常用的单位还有高斯(Gs)，1 Gs $=10^{-4}$ T. 测量磁感应强度的专用仪器叫特斯拉计（或高斯计），图 12.1.9 所示为便携式特斯拉计. 地面附近的地球磁场大约为 5×10^{-5} T，大型电磁铁附近的磁场约为 2 T，超导磁体附近的磁场可达 25 T.

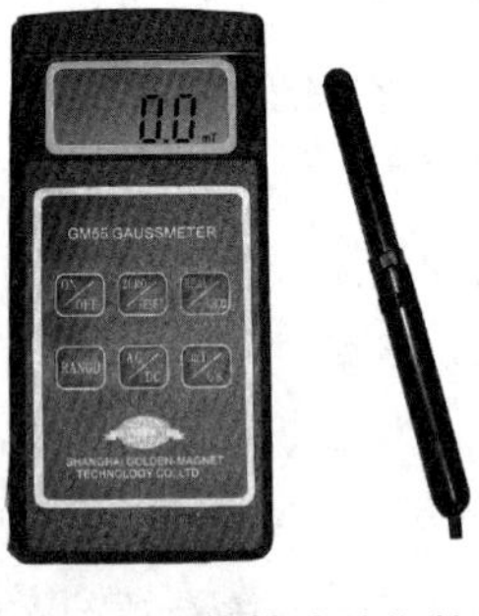

图 12.1.9　便携式特斯拉计

4. *磁感应强度的叠加原理*

与电场强度一样，磁感应强度也遵守矢量叠加原理. 各磁体、载流导线和运动电荷在空间激发的总磁感应强度等于各磁体、载流导线和运动电荷单独存在时激发的磁感应强度的矢量和. 这个规律称为磁感应强度的叠加原理. 它是磁场的基本性质之一. 磁感应强度的叠加原理可以写成数学表达式，即

$$\boldsymbol{B} = \sum \boldsymbol{B}_i \tag{12.1.3}$$

12.1.2　磁感应线

1. *磁感应线*

在电场中，为了形象直观地描述电场分布，引入了电场线. 同样，为了形象直观地描述磁场的分布，引入了磁感应线. 在磁场中画出一系列带箭头的曲线，这些曲线上任意一点的切线方向与该点的磁感应强度方向相同，曲线箭头的指向表示磁场的方向，这些曲线称为磁感应线，或称为 $\boldsymbol{B}$ 线. 图 12.1.10 所示的曲线是磁感应线，p 是磁感应线 $\overset{\frown}{apb}$ 上的任意一点，p 点的磁场方向（即磁

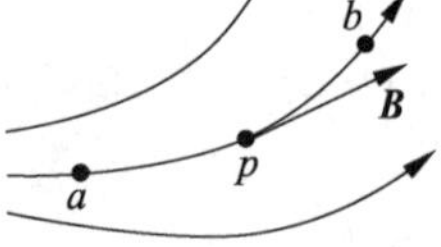

图 12.1.10　磁感应线

感应强度 $\boldsymbol{B}$ 的方向)沿该点的切线方向.

为了让磁感应线能够表示磁感应强度的大小,我们再规定磁感应线的疏密.规定:在磁场中某点,垂直于磁场方向的单位面积上所通过的磁感应线条数等于该处的磁感应强度大小.做了这样规定后,磁感应线密的地方磁感应强度数值就大,磁感应线疏的地方磁感应强度数值就小.

如图 12.1.11 所示,在磁场中任意一点 p 处,沿垂直磁场方向取任意无限小面积元 $dS_{\perp}$,通过面积元 $dS_{\perp}$ 的磁感应线条数为 dN.按照磁感应线疏密的规定,该面积元上单位面积的磁感应线条数就等于该处磁感应强度 $\boldsymbol{B}$ 的大小,即

$$\frac{dN}{dS_{\perp}}=B \tag{12.1.4}$$

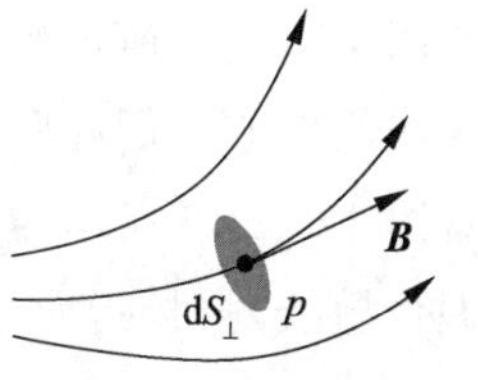

图 12.1.11　磁感应线密度

根据磁感应线疏密的规定,我们可以直观地从磁感应线图上看出磁场中磁感应强度大小的分布.例如,从图 12.1.10 中可以看出,a 点处的磁感应线比 b 点处的密,所以,a 点处的磁感应强度数值比 b 点处的大.

一般情况下,磁感应线是一系列的曲线.对于均匀磁场来说,磁感应线是一系列平行的等间距的直线. 图 12.1.12(a)所示为磁感应强度方向沿纸平面水平向右的均匀磁场,图 12.1.12(b)所示为磁感应强度方向垂直于纸平面向内的匀强磁场,图 12.1.12(c)所示为磁感应强度方向垂直于纸平面向外的匀强磁场.

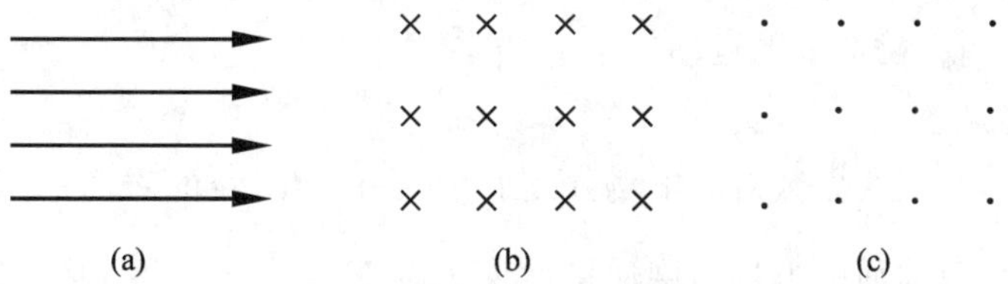

图 12.1.12　匀强磁场

2. 常见的几种磁感应线

磁感应线可以直接用实验的方法显示出来.将条形磁铁放置在水平桌面上,再将表面光滑的薄板平放在磁铁上,在薄板上均匀地撒一薄层铁粉,轻轻敲几下,铁粉就会按磁感应线排列.图 12.1.4 所示是用铁粉显示的条形磁铁周围的磁感应线,图 12.1.13 所示是用铁粉显示的通电螺线管周围的磁感应线,图 12.1.13 与图 12.1.4 中的磁感应线非常相似;图 12.1.14 所示是用铁粉显示的载流直导线周围的磁感应线.

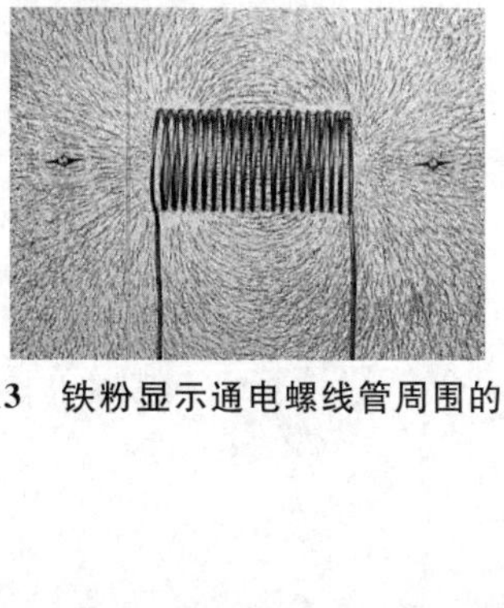
图 12.1.13　铁粉显示通电螺线管周围的磁感应线

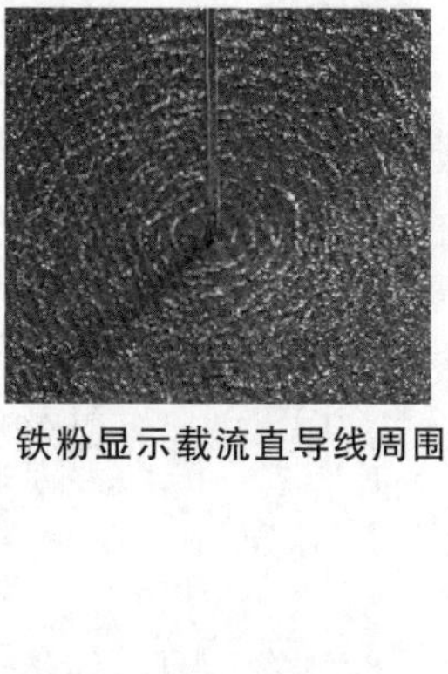
图 12.1.14　铁粉显示载流直导线周围的磁感应线

3. 磁感应线的特点

恒定电流周围的磁感应线有以下特点：

(1) 磁感应线都是闭合曲线，没有起点也没有终点，中途不会中断.

(2) 磁感应线的方向与电流方向成右手螺旋关系.

(3) 任意两条磁感应线不会相交.

图 12.1.15 所示为载流长直导线垂直于导线平面内的磁感应线，这些磁感应线是以直导线为圆心的同心圆.

图 12.1.16 所示为载流导线周围的磁感应线与电流方向的右手螺旋关系. 用右手四指握住导线，拇指指向导线电流方向，则四指指向就是导线周围磁感应线的绕向.

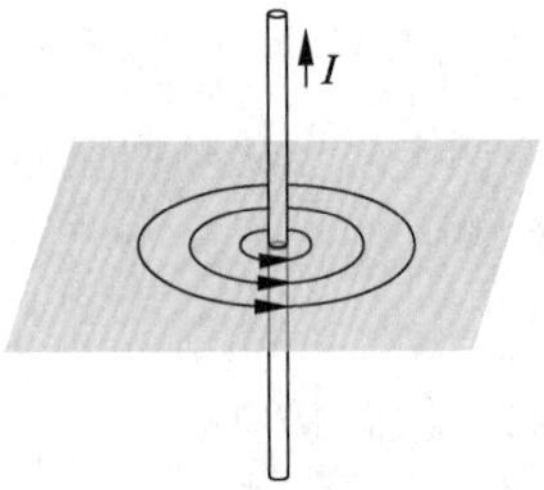

图 12.1.15 载流长直导线周围的磁感应线

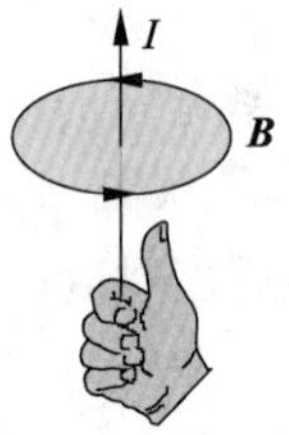

图 12.1.16 磁感应线与电流方向的右手螺旋关系

应当注意：运动电荷在磁场中受到的磁场力并不沿着磁场方向，而是垂直于磁场方向. 当运动电荷在磁场力作用下运动时，电荷并不一定沿磁感应线运动. 所以说，磁感应线并不是运动电荷在磁场中的运动轨迹.

12.1.3 磁通量

在静电场中，电场线条数对应电场强度通量. 在恒定电流的磁场中，磁感应线条数对应磁通量. 通过任意曲面的电场强度通量计算式为 $\Phi_E = \int_S \boldsymbol{E} \cdot \mathrm{d}\boldsymbol{S}$. 将电场强度通量计算式中的 $\boldsymbol{E}$ 换成 $\boldsymbol{B}$ 就得到磁通量 Φ_B. 可以说，Φ_B 是磁感应强度 $\boldsymbol{B}$ 的通量，简称磁通量，它的计算式为

$$\Phi_B \equiv \int_S \boldsymbol{B} \cdot \mathrm{d}\boldsymbol{S} \tag{12.1.5}$$

其中，$\boldsymbol{B} \cdot \mathrm{d}\boldsymbol{S}$ 表示曲面 S 上任意面元 $\mathrm{d}\boldsymbol{S}$ 的磁通量，用 $\mathrm{d}\Phi_B$ 表示，即

$$\mathrm{d}\Phi_B = \boldsymbol{B} \cdot \mathrm{d}\boldsymbol{S} \tag{12.1.6}$$

总之，任意曲面的磁通量等于上式对该曲面的积分，即

$$\Phi_B = \int_S \boldsymbol{B} \cdot \mathrm{d}\boldsymbol{S}$$

任意闭合曲面的磁通量就是式(12.1.6)对闭合曲面的积分，即

$$\Phi_B = \oint_S \boldsymbol{B} \cdot \mathrm{d}\boldsymbol{S} \tag{12.1.7}$$

式中，积分符号上的圈表示 S 是闭合曲面.

在电气工程上，磁通量是经常用到的物理量，要学会熟练计算. 在国际单位制中，磁

通量的单位是韦伯(Wb).测量磁通量的专用仪器叫磁通计,如图 12.1.17 所示.

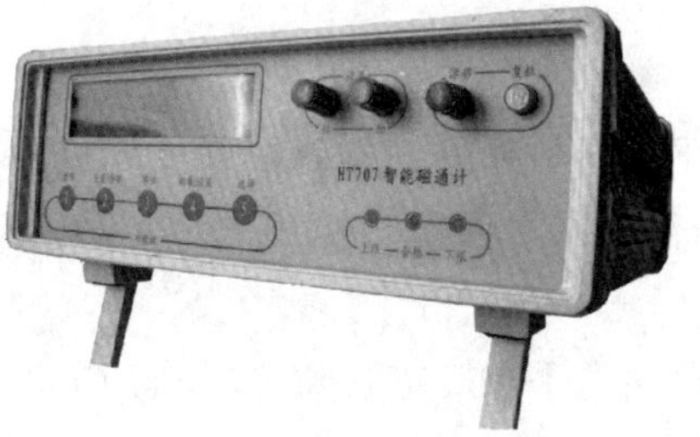

图 12.1.17　磁通计

12.1.4　磁场的高斯定理

对于闭合曲面,规定外法线方向为面元 d$\boldsymbol{S}$ 的方向.磁感应线从该面元处穿出时磁通量为正,反之为负.由于磁感应线总是闭合的,即穿出闭合曲面的磁感应线数必然等于穿进闭合曲面的磁感应线数,所以通过任意闭合曲面的磁通量总是等于零,这个规律称为磁场的高斯定理,其数学表达式为

$$\oint_S \boldsymbol{B} \cdot \mathrm{d}\boldsymbol{S} = 0 \tag{12.1.8}$$

磁场的高斯定理是电磁场理论的基本方程之一,它与静电场的高斯定理 $\oint_S \boldsymbol{E} \cdot \mathrm{d}\boldsymbol{S} = \dfrac{\sum\limits_{S内} q}{\varepsilon_0}$ 相对应.很明显,由于等式右边不同,所以,电场与磁场有不同的性质.

静电场是有源场,静电场的源是电荷.电场线起始于正电荷,终止于负电荷,因此,静电场的电场线不能构成闭合曲线.而磁场是无源场,磁感应线没有起点,也没有终点,磁感应线是闭合曲线,是涡旋线,所以磁场是一种涡旋场.

磁场的高斯定理与静电场的高斯定理不对称,其原因是自然界存在自由的独立的正电荷与负电荷,但不存在独立的磁单极(即磁单极子).探索磁单极子一直是物理学家们感兴趣的课题.1931 年,英国物理学家狄拉克曾从理论上预言可能存在磁单极子,近百年来物理学家希望能在实验中找到磁单极子,但到目前为止,尚未找到它们存在的确凿证据.

12.2　洛伦兹力　带电粒子在磁场中的运动

12.2.1　洛伦兹力

带电粒子在磁场中运动时,通常受到磁场力,这种磁场力称为洛伦兹力.一个电荷量为 q 的粒子(点电荷)以速度 $\boldsymbol{v}$ 通过磁场中的某点 p,p 点处的磁感应强度为 $\boldsymbol{B}$,该点电荷受到的洛伦兹力由点电荷的电荷量、运动电荷的速度及该点处的磁感应强度共同决定.

实验表明,洛伦兹力的矢量式为

$$\boldsymbol{F}=q\boldsymbol{v}\times\boldsymbol{B} \tag{12.2.1}$$

洛伦兹力的大小为

$$F=qvB\sin\theta \tag{12.2.2}$$

洛伦兹力的方向垂直于速度矢量 $\boldsymbol{v}$ 与磁感应强度矢量 $\boldsymbol{B}$ 所构成的平面，而且与运动电荷所带电荷的正负有关.洛伦兹力可以直接用式(12.2.1)通过矢量运算得到，计算时电荷量 q 带正、负号.

洛伦兹力的方向也可以用右手螺旋定则确定.如图 12.2.1(a)所示，用右手螺旋定则定出 $\boldsymbol{v}\times\boldsymbol{B}$ 的方向.正电荷受到洛伦兹力的方向与 $\boldsymbol{v}\times\boldsymbol{B}$ 的方向相同，如图 12.2.1(b)所示；负电荷受到洛伦兹力的方向与 $\boldsymbol{v}\times\boldsymbol{B}$ 的方向相反，如图 12.2.1(c)所示.

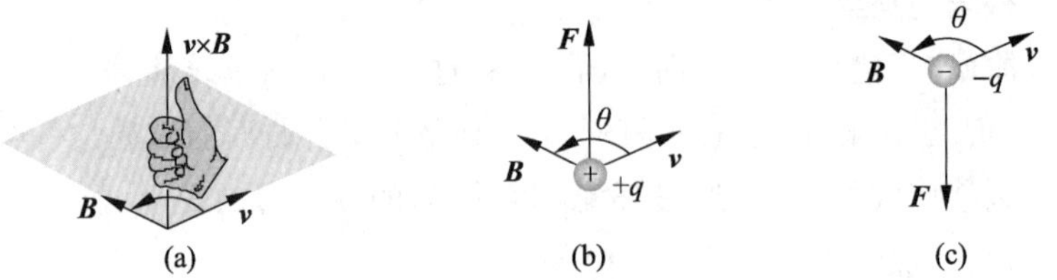

图 12.2.1 洛伦兹力

当带电粒子沿平行于磁场方向运动时，式(12.2.2)中 $\theta=0$ 或 $\theta=\pi$，则 $F=0$，运动电荷不受洛伦兹力.

当带电粒子沿垂直于磁场方向运动时，式(12.2.2)中 $\theta=\dfrac{\pi}{2}$，则 $F=qvB$，运动电荷所受洛伦兹力最大.

由式(12.2.1)可知，洛伦兹力的方向会随着电荷速度方向的变化而变化，但不论速度方向怎样变化，它所受的洛伦兹力方向总是垂直于运动电荷的速度方向.

根据牛顿运动定律，洛伦兹力只能改变运动电荷的速度方向，而不能改变运动电荷的速度大小.洛伦兹力对运动电荷不做功，不会改变运动电荷的动能.洛伦兹力可以改变运动电荷的动量，但只能改变动量的方向，而不能改变动量的大小.

由于洛伦兹力的这些特点，在实际应用中，常利用洛伦兹力来控制运动电荷的运动轨迹.下面我们讨论运动电荷在磁场中的运动情况.

12.2.2 带电粒子在磁场中的运动

1. 带电粒子在均匀磁场中的运动

设均匀磁场的磁感应强度大小为 B，质量为 m、电荷量为 q 的带电粒子以初速度 $\boldsymbol{v}_0$ 进入均匀磁场，不计重力.下面分三种情况来分析讨论带电粒子的运动.

(1) 带电粒子初速度与磁场方向平行，即带电粒子初速度 $\boldsymbol{v}_0$ 与磁感应强度 $\boldsymbol{B}$ 同方向或反方向.该粒子进入磁场后不受洛伦兹力作用.由于不计重力，粒子没有外力作用，所以做匀速直线运动，它的运动轨迹是平行于磁感应线的直线.

如图 12.2.2 所示，磁场方向在纸平面内向右，带电粒子初速度方向与磁场方向相同，带电粒子将沿磁感应线向右匀速直线运动.磁感应强度大小、粒子所带电荷量对该粒子的运动没有影响.

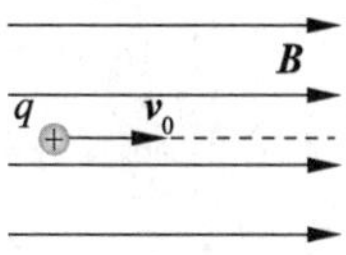

图 12.2.2　带电粒子在均匀磁场中的直线运动

(2) 带电粒子初速度与磁场方向垂直,即带电粒子初速度 $\boldsymbol{v}_0$ 与磁感应强度 $\boldsymbol{B}$ 成直角.该粒子进入磁场后受到洛伦兹力的大小为 $F=qv_0B$,力的方向垂直于速度方向及磁场方向.洛伦兹力不会改变粒子速度大小,会改变粒子的速度方向,但改变后的速度方向与磁场方向始终是垂直的,这样,洛伦兹力的大小在带电粒子运动过程中始终不变.根据牛顿运动定律,粒子将做匀速圆周运动,运动轨迹是垂直于磁感应线的圆.洛伦兹力就是粒子做匀速圆周运动的向心力,即

$$qv_0B=m\frac{v_0^2}{R}$$

式中,R 是粒子圆周运动的轨迹半径.由上式得

$$R=\frac{mv_0}{qB} \tag{12.2.3}$$

如图 12.2.3(a)所示,磁场垂直于纸平面向里,粒子初速度方向在纸平面内,根据洛伦兹力的方向可以确定带正电的粒子在纸平面内沿逆时针方向做匀速圆周运动,转动方向与磁场方向成左手螺旋关系.粒子带负电时,转动方向与磁场方向成右手螺旋关系,如图 12.2.3(b)所示.

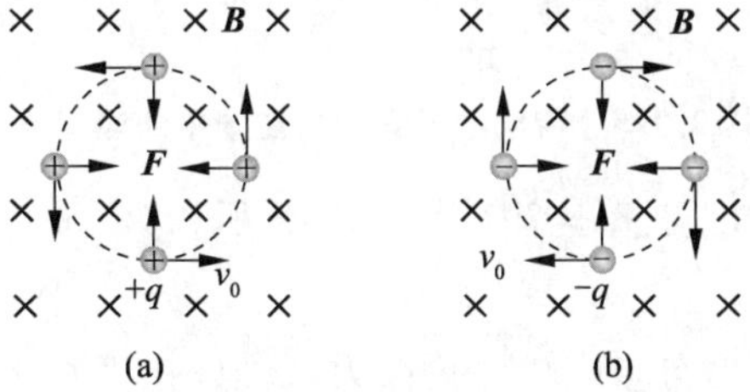

图 12.2.3　带电粒子在均匀磁场中的匀速圆周运动

由式(12.2.3)可知,磁感应强度大小及粒子的电荷量、质量、运动速率对转动半径都有影响.我们把粒子的电荷量与质量的比称为粒子的荷质比.不同的粒子具有不同的荷质比,当它们以相同速度垂直进入同一均匀磁场后,因轨迹半径不同而被分离开.如图 12.2.4 所示,同一速度的不同粒子垂直进入均匀磁场后,荷质比越大,其轨迹半径越小.带负电荷的粒子与带正电荷的粒子垂直进入同一均匀磁场后将沿相反方向运动,我们可以用这种方法将正、负电荷分离.同一种粒子具有相同的荷质比,若它们以不同速度垂直进入同一均匀磁场后,将沿不同的半径运动而被分离开,初速度越大,轨迹半径也越大,我们可以用这种方法把不同速率的同类粒子分离开.

综上,利用磁场可以把不同类的粒子分离开,也可以把同类但不同速率的粒子分离开.

我们还可以计算出粒子做匀速圆周运动的周期

$$T=\frac{2\pi R}{v_0}=2\pi\frac{m}{qB} \tag{12.2.4}$$

可见,带电粒子匀速圆周运动的周期与初速率无关.这一特点是磁聚焦和回旋加速器的理论基础.

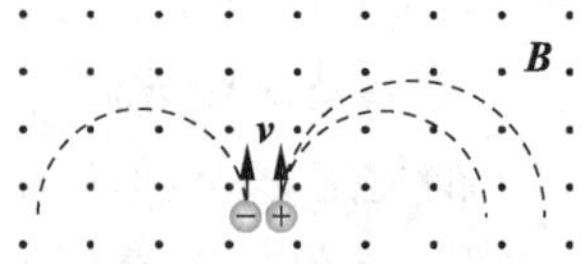

图 12.2.4　不同带电粒子在均匀磁场中的分离

(3) 带电粒子初速度与磁场方向成任意角度.设带电粒子初速度 $\boldsymbol{v}_0$ 与磁感应强度 $\boldsymbol{B}$ 的夹角为 θ,如图 12.2.5 所示.将初速度分解成两个相互垂直的分量:

平行于磁场方向的速度分量大小为

$$v_{/\!/}=v_0\cos\theta \tag{12.2.5}$$

垂直于磁场方向的速度分量大小为

$$v_{\perp}=v_0\sin\theta \tag{12.2.6}$$

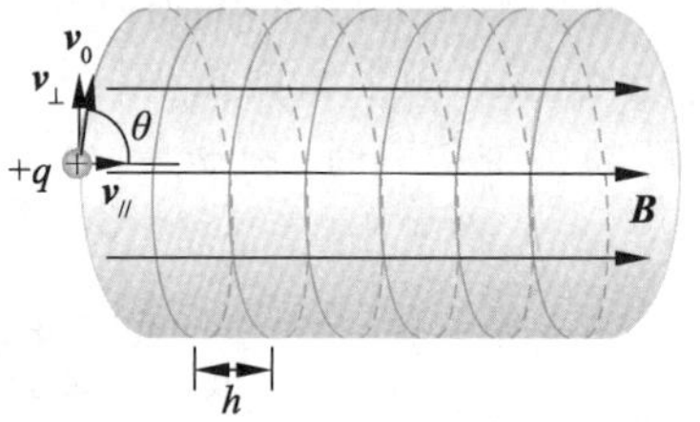

图 12.2.5　带电粒子在均匀磁场中的螺旋运动

平行于磁场方向的速度分量不产生洛伦兹力,所以,沿平行于磁场方向,粒子以速率 $v_{/\!/}$ 做匀速直线运动.

垂直于磁场方向的速度分量产生洛伦兹力,所以,在垂直于磁场方向上,粒子以速率 $v_{\perp}$ 做匀速圆周运动.

带电粒子的实际运动可以看作以上两种运动的合成,它是一种螺旋运动,螺旋半径等于以 $v_{\perp}$ 代替式(12.2.3)中 v_0 的结果,即

$$R=\frac{mv_{\perp}}{qB} \tag{12.2.7}$$

螺旋运动的周期与式(12.2.4)相同,与粒子运动的速率无关.

把一个周期内粒子沿磁场方向行进的距离称为螺距.用 h 表示螺距,则

$$h=v_{/\!/}T=2\pi\frac{mv_0\cos\theta}{qB} \tag{12.2.8}$$

由上面分析可知,当带电粒子的初速度与均匀磁场方向成一角度时,带电粒子做螺旋运动.由式(12.2.7)和式(12.2.8)可知,螺旋半径和螺距与磁感应强度大小 B 成反比.

2. 带电粒子在非均匀磁场中的运动

如图 12.2.6 所示的非均匀磁场,中部磁场弱,两侧磁场强.当带电粒子进入该磁场后,粒子做螺旋半径和螺距都变化的螺旋运动.当带电粒子从磁场中部向两侧移动时,随

着磁感应强度变大，螺旋半径和螺距都变小.

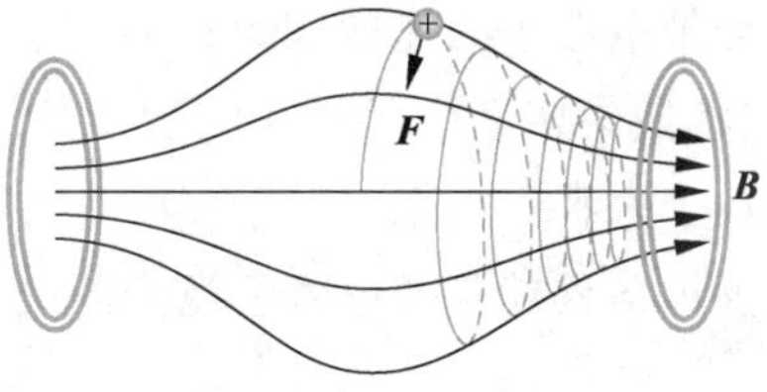

图 12.2.6　带电粒子在非均匀磁场中的运动

由于磁场是不均匀的，粒子在磁场中运动时受到的洛伦兹力是变力.随着带电粒子从磁场中部向右侧移动，洛伦兹力沿向左的分力阻碍粒子向右侧运动，使粒子向右侧移动的速率逐渐减小直到零，接下来粒子会向左侧移动并加速.同样当带电粒子移动到磁场中部左侧时，洛伦兹力沿向右的分力阻碍粒子向左侧运动，使粒子向左移动的速率逐渐减小直到零，接下来粒子会向右侧移动并加速.这样带电粒子被限制在一定的范围内往返运动，这种运动好像光遇到镜面发生反射一样，所以这种装置称为磁镜.这种装置可以由两个载流平行同轴圆线圈组成.

地球是个大磁体，地球磁场在两极强、中间弱.来自外层空间的大量带电粒子(宇宙射线)进入地球磁场范围时，这些带电粒子将被约束在一定的空间内运动，形成范艾仑辐射带，如图 12.2.7 所示，此带相对地球是轴对称的.由于地球磁场的存在，大量的宇宙射线被阻挡，地球生命免受辐射侵害.如图 12.2.8 所示，美丽的北极光就是辐射带引起的.

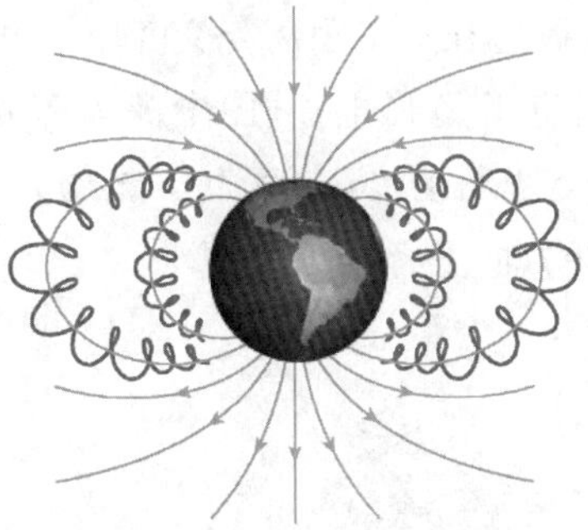

图 12.2.7　范艾仑辐射带

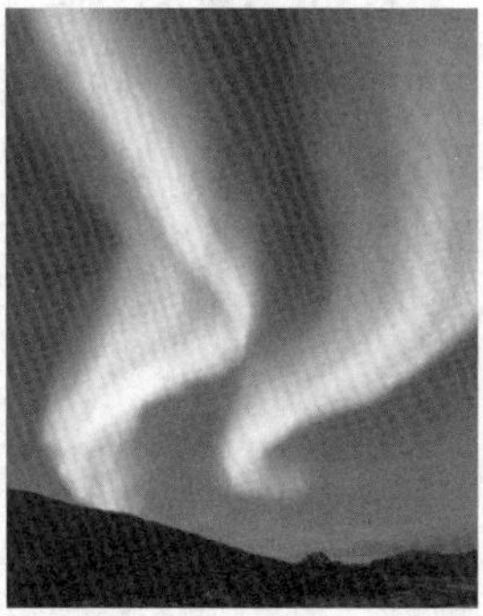

图 12.2.8　美丽的北极光

12.2.3　带电粒子在磁场中的运动应用

1. 速度选择器

科学研究中经常需要某一速度的带电粒子，我们如何从大量不同速度的粒子中选择出所需要的粒子呢？如图 12.2.9 所示就是一个带电粒子的速度选择器装置.

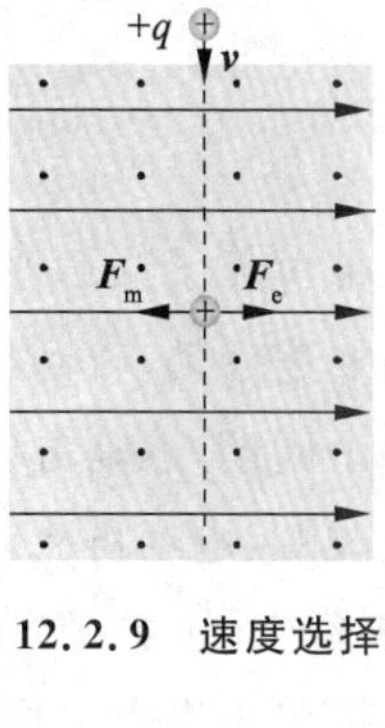

图 12.2.9　速度选择器

装置中有电场强度大小为 E 的均匀电场，方向沿纸平面向右，还有磁感应强度大小为 B 的均匀磁场，方向垂直于纸平面向外，电场方向与磁场方向相互垂直.

电荷量为 q 的带电粒子以速度 $\boldsymbol{v}$ 垂直于电场方向同时也垂直于磁场方向进入该电磁场，带电粒子将同时受到电场力和磁场力.

当带电粒子的速度满足一定条件时，带电粒子受到的电场力和磁场力的矢量和为零，它将做匀速直线运动，而不满足条件的带电粒子将做曲线运动.这样就把满足条件的带电粒子选择了出来.

这个条件就是带电粒子受到的电场力与洛伦兹力的矢量和为零

$$\boldsymbol{F}_{e}+\boldsymbol{F}_{m}=0$$

即

$$q\boldsymbol{E}+q\boldsymbol{v}\times\boldsymbol{B}=0$$

解得

$$\boldsymbol{E}=-\boldsymbol{v}\times\boldsymbol{B}$$

上式中三矢量相互垂直，所以有 $E=vB$，即

$$v=\frac{E}{B} \tag{12.2.9}$$

利用式(12.2.9)计算出来的速度就是速度选择器选择出来的粒子的速度，只要控制电场强度大小 E 或磁感应强度大小 B 就可以改变所选出来的粒子的速度.

2. 回旋加速器

科学研究中，常常需要对带电粒子进行加速，回旋加速器就是加速带电粒子的一种装置.如图 12.2.10(a)所示是回旋加速器的原理图.真空中有两块半圆形的中空金属导体，常称为 D 形电极，放在两个磁极之间.D 形电极离开一定距离与交变电源相连.

图 12.2.10(b)是回旋加速器俯视图.磁场垂直于 D 形电极，图中椭圆部分是磁场区域，磁场方向垂直于纸平面向外.D 形电极间是交变电场，方向垂直于磁场方向，图中中间矩形部分就是电场区域，箭头表示电场线，电场方向平行于纸平面.

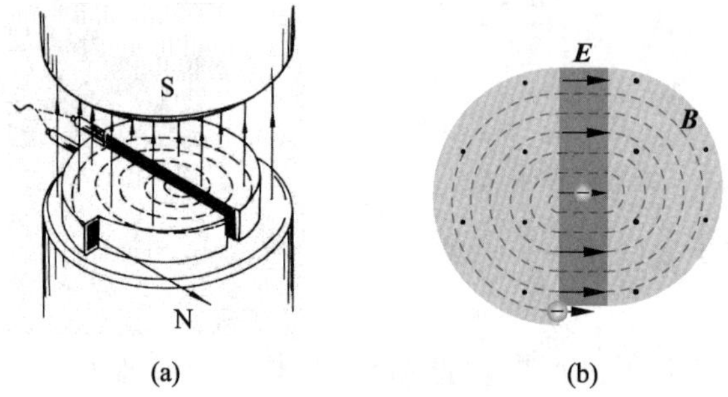

图 12.2.10　回旋加速器

带电粒子从 D 形电极中间的离子源出来，在电场作用下沿着图中的点线向左边 D 形电极加速运动，直到进入 D 形电极.进入 D 形电极后，粒子在磁场作用下做圆周运动，经过半个周期，运动方向已经反向，带电粒子从左边 D 形电极出来进入电场，此时电场方向已经改变，电场再次对带电粒子加速，直到它进入右边 D 形电极.进入右边 D 形电极后，在磁场作用下粒子做圆周运动，经过半个周期，运动方向又一次反向，带电粒子从右边 D 形电极出来进入电场再加速，如此重复，带电粒子沿图中点线运动.带电粒子被不断加速，运动半径也不断增加，最后在 D 形电极出口处引出，获得高能粒子.

由式(12.2.4)可知,带电粒子回转周期与粒子运动速度大小无关,与荷质比及磁感应强度有关.当粒子速度不大时,粒子质量近似不变,荷质比为常量.只要保持恒定磁场,在D形电极加恒定频率的交变电压,粒子就可以不断加速.

根据相对论效应,当粒子速度很大时,质量会随速度的增大而增大,从而导致回转周期变大.要想继续加速,D形电极的交变电压频率必须同步改变,这种加速器称为同步回旋加速器.同步加速器可以让带电粒子的速度更大、能量更高.

12.3　安培力　载流线圈在磁场中的力矩

实验表明,不仅运动电荷在磁场中受到磁场力,载流导线在磁场中也受到磁场力,载流导线在磁场中受到的磁场力称为安培力.

12.3.1　安培力

1. 一段载流直导线在均匀磁场中的安培力

一段载流直导线,长度为 L,通有电流 I.导线放置在均匀磁场中,磁感应强度为 $\boldsymbol{B}$.

实验表明,当载流导线平行于磁场方向时,即电流方向与磁场方向相同或相反时,如图 12.3.1(a)所示,载流导线不受磁场力;当载流导线与磁场垂直时,即电流方向与磁场方向垂直时,如图 12.3.1(b)所示,载流导线受到的磁场力最大,最大的磁场力在数值上等于导线中电流 I、导线长度 L 和磁感应强度大小 B 三者的乘积,即

$$F=ILB \tag{12.3.1}$$

磁场力的方向与电流方向及磁场方向都垂直.

一般情况下,导线中电流方向与磁场方向成 θ 角,如图 12.3.1(c)所示.实验表明,此时磁场力大小为

$$F=ILB\sin\theta \tag{12.3.2}$$

磁场力的方向与电流方向、磁场方向构成的平面垂直,三者成右手螺旋关系,如图 12.3.1(d)所示.

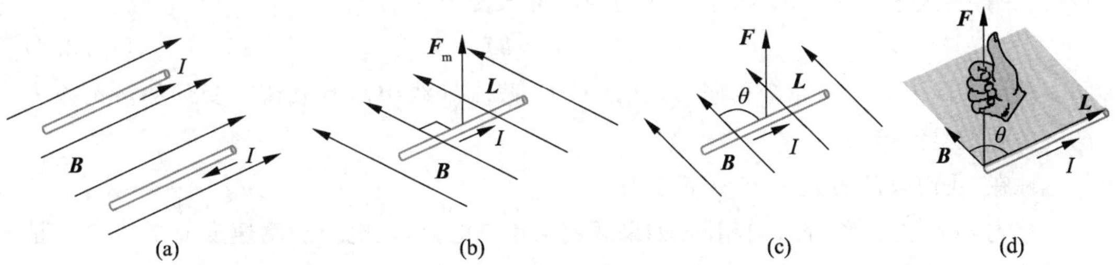

图 12.3.1　磁场力

综上所述,载流直导线在均匀磁场中受到的磁场力(安培力)可以表示为

$$\boldsymbol{F}=I\boldsymbol{L}\times\boldsymbol{B} \tag{12.3.3}$$

式中,$\boldsymbol{L}$ 矢量的大小就是导线长度,$\boldsymbol{L}$ 矢量的方向就是电流方向.

通过上一节的学习，我们知道了带电粒子在磁场中运动时，会受到洛伦兹力. 而导线中的电流是由导线中电荷的定向运动引起的，形成电流的载流子在磁场中必然也受到洛伦兹力. 实际上，载流导线中所有载流子受到的洛伦兹力的矢量和就是安培力.

下面利用洛伦兹力计算式——式(12.2.1)，导出安培力的计算式——式(12.3.3).

将图 12.3.1(c)中的载流直导线放大，如图 12.3.2(a)所示. 假设导线是横截面积为 S、长为 L 的圆柱体，圆柱体内有 N 个完全相同的载流子. 每个载流子的电荷量为 $q(q>0)$. 载流子定向运动的速度均为 $\boldsymbol{v}$，$\boldsymbol{v}$ 的方向就是电流方向.

如图 12.3.2(b)所示，每个载流子受到的洛伦兹力

$$\boldsymbol{F}_{+q}=q\boldsymbol{v}\times\boldsymbol{B} \tag{12.3.4}$$

载流导线受到的安培力 $\boldsymbol{F}$ 等于一个载流子所受洛伦兹力 $\boldsymbol{F}_{+q}$ 的 N 倍，即

$$\boldsymbol{F}=N\boldsymbol{F}_{+q} \tag{12.3.5}$$

只要求出 N，就能得到安培力的表达式.

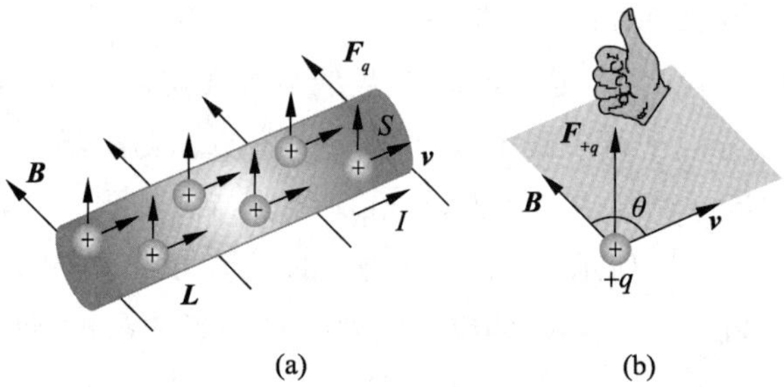

图 12.3.2　安培力与洛伦兹力

假设导线中载流子的体密度为 n. 导线中载流子总数 N 等于体密度 n 与导线体积 SL 的乘积，即

$$N=nSL \tag{12.3.6}$$

将式(12.3.4)和式(12.3.6)代入式(12.3.5)，得

$$\boldsymbol{F}=nSL\cdot q\boldsymbol{v}\times\boldsymbol{B} \tag{12.3.7}$$

可以证明，上式中 $nSL\cdot q\boldsymbol{v}$ 就等于 $I\boldsymbol{L}$. 这样，上式变为

$$\boldsymbol{F}=I\boldsymbol{L}\times\boldsymbol{B} \tag{12.3.8}$$

与实验结果式(12.3.3)完全相同. 这就证明了，载流导线中所有载流子受到的洛伦兹力的矢量和就是安培力.

现在，我们来证明 $nSL\cdot q\boldsymbol{v}$ 等于 $I\boldsymbol{L}$.

首先，证明这两部分方向相同. 如果载流子是正电荷，正电荷运动速度 $\boldsymbol{v}$ 的方向就是电流的方向，也就是 $\boldsymbol{L}$ 的方向，所以，$q\boldsymbol{v}$ 与 $I\boldsymbol{L}$ 同方向. 如果载流子是负电荷，负电荷运动速度 $\boldsymbol{v}$ 的方向是电流的反方向，计算时 $q<0$，所以，$q\boldsymbol{v}$ 与 $I\boldsymbol{L}$ 同方向.

其次，证明这两部分大小相等，即证明 $I=nSqv$. 取任意时间 $\mathrm{d}t$，在这段时间内，通过导体横截面 S 的电荷量 $\mathrm{d}q$ 等于长为 $v\mathrm{d}t$ 小段导线内的电荷量. $\mathrm{d}q$ 等于电荷体密度 n、体积 $Sv\mathrm{d}t$ 及每个载流子电荷量 q 三者之积，即

$$\mathrm{d}q = n \cdot Sv\mathrm{d}t \cdot q$$

通过导线的电流 I 等于单位时间内通过导线横截面的电荷量，即

$$I = \frac{\mathrm{d}q}{\mathrm{d}t}$$

由以上两式，得

$$I = \frac{n \cdot Sv\mathrm{d}t \cdot q}{\mathrm{d}t} = nSqv \tag{12.3.9}$$

证明完毕.

2. 任意载流导线在均匀磁场中的安培力

如图 12.3.3(a)所示，将任意弯曲的载流导线放置在均匀磁场中，磁场的磁感应强度为 $\boldsymbol{B}$，导线中电流为 I，电流从 a 端流进，从 b 端流出.

将导线划分成无限个小段，它们的长度分别为 $\Delta L_1, \Delta L_2, \cdots, \Delta L_i, \cdots$ 如图 12.3.3(b)所示. 当这些小段无限短时，都可以看成直导线，用式(12.3.3)计算出每一小段的安培力，它们分别是

$$\boldsymbol{F}_1 = I\Delta\boldsymbol{L}_1 \times \boldsymbol{B}$$
$$\boldsymbol{F}_2 = I\Delta\boldsymbol{L}_2 \times \boldsymbol{B}$$
$$\vdots$$
$$\boldsymbol{F}_i = I\Delta\boldsymbol{L}_i \times \boldsymbol{B}$$
$$\vdots$$

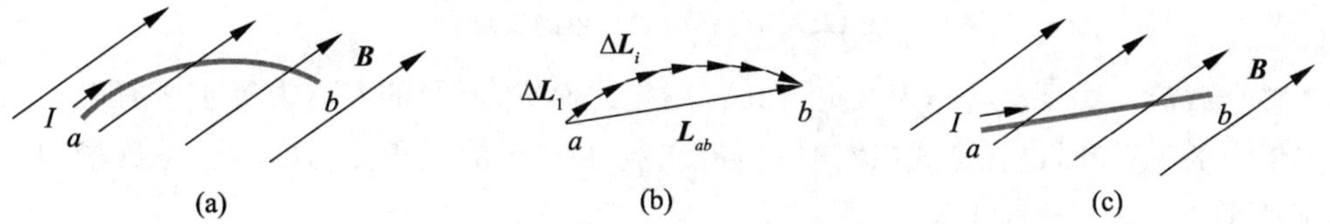

图 12.3.3　载流导线在均匀磁场中的安培力

导线上所有小段所受安培力的矢量和就是这根导线所受的安培力 $\boldsymbol{F}$. 求以上各式的矢量和，导线所受安培力为

$$\boldsymbol{F} = \sum \boldsymbol{F}_i = \sum I\Delta\boldsymbol{L}_i \times \boldsymbol{B}$$

由于导线上电流 I 和磁感应强度 $\boldsymbol{B}$ 处处都相同，上式求和时，可把这两个量提到求和号外，上式成为

$$\boldsymbol{F} = I\left(\sum \Delta\boldsymbol{L}_i\right) \times \boldsymbol{B}$$

式中，$\sum \Delta\boldsymbol{L}_i$ 等于导线上从 a 端指向 b 端的矢量，记作 $\boldsymbol{L}_{ab}$，则

$$\boldsymbol{F} = I\boldsymbol{L}_{ab} \times \boldsymbol{B} \tag{12.3.10}$$

这就是任意弯曲的载流导线放置在均匀磁场中受到的安培力计算式.

如果在上述 a、b 两点连线上放置相同电流 I 的直导线，如图 12.3.3(c)所示，这段载流直导线的安培力用式(12.3.3)计算. 显然，这段载流直导线受到的安培力与任意弯曲

载流导线的安培力计算式相同.以后遇到这类问题时,直接用载流直导线代替载流曲导线计算安培力,这种方法称为化曲为直.要注意,这种计算方法只适用于均匀磁场中的载流导线.

实际问题中,如果磁场是不均匀的,任意弯曲的载流导线的安培力就必须用积分计算.

3. 任意载流导线在非均匀磁场中的安培力

如图 12.3.4(a)所示,任意载流导线中的电流为 I,导线处于非均匀磁场中,图中带箭头的曲线是磁感应线.在导线上任取无限小长度 $\mathrm{d}l$ 的一段,称为电流元(图中圆圈内所示),用 $I\mathrm{d}\boldsymbol{l}$ 来表示电流元矢量.电流元矢量的大小等于导线中电流 I 与导线长度 $\mathrm{d}l$ 的乘积,电流元矢量的方向就是电流的方向.

电流元在磁场中所受的安培力直接用式(12.3.3)计算,即

$$\mathrm{d}\boldsymbol{F}=I\mathrm{d}\boldsymbol{l}\times\boldsymbol{B} \tag{12.3.11}$$

其方向判断如图 12.3.4(b)所示。

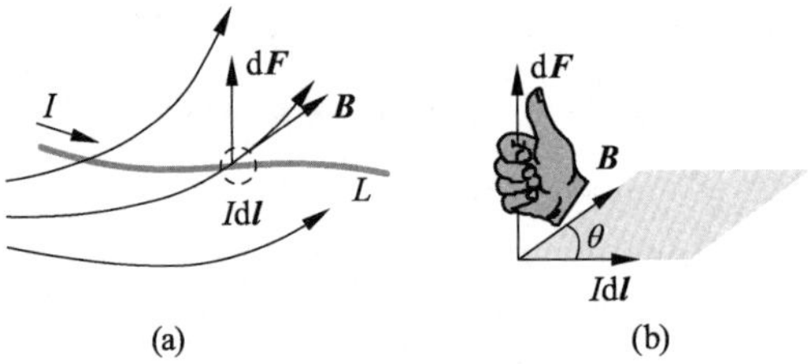

图 12.3.4　任意磁场中的安培力

整个载流导线可以看作无数电流元首尾相连而成,所受的安培力等于所有电流元所受安培力的矢量和,也就是式(12.3.11)沿载流导线 L 的线积分.这样,任意磁场中任意载流导线的安培力计算式为

$$\boldsymbol{F}=\int_L I\mathrm{d}\boldsymbol{l}\times\boldsymbol{B} \tag{12.3.12}$$

理论上说,只要已知磁感应强度 $\boldsymbol{B}$ 及导线的形状(积分路径 L),载流导线的安培力都可以由式(12.3.12)求得.用上式计算积分时,先计算矢量叉积,后积分.实际问题的积分运算都很复杂,通常我们将所求量转化成分量后再计算.力在直角坐标系中的分量式为

$$F_x=\int\mathrm{d}F_x,F_y=\int\mathrm{d}F_y,F_z=\int\mathrm{d}F_z$$

最后把各分量合成,即

$$\boldsymbol{F}=F_x\boldsymbol{i}+F_y\boldsymbol{j}+F_z\boldsymbol{k} \tag{12.3.13}$$

12.3.2　均匀磁场中载流线圈所受的磁力矩

由式(12.3.12)可知,闭合载流线圈在均匀磁场中所受磁力的矢量和为零,但其所受磁力矩的矢量和一般不为零.下面我们以平面线圈为例,导出载流线圈在均匀磁场中磁力矩的表达式.

我们常用磁矩矢量 $\boldsymbol{m}$ 来描述平面载流线圈，即

$$\boldsymbol{m}\equiv IS\boldsymbol{e}_{\mathrm{n}} \tag{12.3.14}$$

式中，I 是线圈导线中的电流，S 是线圈导线所围的面积，$\boldsymbol{e}_{\mathrm{n}}$ 是线圈平面的法向单位矢量，如图 12.3.5 所示. 规定 $\boldsymbol{e}_{\mathrm{n}}$ 的方向与线圈导线中电流方向成右手螺旋关系. 右手四指握住平面线圈的法线，四指指向为线圈导线中的电流方向，拇指指向就是平面线圈法向单位矢量 $\boldsymbol{e}_{\mathrm{n}}$ 的方向.

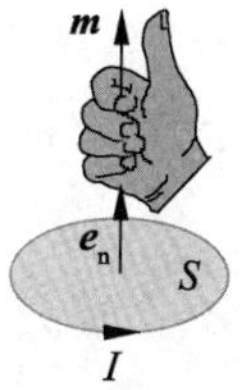

图 12.3.5　平面线圈的磁矩

如果线圈是由同方向叠绕相同的 N 匝线圈组成，则线圈的磁矩应该是单匝线圈磁矩的 N 倍，即

$$\boldsymbol{m}=NIS\boldsymbol{e}_{\mathrm{n}} \tag{12.3.15}$$

研究表明，平面载流线圈在均匀磁场中所受磁力矩取决于磁感应强度矢量 $\boldsymbol{B}$ 和线圈磁矩矢量 $\boldsymbol{m}$.

图 12.3.6(a)是矩形线圈的立体图，图 12.3.6(b)是它的主视图. 均匀磁场的磁感应强度为 $\boldsymbol{B}$，磁场方向平行于纸平面向左，平面矩形线圈的边长分别为 l_1 和 l_2，面积为 $S=l_1l_2$，边长为 l_2 的边(ab 和 cd)与磁场方向垂直. 线圈导线中电流为 I，电流方向沿 $abcda$.

如图 12.3.6(b)所示，矩形线圈的磁矩矢量 $\boldsymbol{m}$($\boldsymbol{e}_{\mathrm{n}}$ 方向)与磁感应强度矢量 $\boldsymbol{B}$ 的夹角为 θ. 载流线圈在磁力矩的作用下会转动，磁力矩本身随着线圈转动而变化.

如图 12.3.6(a)所示，矩形载流线圈导线 bc 和 da 平行，长度相同，且电流方向相反. 在均匀磁场中，这两根导线分别受到磁场力 $\boldsymbol{F}_1$ 和 $\boldsymbol{F}_1'$(磁场力均匀分布在导线上，等效作用于导线的中点). 这两个力大小相等、方向相反(垂直于导线 bc 和 da)，而且在一条直线上. 所以，它们的合力为零，它们的合力矩不论对哪个转轴都是零.

矩形线圈另外两根导线 ab 和 cd 的受力在图 12.3.6(b)中进行分析. ab 和 cd 平行，长度相同，电流方向相反. 在均匀磁场中，这两根导线分别受到磁场力 $\boldsymbol{F}_2$ 和 $\boldsymbol{F}_2'$(磁场力均匀分布在导线上，等效作用于导线的中点). 这两个力大小相等、方向相反(垂直于导线 ab 和 cd)，但不在一条直线上，这样的一对力称为力偶. 这一对力的矢量和为零. 但对垂直于这一对力所在平面的任意轴，这两个力的合力矩都相同，且不为零.

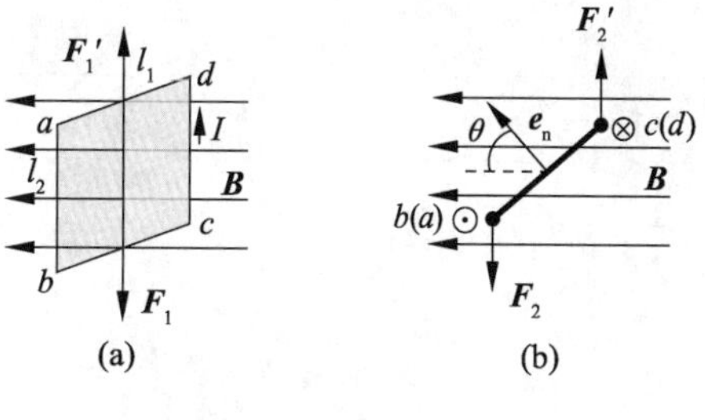

图 12.3.6　平面载流线圈在均匀磁场中所受的力矩

下面以 cd 导线为轴，计算这两个力的合力矩.

$\boldsymbol{F}_2'$的作用线通过 cd 轴，所以 $\boldsymbol{F}_2'$的力矩为零.

$\boldsymbol{F}_2$ 的大小 $F_2=BIl_2$，$\boldsymbol{F}_2$ 的方向垂直于磁场，也垂直于自身 ab 导线，如图 12.3.6(b)所示. $\boldsymbol{F}_2$ 对 cd 轴的力矩大小等于力的大小 F_2 与力臂 $l_1\sin\theta$ 的乘积，即

$$M=F_2l_1\sin\theta=BIl_2l_1\sin\theta$$

将矩形线圈面积 $S=l_1l_2$ 和磁矩大小 $|\boldsymbol{m}|=IS$ 代入上式，得

$$M=|\boldsymbol{m}|B\sin\theta \tag{12.3.16}$$

根据力矩矢量的定义，$\boldsymbol{F}_2$ 对 cd 轴的力矩方向垂直于纸平面向外. 线圈的磁力矩矢量 $\boldsymbol{M}$ 就是 $\boldsymbol{F}_2$ 对 cd 轴的力矩，可以看出，它的方向与磁矩矢量 $\boldsymbol{m}$ 与磁感应强度矢量 $\boldsymbol{B}$ 叉积的方向相同.

综合磁力矩矢量的大小和方向，线圈的磁力矩矢量可以表示为

$$\boldsymbol{M}=\boldsymbol{m}\times\boldsymbol{B} \tag{12.3.17}$$

上式尽管是从矩形平面线圈导出的，但它适用于任意形状的平面线圈. 如图 12.3.7 所示的任意平面线圈，在均匀磁场中受到的磁力矩也可以用式(12.3.17)计算.

当线圈平面与磁场方向平行时，即 $\theta=\dfrac{\pi}{2}$，如图 12.3.8 所示，由式(12.3.16)可知，线圈受到的磁力矩最大.

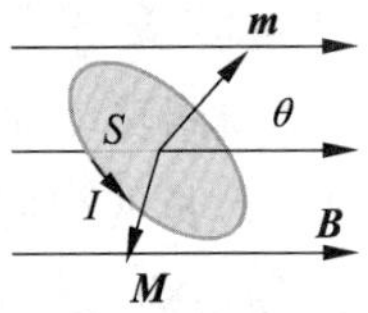

图 12.3.7 平面线圈磁力矩

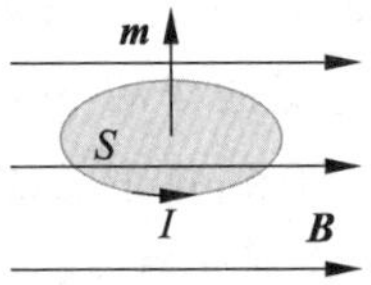

图 12.3.8 最大磁力矩位置

当线圈平面与磁场方向垂直时，即 $\theta=0$ 或 $\theta=\pi$，磁力矩为零，如图 12.3.9 所示的两个位置，称为平衡位置.

$\theta=0$ 时，线圈磁矩方向与磁场方向相同，如图 12.3.9(a)所示，称为稳定平衡. 线圈在此位置受到扰动而稍稍偏离平衡位置时($\theta\neq0$)，磁力矩会使线圈回复到平衡位置($\theta=0$).

$\theta=\pi$ 时，线圈磁矩方向与磁场方向相反，如图 12.3.9(b)所示，称为不稳定平衡. 线圈在此位置受到扰动而稍稍偏离平衡位置时，磁力矩会使线圈转到稳定平衡位置($\theta=0$).

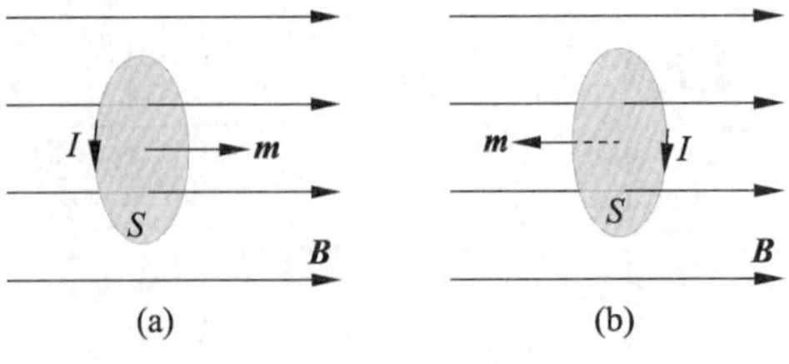

图 12.3.9 线圈平衡位置

线圈在磁场中因受到磁力矩而转动，这就是电动机的基本原理. 电动机的工作原理与图 12.3.6 相似. 电动机主要由两部分组成：一部分是定子，它通常也是载流线圈，但它是固定不动的，定子的作用是产生磁场；另一部分是转子，可以等效成可以转动的线圈.

还有一种直线电机，它将线圈转动变成平动，原理与普通转动电机基本上是一样的. 关于电机的详细工作原理将来在其他课程中学习.

12.3.3　磁场力的功

载流导线或载流线圈在磁场中受到磁场力或磁力矩，如果它们运动了，那么磁场力或磁力矩就可能做功.

1. 载流导线在均匀磁场中平动时磁场力的功

载流导线受到的磁场力用式(12.3.12)计算，再根据功的定义，用力与位移点积的积分计算功，即

$$A=\int \boldsymbol{F}\cdot \mathrm{d}\boldsymbol{l} \tag{12.3.18}$$

实际上，载流导线通常与电源等构成闭合回路，如图 12.3.10 所示. 长为 L 的直导线与一个电源连接成一个矩形闭合电路，导线中的恒定电流为 I，均匀磁场的磁感应强度为 $\boldsymbol{B}$，磁场方向垂直于矩形回路(图中垂直于纸面向外).

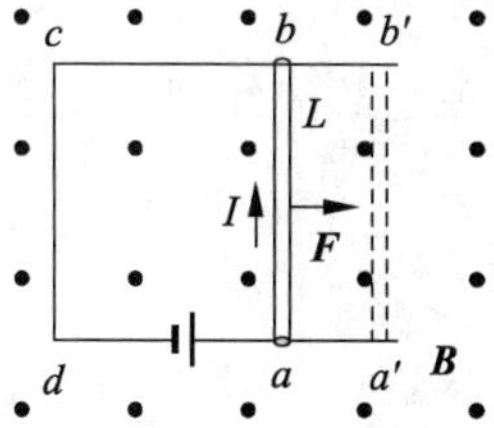

图 12.3.10　磁场力的功

直导线 ab 受到的安培力大小为

$$F=ILB \tag{12.3.19}$$

安培力的方向垂直于导线及磁场方向向右，如图所示.

假设直导线 ab 由 a 位置平动到 a' 位置，安培力所做的功为

$$A=F\cdot |\overline{aa'}| \tag{12.3.20}$$

将式(12.3.19)代入上式，得

$$A=ILB\cdot |\overline{aa'}| \tag{12.3.21}$$

由于直导线运动，闭合电路所包围面积的磁通量增量为

$$\Delta\Phi_B=B\Delta S=B\cdot L|\overline{aa'}|$$

结合上式，式(12.3.21)可写成

$$A=I\Delta\Phi_B \tag{12.3.22}$$

上式就是载流导线在磁场中运动时磁场力做功的计算式. 可以证明，任意弯曲导线在非均匀磁场中运动时，磁场力的功也可以用式(12.3.22)计算.

2. 载流线圈在磁场中转动时磁场力的功

如果线圈在磁场中做定轴转动，则直接用刚体定轴转动中功的计算式计算功，即

$$A=\int -M\cdot \mathrm{d}\theta \tag{12.3.23}$$

式中的负号表示磁力矩使 θ 减小，即 $M>0$ 时，$\mathrm{d}\theta<0$. 由式(12.3.16)计算平面线圈在磁场中的磁力矩大小为

$$M=|\boldsymbol{m}|B\sin\theta \tag{12.3.24}$$

计算线圈磁矩大小为

$$|\boldsymbol{m}|=IS \tag{12.3.25}$$

将上面两式代入式(12.3.23)，线圈由 θ_1 转动到 θ_2，得

$$A=\int_{\theta_1}^{\theta_2}-ISB\sin\theta\cdot d\theta \tag{12.3.26}$$

如果磁场、线圈中电流都不随时间变化，上式成为

$$A=-ISB\int_{\theta_1}^{\theta_2}\sin\theta\cdot d\theta \tag{12.3.27}$$

计算得

$$A=IBS(\cos\theta_2-\cos\theta_1) \tag{12.3.28}$$

由于线圈由 θ_1 转动到 θ_2 时，线圈的磁通量的增量为

$$\Delta\Phi_B=BS\cos\theta_2-BS\cos\theta_1$$

结合上式，式(12.3.28)可写成

$$A=I\Delta\Phi_B \tag{12.3.29}$$

这就是载流线圈在磁场中转动时磁场力的功的计算式. 其与式(12.3.22)完全相同.

12.4 霍尔效应

12.4.1 霍尔效应

载流导体薄片放在磁场中，如果导体薄片平面与磁场方向垂直，则在平行于电流方向的薄片两侧面间会出现微弱的电势差. 这一现象称为霍尔效应. 相应的电势差称为霍尔电势差，常用 U_H 表示. 这一现象是由美国物理学家霍尔于 1879 年发现的.

如图 12.4.1(a)所示，载流导体薄片在纸平面内，磁场垂直于纸面向内，薄片中的电流水平向右，则其上、下两个侧面间有霍尔电势差. 实验表明，在磁场不太强时，霍尔电势差 U_H 与电流 I、磁感应强度 B 成正比，与导体薄片的厚度 d 成反比，写成数学表达式为

$$U_H=R_H\frac{IB}{d} \tag{12.4.1}$$

R_H 称为霍尔系数，它与导体薄片的材料有关，而与电流 I、磁感应强度 B 和导体薄片的几何形状无关.

我们已经学过，运动电荷在磁场中受到洛伦兹力. 霍尔效应是由载流导体中形成电流的载流子(运动电荷)在磁场中受到洛伦兹力作用后沿垂直于磁场方向漂移的结果. 根据这一理论，可以导出霍尔系数与导体薄片材料的关系.

如图 12.4.1(b)所示，假设薄片导体的宽度和厚度分别为 b 和 d，且形成电流的载流子都是相同的正电荷，电荷量为 q. 当导体薄片中通有如图所示向右的电流时，导体中的所有载流子(正电荷)都向右定向运动，假设所有载流子的定向运动的速度 $\boldsymbol{v}$ 都相同. 选取任意一个载流子来分析，它所受的洛伦兹力用下式计算：

$$\boldsymbol{F}_m=q\boldsymbol{v}\times\boldsymbol{B} \tag{12.4.2}$$

洛伦兹力大小为

$$F_m=qvB \tag{12.4.3}$$

洛伦兹力方向向上，如图 12.4.1(b)所示.

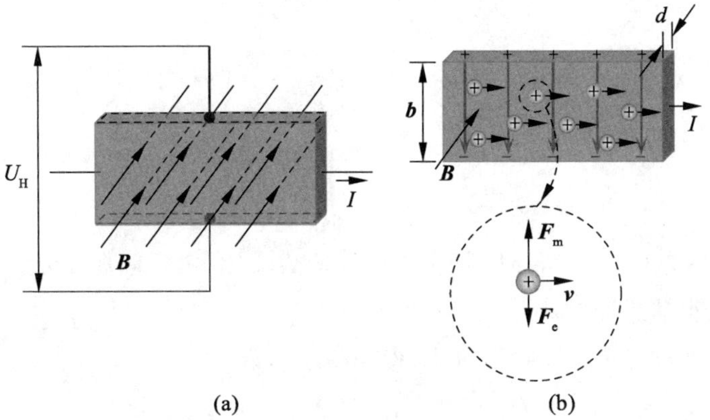

图 12.4.1　霍尔效应(电荷带正电)

载流子(正电荷)因受到洛伦兹力作用而向上漂移，有的最后到达导体上侧面，使上侧面带有正电. 根据电荷守恒定律，下侧面带有等量负电，这样，导体中就建立起一个附加电场，我们称它为霍尔电场，它的电场强度用 $\boldsymbol{E}_H$ 表示. 由于霍尔电场的存在，薄片上、下两个带电面之间会有电势差，这个电势差就是霍尔电势差.

霍尔电场对载流子产生的电场力为

$$\boldsymbol{F}_e = q\boldsymbol{E}_H \tag{12.4.4}$$

即霍尔电场力的大小为

$$F_e = qE_H \tag{12.4.5}$$

$\boldsymbol{E}_H$ 的方向向下，正电荷所受的霍尔电场力也向下.

此时，形成电流的载流子同时受到洛伦兹力和霍尔电场力的作用，这两个力方向相反. 开始时，霍尔电场较弱，霍尔电场力也较小. 随着载流子不断向上漂移，霍尔电场不断增强，霍尔电场力也随之增大. 直到载流子受到的洛伦兹力与霍尔电场力大小相等，两个力平衡，即

$$\boldsymbol{F}_e + \boldsymbol{F}_m = 0$$

两力大小相等，即

$$F_m = F_e \tag{12.4.6}$$

此时，载流子不再向上漂移，霍尔电场不再增加，霍尔电势差将保持不变. 将式(12.4.3)和式(12.4.5)代入式(12.4.6)，得

$$qvB = q\,\frac{U_H}{b} \tag{12.4.7}$$

整理上式，得

$$U_H = bvB \tag{12.4.8}$$

假设导体中单位体积内的载流子数为 n，参考式(12.3.9)及导体薄板的横截面积 $S=bd$，导体中的电流为

$$I = nSqv = nbdqv$$

整理上式,得

$$v=\frac{I}{nbdq} \tag{12.4.9}$$

将上式代入式(12.4.8),得

$$U_{\mathrm{H}}=\frac{IB}{nqd} \tag{12.4.10}$$

由此可见,霍尔电势差与导体薄片的厚度 d 成反比.实际问题中,为了增大霍尔电势差,厚度 d 应做得非常非常小.

将式(12.4.10)与式(12.4.1)对比,得到霍尔系数

$$R_{\mathrm{H}}=\frac{1}{nq} \tag{12.4.11}$$

可以看出,霍尔系数只与导体中单位体积内的载流子数 n 和载流子的电荷量 q 成反比.导体材料中载流子的体密度 n 越小,霍尔系数越大.通常,金属导体的载流子体密度很大,所以金属的霍尔系数很小,霍尔效应不明显.

实际工程中常利用半导体材料的霍尔效应做成霍尔传感器,因为半导体中载流子的体密度 n 比金属中的要小得多,半导体的霍尔效应比较明显.

上面的结论是以带正电的载流子导出的,如果问题一开始就假设载流子为负电荷,结果会怎样呢?如图 12.4.2 所示,负电荷定向运动的方向与电流方向相反.电流向右时,带负电的载流子向左定向运动.带负电的载流子受到的洛伦兹力还是向上的,带负电的载流子向上漂移,导体上侧面带负电.这样一来,霍尔电势差极性就反过来了.所以,我们可以根据霍尔电势差极性来判定载流子带的是正电荷还是负电荷.

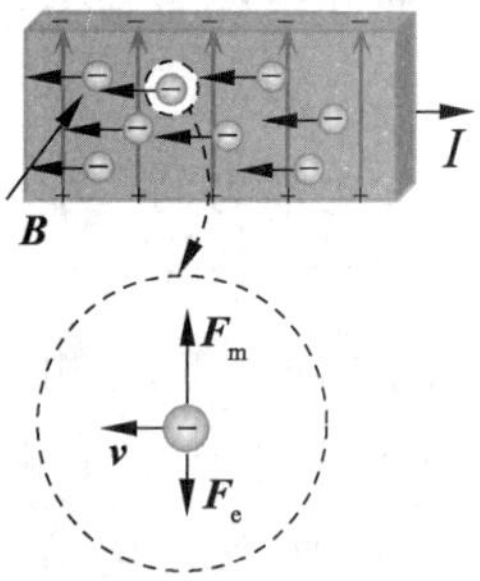

图 12.4.2 霍尔效应(电荷带负电)

半导体材料中同时有正、负两种载流子(空穴和电子),霍尔电势差是两部分的叠加,由于两者的极性相反,会削弱单一载流子的霍尔电势差.正、负电荷两种载流子体密度相差越大,霍尔电势差也越大.如果正、负电荷两种载流子体密度相等,霍尔电势差就消失了.

12.4.2 霍尔效应的应用

1. 霍尔传感器

霍尔传感器(见图 12.4.3)是根据霍尔效应制作的一种磁场传感器,广泛地应用于工业自动化技术、检测技术及信息处理等方面.霍尔效应是研究半导体材料性能的基本方法,通过霍尔效应实验测定霍尔系数,能够判断半导体材料的导电类型、载流子体密度及载流子迁移率等重要参数.

图 12.4.3 霍尔传感器

大学物理实验中“用霍尔传感器测量螺线管磁场”的实

验就用到了霍尔传感器.将式(12.4.1)改写成

$$U_{\mathrm{H}}=K_{\mathrm{H}}IB \tag{12.4.12}$$

式中，$K_{\mathrm{H}}=\dfrac{R_{\mathrm{H}}}{d}$称为霍尔元件的灵敏度.对于给定的霍尔元件，$K_{\mathrm{H}}$ 是常量，在保持电流不变的条件下，令 $K=K_{\mathrm{H}}I$，K 称为输出灵敏度.这样，上式成为

$$U_{\mathrm{H}}=KB \tag{12.4.13}$$

或

$$B=\frac{U_{\mathrm{H}}}{K} \tag{12.4.14}$$

实验中，常常首先测定 K，然后利用磁感应强度与霍尔电压成正比测定霍尔电压，最后计算出磁感应强度.

2. 磁流体发电

磁流体发电技术，就是将燃料(石油、天然气、燃煤等)加热成易于电离的气体，使之在 2000 ℃的高温下电离成导电的离子流，然后让其在磁场中高速流动，以获得霍尔电势差.

如图 12.4.4 所示是磁流体发电的原理图，水平放置的上、下两块导体平行板就是电压输出端.磁场方向平行于导体板，带电的粒子流(离子流)垂直于磁场沿平行于导体板高速运动，带电粒子在磁场中运动受到洛伦兹力而向上方(或下方)的导体平板飘移运动，从而在上、下导体平板间获得霍尔电势差.

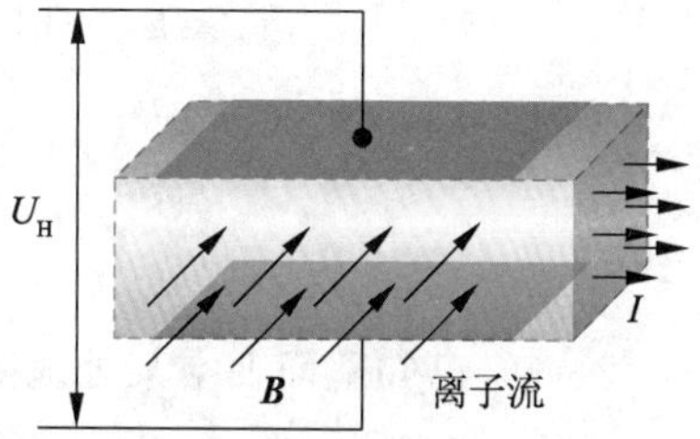

图 12.4.4　磁流体发电

思考题

12-1　宇宙射线是高速带电粒子流，它们从各个方向撞向地球.为什么宇宙射线在两极比在其他地方更容易进入地球？

12-2　赤道处的地磁场沿水平方向并指向北.假设地面附近的电场垂直指向地面，即电场方向和磁场方向相互垂直，则沿什么方向发射电子时，其运动不发生偏斜？

12-3　能否利用磁场对带电粒子的作用力来增大粒子的运动速率？

12-4　在磁场方向和电流方向一定的条件下，导体所受的安培力的方向与导体中载流子带电的正负有无关系？霍尔电压的正负与导体中载流子带电的正负有无关系？

习题

12-1　如图所示，速率为 v 的电子在磁感应强度大小为 B 的匀强磁场中做匀速圆周运动，求电子的轨道半径和运动周期.(电子的电荷量和质量分别为 e 和 m_{e})

12－2　如图所示，在显像管中，电子在水平面内从南向北运动，动能 $E_k=1.2\times 10^4$ eV. 该处地磁场在竖直方向的分量向下（图中垂直纸面向里，用符号"×"表示），其大小为 $B_\perp=5.5\times10^{-5}$ T. 已知电子电荷量 $e=1.6\times10^{-19}$ C，电子质量 $m_e=9.1\times10^{-31}$ kg，在地磁场竖直分量的作用下，试问：

（1）电子将向哪个方向偏转？

（2）电子的加速度有多大？

（3）电子在显像管内的南北方向上飞行 20 cm 时，偏转角有多大？

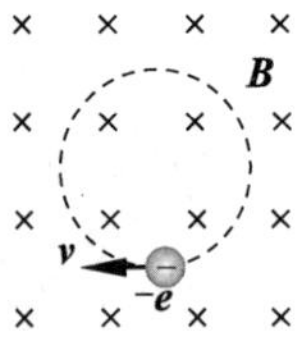

习题 12-1 图

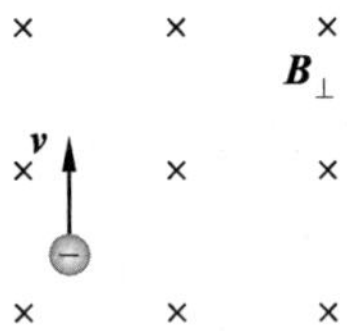

习题 12-2 图

12－3　已知地面上空某处地磁场的磁感应强度 $B=4\times10^{-5}$ T，方向由南向北. 宇宙射线中有一速率 $v=5\times10^7$ m/s 的质子竖直向上通过此处，试问：

（1）洛伦兹力的方向如何？

（2）洛伦兹力的大小如何？请将其与该质子受到的重力相比较.

12－4　如图所示，磁感应强度大小为 B 的匀强磁场中，有一个内、外半径分别为 a 和 b，电荷量为 q 的均匀带电薄圆环. 圆环平面与磁场方向平行，圆环以角速度 ω 绕通过环心 O 且垂直于环面的轴转动，求圆环所受磁力矩的大小.

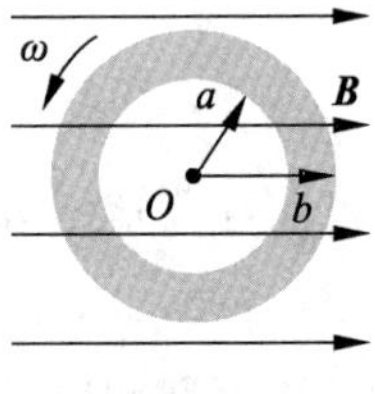

习题 12-4 图

12－5　半径为 R 的半圆形闭合线圈，载有电流 I，置于磁感应强度为 B 的匀强磁场中，磁场方向与线圈平面平行，如图所示. 以直径为转轴，求：

（1）线圈磁矩的大小和方向；

（2）线圈所受力矩的大小和方向；

（3）线圈从图示位置转过 90°，磁力矩做的功.

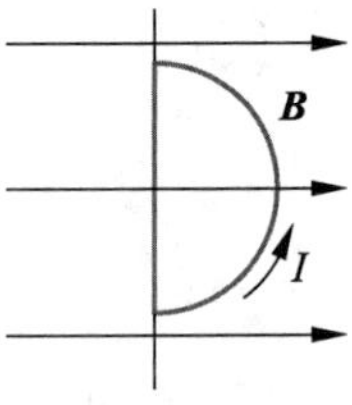

习题 12-5 图

12－6　圆线圈直径为 8 cm，共 12 匝，通以电流 5 A，将此线圈置于磁感应强度为 0.6 T 的匀强磁场中. 试求：

(1) 作用在线圈上的最大磁力矩；

(2) 线圈法线方向与磁场方向夹角多大时，力矩是线圈上最大力矩的一半.（取最小角度）

第 13 章　磁场的源和磁介质

13.1　毕奥—萨伐尔定律

实验表明，磁体周围有磁场，电流周围有磁场，运动电荷周围也有磁场. 而电流是电荷定向运动产生的，所以电流的磁场本质上就是运动电荷所激发的磁场. 而磁体物质是由分子组成的，分子是由原子组成的，原子是由原子核和核外电子组成的. 核外电子绕核运动、电子自旋运动，这些运动电荷是磁体周围磁场的源. 所以，一切磁场的本源来自运动电荷. 下面我们首先研究运动电荷激发的磁场，然后研究载流导线激发的磁场，最后研究磁体的磁场.

13.1.1　运动电荷的磁场

在静电场中，点电荷所激发电场的电场强度表达式为

$$\boldsymbol{E}_q=\frac{1}{4\pi\varepsilon_0}\frac{q}{r^2}\boldsymbol{e}_r \tag{13.1.1}$$

式中，q 是点电荷的电荷量；r 是点电荷 q 指向场点 p 的位置矢量 $\boldsymbol{r}$ 的大小（点电荷 q 到场点 p 的距离）；$\boldsymbol{e}_r$ 是位置矢量 $\boldsymbol{r}$ 的单位矢量. 如图 13.1.1 所示，$\boldsymbol{E}_q$ 的方向是正点电荷 q 所激发的电场强度方向，如果是负点电荷，电场强度方向与图中反向.

如果点电荷 q 不是静止的，而是以某一速度 $\boldsymbol{v}$ 运动，如图 13.1.2 所示，点电荷在 p 点处不仅激发电场还激发磁场. p 点的电场强度 $\boldsymbol{E}_q$ 用式(13.1.1)表示，p 点的磁感应强度 $\boldsymbol{B}_q$ 表达式与式(13.1.1)很相似.

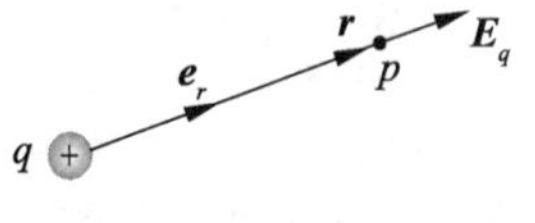

图 13.1.1　点电荷的电场

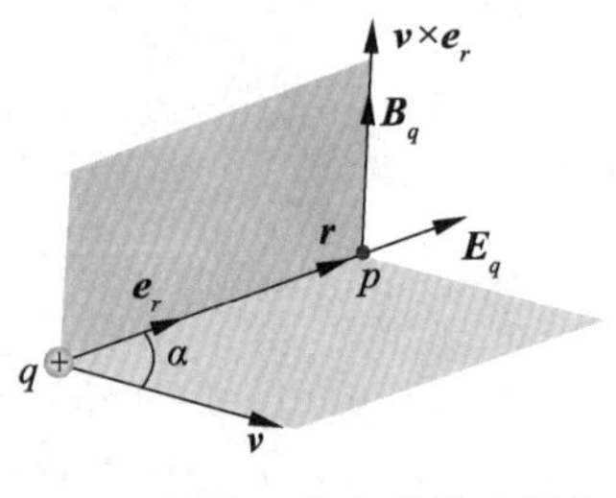

图 13.1.2　运动正点电荷的电场和磁场

实际表明，p 点的磁感应强度 $\boldsymbol{B}_q$ 的大小跟运动电荷的电荷量与速率的乘积 qv 成正比，跟速度矢量 $\boldsymbol{v}$ 与位置矢量 $\boldsymbol{r}$ 夹角 α 的正弦 $\sin\alpha$ 成正比，跟点电荷 q 到场点 p 的距离

r 的平方成反比. p 点处磁感应强度大小 B_q 的数学表达式为

$$B_q = \frac{\mu_0}{4\pi}\frac{qv\sin\alpha}{r^2} \tag{13.1.2}$$

式中, μ_0 称为真空中的磁导率,在国际单位制中, $\mu_0 = 4\pi\times10^{-7}$ T·m·A^{-1}.

磁感应强度 $\boldsymbol{B}_q$ 的方向垂直于速度 $\boldsymbol{v}$ 与单位矢量 $\boldsymbol{e}_r$ 所构成的平面,即沿平行于 $\boldsymbol{v}\times\boldsymbol{e}_r$ 的方向. $\boldsymbol{v}\times\boldsymbol{e}_r$ 的方向可以用右手螺旋定则确定,如图 13.1.3 所示. 正点电荷 q 在 p 点激发的磁感应强度 $\boldsymbol{B}_q$ 的方向与 $\boldsymbol{v}\times\boldsymbol{e}_r$ 的方向相同,如图 13.1.2 所示. 负点电荷 q 在 p 点激发的磁感应强度 $\boldsymbol{B}_q$ 的方向与 $\boldsymbol{v}\times\boldsymbol{e}_r$ 的方向相反,如图 13.1.4 所示.

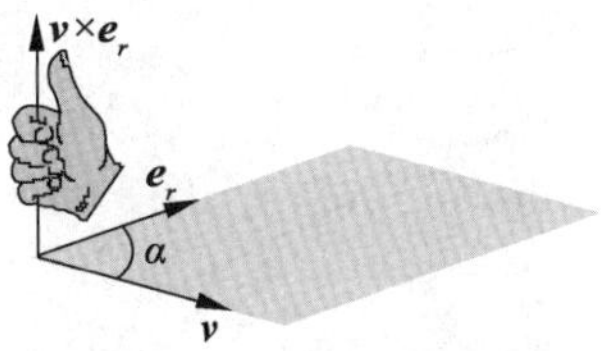

图 13.1.3　右手螺旋定则

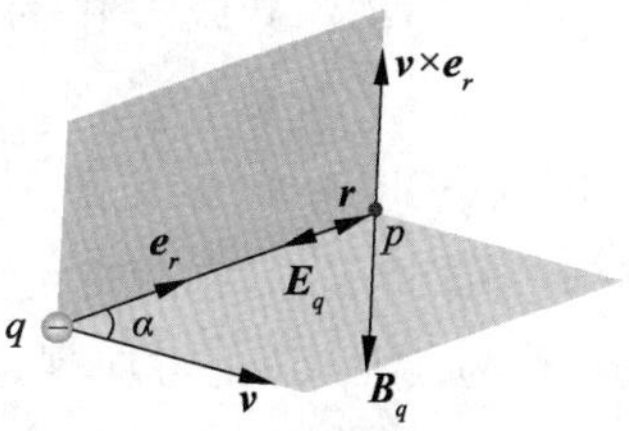

图 13.1.4　运动负点电荷的电场和磁场

把磁感应强度的大小和方向结合在一起,点电荷 q 在 p 点激发的磁感应强度矢量 $\boldsymbol{B}_q$ 的表达式为

$$\boldsymbol{B}_q = \frac{\mu_0}{4\pi}\frac{q\boldsymbol{v}\times\boldsymbol{e}_r}{r^2} \tag{13.1.3}$$

式(13.1.3)就是运动电荷所激发的磁感应强度表达式.

根据式(13.1.2),当 $\alpha=0$ 或 $\alpha=\pi$ 时, $B_q=0$. 也就是说,在运动电荷速度矢量所在直线上磁感应强度处处为零.

图 13.1.5 所示是运动正点电荷激发的磁场在垂直于速度方向的平面内的磁感应线. 这些磁感应线是以运动电荷速度矢量为轴线的同心圆,而且磁感应线方向与电荷运动方向成右手螺旋关系.

运动负点电荷激发的磁感应线方向与电荷运动方向成左手螺旋关系,如图 13.1.6 所示.

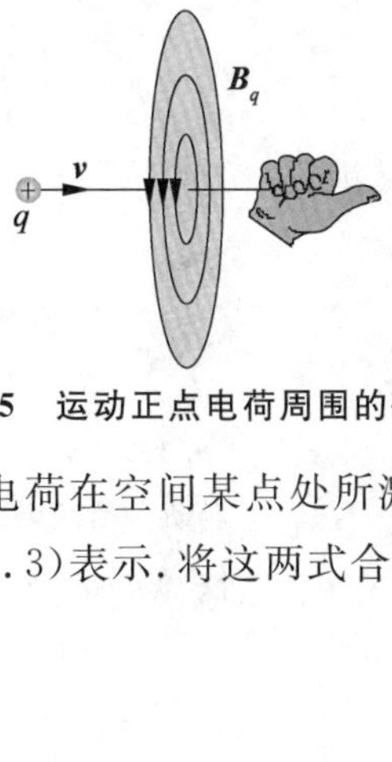

图 13.1.5　运动正点电荷周围的磁感应线

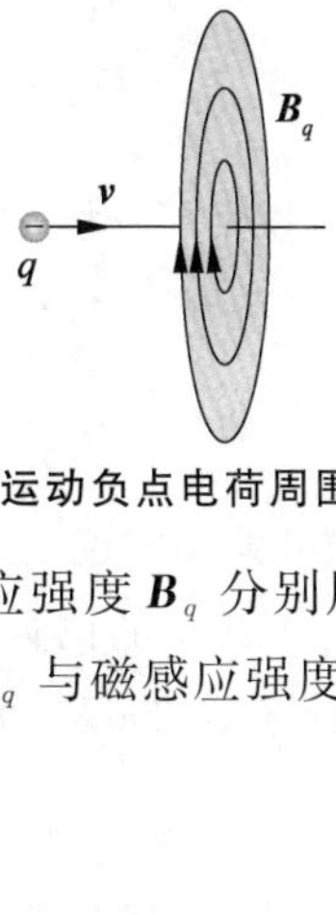

图 13.1.6　运动负点电荷周围的磁感应线

运动电荷在空间某点处所激发的电场强度 $\boldsymbol{E}_q$ 和磁感应强度 $\boldsymbol{B}_q$ 分别用式(13.1.1)和式(13.1.3)表示. 将这两式合在一起就得到了电场强度 $\boldsymbol{E}_q$ 与磁感应强度 $\boldsymbol{B}_q$ 的关系

$$\boldsymbol{B}_q = \mu_0\varepsilon_0\boldsymbol{v}\times\boldsymbol{E}_q \tag{13.1.4}$$

可见，运动电荷在空间所激发的电场和磁场是紧密相关的，同一点的电场强度与磁感应强度大小成正比，方向相互垂直，如图 13.1.2 和图 13.1.4 所示. 以后我们要学习的电磁波实质上就是脱离电荷而独立存在的电磁场，电磁场中同一点的电场强度与磁感应强度方向相互垂直.

13.1.2 毕奥—萨伐尔定律

导体中的电流是由载流子的定向运动形成的，载流导线激发磁场，实质上就是运动电荷激发磁场，下面利用单个运动电荷所激发的磁感应强度表达式导出载流导线所激发的磁感应强度表达式，即毕奥—萨伐尔定律.

如图 13.1.7 所示，载流导线 L 中的电流为 I，现在要求出空间任意一点 p 处的磁感应强度.

在导线上任意取长度为 $\mathrm{d}l$ 的无限小一段，如图 13.1.7 中圆圈中的部分，用 $I\mathrm{d}\boldsymbol{l}$ 表示，称为电流元. 其中 I 表示导线中的电流，$\mathrm{d}\boldsymbol{l}$ 称为线元，$\mathrm{d}\boldsymbol{l}$ 的方向规定为导线的电流方向，$\mathrm{d}\boldsymbol{l}$ 的大小就是电流元导线的长度.

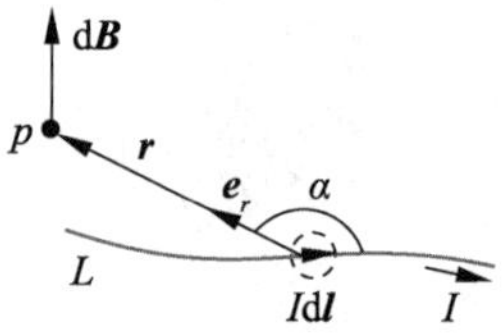

图 13.1.7 电流元所激发的磁场

假设电流元 $I\mathrm{d}\boldsymbol{l}$ 在 p 处所激发的磁感应强度为 $\mathrm{d}\boldsymbol{B}$，则整个载流导线在 p 处所激发的磁感应强度等于导线 L 上所有电流元 $I\mathrm{d}\boldsymbol{l}$ 激发的磁感应强度 $\mathrm{d}\boldsymbol{B}$ 的矢量和，也就是 $\mathrm{d}\boldsymbol{B}$ 沿导线 L 的线积分，即

$$\boldsymbol{B}=\int_L \mathrm{d}\boldsymbol{B} \tag{13.1.5}$$

要计算上式积分，首先要写出 $\mathrm{d}\boldsymbol{B}$ 的表达式.

如图 13.1.8 所示是电流元 $I\mathrm{d}\boldsymbol{l}$ 的放大图. 假设导线中形成电流的载流子是同一种电荷量为 q 的正电荷，载流子以相同的速度 $\boldsymbol{v}$ 沿导线匀速率运动而形成电流.

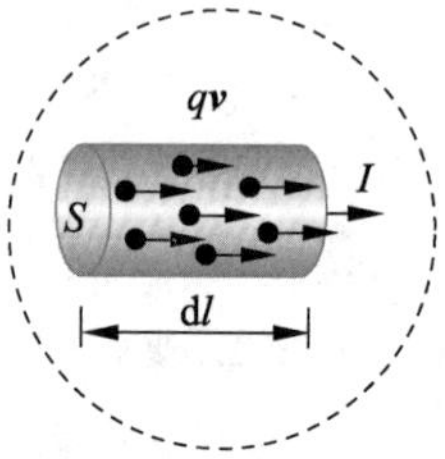

图 13.1.8 电流元放大图

电流元 $I\mathrm{d}\boldsymbol{l}$ 所激发的磁场就是这段导线内所有运动电荷所激发磁场的叠加. 由于这段导线内的电荷及其运动速度都相同，只要求出一个运动电荷所激发的磁感应强度 $\boldsymbol{B}_q$，再乘以这段导线中的电荷数目 $\mathrm{d}N$，就得到了电流元所激发的磁感应强度 $\mathrm{d}\boldsymbol{B}$，即

$$\mathrm{d}\boldsymbol{B}=\boldsymbol{B}_q\mathrm{d}N \tag{13.1.6}$$

如图 13.1.9 所示，电流元 $I\mathrm{d}\boldsymbol{l}$ 内的一个运动电荷 q 在 p 处所激发的磁感应强度为

$$\boldsymbol{B}_q=\frac{\mu_0}{4\pi}\frac{q\boldsymbol{v}\times\boldsymbol{e}_r}{r^2} \tag{13.1.7}$$

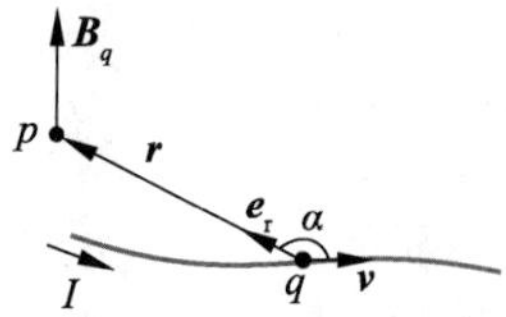

图 13.1.9 电流元中运动电荷所激发的磁场

式中，$\boldsymbol{v}$ 是运动电荷 q 的速度；$\boldsymbol{e}_r$ 是运动电荷所在位置(即电流元所在位置)指向场点 p 的位置矢量 $\boldsymbol{r}$ 的单位矢量. 只要求出电流元 $I\mathrm{d}\boldsymbol{l}$ 内的载流子数目 $\mathrm{d}N$，就可以用式(13.1.6)求得电流元 $I\mathrm{d}\boldsymbol{l}$ 所激发的磁感应强度.

假设导线的横截面积为 S，单位体积内的载流子数为 n，电流元 $I\mathrm{d}\boldsymbol{l}$ 内的载流子数目等于单位体积内的载流子数 n 与电流元导线的体积 $S\mathrm{d}l$ 的乘积

$$\mathrm{d}N=nS\mathrm{d}l \tag{13.1.8}$$

将式(13.1.7)和式(13.1.8)代入式(13.1.6)，得

$$\mathrm{d}\boldsymbol{B}=\frac{\mu_0}{4\pi}\frac{(q\boldsymbol{v}nS\mathrm{d}l)\times\boldsymbol{e}_r}{r^2} \tag{13.1.9}$$

根据式(12.3.9)，导线中的电流 $I=qvnS$，$I\mathrm{d}\boldsymbol{l}$ 与 $\boldsymbol{v}$ 同方向，所以

$$I\mathrm{d}\boldsymbol{l}=q\boldsymbol{v}nS\mathrm{d}l \tag{13.1.10}$$

将上式代入式(13.1.9)，得

$$\mathrm{d}\boldsymbol{B}=\frac{\mu_0}{4\pi}\frac{I\mathrm{d}\boldsymbol{l}\times\boldsymbol{e}_r}{r^2} \tag{13.1.11}$$

这就是电流元 $I\mathrm{d}\boldsymbol{l}$ 所激发的磁感应强度表达式，称为毕奥—萨伐尔定律.

毕奥(J. B. Biot)和萨伐尔(F. Savart)做了大量载流导线对磁极作用的实验，拉普拉斯(P. S. Laplace)分析了他们的实验资料，找出了电流元 $I\mathrm{d}\boldsymbol{l}$ 在空间任意一点 p 处所激发的磁感应强度表达式(13.1.11)，式中 r 是电流元 $I\mathrm{d}\boldsymbol{l}$ 到场点 p 的距离，就是电流元 $I\mathrm{d}\boldsymbol{l}$ 指向 p 点的位置矢量 $\boldsymbol{r}$ 的大小；$\boldsymbol{e}_r$ 是位置矢量 $\boldsymbol{r}$ 的单位矢量. 电流元 $I\mathrm{d}\boldsymbol{l}$ 在 p 处激发的磁感应强度 $\mathrm{d}\boldsymbol{B}$ 的大小为

$$\mathrm{d}B=\frac{\mu_0}{4\pi}\frac{I\mathrm{d}l\sin\alpha}{r^2} \tag{13.1.12}$$

式中，α 是电流元矢量 $I\mathrm{d}\boldsymbol{l}$ 与单位矢量 $\boldsymbol{e}_r$ 的夹角. $\mathrm{d}\boldsymbol{B}$ 的方向由矢量运算 $I\mathrm{d}\boldsymbol{l}\times\boldsymbol{e}_r$ 确定，或通过如图 13.1.10 所示的右手螺旋定则确定.

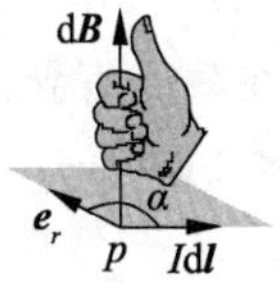

图 13.1.10　电流元所激发的磁感应强度方向

特别要注意，当 $\alpha=0$ 或 $\alpha=\pi$ 时，$\mathrm{d}B=0$，即电流元在自身直线上激发的磁感应强度处处为零.

式(13.1.11)是计算载流导线所激发的磁感应强度的基本公式. 根据磁感应强度的叠加原理，任意载流导线 L 所激发的磁感应强度等于载流导线 L 上所有电流元激发的磁感应强度的矢量和，即式(13.1.11)沿载流导线 L 的线积分，写成数学表达式为

$$\boldsymbol{B}=\int_L\frac{\mu_0}{4\pi}\frac{I\mathrm{d}\boldsymbol{l}\times\boldsymbol{e}_r}{r^2} \tag{13.1.13}$$

上式也可称为毕奥—萨伐尔定律. 式中，L 表示积分范围，即导线上所有电流流过的范围.

实际电流可以沿着细导线传导，也可以分布在导体表面，还可以分布在导体的三维空间. 所以，上式的积分可以是沿细导线的线积分，也可以是沿导体表面的面积分(电流沿导体表面流动时)，还可以是沿三维空间的体积分(电流沿导体三维空间流动时). 这样，实际计算时会涉及二重积分或三重积分运算.

理论上说，已知了载流导体上电流在空间的分布，空间的磁场分布都可以由式(13.1.13)计算得到.

13.1.3 用毕奥—萨伐尔定律计算磁感应强度

用毕奥—萨伐尔定律计算磁感应强度时，首先将载流导线划分成无数个电流元 $I\mathrm{d}\boldsymbol{l}$，写出任意一个电流元所激发的磁感应强度 $\mathrm{d}\boldsymbol{B}$ 的表达式，再计算积分 $\boldsymbol{B}=\int\mathrm{d}\boldsymbol{B}$.

积分计算中，各电流元激发的磁感应强度 $\mathrm{d}\boldsymbol{B}$ 的方向一般不同，矢量的积分计算比较复杂.一般先建立合适的坐标系，将磁感应强度 $\mathrm{d}\boldsymbol{B}$ 矢量分解成各个方向的分量，再对各分量进行积分计算.

以直角坐标系为例，将 $\mathrm{d}\boldsymbol{B}$ 矢量分解为三个分量，即

$$\mathrm{d}\boldsymbol{B}=\mathrm{d}B_x\boldsymbol{i}+\mathrm{d}B_y\boldsymbol{j}+\mathrm{d}B_z\boldsymbol{k} \tag{13.1.14}$$

然后对各分量积分，有

$$B_x=\int\mathrm{d}B_x, B_y=\int\mathrm{d}B_y, B_z=\int\mathrm{d}B_z \tag{13.1.15}$$

最后求得磁感应强度矢量，有

$$\boldsymbol{B}=B_x\boldsymbol{i}+B_y\boldsymbol{j}+B_z\boldsymbol{k} \tag{13.1.16}$$

[例 13.1.1] 求载流长直细导线激发的磁场.

解：如图 13.1.11(a)所示，建立直角坐标系.载流长直细导线在 x 轴上，电流方向沿 x 轴正方向. p 为 y 轴上的任意一点，p 点坐标为 $(0,a)$，即 p 点离开载流直导线的距离为 a.在载流直导线上任意取一小段电流元 $I\mathrm{d}\boldsymbol{l}$，其中 $\mathrm{d}l=\mathrm{d}x$.电流元 $I\mathrm{d}\boldsymbol{l}$ 在 p 点所激发的磁感应强度为

$$\mathrm{d}\boldsymbol{B}=\frac{\mu_0}{4\pi}\frac{I\mathrm{d}\boldsymbol{l}\times\boldsymbol{e}_r}{r^2} \quad ①$$

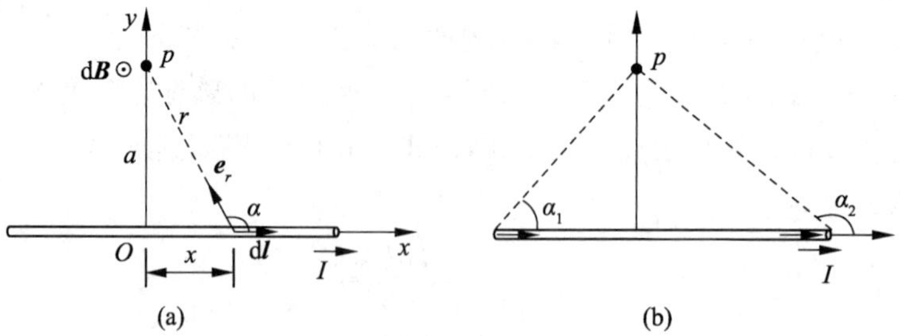

图 13.1.11 载流长直导线的磁感应强度

上式中 $\mathrm{d}\boldsymbol{l}=\mathrm{d}x\boldsymbol{i}$，$\mathrm{d}\boldsymbol{B}$ 的大小为

$$\mathrm{d}B=\frac{\mu_0}{4\pi}\frac{I\sin\alpha}{r^2}\mathrm{d}x \quad ②$$

$\mathrm{d}\boldsymbol{B}$ 的方向垂直于 xOy 平面向外，即沿坐标 z 轴的正方向.如图 13.1.11(a)垂直于纸面向外，用"⊙"表示.所以 $\mathrm{d}\boldsymbol{B}=\mathrm{d}B\boldsymbol{k}$.载流长直细导线在 p 点所激发的磁感应强度

$$\boldsymbol{B}=\int_L \mathrm{d}B\boldsymbol{k}=\left(\int_L \mathrm{d}B\right)\boldsymbol{k}=B\boldsymbol{k} \tag{③}$$

可见，p 点的磁感应强度方向沿坐标 z 轴方向，也就是垂直于 p 点与载流导线所构成的平面. 磁感应强度大小等于 $\int_L \mathrm{d}B$ 的积分结果. 为了便于积分运算，我们将积分变量及被积函数的变量统一转化为 α.

由图 13.1.11(a)的几何关系，得

$$r=\frac{a}{\sin(\pi-\alpha)}=\frac{a}{\sin\alpha} \tag{④}$$

$$x=\frac{a}{\tan(\pi-\alpha)}=-\frac{a}{\tan\alpha} \tag{⑤}$$

上式求微分，得

$$\mathrm{d}x=\frac{a}{\sin^2\alpha}\mathrm{d}\alpha \tag{⑥}$$

将④式和⑥式代入②式，整理得

$$\mathrm{d}B=\frac{\mu_0}{4\pi}\frac{I\sin\alpha}{a}\mathrm{d}\alpha \tag{⑦}$$

如图 13.1.11(b)所示，变量 α 对电流元 $I\mathrm{d}\boldsymbol{l}$ 的积分范围是 $\alpha_1 \sim \alpha_2$，上式定积分为

$$B=\int_{\alpha_1}^{\alpha_2}\frac{\mu_0}{4\pi}\frac{I\sin\alpha}{a}\mathrm{d}\alpha$$

计算得

$$B=\frac{\mu_0 I}{4\pi a}(\cos\alpha_1-\cos\alpha_2) \tag{⑧}$$

从计算结果来看，载流长直细导线所激发的磁感应强度对直导线具有对称性.

如图 13.1.12 所示，在垂直于载流直导线的平面内作一个以载流导线为圆心、半径为 a 的圆，由⑧式看出，圆上各点的磁感应强度大小处处相等，方向处处垂直于导线且沿着圆周的切线方向(图中圆周上箭头方向). 所以，载流直导线的磁感应线是同心圆，磁感应强度方向与电流方向成右手螺旋关系.

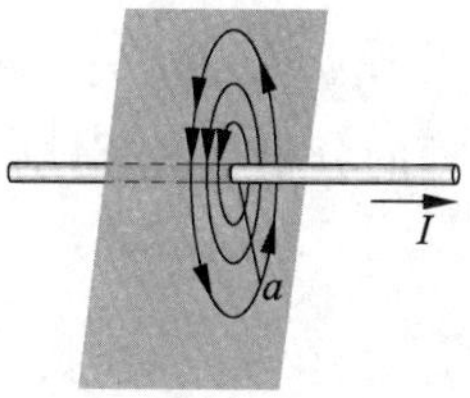

图 13.1.12　载流长直导线的磁场对称性

讨论

(1) 当载流导线无限长时，$\alpha_1=0$，$\alpha_2=\pi$，则

$$B=\frac{\mu_0 I}{2\pi a} \tag{13.1.17}$$

由上式可知，离开载流直导线越远的地方磁感应强度越小，离开载流导线距离相等的地方磁感应强度大小相等. 现作一个以载流直导线为轴、半径为 a 的圆柱面，如图 13.1.13 所示，圆柱面侧面上磁感应强度大小处处

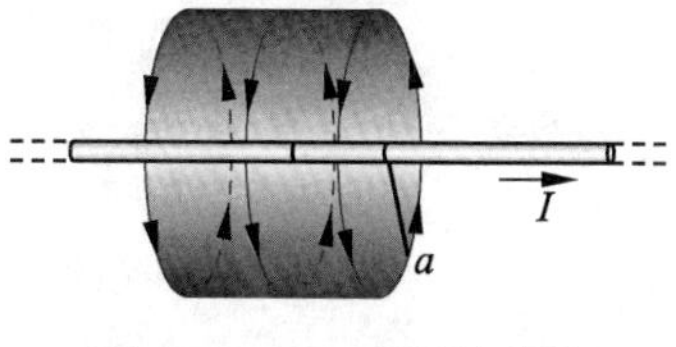

图 13.1.13　无限长载流直导线的磁场对称性

相等,磁感应强度方向处处沿圆柱表面的切向并与导线垂直.

(2) 导线半无限长时,即 $\alpha_1=\frac{\pi}{2}$,$\alpha_2=\pi$,则

$$B=\frac{\mu_0 I}{4\pi a} \tag{13.1.18}$$

(3) p 点位于载流导线上时,$\alpha_1=0$,$\alpha_2=\pi$,p 点位于载流直导线延长线上,即 $\alpha_1=\alpha_2=0$ 或 $\alpha_1=\alpha_2=\pi$,则

$$B=0$$

[例 13.1.2] 载流圆线圈在轴线上激发的磁场.

解:如图 13.1.14 所示,建立直角坐标系,半径为 R 的载流圆线圈位于 yOz 平面内(垂直于纸平面),圆心处于坐标原点,电流 I 的方向与 x 轴正方向成右手螺旋关系.

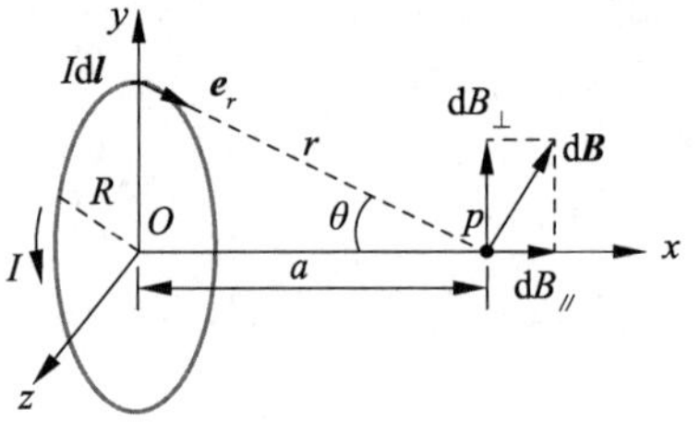

图 13.1.14 载流圆线圈的磁场

p 是载流圆线圈轴线(x 轴)上的任意一点,p 点坐标为$(a,0,0)$,即 p 点离开线圈圆心的距离为 a.

在线圈导线上任意取电流元 $I\mathrm{d}\boldsymbol{l}$,它在 p 点所激发的磁感应强度为

$$\mathrm{d}\boldsymbol{B}=\frac{\mu_0}{4\pi}\frac{I\mathrm{d}\boldsymbol{l}\times\boldsymbol{e}_r}{r^2} \tag{①}$$

式中,$\boldsymbol{e}_r$ 是电流元 $I\mathrm{d}\boldsymbol{l}$ 指向 p 点的位置矢量 $\boldsymbol{r}$ 的单位矢量. $\mathrm{d}\boldsymbol{B}$ 的大小为

$$\mathrm{d}B=\frac{\mu_0}{4\pi}\frac{I\mathrm{d}l}{r^2} \tag{②}$$

设 θ 为单位矢量 $\boldsymbol{e}_r$ 与 x 轴正方向的夹角,将 $\mathrm{d}\boldsymbol{B}$ 分解成平行于 x 轴的分量和垂直于 x 轴的分量,它们分别为

$$\mathrm{d}B_{//}=\mathrm{d}B\sin\theta \tag{③}$$

$$\mathrm{d}B_{\perp}=\mathrm{d}B\cos\theta \tag{④}$$

根据圆电流线圈的对称性,圆电流线圈上所有电流元在 p 点所激发的磁感应强度沿垂直于 x 轴方向的分量的矢量和为零,p 点的磁感应强度只有 x 轴方向的分量.

所以,p 点磁感应强度大小等于 x 方向磁感应强度的大小,即

$$B=\int_L \mathrm{d}B_{//}$$

将②、③两式代入上式,对整个圆积分,即

$$B=\oint_L \frac{\mu_0}{4\pi}\frac{I\mathrm{d}l}{r^2}\sin\theta=\frac{\mu_0 I\sin\theta}{4\pi r^2}\oint_L \mathrm{d}l$$

$\oint_L \mathrm{d}l$ 等于线圈的周长,所以

$$B=\frac{\mu_0 I\sin\theta}{4\pi r^2}2\pi R \tag{⑤}$$

根据几何关系，得

$$r^2=R^2+a^2 \tag{⑥}$$

$$\sin\theta=\frac{R}{(R^2+a^2)^{\frac{1}{2}}} \tag{⑦}$$

将⑥、⑦两式代入⑤式，得

$$B=\frac{\mu_0 IR^2}{2(R^2+a^2)^{\frac{3}{2}}} \tag{13.1.19}$$

用线圈面积 $S=\pi R^2$ 代入上式，考虑到 p 点磁感应强度方向沿 x 轴正方向. 所以，p 点磁感应强度矢量

$$\boldsymbol{B}=\frac{\mu_0}{2\pi}\frac{IS}{(R^2+a^2)^{\frac{3}{2}}}\boldsymbol{i} \tag{13.1.20}$$

如图 13.1.15 所示，将载流线圈的磁矩 $\boldsymbol{m}=IS\boldsymbol{e}_n=IS\boldsymbol{i}$ 代入上式，得

$$\boldsymbol{B}=\frac{\mu_0}{2\pi}\frac{\boldsymbol{m}}{(R^2+a^2)^{\frac{3}{2}}} \tag{13.1.21}$$

如果线圈由完全相同的 N 匝线圈叠绕而成，则磁感应强度为单匝线圈时的 N 倍.

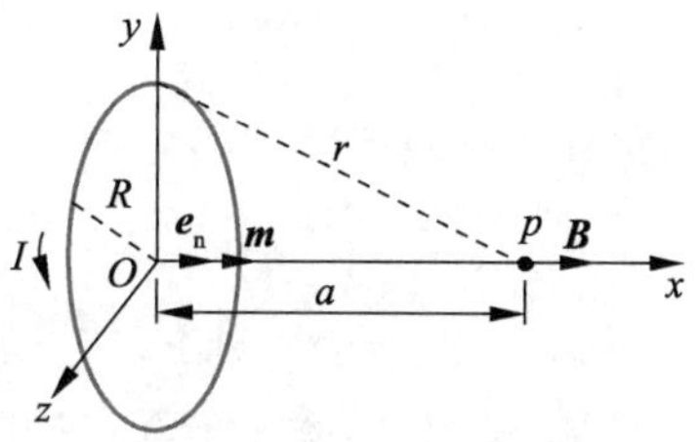

图 13.1.15　载流圆线圈的磁矩与磁感应强度

讨论

(1) 载流圆线圈圆心处 $a=0$，式(13.1.19)成为

$$B=\frac{\mu_0 I}{2R} \tag{13.1.22}$$

上式是圆电流在圆心处的磁感应强度，以后在计算中经常会用到.

(2) 在远离线圈的轴线上，$a\gg R$，将 $R^2+a^2\to a^2$ 代入式(13.1.21)，得

$$\boldsymbol{B}\to\frac{\mu_0\boldsymbol{m}}{2\pi a^3}$$

可见，载流圆线圈轴线上的磁感应强度大小与线圈磁矩成正比，与距离的三次方成反比.

以上两个例题中，都没有考虑载流导线的粗细，实际导线是有粗细、形状的，有的还是空心导体. 图 13.1.16(a)所示是一块无限长载流导体平板，电流沿板的长度方向流动，这样的载流导体所激发的磁感应强度如何计算呢？

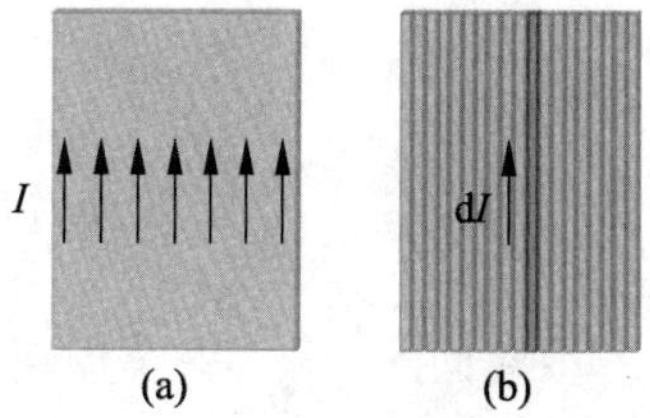

图 13.1.16　无限长载流导体平板的磁感应强度

我们可以把导体板看作由无数根细直导线组成，如图 13.1.16(b)所示. 任意取一根细直导线，按电流分布规律和导体的几何形状写出此细直导线的电流 dI 的表

达式.

参考式(13.1.18),写出 dI 所激发的磁感应强度大小为

$$dB=\frac{\mu_0 dI}{2\pi a}$$

考虑磁场方向后,利用磁感应强度的叠加原理,积分计算载流导体平板所激发的磁感应强度.

如图 13.1.17(a)所示是圆柱形中空导体,电流沿圆柱轴线方向,这样的载流导体所激发的磁感应强度如何计算呢?

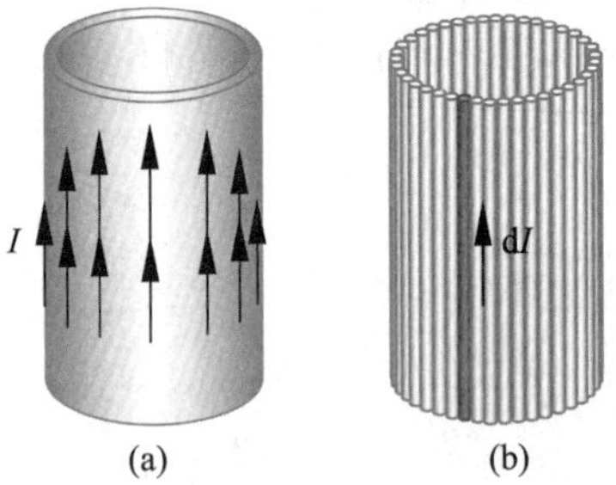

图 13.1.17　无限长载流圆柱形导体的磁感应强度

我们可以把圆柱面导体看作由无数根直导线围成,如图 13.1.17(b)所示.任意取一根细直导线,按电流分布规律和导体的几何形状,写出此细直导线的电流 dI 的表达式,再写出 dI 所激发的磁感应强度 $dB=\frac{\mu_0 dI}{2\pi a}$,考虑磁场方向后,再利用磁感应强度的叠加原理,积分计算载流圆柱形导体所激发的磁感应强度.

[例 13.1.3]　如图 13.1.18(a)所示,有一半径为 R 的塑料圆形薄片,电荷量为 q 的正电荷均匀分布在薄片表面,薄片以角速度 ω 绕通过圆心且与薄片垂直的轴匀速转动.求圆心处的磁感应强度.

解:薄片上电荷面密度 $\sigma=\frac{q}{\pi R^2}$.薄片匀速转动时,表面上的电荷做匀速圆周运动,这些运动电荷形成圆形电流.

如图 13.1.18(b)所示,在圆形薄片上取半径为 r、宽度为 dr 且与圆形薄片同心的细圆环,其带电量为

$$dq=\sigma dS=\frac{q}{\pi R^2}2\pi r dr \quad ①$$

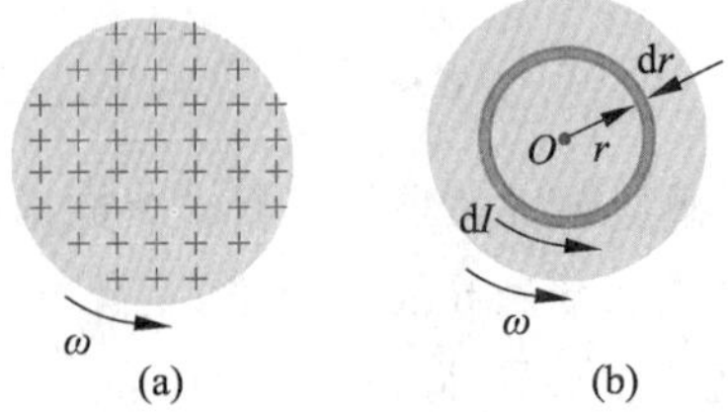

图 13.1.18　均匀带电圆盘匀速转动的磁场

取时间 $T=\frac{2\pi}{\omega}$(一个周期),通过细圆环某横截面的电荷量正好就等于细圆环上所带电荷量 dq,$\frac{dq}{T}$就等于细圆环转动时形成的电流

$$\mathrm{d}I=\frac{\mathrm{d}q}{T} \tag{②}$$

将 $\mathrm{d}q=\frac{q}{\pi R^2}2\pi r\,\mathrm{d}r$ 和 $T=\frac{2\pi}{\omega}$ 代入上式，得

$$\mathrm{d}I=\frac{\frac{q}{\pi R^2}2\pi r\,\mathrm{d}r}{\frac{2\pi}{\omega}}=\frac{\omega q r\,\mathrm{d}r}{\pi R^2} \tag{③}$$

参考式(13.1.22)，细圆环电流 $\mathrm{d}I$ 在环心处激发的磁感应强度为

$$\mathrm{d}\boldsymbol{B}=\frac{\mu_0\mathrm{d}I}{2r}\boldsymbol{e}_\mathrm{n} \tag{④}$$

将③式代入④式，整理得

$$\mathrm{d}\boldsymbol{B}=\frac{\mu_0\omega q}{2\pi R^2}\mathrm{d}r\boldsymbol{e}_\mathrm{n} \tag{⑤}$$

将上式对整个圆形薄片积分就得到圆心处的磁感应强度. 对于变量 r，其积分范围是 $0\sim R$. 上式定积分为

$$\boldsymbol{B}=\int_0^R\frac{\mu_0\omega q}{2\pi R^2}\mathrm{d}r\boldsymbol{e}_\mathrm{n}=\frac{\mu_0\omega q}{2\pi R}\boldsymbol{e}_\mathrm{n} \tag{⑥}$$

磁感应强度的方向沿薄片法线方向，且与转动方向成右手螺旋关系.

[例 13.1.4]　玻尔氢原子模型中，电子绕原子核运动相当于一个圆电流，相应的磁矩称为轨道磁矩，用 $\boldsymbol{\mu}$ 表示. 试求轨道磁矩 $\boldsymbol{\mu}$ 与轨道角动量 $\boldsymbol{L}$ 之间的关系，计算基态时的电子轨道磁矩.

解：如图 13.1.19 所示，电荷量为 e 的电子以半径 r 绕核做匀速圆周运动，转速为 n，则电子的轨道磁矩为

$$\mu=IS=ne\pi r^2 \tag{①}$$

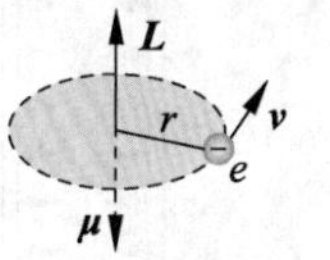

图 13.1.19　电子轨道角动量与轨道磁矩

轨道角动量为

$$L=rm_\mathrm{e}v=rm_\mathrm{e}2\pi rn=2m_\mathrm{e}n\pi r^2 \tag{②}$$

结合以上两式，得

$$\mu=\frac{e}{2m_\mathrm{e}}L \tag{③}$$

由于电子带负电，轨道磁矩 $\boldsymbol{\mu}$ 与轨道角动量 $\boldsymbol{L}$ 方向相反. 将③式写成矢量式

$$\boldsymbol{\mu}=-\frac{e}{2m_\mathrm{e}}\boldsymbol{L} \tag{④}$$

由玻尔理论，轨道角动量为

$$L=n\frac{h}{2\pi} \tag{⑤}$$

所以，轨道磁矩为

$$\mu=\frac{e}{2m_e}\left(n\,\frac{h}{2\pi}\right) \qquad ⑥$$

基态时($n=1$),并用 μ_B 表示基态时电子的轨道磁矩,有

$$\mu_B=\frac{e}{2m_e}\left(\frac{h}{2\pi}\right)=\frac{eh}{4\pi m_e} \qquad ⑦$$

μ_B 称为玻尔磁子.把数值代入上式,计算得 $\mu_B=9.273\times10^{-24}\ \mathrm{A\cdot m^2}$.

值得注意的是,原子中的电子除了沿轨道运动外,还有自旋运动,电子的自旋是一种量子现象,它有自己的磁矩和角动量,电子自旋磁矩的量值等于玻尔磁子.

13.2 平行载流导线间的磁场力

13.2.1 平行载流导线间的磁场力

实验表明,载流导线间有相互作用力.当两根平行载流导线通有同方向电流时,导线间存在相互吸引的力,如图 13.2.1(a)所示.当两根平行载流导线通有反方向电流时,导线间存在相互排斥的力,如图 13.2.1(b)所示.

载流导线之间的作用力是通过磁场来传递的.载流导线①激发磁场,导线②处于该磁场中从而受到安培力;同样,载流导线②激发磁场,导线①处于该磁场中也会受到安培力.所以两根导线都会受到安培力.

载流导线间的相互作用力是一种分布力,根据毕奥—萨伐尔定律和安培力计算公式,可以计算出载流导线上单位长度受到的安培力.

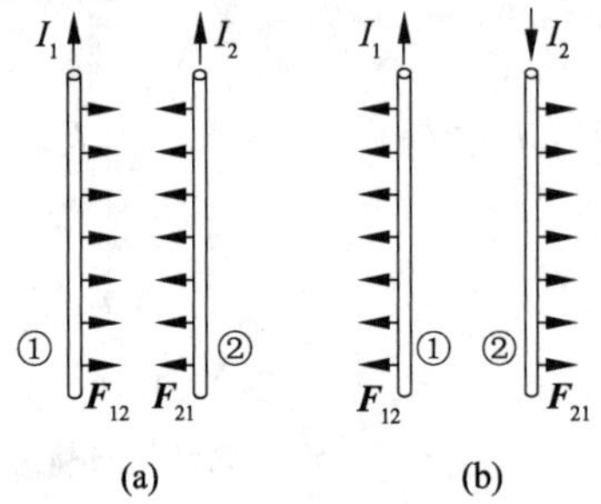

图 13.2.1 平行载流导线间的作用力

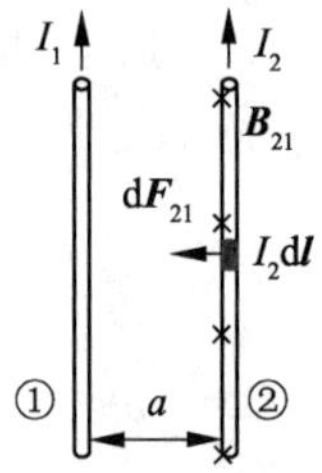

图 13.2.2 平行载流导线间的作用力

如图 13.2.2 所示,在纸平面内,两根平行载流无限长细直导线①和②,相距为 a,电流方向同向平行,分别为 I_1 和 I_2.

参考式(13.1.17),载流导线①在导线②处所激发的磁感应强度 $\boldsymbol{B}_{21}$ 的大小为

$$B_{21}=\frac{\mu_0 I_1}{2\pi a} \qquad (13.2.1)$$

磁感应强度的方向垂直于纸面向里,图中用“×”表示.

载流导线②处于载流导线①激发的磁场中受到了安培力.在导线②上,任意取电流元 $I_2\mathrm{d}\boldsymbol{l}$,该电流元所受的安培力为

$$\mathrm{d}\boldsymbol{F}_{21}=I_2\mathrm{d}\boldsymbol{l}\times\boldsymbol{B}_{21} \tag{13.2.2}$$

由图可见，$I_2\mathrm{d}\boldsymbol{l}$ 与 $\boldsymbol{B}_{21}$ 相互垂直. 所以，$\mathrm{d}\boldsymbol{F}_{21}$ 的大小为

$$\mathrm{d}F_{21}=B_{21}I_2\mathrm{d}l \tag{13.2.3}$$

$\mathrm{d}\boldsymbol{F}_{21}$ 的方向垂直指向导线①，如图 13.2.2 所示. 导线②上单位长度导线所受的安培力大小为

$$F_{21}=\frac{\mathrm{d}F_{21}}{\mathrm{d}l}=B_{21}I_2 \tag{13.2.4}$$

将式(13.2.1)代入上式，得

$$F_{21}=\frac{\mu_0 I_1 I_2}{2\pi a} \tag{13.2.5}$$

同理，导线①上单位长度导线所受的安培力大小为

$$F_{12}=\frac{\mu_0 I_2 I_1}{2\pi a} \tag{13.2.6}$$

F_{12} 的方向与 F_{21} 的方向相反. 可见，两根同方向平行载流直导线间存在相互吸引的力. 载流导线受到的是分布力，其单位长度上所受力的大小分别由式(13.2.5)和式(13.2.6)表示. 两根平行载流直导线通过同方向电流时，单位长度所受的力大小相等、方向相反.

不难看出，两根平行载流直导线通过反方向电流时存在相互排斥的力，载流导线单位长度受到的安培力大小的计算公式与式(13.2.5)相同. 两根平行载流直导线通过反方向电流时，单位长度所受的力也是大小相等、方向相反的.

13.2.2　电流单位“安培”的定义

安培是电流的单位，在真空中，截面积可忽略的两根相距 1 m 的无限长平行直导线内通以等量恒定电流时，若导线间相互作用力在每米长度上为 2×10^{-7} N，则每根导线中的电流为 1 A.

在国际单位制中，真空中的磁导率可以由式(13.2.5)导出. 将 $a=1$ m，$F_{21}=2\times10^{-7}$ N，$I_1=I_2=1$ A 代入式(13.2.5)，得

$$\mu_0=4\pi\times10^{-7}\ \mathrm{N\cdot A^{-2}} \tag{13.2.7}$$

13.3　安培环路定理

静电场与磁场都是由电荷激发的，它们有许多相似的规律. 静电场有环路定理 $\oint_L \boldsymbol{E}\cdot\mathrm{d}\boldsymbol{l}=0$，恒定电流的磁场有环路定理吗？磁感应强度 $\boldsymbol{B}$ 的环流也是零吗？$\oint_L \boldsymbol{B}\cdot\mathrm{d}\boldsymbol{l}$ 的结果如何？我们可以利用载流长直导线的磁场表达式直接计算 $\boldsymbol{B}$ 的环流，再对计算结果进行分析推广，可以得到恒定电流磁场的环路定理.

13.3.1　无限长载流直导线磁场中 $\boldsymbol{B}$ 的环流

无限长载流直导线周围的磁感应线是以导线为圆心的一圈圈同心圆. 如图 13.3.1

所示,无限长载流直导线的电流为 I,半径为 r 的圆形路径 L 是其中一条磁感应线. 参考式(13.1.17),L 上各处的磁感应强度大小均为 $B=\frac{\mu_0 I}{2\pi r}$,L 上各处的磁感应强度方向沿圆的切线方向,图 13.3.1 中箭头表示各点的磁感应强度方向. 下面以 L 为闭合环路,计算 $\boldsymbol{B}$ 的环流 $\oint_L \boldsymbol{B}\cdot \mathrm{d}\boldsymbol{l}$.

图 13.3.2 所示是图 13.3.1 的俯视图,闭合环路 L 可看作由无数个线元 $\mathrm{d}\boldsymbol{l}$ 首尾相连而成. 取任意线元 $\mathrm{d}\boldsymbol{l}$(图中小圆圈圈出的部分),该线元所在位置的磁感应强度 $\boldsymbol{B}$ 与线元 $\mathrm{d}\boldsymbol{l}$ 同方向,则

$$\boldsymbol{B}\cdot \mathrm{d}\boldsymbol{l}=B\mathrm{d}l \tag{13.3.1}$$

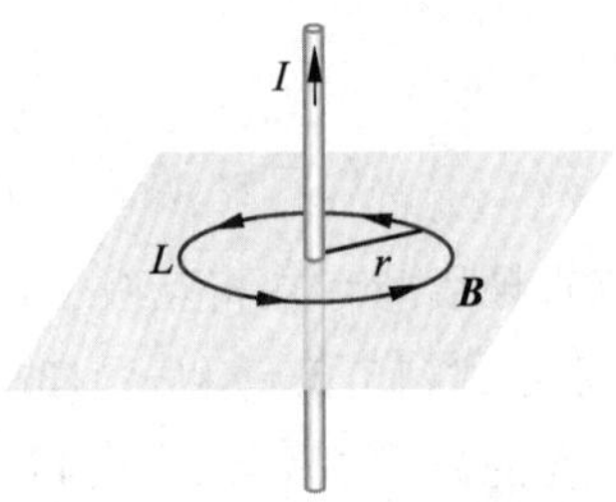

图 13.3.1　载流长直导线周围的磁感应线

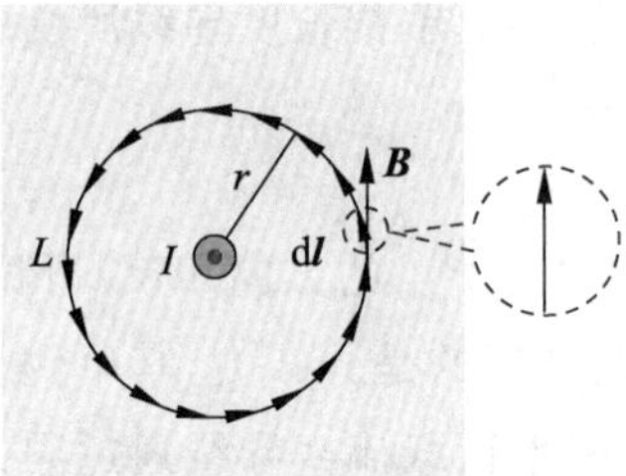

图 13.3.2　载流直导线与圆形闭合环路的俯视图

图中 L 上所有线元 $\mathrm{d}\boldsymbol{l}$ 到载流直导线的距离都相等,L 上所有线元所在处的磁感应强度大小 B 都相等. 所以将式(13.3.1)对环路 L 积分时,B 是常量,可以直接将 B 提到积分号外,剩下的积分 $\oint_L \mathrm{d}l$ 等于环路 L 的长度,即半径为 r 的圆的周长. 具体计算过程如下:

$$\oint_L \boldsymbol{B}\cdot \mathrm{d}\boldsymbol{l}=\oint_L B\mathrm{d}l=B\oint_L \mathrm{d}l=B2\pi r \tag{13.3.2}$$

将 $B=\frac{\mu_0 I}{2\pi r}$代入上式,得

$$\oint_L \boldsymbol{B}\cdot \mathrm{d}\boldsymbol{l}=\mu_0 I \tag{13.3.3}$$

如果积分方向反过来,积分值将变为负值,即

$$\oint_L \boldsymbol{B}\cdot \mathrm{d}\boldsymbol{l}=-\mu_0 I \tag{13.3.4}$$

可见,积分结果只跟电流 I 和沿环路的积分方向有关,与环路 L 的圆周半径大小无关.

积分结果的正负号可以这样确定:当沿环路的积分方向与电流方向成右手螺旋关系时结果为正值,反之为负值.

式(13.3.3)和式(13.3.4)是无限长载流直导线和圆形积分环路条件下的结果. 可以证明,只要导线中的电流是恒定电流,不论导线是直的还是弯的,也不论闭合积分环路 L 的形状如何,只要积分环路 L 把载流导线围在环路中,积分数值总是式(13.3.3)或式(13.3.4)的结果. 当积分环路 L 没有把载流导线包围在环路内时,积分结果为零.

对图 13.3.3(a)中任意积分环路 L，$\oint_L \boldsymbol{B}\cdot \mathrm{d}\boldsymbol{l}=\mu_0 I$. 对图 13.3.3(b)中任意积分环路 L，$\oint_L \boldsymbol{B}\cdot \mathrm{d}\boldsymbol{l}=-\mu_0 I$. 对图 13.3.3(c)中任意积分环路 L，$\oint_L \boldsymbol{B}\cdot \mathrm{d}\boldsymbol{l}=0$. 环路中的箭头表示积分方向.

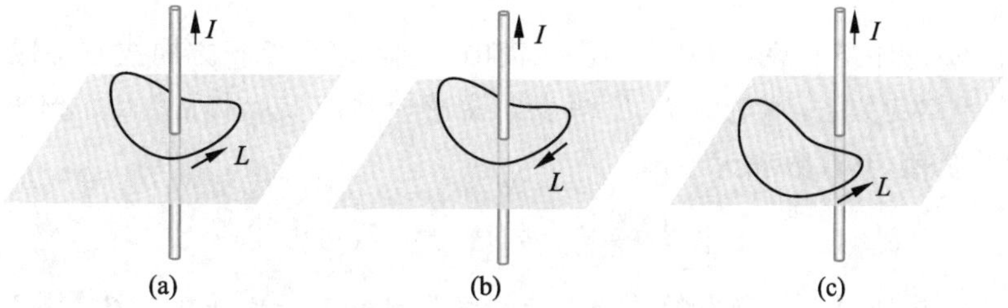

图 13.3.3　载流导线附近磁感应强度的环流

13.3.2　恒定电流磁场的安培环路定理

实际问题中，载流导线可以有任意根，环流 $\oint_L \boldsymbol{B}\cdot \mathrm{d}\boldsymbol{l}$ 计算中，$\boldsymbol{B}$ 应该是所有载流导线所激发的磁感应强度的矢量和，即 $\boldsymbol{B}=\sum \boldsymbol{B}_i$. 这样，$\oint_L \boldsymbol{B}\cdot \mathrm{d}\boldsymbol{l}$ 的计算结果为

$$\oint_L \boldsymbol{B}\cdot \mathrm{d}\boldsymbol{l}=\mu_0\sum_{L内} I \tag{13.3.5}$$

上式表明了恒定电流与它所激发的磁场之间的普遍规律，称为安培环路定理. 安培环路定理的文字叙述是：在恒定电流的磁场中，$\boldsymbol{B}$ 矢量沿任意闭合曲线的线积分($\boldsymbol{B}$ 的环流)，等于穿过该闭合曲线的各恒定电流的代数和与真空中的磁导率 μ_0 的乘积.

为了方便叙述，我们把闭合环路 L 的积分方向称为环路的绕行方向. 当电流方向与环路绕行方向成右手螺旋关系时，该电流在安培环路定理中求代数和时取正值，反之取负值. 如图 13.3.4 所示，右手四指握住导线，四指指向表示环路绕行方向，拇指指向表示电流方向，此时电流取正值.

图 13.3.4　电流方向与环路绕向成右手螺旋关系

在实际问题中，由于载流导线通常是弯曲的，同一载流导线可能多次穿过闭合环路，应用安培环路定理求电流代数和时也要相应多次求和，载流导线穿过环路一次算一次，每次电流的正、负都按右手螺旋关系确定.

如图 13.3.5 所示，电流 I_1 没有穿过环路 L，电流 I_1 所激发的磁感应强度 $\boldsymbol{B}_1$ 对环路 L 的环流等于零，即

$$\oint_L \boldsymbol{B}_1\cdot \mathrm{d}\boldsymbol{l}=0$$

电流 I_2 穿过环路 L，而且电流 I_2 的方向与环路绕行方向成右手螺旋关系，则电流 I_2 所激发的磁感应强度 $\boldsymbol{B}_2$ 对环路 L 的环流为正值，即

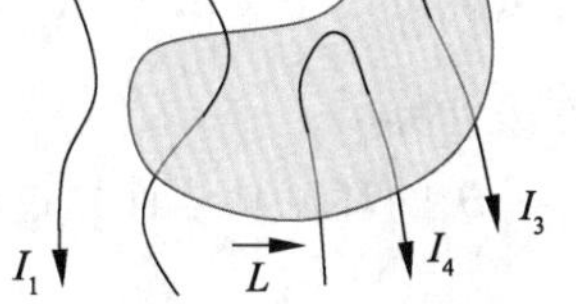

图 13.3.5　恒定电流的安培环路定理

$$\oint_L \boldsymbol{B}_2 \cdot \mathrm{d}\boldsymbol{l} = \mu_0 I_2$$

电流 I_3 穿过环路 L，而且电流 I_3 的方向与环路绕行方向成非右手螺旋关系，则电流 I_3 所激发的磁感应强度 $\boldsymbol{B}_3$ 对环路 L 的环流为负值，即

$$\oint_L \boldsymbol{B}_3 \cdot \mathrm{d}\boldsymbol{l} = -\mu_0 I_3$$

电流 I_4 穿过环路 L 两次，其中一次电流的方向与环路绕行方向成右手螺旋关系，另一次是非右手螺旋关系，则电流 I_4 所激发的磁感应强度 $\boldsymbol{B}_4$ 对环路 L 的环流一次为正值，另一次为负值，其代数和为零，即

$$\oint_L \boldsymbol{B}_4 \cdot \mathrm{d}\boldsymbol{l} = \mu_0 I_4 - \mu_0 I_4 = 0$$

图 13.3.5 中所有电流激发的总磁感应强度为 $\boldsymbol{B} = \boldsymbol{B}_1 + \boldsymbol{B}_2 + \boldsymbol{B}_3 + \boldsymbol{B}_4$，则 $\boldsymbol{B}$ 的环流为

$$\begin{aligned}\oint_L \boldsymbol{B} \cdot \mathrm{d}\boldsymbol{l} &= \oint_L \boldsymbol{B}_1 \cdot \mathrm{d}\boldsymbol{l} + \oint_L \boldsymbol{B}_2 \cdot \mathrm{d}\boldsymbol{l} + \oint_L \boldsymbol{B}_3 \cdot \mathrm{d}\boldsymbol{l} + \oint_L \boldsymbol{B}_4 \cdot \mathrm{d}\boldsymbol{l} \\ &= 0 + \mu_0 I_2 - \mu_0 I_3 + 0\end{aligned}$$

即

$$\oint_L \boldsymbol{B} \cdot \mathrm{d}\boldsymbol{l} = \mu_0 \sum_{L内} I = \mu_0 (I_2 - I_3)$$

理解安培环路定理时，要注意以下几点：

(1) 安培环路定理仅适用于恒定电流的磁场.

(2) $\boldsymbol{B}$ 的环流仅与环路所围的电流有关，但环路上各处的磁感应强度 $\boldsymbol{B}$ 与所有电流都有关.

(3) 恒定电流的磁场是无源场、有旋场(非保守场)，这一点与静电场相反.

13.3.3 应用安培环路定理计算磁感应强度

在静电场中，我们可以应用高斯定理计算某些具有特殊对称性的电场的电场强度. 同样，在恒定电流的磁场中，我们也可以应用安培环路定理计算某些具有特殊对称性的磁场的磁感应强度.

以下两种情况可用安培环路定理计算磁感应强度大小.

第一种情况，闭合环路 L 上磁感应强度大小处处相等，磁感应强度方向处处沿着环路 L 的切线方向.

$\boldsymbol{B}$ 的环流计算式为 $\oint_L \boldsymbol{B} \cdot \mathrm{d}\boldsymbol{l}$. 如果磁感应强度方向处处沿着环路 L 的切线方向，也就是 $\boldsymbol{B}$ 与 $\mathrm{d}\boldsymbol{l}$ 处处平行，则 $\boldsymbol{B} \cdot \mathrm{d}\boldsymbol{l} = \pm B\mathrm{d}l$. 如果磁感应强度大小处处相等，则 B 是常量，可从积分号中提出来. 最后，计算 $\oint_L \mathrm{d}l$，它是闭合环路 L 的长度，该长度一般可以用几何方法计算.

$\boldsymbol{B}$ 的环流具体计算过程如下：

$$\oint_L \boldsymbol{B} \cdot \mathrm{d}\boldsymbol{l} = \oint_L \pm B\mathrm{d}l = \pm B \oint_L \mathrm{d}l$$

接下来计算闭合环路 L 所围电流的代数和 $\sum\limits_{L内} I$，通常不难计算.

最后应用安培环路定理求得环路 L 上磁感应强度的大小，即

$$B=\pm\frac{\mu_0\sum\limits_{L内}I}{\oint_L \mathrm{d}l}$$

第二种情况，闭合环路 L 可分成两部分，一部分路径 L_1 上的磁感应强度符合第一种情况，其余部分路径 L_2 上的磁感应强度方向处处沿着路径的法线方向（或磁感应强度处处为零），则路径 L_2 上的 $\boldsymbol{B}$ 的线积分为零.

$\boldsymbol{B}$ 的环流计算式为 $\oint_L \boldsymbol{B}\cdot\mathrm{d}\boldsymbol{l}$，具体计算分两部分进行，即 $\oint_L \boldsymbol{B}\cdot\mathrm{d}\boldsymbol{l}=\int_{L_1}\boldsymbol{B}\cdot\mathrm{d}\boldsymbol{l}+\int_{L_2}\boldsymbol{B}\cdot\mathrm{d}\boldsymbol{l}$. 在路径 L_1 上磁感应强度方向处处沿着路径切线方向，也就是 $\boldsymbol{B}$ 与 $\mathrm{d}\boldsymbol{l}$ 处处平行，即 $\boldsymbol{B}\cdot\mathrm{d}\boldsymbol{l}=\pm B\mathrm{d}l$，磁感应强度大小处处相等，$B$ 为常量，可从积分号中提出来. 最后，计算 $\int_{L_1}\mathrm{d}l$，它是路径 L_1 的长度，该长度一般可以用几何方法计算. 路径 L_2 上的磁感应强度方向处处沿着路径的法线方向（或磁感应强度处处为零），则路径 L_2 上 $\boldsymbol{B}$ 的线积分为零.

$\boldsymbol{B}$ 的环流具体计算过程如下：

$$\begin{aligned}\oint_L \boldsymbol{B}\cdot\mathrm{d}\boldsymbol{l}&=\int_{L_1}\boldsymbol{B}\cdot\mathrm{d}\boldsymbol{l}+\int_{L_2}\boldsymbol{B}\cdot\mathrm{d}\boldsymbol{l}\\&=\int_{L_1}\pm B\mathrm{d}l+0\\&=\pm B\int_{L_1}\mathrm{d}l\end{aligned}$$

接下来计算闭合环路 L 所围电流的代数和 $\sum\limits_{L内}I$，通常不难计算.

最后应用安培环路定理求得环路 L_1 上磁感应强度的大小，即

$$B=\pm\frac{\mu_0\sum\limits_{L内}I}{\int_{L_1}\mathrm{d}l}$$

以上两种情况的磁场都具有特殊的对称性. 只有电流分布具有特殊对称性时，磁场才具有特殊对称性. 问题的关键是通过电流分布的对称性得到磁场分布的对称性，最后必须选择合适的闭合环路才能求出结果. 满足以上两种情况的问题不多. 这种问题的解题步骤一般如下：

（1）对称性分析，确定各处 $\boldsymbol{B}$ 的方向、$\boldsymbol{B}$ 的大小分布；

（2）选择适当的积分环路 L，使 $\boldsymbol{B}$ 的环流能够直接计算出来；

（3）计算 $\boldsymbol{B}$ 的环流；

（4）计算环路 L 所包围的电流的代数和；

（5）应用安培环路定理，求出 $\boldsymbol{B}$ 的大小.

下面我们以电流轴对称分布为例，应用安培环路定理计算磁感应强度大小.

[例 13.3.1] 无限长直圆柱导体沿轴线方向通过电流，电流均匀分布在导体横截面上，求磁感应强度的分布.

解： 如图 13.3.6(a)所示，假设圆柱导体的半径为 R，沿轴线方向的电流为 I，电流均匀分布在导体横截面上，导体横截面上的电流面密度 $j=\dfrac{I}{\pi R^2}$. 以圆柱轴线上任意一点为圆心 O，作半径为 r 的圆为闭合环路 L，环路 L 平面与圆柱导体轴线垂直，图中用点线表示环路 L.

(1) 对称性分析. 根据电流分布的对称性，可知环路 L 上各处 $\boldsymbol{B}$ 的大小处处相等，方向处处沿环路的切线方向，而且 $\boldsymbol{B}$ 的方向与电流方向成右手螺旋关系，环路 L 上箭头表示该处磁感应强度的方向，如图 13.3.6(a)所示. 这样的磁场分布与无限长载流细直导线的磁场分布相同.

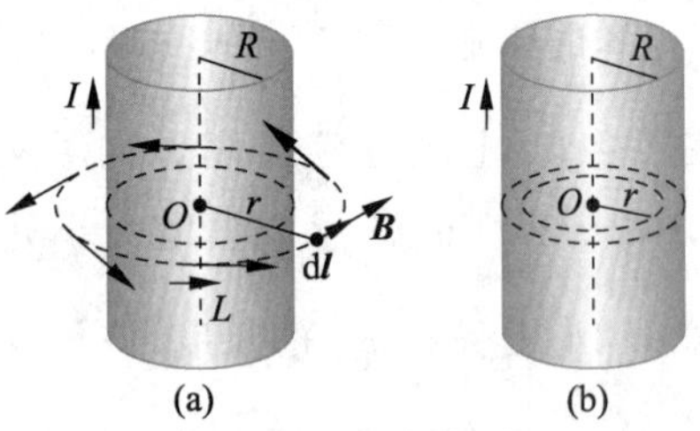

图 13.3.6 载流直圆柱导体的磁场

(2) 选择环路 L 为积分环路，环路 L 绕行方向与电流成右手螺旋关系，图中箭头方向为环路 L 的绕行方向.

(3) 计算 $\boldsymbol{B}$ 的环流. 积分环路上任意取线元 $\mathrm{d}\boldsymbol{l}$，线元 $\mathrm{d}\boldsymbol{l}$ 与该处的磁感应强度 $\boldsymbol{B}$ 同方向，有 $\boldsymbol{B}\cdot\mathrm{d}\boldsymbol{l}=B\mathrm{d}l$，$\oint_L\boldsymbol{B}\cdot\mathrm{d}\boldsymbol{l}=\oint_L B\mathrm{d}l$. B 的大小在环路 L 上处处相等，即 $\oint_L B\mathrm{d}l=B\oint_L \mathrm{d}l$. 积分 $\oint_L \mathrm{d}l$ 等于环路 L 的长度，即 $\oint_L \mathrm{d}l=2\pi r$. 所以

$$\oint_L\boldsymbol{B}\cdot\mathrm{d}\boldsymbol{l}=B\cdot 2\pi r \qquad ①$$

(4) 计算环路 L 所包围的电流代数和 $\sum I$，要分区间计算.

① 当 $r>R$ 时，如图 13.3.6(a)所示，环路 L 把圆柱的电流全部包围在内，所以

$$\sum I=I \qquad ②$$

② 当 $r<R$ 时，如图 13.3.6(b)所示，环路 L 只包围了圆柱导体横截面上面积为 πr^2 上的电流，所以

$$\sum I=j\cdot\pi r^2=\frac{I}{\pi R^2}\pi r^2=I\,\frac{r^2}{R^2} \qquad ③$$

(5) 应用安培环路定理计算 B. 由 $\oint_L\boldsymbol{B}\cdot\mathrm{d}\boldsymbol{l}=\mu_0\sum\limits_{L内}I$ 可知，$B=\dfrac{\mu_0\sum I}{2\pi r}$，所以

① 当 $r>R$ 时，

$$B=\frac{\mu_0 I}{2\pi r} \qquad ④$$

② 当 $r<R$ 时，

$$B=\frac{\mu_0 I}{2\pi r}\frac{r^2}{R^2} \tag{⑤}$$

可见，$\boldsymbol{B}$ 的大小在导体内与 r 成正比，在导体外与 r 成反比. $\boldsymbol{B}$ 随 r 变化的曲线如图 13.3.7 所示.

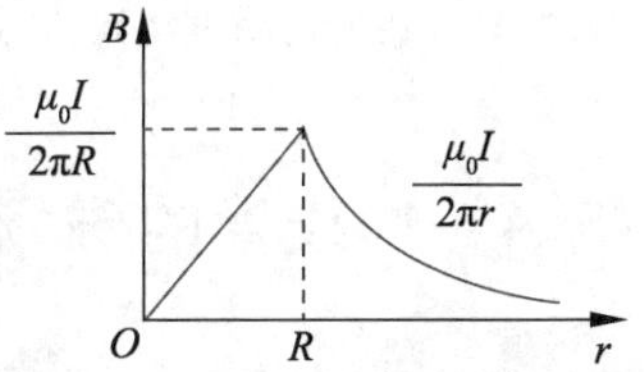

图 13.3.7　载流直圆柱导体的磁场

如果电流只均匀分布在圆柱导体表面，$\boldsymbol{B}$ 的大小随 r 变化的曲线如图 13.3.8 所示，导体内没有磁场.

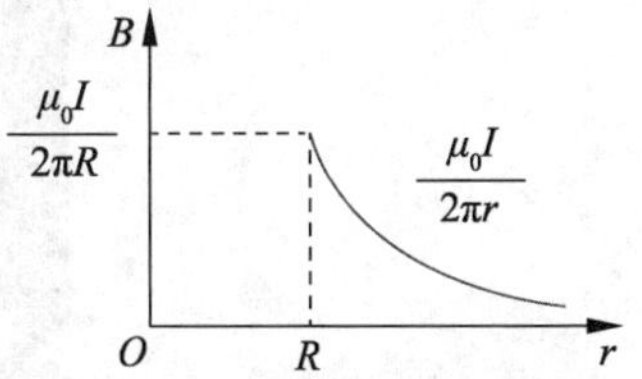

图 13.3.8　载流直圆柱面导体的磁场

如图 13.3.9 所示，工程上经常使用的同轴电缆线通常是圆柱面导体外套一个同轴的圆柱面导体，两个导体中的电流均匀分布，大小相等，方向相反. 它的磁场可以看作两个同轴圆柱面载流导体磁场的叠加. 下面用表 13.3.1 来表示同轴电缆线磁感应强度的分布.

图 13.3.9　同轴电缆线

表 13.3.1　同轴电缆线磁感应强度的分布

区域	R_1 圆柱面电流激发的磁场 B_1	R_2 圆柱面电流激发的磁场 B_2	两个导体电流激发的合磁场 B
$r<R_1$	0	0	0
$R_1<r<R_2$	$B=\frac{\mu_0 I}{2\pi r}$	0	$B=\frac{\mu_0 I}{2\pi r}$
$r>R_2$	$B=\frac{\mu_0 I}{2\pi r}$	$B=-\frac{\mu_0 I}{2\pi r}$	0

两导体间 $\boldsymbol{B}$ 的大小随 r 的变化曲线如图 13.3.10 所示. 值得注意的是，同轴电缆线外，磁感应强度为零.

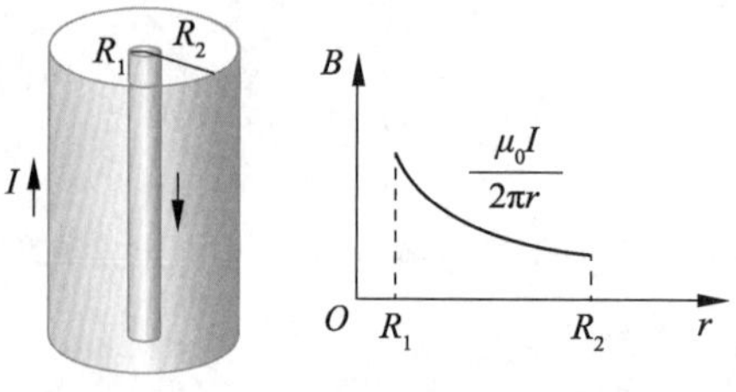

图 13.3.10　载流同轴电缆线的磁场

13.4　螺线管的磁场

螺线管是一个管状线圈，它的横截面形状大多是圆形的，如图 13.4.1 所示. 图 13.4.2 所示的特斯拉线圈就是一个直螺线管.

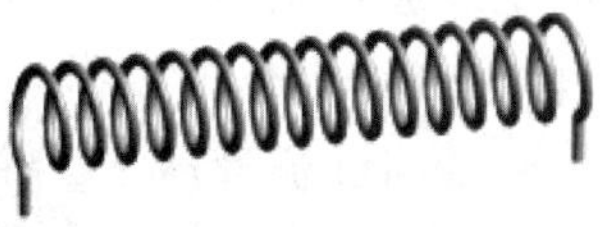

图 13.4.1　直螺线管

图 13.4.2　特斯拉线圈

图 13.4.3 所示为螺线管周围磁场的磁感应线，磁场的分布看上去非常复杂. 理论和实验研究表明，当直螺线管线圈绕得密而均匀时，螺线管内部是均匀磁场. 工程上常用这种装置获得均匀磁场. 下面我们分别用毕奥—萨伐尔定律和安培环路定理求解螺线管的磁场分布.

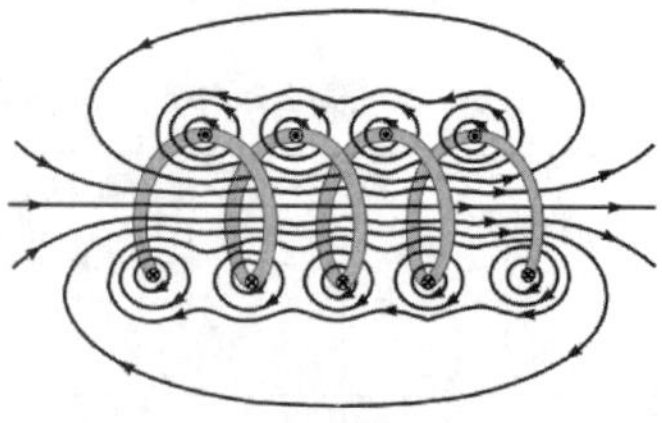

图 13.4.3　螺线管的磁场

[例 13.4.1]　用毕奥—萨伐尔定律求均匀密绕载流直螺线管轴线上的磁场.

解: 设螺线管单位长度匝数为 n，横截面是半径为 R 的圆，导线中通有电流 I. 图 13.4.4(a)所示为螺线管的剖面图，p 为螺线管轴线上的任意一点. 整个螺线管可以看作由无数的圆线圈连接而成. 在螺线管上取任意无限小长度 $\mathrm{d}l$ 的圆线圈，其匝数为 $n\mathrm{d}l$，线圈中心到 p 点的距离为 l，参考式(13.1.19)，则电流为 $\mathrm{d}I=In\mathrm{d}l$ 的圆线圈在 p 点激发的磁感应强度为

$$\mathrm{d}\boldsymbol{B}=\frac{\mu_0}{2\pi}\frac{S\mathrm{d}I}{(R^2+a^2)^{\frac{3}{2}}}\boldsymbol{i}$$

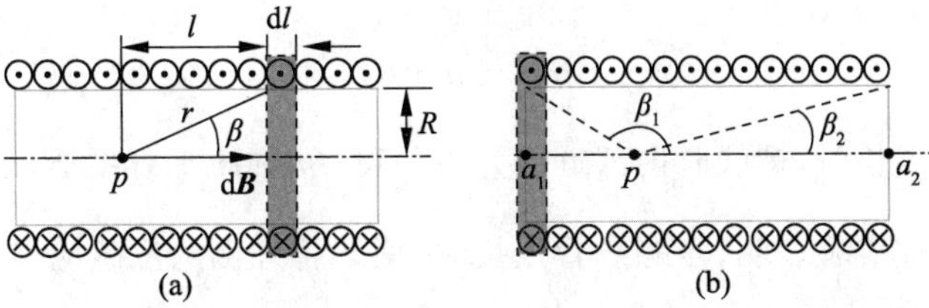

图 13.4.4　均匀密绕载流直螺线管轴线上的磁场

式中，$\boldsymbol{i}$ 是沿螺线管轴向的单位矢量，与线圈电流成右手螺旋关系. 把 $\mathrm{d}I=In\mathrm{d}l$，$a=l$ 和 $S=\pi R^2$ 代入上式，得

$$\mathrm{d}\boldsymbol{B}=\frac{\mu_0 R^2 nI\mathrm{d}l}{2(R^2+l^2)^{3/2}}\boldsymbol{i} \tag{①}$$

根据磁感应强度的叠加原理，p 点的磁感应强度是上式对整个螺线管所有线圈激发的磁感应强度的积分，即

$$\boldsymbol{B}=\int_L \frac{\mu_0 R^2 nI\mathrm{d}l}{2(R^2+l^2)^{3/2}}\boldsymbol{i} \tag{②}$$

用 β 表示 p 点指向长度为 $\mathrm{d}l$ 的圆线圈上任意点的方向与 $\boldsymbol{i}$ 方向的夹角，由几何关系，得

$$l=R/\tan\beta \tag{③}$$

$$\mathrm{d}l=-\frac{R}{\sin^2\beta}\mathrm{d}\beta \tag{④}$$

$$R^2+l^2=R^2/\sin^2\beta \tag{⑤}$$

将③、④、⑤三式代入②式，整理得

$$\boldsymbol{B}=\frac{\mu_0}{2}nI\int_L(-\sin\beta)\mathrm{d}\beta\boldsymbol{i} \tag{⑥}$$

积分范围是整个螺线管. 对于变量 β，积分限是 $\beta_1\sim\beta_2$，如图 13.4.4(b)所示. 上式写为

$$\boldsymbol{B}=\frac{\mu_0}{2}nI\int_{\beta_1}^{\beta_2}(-\sin\beta)\mathrm{d}\beta\boldsymbol{i} \tag{⑦}$$

计算积分得

$$\boldsymbol{B}=\frac{\mu_0}{2}nI(\cos\beta_2-\cos\beta_1)\boldsymbol{i} \tag{13.4.1}$$

由式(13.4.1)可以画出螺线管轴线上的磁感应强度分布，如图 13.4.5 所示.

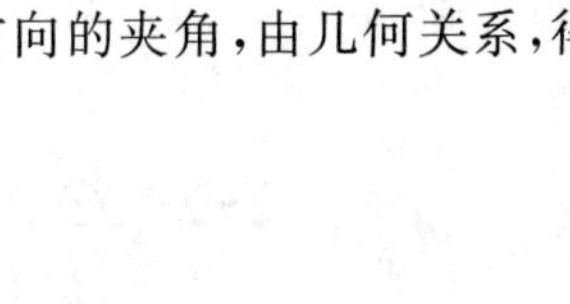

图 13.4.5　螺线管轴线上的磁场

讨论

(1) 当螺线管无限长时，$\beta_1=\pi$，$\beta_2=0$，得

$$\boldsymbol{B}=\mu_0 nI\boldsymbol{i} \tag{13.4.2}$$

可见,螺线管轴线上磁感应强度大小处处相等,方向也处处相同.

(2) 在长螺线管的端口处(a_1 或 a_2 处),$\beta_1=\frac{\pi}{2}$,$\beta_2=0$ 或 $\beta_1=\pi$,$\beta_2=\frac{\pi}{2}$,得

$$\boldsymbol{B}=\frac{1}{2}\mu_0 nI\boldsymbol{i} \tag{13.4.3}$$

综上,螺线管很长时,螺线管内部近似为均匀磁场,轴线上螺线管端口处的磁感应强度近似为内部的$\frac{1}{2}$.实验表明,当螺线管很长时,螺线管外侧的磁感应强度接近于零.

[例 13.4.2] 用安培环路定理求均匀密绕载流无限长直螺线管内部的磁场.

解:(1) 对称性分析.当螺线管为无限长时,例 13.4.1 的计算结果告诉我们,螺线管轴线上 $\boldsymbol{B}$ 的大小处处相等,方向处处沿轴线方向,而且 $\boldsymbol{B}$ 的方向与电流方向成右手螺旋关系.

图 13.4.6(a)为螺线管的剖面图.通过对称性分析可以发现,当螺线管无限长时,螺线管内平行于轴线的任何直线上,$\boldsymbol{B}$ 的大小也处处相等,方向处处沿轴线方向,$\boldsymbol{B}$ 的方向同样与电流方向成右手螺旋关系.而螺线管外侧的磁感应强度处处为零.

(2) 选择积分闭合环路 L.以图 13.4.6(b)所示的 $abcd$ 矩形作为积分闭合环路 L,ab 平行于轴线.

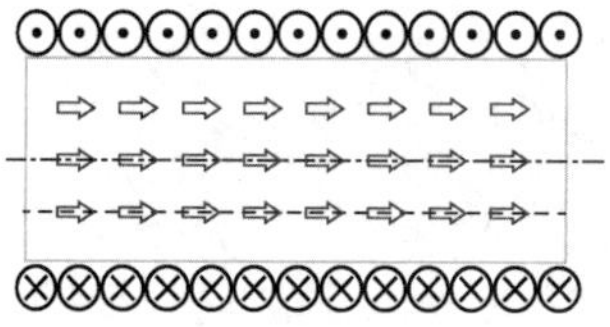

(a)

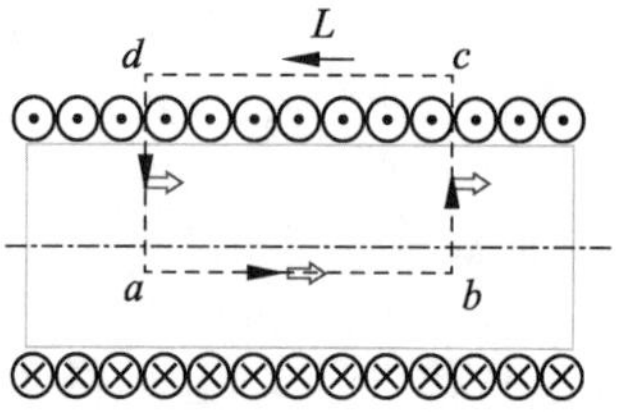

(b)

图 13.4.6 螺线管内的磁场

(3) 计算 $\boldsymbol{B}$ 的环流.$\boldsymbol{B}$ 的环流可以分四个线段计算,即

$$\oint \boldsymbol{B}\cdot \mathrm{d}\boldsymbol{l}=\int_{ab}\boldsymbol{B}\cdot \mathrm{d}\boldsymbol{l}+\int_{bc}\boldsymbol{B}\cdot \mathrm{d}\boldsymbol{l}+\int_{cd}\boldsymbol{B}\cdot \mathrm{d}\boldsymbol{l}+\int_{da}\boldsymbol{B}\cdot \mathrm{d}\boldsymbol{l}$$

ab 线段上,$\boldsymbol{B}$ 的大小处处相等,方向处处相同,由 a 指向 b,线元 $\mathrm{d}\boldsymbol{l}$ 与 $\boldsymbol{B}$ 处处同方向,有 $\boldsymbol{B}\cdot \mathrm{d}\boldsymbol{l}=B\mathrm{d}l$,$\int_{ab}\boldsymbol{B}\cdot \mathrm{d}\boldsymbol{l}=\int_{ab}B\mathrm{d}l=B\int_{ab}\mathrm{d}l$.积分$\int_{ab}\mathrm{d}l$ 等于 ab 线段的长度,$\int_{ab}\mathrm{d}l=\overline{ab}$.所以

$$\int_{ab}\boldsymbol{B}\cdot \mathrm{d}\boldsymbol{l}=B\cdot\overline{ab}$$

bc 和 da 线段上,线元 $\mathrm{d}\boldsymbol{l}$ 与 $\boldsymbol{B}$ 处处垂直,有 $\boldsymbol{B}\cdot \mathrm{d}\boldsymbol{l}=0$.所以

$$\int_{bc}\boldsymbol{B}\cdot \mathrm{d}\boldsymbol{l}=\int_{da}\boldsymbol{B}\cdot \mathrm{d}\boldsymbol{l}=0$$

cd 线段上,$\boldsymbol{B}$ 处处为零,有 $\boldsymbol{B}\cdot \mathrm{d}\boldsymbol{l}=0$.所以

$$\int_{cd} \boldsymbol{B} \cdot \mathrm{d}\boldsymbol{l} = 0$$

所以，闭合环路 $abcd$ 上 $\boldsymbol{B}$ 的环流为

$$\oint \boldsymbol{B} \cdot \mathrm{d}\boldsymbol{l} = \int_{ab} \boldsymbol{B} \cdot \mathrm{d}\boldsymbol{l} = B \cdot \overline{ab} \qquad ①$$

(4) 计算环路 $abcd$ 所包围的电流代数和. 如图 13.4.6(b)所示，环路 $abcd$ 所包围的导线匝数等于单位长度匝数 n 与长度 $\overline{ab}$ 的乘积，即 $n\overline{ab}$. 环路 $abcd$ 所包围的电流代数和 $\sum I$ 等于匝数 $n\overline{ab}$ 和导线中电流 I 的乘积，即

$$\sum I = n\overline{ab}I \qquad ②$$

(5) 应用安培环路定理计算B. 将 ① 式和 ② 式代入安培环路定理表达式$\oint_L \boldsymbol{B} \cdot \mathrm{d}\boldsymbol{l} = \mu_0 \sum\limits_{L内} I$，得

$$B \cdot \overline{ab} = \mu_0 n\overline{ab}I$$

即

$$B = \mu_0 nI \qquad (13.4.4)$$

以上计算结果表明，载流无限长直螺线管内的 $\boldsymbol{B}$ 处处都相同，是均匀磁场.

除了直螺线管，实际工程上还经常用到环形螺线管(也称螺绕环). 环形螺线管就是将直螺线管轴线变成环形，如图 13.4.7(a)所示，以 O 为圆心的圆环就是螺线管的圆形轴线. 现在我们用安培环路定理来计算载流环形螺线管内的磁场.

[例 13.4.3] 载流环形螺线管(螺绕环)内的磁场.

解：如图 13.4.7(a)所示，N 匝线圈均匀密绕的环形螺线管，内、外半径分别为 r_1 和 r_2，导线中通有电流 I.

图 13.4.7(b)是载流环形螺线管的剖面图. 以环形螺线管中心 O 为圆心，作半径为 r 的同心圆作为环路 L，环路 L 与环形螺线管的环形轴线共面，图中用点线表示 L.

(1) 对称性分析. 很明显，环路 L 上各点 $\boldsymbol{B}$ 的大小处处相等，方向沿环路 L 的切线方向，而且 $\boldsymbol{B}$ 的方向与电流方向成右手螺旋关系.

(2) 选择环路 L 为积分环路，绕行方向为逆时针方向，如图 13.4.7 所示.

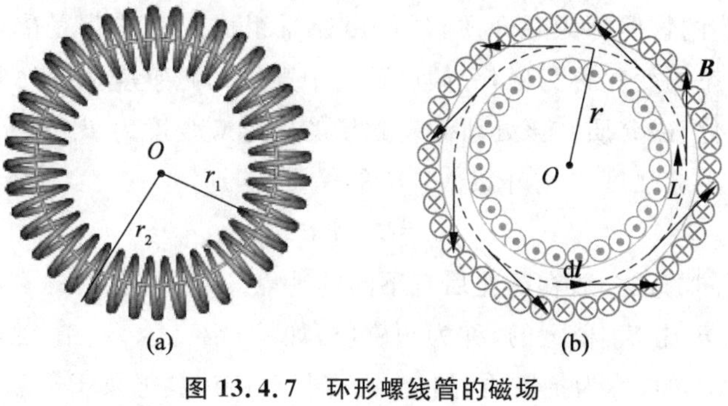

图 13.4.7　环形螺线管的磁场

(3) 计算 $\boldsymbol{B}$ 的环流. 积分环路上任意取线元 $\mathrm{d}\boldsymbol{l}$,线元 $\mathrm{d}\boldsymbol{l}$ 与该处 $\boldsymbol{B}$ 同方向,有 $\boldsymbol{B}\cdot\mathrm{d}\boldsymbol{l}=B\mathrm{d}l$,$\oint_L \boldsymbol{B}\cdot\mathrm{d}\boldsymbol{l}=\oint_L B\mathrm{d}l$. 由于 B 的大小处处相等,因此 $\oint_L B\mathrm{d}l=B\oint_L \mathrm{d}l$. 积分 $\oint_L \mathrm{d}l$ 等于积分环路 L 的长度,即 $\oint_L \mathrm{d}l=2\pi r$. 具体计算式如下:

$$\oint_L \boldsymbol{B}\cdot\mathrm{d}\boldsymbol{l}=\oint_L B\mathrm{d}l=B\oint_L \mathrm{d}l=B\cdot 2\pi r \qquad ①$$

(4) 计算环路 L 所包围的电流代数和. 电流代数和 $\sum I$ 等于螺线管总匝数 N 和导线电流 I 的乘积 NI. 所以

$$\sum I=NI \qquad ②$$

(5) 应用安培环路定理计算 B. 将①式和②式代入安培环路定理表达式 $\oint_L \boldsymbol{B}\cdot\mathrm{d}\boldsymbol{l}=\mu_0\sum_{L内} I$,得

$$B\cdot 2\pi r=\mu_0 NI$$

即

$$B=\frac{\mu_0 NI}{2\pi r} \qquad (13.4.5)$$

可见,环形螺线管内 B 与 r 成反比,不是均匀磁场.

在半径为 r 的环路上,线圈单位长度的匝数 $n=\frac{N}{2\pi r}$,所以,上式写为

$$B=\mu_0 nI \qquad (13.4.6)$$

上式与直螺线管内磁感应强度计算式(13.4.4)相同.

13.5 磁介质的磁性

我们知道,磁体与磁体间的相互作用是通过磁场来实现的. 实际上,任何物体在磁场中都会受到磁力,因为物体是由分子组成的,分子是由原子组成的,而原子是由原子核和核外电子组成的. 核外电子运动时,就会受到磁场力,所以任何物体都会受到磁场力.

在磁场力作用下,物体的内部状态会发生改变,进而改变原来磁场的分布. 放入磁场后对原磁场有影响的物质称为磁介质,任何由原子组成的物质都是磁介质. 在磁场作用下,磁介质内部状态的变化称为磁化. 假设真空中某处的磁感应强度为 $\boldsymbol{B}_0$,当该处有磁介质时,磁介质被磁化,磁介质在该处所激发磁场的磁感应强度为 $\boldsymbol{B}'$. 根据磁感应强度的叠加原理,该处的磁感应强度 $\boldsymbol{B}$ 等于 $\boldsymbol{B}_0$ 和 $\boldsymbol{B}'$ 的矢量和,即

$$\boldsymbol{B}=\boldsymbol{B}_0+\boldsymbol{B}' \qquad (13.5.1)$$

实验发现,不同的磁介质在磁化后有不同的特点. 根据磁化后的不同特点,将磁介质分为三类:一类是 $\boldsymbol{B}$ 比 $\boldsymbol{B}_0$ 稍大的,称为顺磁质,如钠、铝、锰、铬、铂、氮等属于顺磁质;另一类是 $\boldsymbol{B}$ 比 $\boldsymbol{B}_0$ 稍小的,称为抗磁质,如金、银、铜、水、硫、氢等属于抗磁质. 顺磁质和抗磁

质磁化后激发的磁场一般都非常弱，对原磁场影响很小. 还有一类磁介质，它们磁化后所激发的磁场比原磁场强得多，即 $\boldsymbol{B} \gg \boldsymbol{B}_0$，这类磁介质称为铁磁质，如铁、钴、镍等以及某些合金. 第三代稀土永磁钕铁硼是当代磁体中性能最强的，它的主要原料有稀土金属钕 29%～32.5%、金属元素铁 63.95%～68.65%、非金属元素硼 1.1%～1.2%，少量添加镝 0.6%～1.2%、铌 0.3%～0.5%、铝 0.3%～0.5%、铜 0.05%～0.15%等元素. 如图 13.5.1 所示是钕铁硼材料制造的各种小部件.

图 13.5.1　钕铁硼磁材

13.5.1　分子电流和分子磁矩

分子、原子中的任何电子都在不停地同时参与两种运动：一种是绕原子核的轨道运动，另一种是自身的自旋运动. 分子中所有电子的这种运动可以等效成一个圆电流，称为分子电流. 分子电流对应的磁矩，称为分子磁矩或分子的固有磁矩，用 $\boldsymbol{m}$ 表示. 如图 13.5.2 所示，$\boldsymbol{L}$ 表示电子做轨道运动的角动量，电子做轨道运动形成的电流方向与电子运动方向相反，分子磁矩 $\boldsymbol{m}$ 的方向与电子轨道角动量 $\boldsymbol{L}$ 方向相反.

当磁介质处于外磁场中时，每个分子磁矩(圆电流)都会受到磁力矩的作用. 均匀磁场中的载流线圈受磁力矩作用时，会使线圈的磁矩方向转到外磁场方向. 但分子电流与一般载流线圈不同，因为分子电流是由高速运动的电子形成的，有磁矩的分子相当于高速旋转的陀螺. 图 13.5.3 所示是放在水平地面上高速旋转的陀螺，根据陀螺运动规律，在重力作用下，陀螺的自旋轴将绕重力作用线转动，陀螺的这种运动称为进动. 有磁矩的分子相当于高速旋转的陀螺，在磁力矩作用下，它将以磁感应线为轴做进动，而不是简单地将分子磁矩方向转向外磁场方向.

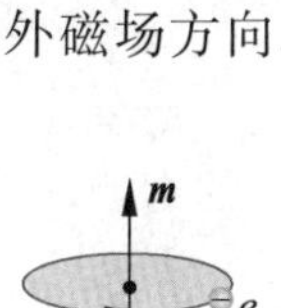

图 13.5.2　分子电流与分子磁矩

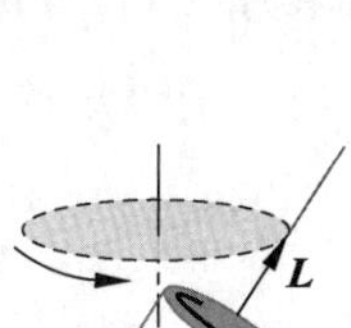

图 13.5.3　陀螺的进动

可以证明：不论电子轨道磁矩 $\boldsymbol{m}$ 与外磁场 $\boldsymbol{B}_0$ 方向的夹角是何值，在外磁场中，电子轨道角动量 $\boldsymbol{L}$ 进动的绕向总是与外磁场 $\boldsymbol{B}_0$ 的方向构成右手螺旋关系，如图 13.5.4 所示. 电子进动也相当于一个圆电流，由于电子带负电，这种等效电流的磁矩方向总是与外磁场 $\boldsymbol{B}_0$ 的方向相反. 分子或原子中所有电子进动产生的等效磁矩称为附加磁矩，用 $\Delta\boldsymbol{m}$

表示，附加磁矩总是与外磁场方向相反.

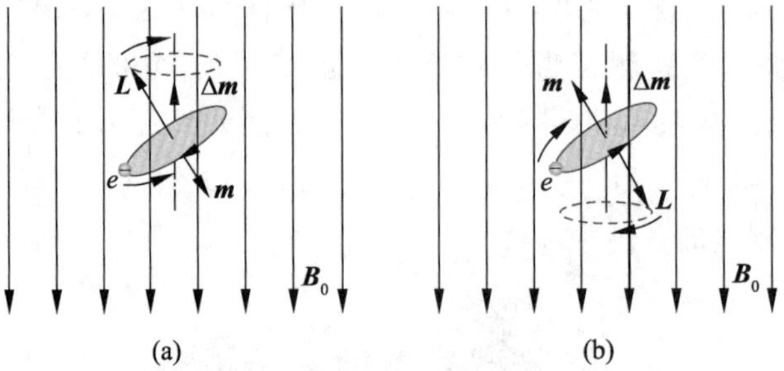

图 13.5.4 电子进动与附加磁矩

13.5.2 磁介质的磁化

1. 抗磁质的磁化

在抗磁质中，每个分子(或原子)中所有电子的轨道磁矩与自旋磁矩的矢量和为零，即 $\boldsymbol{m}=0$. 在外磁场中，由于电子进动，每个分子(或原子)产生附加磁矩 $\Delta\boldsymbol{m}$，附加磁矩 $\Delta\boldsymbol{m}$ 与外磁场 $\boldsymbol{B}_0$ 的方向相反. 磁介质内大量分子附加磁矩的矢量和有一定的量值，即 $\sum\Delta\boldsymbol{m}\neq 0$，这部分附加磁矩激发的磁场与外磁场方向相反，这就是抗磁性的本质.

由于这种抗磁性是外磁场对做轨道运动的电子作用的结果，这种抗磁性存在于一切磁介质中.

2. 顺磁质的磁化

在顺磁质中，每个分子(或原子)中所有电子的轨道磁矩与自旋磁矩的矢量和不为零，即 $\boldsymbol{m}\neq 0$. 在没有外磁场时，由于分子的热运动，分子磁矩在空间的取向是杂乱无章的，如图 13.5.5(a)所示，任意物理无限小体积 ΔV 内分子磁矩的矢量和为零，即 $\sum\limits_{\Delta V内}\boldsymbol{m}=0$. 宏观上，磁介质不呈现磁性.

在外磁场中，分子电流受到磁力矩作用，一方面引起进动，产生附加磁矩，另一方面会使分子电流的磁矩方向转到与外磁场同方向，使分子磁矩有序排列，但分子热运动会使分子磁矩的排列无序化，在外磁场中处于热平衡，如图 13.5.5(b)所示. 此时，在任意物理无限小体积 ΔV 内分子磁矩的矢量和有一定的量值，即 $\sum\limits_{\Delta V内}\boldsymbol{m}\neq 0$，这部分分子固有磁矩所激发的磁场方向与外磁场方向相同，这就是顺磁性的本质.

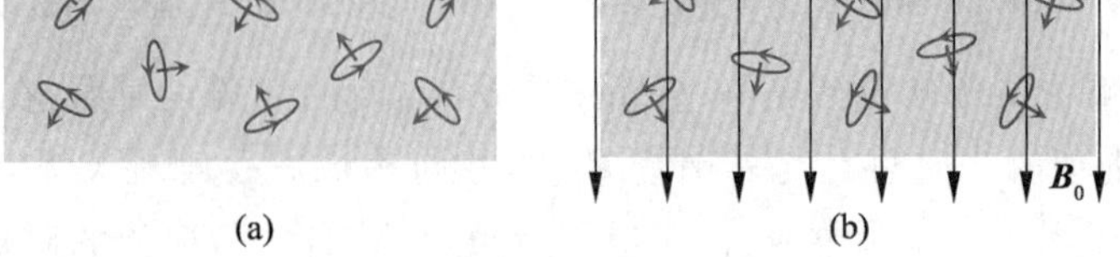

图 13.5.5 磁介质中的分子磁矩

顺磁质本身由于附加磁矩也有抗磁性，但对于多数顺磁质来说，附加磁矩的矢量和比分子磁矩的矢量和小很多，这些磁介质就显示出顺磁性.

13.5.3　磁化强度

在磁介质中，任意取物理无限小体积 ΔV. 磁化前，ΔV 内附加磁矩、分子磁矩的矢量和均为零. 磁化后，ΔV 内附加磁矩、分子磁矩的矢量和分别为 $\sum\limits_{\Delta V内}\Delta\boldsymbol{m}$ 和 $\sum\limits_{\Delta V内}\boldsymbol{m}$. 我们可以用单位体积内所有磁矩的矢量和来表示磁介质被磁化的程度，即

$$\boldsymbol{M}\equiv\frac{\sum\limits_{\Delta V内}\boldsymbol{m}+\sum\limits_{\Delta V内}\Delta\boldsymbol{m}}{\Delta V}\tag{13.5.2}$$

$\boldsymbol{M}$ 称为磁化强度. $\boldsymbol{M}$ 的数值越大，表示该处磁介质磁化的程度越高. 在真空中，$\boldsymbol{M}$ 处处为零. 如果磁介质中 $\boldsymbol{M}$ 处处相同，称这种介质被均匀磁化. 在国际单位制中，磁化强度的单位是安培每米($\mathrm{A\cdot m^{-1}}$).

对于顺磁质，$\sum\limits_{\Delta V内}\Delta\boldsymbol{m}$ 比 $\sum\limits_{\Delta V内}\boldsymbol{m}$ 小很多，$\sum\limits_{\Delta V内}\Delta\boldsymbol{m}$ 可以忽略. 固有磁矩 $\sum\limits_{\Delta V内}\boldsymbol{m}$ 激发的附加磁场 $\boldsymbol{B}'$ 的方向与外磁场 $\boldsymbol{B}_0$ 的方向相同. 所以，顺磁质磁化后磁介质中的磁场比磁化前大，但增量很小.

对于抗磁质，$\sum\limits_{\Delta V内}\boldsymbol{m}=0$. $\sum\limits_{\Delta V内}\Delta\boldsymbol{m}$ 激发的附加磁场 $\boldsymbol{B}'$ 的方向与外磁场 $\boldsymbol{B}_0$ 的方向相反. 所以，抗磁质磁化后磁介质中的磁场比磁化前小，但减小很少.

可以证明，磁介质被磁化后，磁介质所激发磁场的磁感应强度 $\boldsymbol{B}'$ 与磁化强度 $\boldsymbol{M}$ 的关系为

$$\boldsymbol{B}'=\mu_0\boldsymbol{M}\tag{13.5.3}$$

13.5.4　磁场强度

在真空中，载流导线在空间所激发的磁场常用磁感应强度来描述，也可以用磁场强度 $\boldsymbol{H}$ 来描述. 如果载流导线在真空中某点所激发的磁感应强度为 $\boldsymbol{B}_0$，定义该点的磁场强度为

$$\boldsymbol{H}\equiv\frac{\boldsymbol{B}_0}{\mu_0}\tag{13.5.4}$$

式中，μ_0 是真空中的磁导率. 在国际单位制中，磁场强度的单位是安培每米($\mathrm{A\cdot m^{-1}}$). 磁场强度的单位与磁化强度的单位相同.

根据毕奥—萨伐尔定律，无限长载流直导线周围的磁感应强度表达式为 $B_0=\dfrac{\mu_0 I}{2\pi r}$，则无限长载流直导线周围的磁场强度表达式为

$$H=\frac{I}{2\pi r}\tag{13.5.5}$$

无限长均匀密绕载流直螺线管内的磁感应强度表达式为 $B_0=\mu_0 nI$，则该螺线管内磁场强度表达式为

$$H=nI\tag{13.5.6}$$

理论和实验表明,$\boldsymbol{H}$ 决定于载流导线的电流,与磁介质无关.

13.5.5 磁导率、相对磁导率和磁化率

磁介质中某点的磁感应强度 $\boldsymbol{B}$ 与该点磁场强度 $\boldsymbol{H}$ 的比称为磁介质的磁导率.用 μ 表示磁导率,即

$$\mu \equiv \frac{\boldsymbol{B}}{\boldsymbol{H}} \tag{13.5.7}$$

如果该点没有磁介质,该点的 $\boldsymbol{H}$ 不变,但磁感应强度变为真空中的磁感应强度 $\boldsymbol{B}_0$,对应的磁导率变成真空中的磁导率,即

$$\mu_0 = \frac{\boldsymbol{B}_0}{\boldsymbol{H}} \tag{13.5.8}$$

上式就是式(13.5.4).

磁介质的磁导率 μ 与真空中的磁导率 μ_0 之比称为相对磁导率,相对磁导率用 μ_r 表示,即

$$\mu_r \equiv \frac{\mu}{\mu_0} \tag{13.5.9}$$

相对磁导率是没有单位的纯数.由上式得,磁介质的磁导率等于相对磁导率与真空磁导率的乘积,即

$$\mu = \mu_r \mu_0 \tag{13.5.10}$$

实验表明,对于各向同性的均匀磁介质,磁化强度与该处的磁场强度成正比,即

$$\boldsymbol{M} = \chi_m \boldsymbol{H} \tag{13.5.11}$$

比例系数 χ_m 称为磁化率.磁化率是没有单位的纯数,顺磁质 $\chi_m > 0$,抗磁质 $\chi_m < 0$,真空中 $\chi_m = 0$.表 13.5.1 列举了几种物质的磁化率.

表 13.5.1 几种顺磁质、抗磁质的磁化率(温度 300 K)

顺磁质	磁化率/10^{-5}	抗磁质	磁化率/10^{-5}
铝	2.3	铜	−0.98
钙	1.9	金	−3.6
铬	27	铅	−1.7
锂	2.1	汞	−2.9
镁	1.2	银	−2.6

可以证明相对磁导率与磁化率的关系为

$$\mu_r = 1 + \chi_m \tag{13.5.12}$$

顺磁质和抗磁质的相对磁导率和磁化率都不随磁场强度的变化而变化.不论是顺磁质还是抗磁质,它们激发的磁场对原磁场的影响都非常小.但对铁磁质来说就不同了,一方面,铁磁质对原磁场的影响很大,铁磁质磁化后所激发的磁场可以是原磁场的数千倍,甚至更多;另一方面,铁磁质的磁导率是随外磁场的变化而变化的.

13.5.6　铁磁质

磁介质中应用最广泛的是铁磁质，特别是稀土永磁材料被广泛应用于计算机、汽车、仪器、仪表、家用电器、石油化工、医疗保健、航空航天等行业中，成为引人注目的新兴产业.

如图 13.5.6 所示，把没有磁化过的待测铁磁质做成环状，在环上均匀密绕线圈后成为有磁介质的环形螺线管. 当线圈中通过电流 I 时，铁磁质中的磁场强度

$$H=nI$$

用仪器测得铁磁质中的磁感应强度 B，由实验数据画出 $B-H$ 曲线，如图 13.5.7 所示.

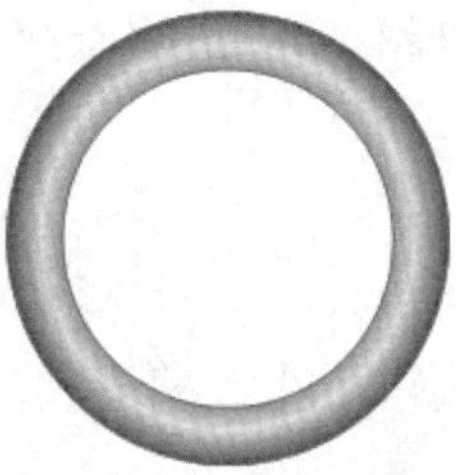

图 13.5.6　环状铁磁质

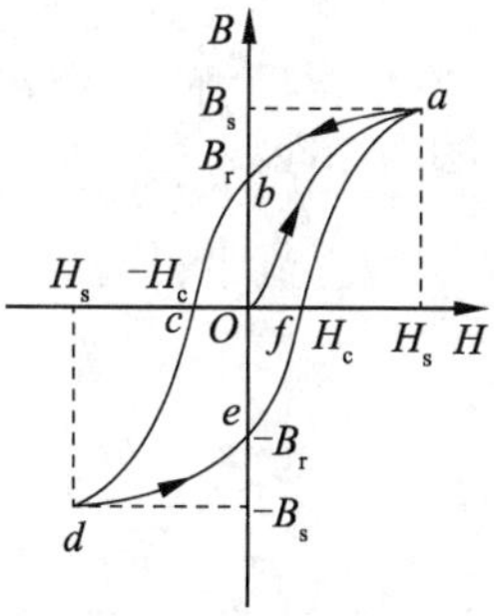

图 13.5.7　磁化曲线和磁滞回线

图 13.5.7 中的 Oa 段称为初始磁化曲线. 实验刚开始，线圈中电流 I 由零逐渐增加，铁磁质中的磁场强度 H 也由零开始逐渐增加. 从图中可见，Oa 段 B 随 H 的变化是非线性的.

Oa 段的起始部分，磁感应强度 B 随磁场强度 H 的增加而显著地增加，当 H 增加到某值后 B 的增加变得很缓慢，按照磁导率的定义，此时的磁导率变小了，也就是说磁导率随 H 变化，不是常量. 随着线圈中电流的增加，磁感应强度 B 增大直到最大值而处于饱和状态（图中 a 点），此时对应的磁感应强度和磁场强度分别称为饱和磁感应强度和饱和磁场强度，分别用 B_s 和 H_s 表示.

到达饱和状态后，如果减小电流，即 H 减小，B 也减小，但不再沿原来增加时的曲线返回，而是沿另一条曲线 ab 段下降. 可见磁化过程是不可逆过程. 当电流 I 减小到零，即 H 减小到零时（图中到达 b 点），B 还没有减小到零，此时的磁感应强度 B_r 称为剩磁，这种现象称为剩磁现象. 永磁体就是利用剩磁现象制成的.

为了消除剩磁，在线圈中通过反向的电流，反向电流由零逐渐增加时，磁场强度也反向（负值）增加，铁磁质中的 B 继续减小（图中 bc 段），直到 $B=0$ 到达图中 c 点，此时对应的磁场强度称为矫顽力，用 H_c 表示. 矫顽力的大小反映了材料保存剩磁状态的能力.

如继续增加反向电流，铁磁质中的磁感应强度也反向了，并逐渐增大直到反向饱和状态（沿 cd 到达图中 d 点）. 接着减小线圈中的反向电流，B 和 H 的关系沿 de 到达 e 点，此时出现反向的剩磁. 此后，如再次改变线圈中电流方向，并使电流由零增加，B 和 H 的关系沿 efa 到达 a 点，最后形成闭合曲线 $abcdefa$.

如果线圈中的电流继续按刚才的规律变化，B 和 H 的关系将沿着图中 $abcdefa$ 闭合曲线逆时针方向循环. 由于磁感应强度的数值的变化总落后于磁场强度（线圈电流）的变化，这种现象称为磁滞现象，它是铁磁质的重要特征之一. 图中 $abcdefa$ 闭合曲线称为磁滞回线. 磁滞回线的形状特征反映了铁磁质的磁性特征，决定了它们在工程上的用途.

如图 13.5.8 所示，磁滞回线成细长条，说明其矫顽力小，磁滞特性不明显，称为软磁材料. 它适用于交变磁场，利用它的高磁导率，能制造变压器、继电器、电磁铁等的铁芯.

如图 13.5.9 所示，磁滞回线较宽，说明其矫顽力大，剩磁也多，磁滞特性明显，称为硬磁材料. 磁滞回线面积越大，在交变磁场中能量损耗也越大，不适用于交变磁场. 利用它的剩磁，能制造小型直流电机、扬声器等的永磁体.

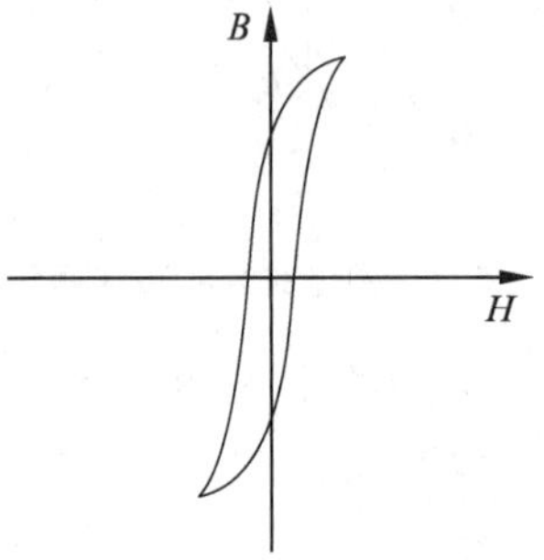

图 13.5.8　软磁材料的磁滞回线

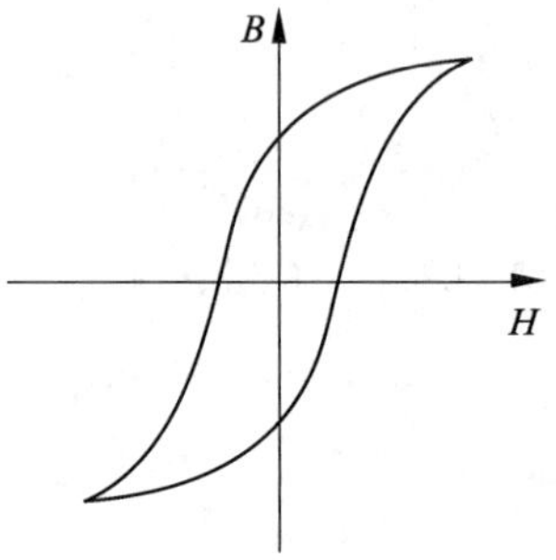

图 13.5.9　硬磁材料的磁滞回线

如图 13.5.10 所示，磁滞回线接近矩形，称为矩磁材料. 在不同方向磁场作用下，它总是处于饱和状态（B_s 或 $-B_s$），两种饱和状态可以代表数字信号中的“1”和“0”. 利用这一特性，矩磁材料用于信息记录，能制造磁带、磁盘等. 而矫顽力的大小反映了记录信息的可靠性和稳定性.

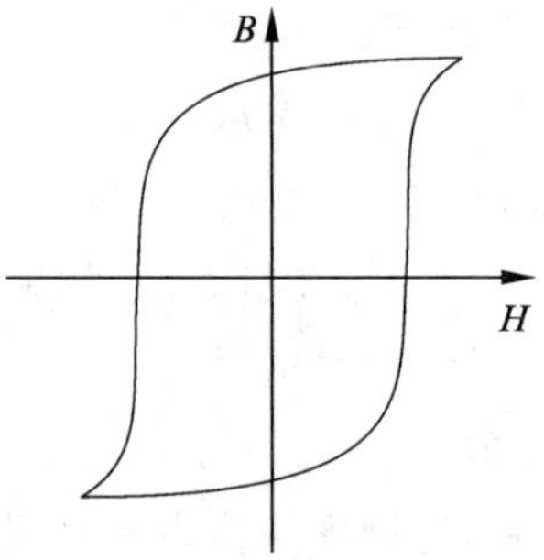

图 13.5.10　矩形磁滞回线

材料的铁磁性会因温度的变化而改变. 当温度超过某一临界数值时，铁磁性会消失而变成普通的顺磁性，对应的临界温度称为居里温度. 铁的居里温度为 1040 K，镍的居里温度为 631 K，钴的居里温度为 1388 K.

综上所述，铁磁质主要有以下性质：

① 附加磁场很强，磁导率数值很大.

② 磁导率随外磁场变化.

③ 有剩磁和磁滞现象.

④ 存在临界温度.

铁磁质的磁性可以用磁畴理论来解释. 铁磁质中相邻原子的电子发生非常强的相互作用，电子自旋磁矩平行排列，自发磁化，形成微小的磁饱和区域，这些微小的磁饱和区域称为磁畴. 如图 13.5.11(a)所示,图中箭头表示磁畴的磁矩. 当没有外磁场时,磁畴处于无序排列状态,宏观上观察不到磁性,但在显微镜下可以观察到磁畴.

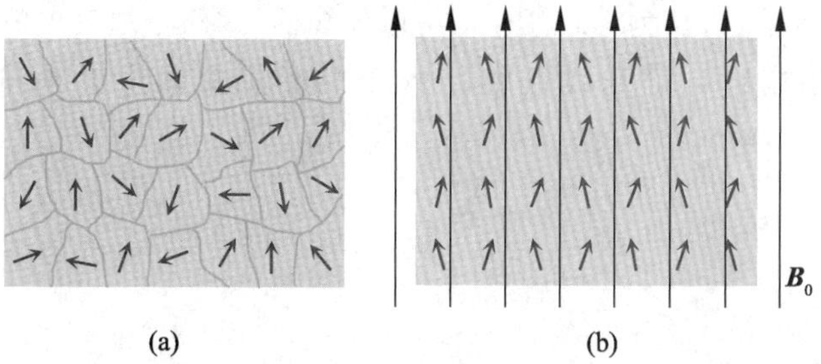

图 13.5.11　铁磁质的磁化

在磨光的铁磁质表面撒一薄层极细的铁粉,因为磁畴边缘存在不均匀的强磁场,铁粉被吸引到磁畴边缘,图 13.5.12 是用显微镜观察到的显示磁畴结构的铁粉图.

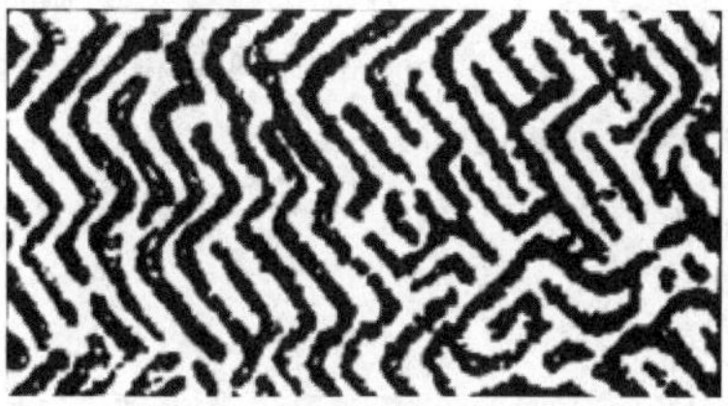

图 13.5.12　显示磁畴的铁粉图

利用磁畴的概念能解释铁磁质的磁化过程. 铁磁质处于磁场中时,磁畴受到外磁场作用,磁畴的磁矩转向与外磁场方向一致,如图 13.5.11(b)所示. 外磁场越强,磁畴取向的一致性越好,磁化的程度就越高. 当磁畴全部排列一致后,磁化程度不能再提高,也就是到达饱和状态. 当外磁场消失后,磁畴之间由于存在阻力,不能回到初始状态,从而出现剩磁. 当温度高于临界温度时,分子热运动使磁畴解体,从而失去铁磁性.

铁磁性材料退磁的方法:与磁化装置相似,线圈中的交流电流逐渐减小直到零,相当于磁滞回线面积逐渐变小,直到磁滞回线收缩到坐标原点,使铁磁质回到没有磁化的初始状态,从而实现铁磁质的退磁.

思考题

13-1　在电子仪器中,为了减弱与电源两电极相连的两条导线所激发的磁场,通常把两条导线扭在一起. 为什么?

13-2　一个闭合曲面包围磁铁棒的一个磁极,则通过该闭合曲面的磁通量是多少?

13-3　为什么指南针的外壳不是用钢铁制成的,而是用塑料等材料?

13-4　为什么一块磁铁能吸引一块没有磁性的铁块?

习题

13－1　如图所示，边长为 l 的等边三角形导线框，回路中通有电流 I. 用毕奥—萨伐尔定律计算导线框中心 p 处的磁感应强度大小和方向.

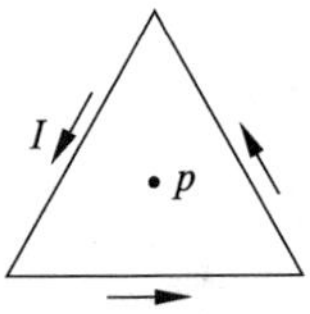

习题 13-1 图

13－2　无限长导线弯折成如图所示形状，其中半圆环的半径为 R. 当导线通有电流 I 时，求圆心 O 点处的磁感应强度.

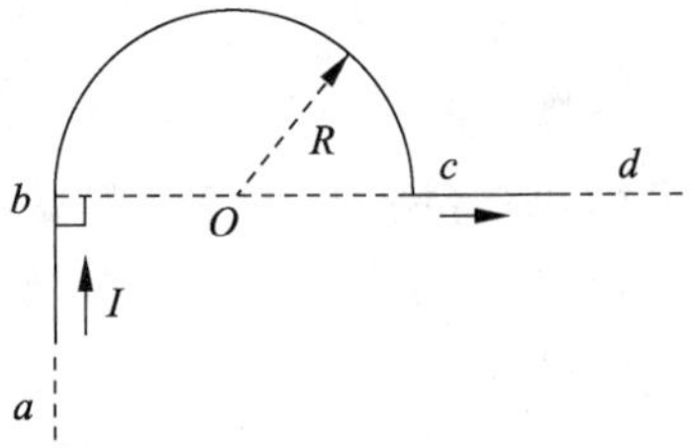

习题 13-2 图

13－3　两根长直导线沿半径方向引到均匀粗细的导线环上的 A、B 两点，并与很远的电源相连如图所示，求环中心 O 处的磁感应强度.

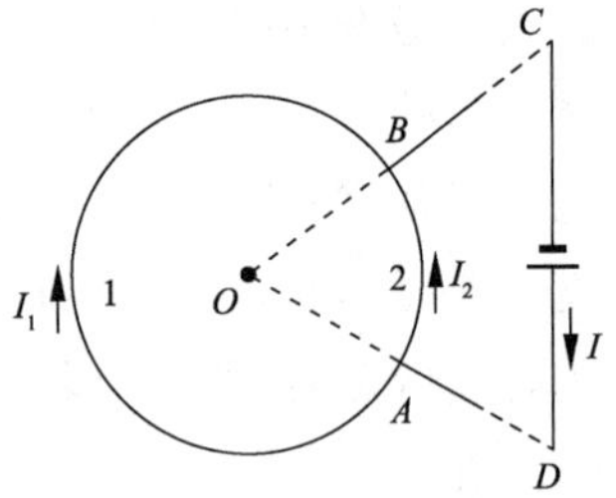

习题 13-3 图

13－4　均匀带电细直导线 AB，长为 b，电荷线密度为 λ，且 $\lambda>0$. 此导线绕垂直于纸面的轴 O 以角速度 ω 转动，转动过程中导线 A 端与轴 O 的距离 a 保持不变，如图所示. 求 O 点的磁感应强度.

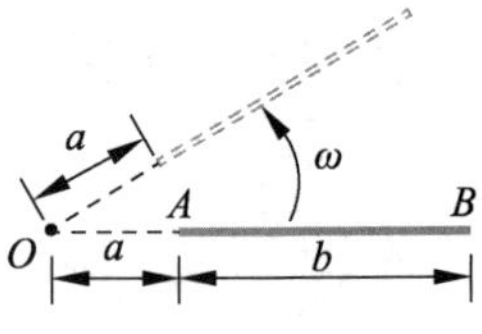

习题 13-4 图

13－5　如图所示，宽为 l 的无限长导体薄平板，通有电流 I，电流在板的宽度方向均匀分布. 计算导体板平面内离开板一侧距离为 a 的 p 点处的磁感应强度.

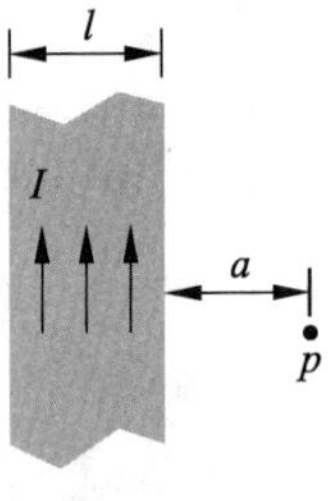

习题 13-5 图

13－6　如图所示，内半径为 a、外半径为 b 的均匀带电薄圆环，带电量为 $q(q>0)$. 圆环以角速度 ω 绕通过环心 O 且垂直于盘面的轴转动，求圆环中心 O 处的磁感应强度大小.

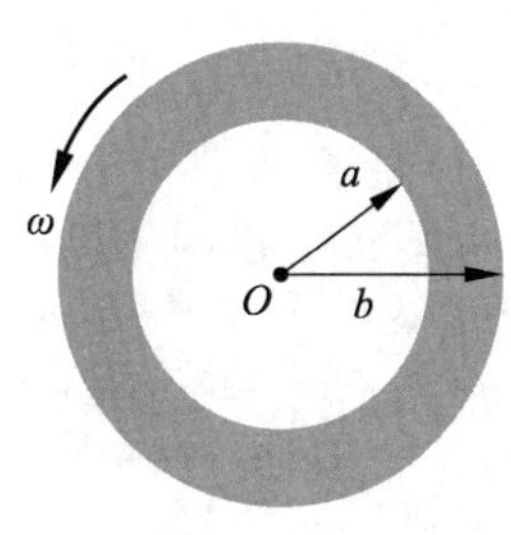

习题 13-6 图

13－7　无限长导体薄平板，弯成半径为 a 的无限长半圆柱面. 沿长度方向有电流 I 通过，且在圆柱面上均匀分布. 求圆柱面轴线上任意一点 p 处的磁感应强度.（如图所示，半圆柱面垂直于纸，电流方向垂直于纸面向外）

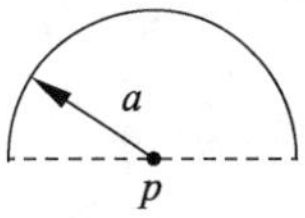

习题 13-7 图

13－8　无限长直导体圆管，内、外圆柱面半径分别为 a 和 b，如图所示. 圆管导体通有电流 I_0，电流在横截面上均匀分布. 求空间磁感应强度的分布.

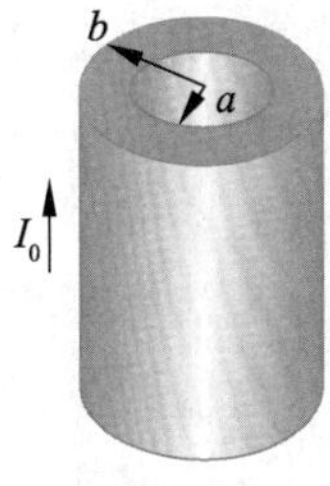

习题 13-8 图

13－9　如图所示，无限长直导线 ab 与直导线 cd 在同一平面内且相互垂直，分别通有电流 I_1 和 I_2. 直导线 cd 长为 l_2，c 端离无限长直导线 ab 的距离为 l_1，求直导线 cd 所受的安培力.

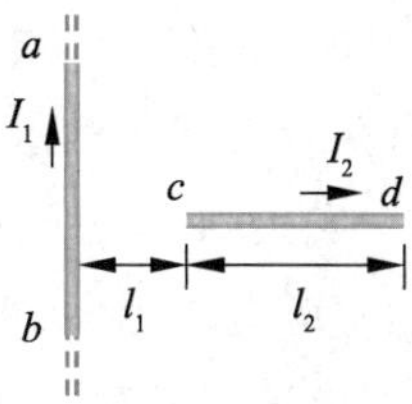

习题 13-9 图

13－10　螺绕环中心周长为 l，环上均匀密绕 N 匝线圈，线圈中通有电流 I. 求：

(1) 管内的磁感应强度 B_0；

(2) 管内充满相对磁导率为 μ_r 的磁介质时，管内的磁感应强度 B.

第 14 章　电磁感应和电磁场

14.1　法拉第电磁感应定律

14.1.1　电磁感应现象

电磁感应现象的发现是电磁学发展史上的一个重要成就，它进一步揭示了自然界中电现象与磁现象之间的联系.

下面介绍几个有关电磁感应现象的重要实验.

电磁感应实验 1

如图 14.1.1 所示，线圈与检流计连接成闭合回路，条形磁铁在线圈内上、下运动时，线圈导线中就有电流通过，这种电流称为感应电流.

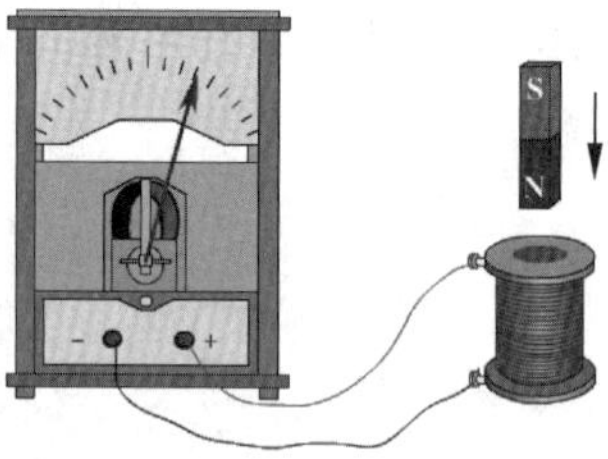

图 14.1.1　电磁感应实验 1

实验现象：条形磁铁运动时，线圈中有感应电流. 条形磁铁运动方向反向时，感应电流方向也反向. 磁铁不动，线圈上、下运动时，线圈中也有感应电流. 条形磁铁在线圈内不动时，线圈中没有感应电流. 磁铁和线圈合在一起运动时(两者没有相对运动)，也没有感应电流.

实验结果表明：磁铁与线圈有相对运动时，线圈中就有感应电流，相对运动速度越快，感应电流越大.

电磁感应实验 2

如图 14.1.2 所示，用通电螺线管代替实验 1 中的条形磁铁，通电螺线管在线圈内上、下运动时，线圈中有电流通过. 通电螺线管运动方向反向时，线圈中感应电流方向也反向. 通电螺线管在线圈内不动时，线圈中没有感应电流. 实验结果与实验 1 相似. 通电螺线管与线圈有相对运动时，线圈中有感应电流，相对运动速度越快，感应电流越大.

图 14.1.2　电磁感应实验 2

这个实验还出现一种新的现象：当通电螺线管相对于线圈不动，而通电螺线管中的电流变化时，线圈中有感应电流，通电螺线管中电流变化越快，线圈中感应电流越大.

电磁感应实验 3

如图 14.1.3 所示，检流计、轨道与直导线构成闭合回路. 直导线在磁场中做切割磁感应线运动时，导体回路中有感应电流，直导线切割磁感应线越快，感应电流越大.

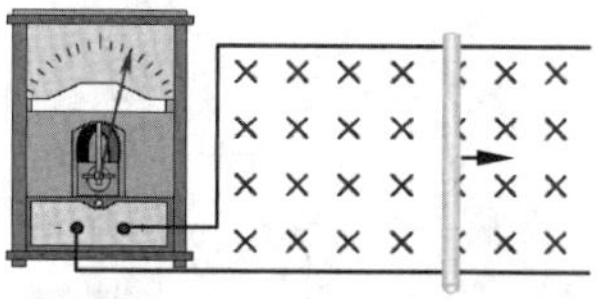

图 14.1.3　电磁感应实验 3

产生感应电流的实验还有很多，总结所有产生感应电流的实验后发现，它们具有共同的特征：穿过闭合回路所包围面积的磁通量发生了变化.

所以，我们得出结论：当穿过闭合导体回路所包围面积的磁通量发生变化时，不管这种变化是由什么引起的，这个导体回路中就会产生感应电流. 这种现象称为电磁感应现象. 由电磁感应现象产生的电流称为感应电流.

电磁感应实验表明，感应电流方向是有规律的. 通过实验总结出的感应电流所遵守的规律，就是楞次定律.

14.1.2　楞次定律

1833 年，楞次在进行了大量实验后，得出了确定感应电流方向的法则，称为楞次定律. 即闭合回路中产生的感应电流具有确定的方向，感应电流所产生的磁通量总是阻碍引起感应电流的磁通量的变化.

要注意，感应电流所产生的磁通量总是阻碍引起感应电流的磁通量的变化，而不是阻止磁通量的变化.

电磁感应实验 1 可分以下四种情况说明：

如图 14.1.4(a)所示，条形磁铁 N 极向下，线圈中磁感应线（实线）方向向下. 当磁铁从线圈上方插入线圈内时，线圈磁通量在增加，感应电流所激发磁场的磁感应线与磁铁的磁感应线反向，以阻碍磁通量增加. 所以感应电流的磁感应线（点线）方向向上，根据磁感应线与感应电流成右手螺旋关系，线圈中感应电流方向如图 14.1.4(a)所示.

如图 14.1.4(b)所示，条形磁铁 N 极向下，线圈中磁感应线（实线）方向向下. 当磁铁从线圈上方拔出线圈时，线圈磁通量在减小，感应电流所激发磁场的磁感应线与磁铁的磁感应线同向，以阻碍磁通量减小. 所以感应电流的磁感应线（点线）方向向下，根据磁感应线与感应电流成右手螺旋关系，线圈中感应电流方向如图 14.1.4(b)所示.

如图 14.1.4(c)所示，条形磁铁 S 极向下，线圈中磁感应线（实线）方向向上. 当磁铁从线圈上方插入线圈内时，线圈磁通量在增加，感应电流所激发磁场的磁感应线与磁铁的磁感应线反向，以阻碍磁通量增加. 所以感应电流的磁感应线（点线）方向向下，根据磁感应线与感应电流成右手螺旋关系，线圈中感应电流方向如图 14.1.4(c)所示.

如图 14.1.4(d)所示，条形磁铁 S 极向下，线圈中磁感应线（实线）方向向上. 当磁铁从线圈上方拔出线圈时，线圈磁通量在减小，感应电流所激发磁场的磁感应线与磁铁的磁感应线同向，以阻碍磁通量减小. 所以感应电流的磁感应线（点线）方向向上，根据磁感应线与感应电流成右手螺旋关系，线圈中感应电流方向如图 14.1.4(d)所示.

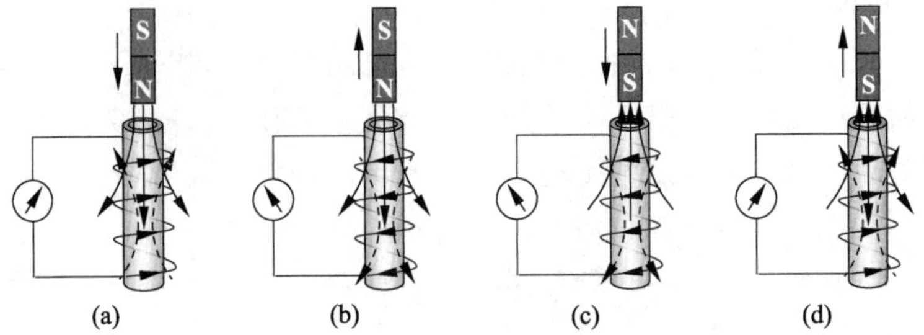

图 14.1.4　楞次定律

在图 14.1.4 的实验中，如果磁铁不动，线圈运动，一样可以用楞次定律确定感应电流的方向.

理论研究发现，楞次定律实际上是能量守恒的必然结果. 也可以说，楞次定律是能量守恒定律在电磁感应现象中的具体表现.

与力学中相似，物体在水中运动时，水对物体会产生摩擦力，这种摩擦力会阻碍物体与水之间的相对运动；当水流动时，水对水中的物体也会产生摩擦力，使物体跟随水一起流动，摩擦力的作用是阻碍物体与水之间的相对运动.

图 14.1.4 中条形磁铁运动时，感应电流激发磁场，使磁铁与线圈之间产生一种阻碍它们相对运动的力.

图 14.1.4(a)中，当条形磁铁向下运动时，引起图示感应电流，线圈就成为通电螺线管，等效为条形磁铁，N 极在上，S 极在下，两磁铁的 N 极产生相互排斥力，阻碍磁铁靠近线圈(阻碍它们的相对运动).

图 14.1.4(b)中，当条形磁铁向上运动时，引起图示感应电流，线圈等效一个条形磁铁，S 极在上，N 极在下，两磁铁异名磁极产生相互吸引力，阻碍磁铁远离线圈(阻碍它们的相对运动).

对于图 14.1.4(c)和图 14.1.4(d)读者可自行分析，感应电流所激发的磁场都阻碍它们的相对运动.

上述实验中，如果磁铁不动，线圈运动，结果一样，感应电流所激发的磁场会阻碍它们的相对运动.

14.1.3　法拉第电磁感应定律

法拉第对电磁感应现象做了定量研究，分析了大量的实验数据，得到如下结论：

当穿过闭合回路所包围面积的磁通量发生变化时，不论这种变化是什么原因引起的，回路中都有感应电动势产生，感应电动势正比于磁通量对时间变化率的负值. 这个规律称为法拉第电磁感应定律.

在国际单位制中，法拉第电磁感应定律的数学表达式为

$$\mathscr{E}_{\mathrm{i}}=-\frac{\mathrm{d}\Phi_B}{\mathrm{d}t} \tag{14.1.1}$$

式中，$\mathscr{E}_{\mathrm{i}}$ 表示感应电动势；$\Phi_B=\iint_S \boldsymbol{B}\cdot\mathrm{d}\boldsymbol{S}$ 是通过闭合回路 L 所包围面积 S 的磁通量.

式(14.1.1)中的负号是楞次定律的数学表达,用来确定电动势的方向.规定:若闭合回路 L 的绕行方向与所包围面积 S 的法向单位矢量 $\boldsymbol{e}_n$(面元 $\mathrm{d}\boldsymbol{S}$ 的方向)成右手螺旋关系,则 $\mathscr{E}_i$ 为正,反之为负,如图 14.1.5 所示.如果电动势是正值,表示电动势方向沿闭合回路 L 的绕行方向,如图 14.1.5(a)所示;如果电动势为负值,表示电动势方向沿闭合回路 L 绕行方向的反方向,如图 14.1.5(b)所示.

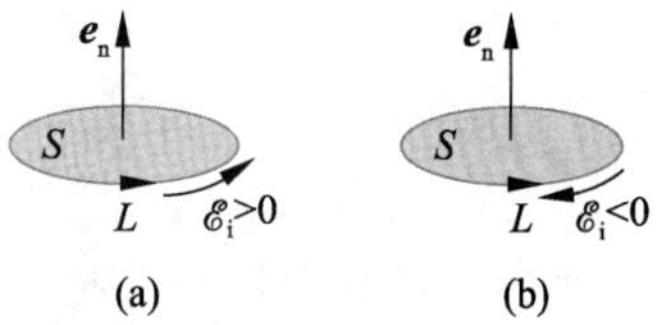

图 14.1.5　感应电动势方向

如图 14.1.6(a)所示,通过闭合回路 L 所包围面积 S 的磁通量 $\Phi_B>0$,磁通量增加,$\frac{\mathrm{d}\Phi_B}{\mathrm{d}t}>0$,感应电动势 $\mathscr{E}_i<0$,感应电动势方向与回路 L 绕行方向相反.

如图 14.1.6(b)所示,通过闭合回路 L 所包围面积 S 的磁通量 $\Phi_B>0$,磁通量减小,$\frac{\mathrm{d}\Phi_B}{\mathrm{d}t}<0$,感应电动势 $\mathscr{E}_i>0$,感应电动势方向与回路 L 绕行方向相同.

如图 14.1.6(c)所示,通过闭合回路 L 所包围面积 S 的磁通量 $\Phi_B<0$,磁通量绝对值减小,$\frac{\mathrm{d}\Phi_B}{\mathrm{d}t}>0$,则 $\mathscr{E}_i<0$,感应电动势方向与回路 L 绕行方向相反.

如图 14.1.6(d)所示,通过闭合回路 L 所包围面积 S 的磁通量 $\Phi_B<0$,磁通量绝对值增加,$\frac{\mathrm{d}\Phi_B}{\mathrm{d}t}<0$,则 $\mathscr{E}_i>0$,感应电动势方向与回路 L 绕行方向相同.

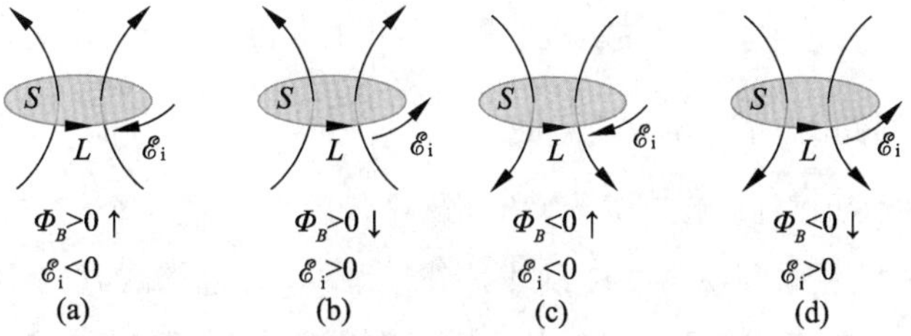

图 14.1.6　磁通量变化与感应电动势方向的关系

当闭合回路由 N 匝完全相同的同方向绕制的线圈构成时,线圈的总电动势等于闭合回路电动势的 N 倍,即

$$\mathscr{E}_i=-N\frac{\mathrm{d}\Phi_B}{\mathrm{d}t} \tag{14.1.2}$$

当线圈由不同回路导线连接而成时,不同回路电动势有正有负,线圈的总电动势等于各回路电动势的代数和 $\sum\mathscr{E}_i$.

如果闭合回路的总电阻为 R,则闭合回路中的感应电流为

$$I_i=\frac{\mathscr{E}_i}{R}=-\frac{1}{R}\frac{\mathrm{d}\Phi_B}{\mathrm{d}t} \tag{14.1.3}$$

利用电流的定义 $I=\frac{\mathrm{d}q}{\mathrm{d}t}$,可以计算出 $t_1\sim t_2$ 时间内的通过闭合回路截面的电荷

量,即

$$q_i = \int_{t_1}^{t_2} I_i \mathrm{d}t$$

将式(14.1.3)代入上式,t_1 对应的磁通量为 Φ_{B1},t_2 对应的磁通量为 Φ_{B2},则

$$q_i = -\frac{1}{R}\int_{\Phi_{B1}}^{\Phi_{B2}} \mathrm{d}\Phi_B$$

积分后,得

$$q_i = -\frac{1}{R}(\Phi_{B2} - \Phi_{B1}) \tag{14.1.4}$$

可见,在 $t_1 \sim t_2$ 时间内,通过闭合回路截面的电荷量 q_i 与磁通量增量($\Phi_{B2}-\Phi_{B1}$)的负值成正比,与磁通量变化的快慢无关.如果能测定电荷量和电阻,就可以通过式(14.1.4)计算出磁通量增量($\Phi_{B2}-\Phi_{B1}$).常用的磁通计就是根据这个原理设计的.

根据电动势的定义,闭合电路的电动势等于非静电场强沿闭合回路 L 的线积分,即

$$\mathscr{E} = \oint_L \boldsymbol{E}_k \cdot \mathrm{d}\boldsymbol{l} \tag{14.1.5}$$

比较式(14.1.1)与上式,得

$$\oint_L \boldsymbol{E}_k \cdot \mathrm{d}\boldsymbol{l} = -\frac{\mathrm{d}\Phi_B}{\mathrm{d}t} \tag{14.1.6}$$

将 $\Phi_B = \iint_S \boldsymbol{B} \cdot \mathrm{d}\boldsymbol{S}$ 代入上式,得

$$\oint_L \boldsymbol{E}_k \cdot \mathrm{d}\boldsymbol{l} = -\frac{\mathrm{d}}{\mathrm{d}t}\iint_S \boldsymbol{B} \cdot \mathrm{d}\boldsymbol{S} \tag{14.1.7}$$

式中,S 是以闭合回路 L 为边界的任意曲面.

[例 14.1.1] 如图 14.1.7 所示,长直螺线管内部放置一个与它同轴、截面积 $S=6\ \mathrm{cm}^2$、匝数 $N=10$、总电阻 $R=2\ \Omega$ 的小螺线管线圈.长直螺线管内均匀恒定磁场的磁感应强度为 $B_0=0.05\ \mathrm{T}$,螺线管切断电源后管内磁感应强度按指数规律 $B=B_0 \mathrm{e}^{-t/\tau}$ 下降到零,式中 $\tau=0.01\ \mathrm{s}$.求小螺线管线圈内感应电动势的最大值和通过小螺线管线圈导线截面的电荷量.

解:通过小螺线管单匝线圈的磁通量为

$$\Phi_B = \boldsymbol{B} \cdot \boldsymbol{S} = B_0 S \mathrm{e}^{-t/\tau}$$

小螺线管线圈的感应电动势为

$$\mathscr{E}_i = \left| N\frac{\mathrm{d}\Phi_B}{\mathrm{d}t} \right| = \frac{NB_0 S}{\tau}\mathrm{e}^{-t/\tau}$$

小螺线管线圈的感应电动势最大值为

$$\mathscr{E}_m = \frac{NB_0 S}{\tau} = \frac{10 \times 0.05 \times 6 \times 10^{-4}}{0.01} = 0.03\ \mathrm{V}$$

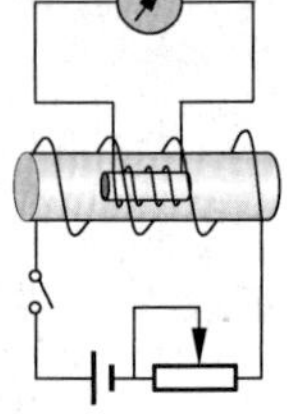

图 14.1.7 例 14.1.1 图

通过小螺线管线圈导线截面的电荷量为

$$
\begin{aligned}
q_i &= \left| -N\frac{1}{R}(\Phi_{B2}-\Phi_{B1}) \right| \\
&= N\frac{B_0 S}{R}-0 \\
&= 10\times\frac{0.05\times6\times10^{-4}}{2} \\
&= 1.5\times10^{-4}\ \text{C}
\end{aligned}
$$

[例 14.1.2]　如图 14.1.8 所示，无限长直导线中通有缓慢变化的交变电流 $I=I_0\sin\omega t$，其中 I_0 和 ω 是常量. 直导线旁平行放置一个矩形线圈，矩形线圈与直导线在同一平面内. 已知矩形线圈长为 l、宽为 b，线圈靠近直导线的一条边离直导线的距离为 d. 求线圈中的感应电动势.

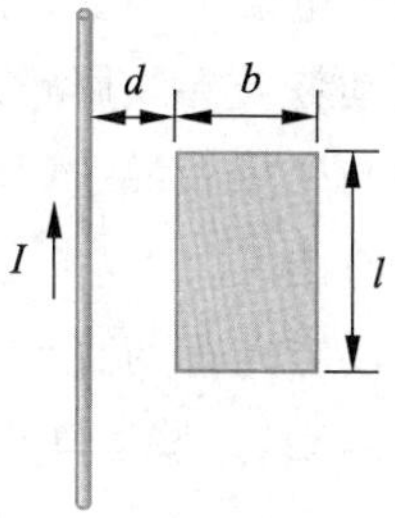

图 14.1.8　例 14.1.2 图

解：如图 14.1.9 所示，在矩形线圈上距离直导线 x 处取长为 l、宽为 $\mathrm{d}x$ 的矩形面元（图中右侧细长条）. 面元处的磁感应强度大小为

$$B=\frac{\mu_0 I}{2\pi x}$$

矩形面元的磁通量为

$$\mathrm{d}\Phi_B=\boldsymbol{B}\cdot\mathrm{d}\boldsymbol{S}=\frac{\mu_0 I}{2\pi x}l\,\mathrm{d}x$$

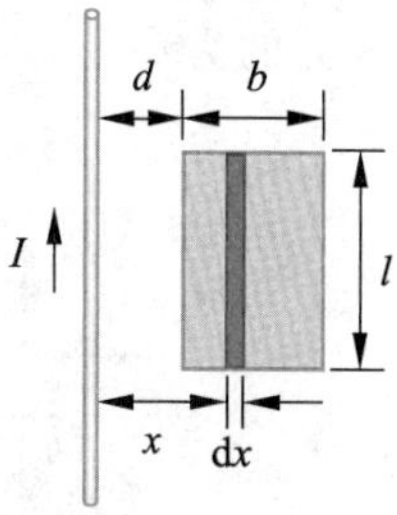

图 14.1.9　例 14.1.2 解图

矩形线圈回路的磁通量为

$$
\begin{aligned}
\Phi_B &= \int_S \boldsymbol{B}\cdot\mathrm{d}\boldsymbol{S} \\
&= \int_d^{d+b}\frac{\mu_0 I}{2\pi x}l\,\mathrm{d}x \\
&= \frac{\mu_0 l I_0\sin\omega t}{2\pi}\ln\frac{d+b}{d}
\end{aligned}
$$

矩形线圈的感应电动势为

$$\mathscr{E}_i=-\frac{\mathrm{d}\Phi_B}{\mathrm{d}t}=-\frac{\mu_0 l I_0\omega\cos\omega t}{2\pi}\ln\frac{d+b}{d}$$

14.2　动生电动势

法拉第电磁感应定律告诉我们，当回路所包围面积的磁通量发生变化时，回路中就会产生感应电动势. 磁通量的变化原因多种多样，但从本质上说，磁通量的变化可分为两类：第一类，磁场保持不变，整个导体回路或回路的部分导体在磁场中运动，从而引起回

路的磁通量变化，这类问题产生的电动势称为动生电动势；第二类，导体或导体回路不动，磁场发生变化，从而引起回路的磁通量变化，这类问题产生的电动势称为感生电动势.

14.2.1 动生电动势

在图 14.1.3 所示的电磁感应实验 3 中，直导线在磁场中做切割磁感应线运动时，导体回路中产生了感应电流，这里的感应电流是由导线中的动生电动势引起的. 实验表明，如果导体回路不闭合，导线还以原来的方式运动，则导线中没有感应电流. 而运动导线中的动生电动势不会因为导线回路是否闭合而发生变化，也就是说，导线运动时产生的动生电动势与导线回路是否闭合无关，而与磁场及导线的运动状态有关. 下面导出动生电动势与磁场及导线运动状态的关系.

将图 14.1.3 电磁感应实验 3 中的直导线放大，如图 14.2.1(a)所示，导线运动方向及磁场方向都与直导线本身垂直. 直导线以速度 $\boldsymbol{v}$ 运动时，导线中的所有电荷以同样的速度运动，这些运动电荷在磁场中受到洛伦兹力，图中画出了正电荷 q 所受的洛伦兹力 $\boldsymbol{F}_{\mathrm{m}}$.

根据洛伦兹力计算公式，得

$$\boldsymbol{F}_{\mathrm{m}}=q\boldsymbol{v}\times\boldsymbol{B}$$

洛伦兹力的大小为

$$F_{\mathrm{m}}=qvB$$

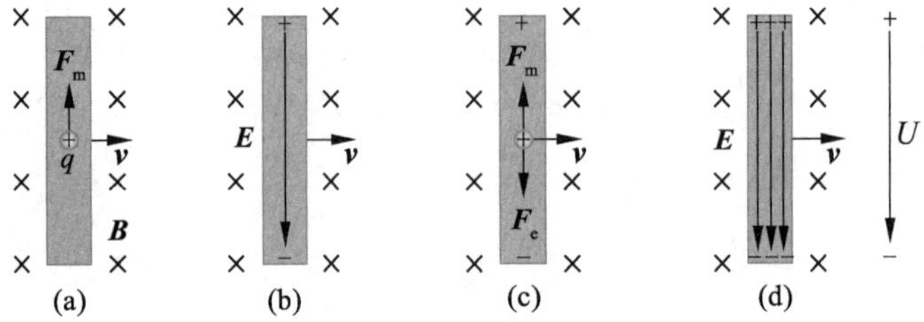

图 14.2.1 动生电动势的产生

电荷 q 在洛伦兹力作用下，沿直导线向一端(图中上端)做定向运动，直到端点为止，这一端将带正电. 根据电荷守恒定律，另一端就带等量的负电，如图 14.2.1(*b*)所示. 直导线两端带等量异号电荷，这些电荷在导线中激发电场，用 $\boldsymbol{E}$ 表示电场强度，用带箭头的直线表示电场线.

此时，导线中的电荷不仅受到洛伦兹力 $\boldsymbol{F}_{\mathrm{m}}$，还受到电场力 $\boldsymbol{F}_{\mathrm{e}}$，这两个力方向相反，如图 14.2.1(c)所示. 刚开始，电场力较小，电荷所受合力沿洛伦兹力方向. 此后，导线两端的电荷量增加，导线中的电场强度也增加，导线中电荷所受的电场力也增加，直到电场力与洛伦兹力大小相等时，电荷所受合力为零，电荷定向运动停止，电场稳定不变，如图 14.2.1(d)所示. 此时，电荷所受合力为零，即

$$\boldsymbol{F}_{\mathrm{m}}+\boldsymbol{F}_{\mathrm{e}}=0 \tag{14.2.1}$$

或

$$q\boldsymbol{v}\times\boldsymbol{B}+q\boldsymbol{E}=0 \tag{14.2.2}$$

由上式求得电场强度矢量为

$$\boldsymbol{E}=-\boldsymbol{v}\times\boldsymbol{B} \tag{14.2.3}$$

电场强度大小为

$$E=vB$$

假设导线中的电场是均匀电场，导线长度为 L，导线两端的电势差为

$$U=EL=vBL \tag{14.2.4}$$

直导线带正电荷的一端(图中上端)电势较高.

可见，均匀磁场中的运动直导线相当于一个电源. 电源电动势在数值上等于导线两端的电势差，电动势数值为

$$\mathscr{E}=vBL \tag{14.2.5}$$

对于任意弯曲的导线，当其在非均匀磁场中运动时，其动生电动势必须通过积分计算才能得到结果.

14.2.2　动生电动势的计算

动生电动势可以用法拉第电磁感应定律来计算，也可以用电动势的定义直接计算.

根据电动势的定义，导线 L 中的动生电动势等于导线中非静电场强 $\boldsymbol{E}_{\mathrm{k}}$ 沿导线 L 的线积分，即

$$\mathscr{E}_{\mathrm{i}}=\int_L \boldsymbol{E}_{\mathrm{k}}\cdot \mathrm{d}\boldsymbol{l} \tag{14.2.6}$$

如图 14.2.2(a)所示，任意弯曲导线 $\overset{\frown}{ab}$ 在非均匀磁场中运动. 现在，我们来计算它的动生电动势.

在导线上取任意无限小线元 $\mathrm{d}\boldsymbol{l}$(长度为 $\mathrm{d}l$，方向由一端指向另一端)，如图 14.2.2(a)中圆圈内的带箭头的小段.

图 14.2.2(b)是线元 $\mathrm{d}\boldsymbol{l}$ 的放大图. 线元导线中的电荷随导线一起运动，这些运动电荷在磁场中受到洛伦兹力，单位正电荷所受的洛伦兹力就等于非静电场强 $\boldsymbol{E}_{\mathrm{k}}$. 图 14.2.2(c)中画出了导线中任意一个电荷量为 q 的运动正电荷所受的洛伦兹力，洛伦兹力表达式为

$$\boldsymbol{F}_q=q\boldsymbol{v}\times\boldsymbol{B} \tag{14.2.7}$$

所以，单位正电荷所受的洛伦兹力即非静电场强

$$\boldsymbol{E}_{\mathrm{k}}=\frac{\boldsymbol{F}_q}{q}=\boldsymbol{v}\times\boldsymbol{B} \tag{14.2.8}$$

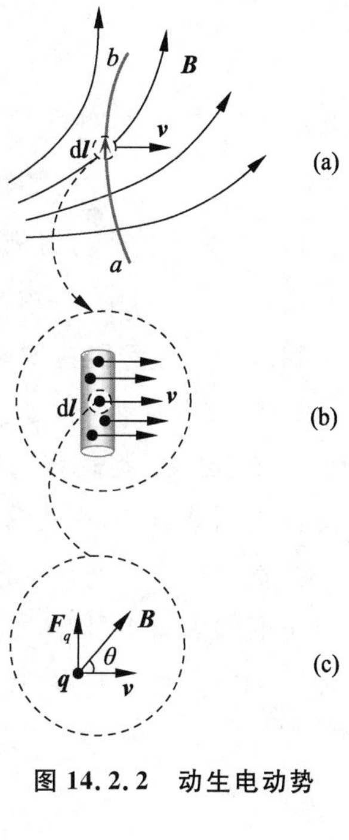

图 14.2.2　动生电动势

将上式代入式(14.2.6)，得到导线 L 中的动生电动势

$$\mathscr{E}_{\mathrm{i}}=\int_L(\boldsymbol{v}\times\boldsymbol{B})\cdot \mathrm{d}\boldsymbol{l} \tag{14.2.9}$$

理论上说，只要已知磁场 $\boldsymbol{B}$ 的分布、导线 L 的形状及导线上各处的运动速度 $\boldsymbol{v}$，就能通过式(14.2.9)积分计算出动生电动势.

当式(14.2.9)计算结果为正值时,表示电动势的方向沿导线 L 的积分方向;计算结果为负值时,表示电动势的方向沿导线 L 积分的反方向.

闭合导线回路的动生电动势等于式(14.2.9)沿闭合回路的积分,即

$$\mathscr{E}_i = \oint_L (\boldsymbol{v} \times \boldsymbol{B}) \cdot \mathrm{d}\boldsymbol{l} \tag{14.2.10}$$

积分号上的圈表示积分路径 L 是闭合路径.

14.2.3 任意导线在均匀磁场中平动时的电动势

如图 14.2.3 所示,任意导线在均匀磁场中平动时,导线上各处的 $\boldsymbol{v}$ 和 $\boldsymbol{B}$ 均相等,$\boldsymbol{v} \times \boldsymbol{B}$ 的计算结果处处相同.用式(14.2.9)计算时,$\boldsymbol{v} \times \boldsymbol{B}$ 的结果是常矢量,可提到积分号外.余下的积分 $\int_L \mathrm{d}\boldsymbol{l}$ 等于由积分起点指向终点的位置矢量 $\boldsymbol{L}$.具体积分过程如下:

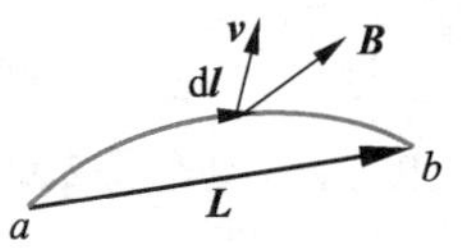

图 14.2.3 任意导线在均匀磁场中平动时的电动势

$$\mathscr{E}_i = \int_L (\boldsymbol{v} \times \boldsymbol{B}) \cdot \mathrm{d}\boldsymbol{l}$$

$\boldsymbol{v} \times \boldsymbol{B}$ 处处相等,是常矢量,直接提到积分号外,即

$$\mathscr{E}_i = (\boldsymbol{v} \times \boldsymbol{B}) \cdot \int_L \mathrm{d}\boldsymbol{l}$$

求出积分 $\int_L \mathrm{d}\boldsymbol{l} = \boldsymbol{L}$,得

$$\mathscr{E}_i = (\boldsymbol{v} \times \boldsymbol{B}) \cdot \boldsymbol{L} \tag{14.2.11}$$

可见,当导线在均匀磁场中平动时,弯曲导线与直导线的动生电动势是一样的,可以用式(14.2.11)计算.

14.2.4 直导线在均匀磁场中定轴转动时的电动势

如图 14.2.4 所示,磁感应强度为 $\boldsymbol{B}$ 的均匀磁场中有一长为 l 的直导线 ab 在垂直于磁场的平面内绕直导线一端 a 以角速度 ω 匀角速转动,用式(14.2.9)计算动生电动势.

在直导线上距离 a 端的 r 处,取线元 $\mathrm{d}\boldsymbol{r}$,如图 14.2.4(a)所示小圆圈内的小段.图 14.2.4(b)是线元的放大图,线元运动速度 $\boldsymbol{v}$ 方向垂直于导线,速度大小 $v = r\omega$,线元 $\mathrm{d}\boldsymbol{r}$ 处的 $\boldsymbol{v} \times \boldsymbol{B}$ 的数值等于 vB,$\boldsymbol{v} \times \boldsymbol{B}$ 的方向与 $\mathrm{d}\boldsymbol{r}$ 反向.所以,线元 $\mathrm{d}\boldsymbol{r}$ 的动生电动势为

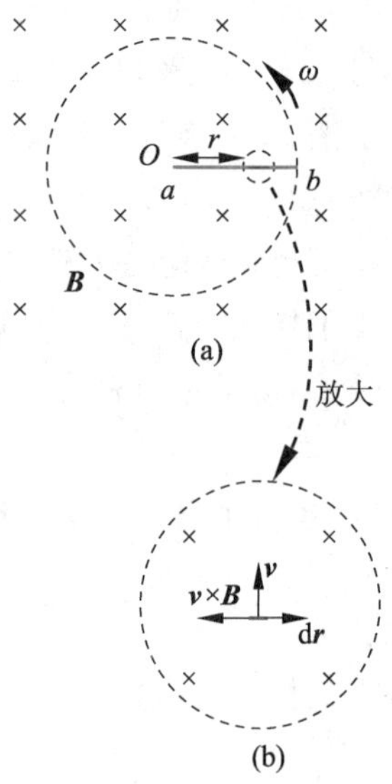

图 14.2.4 直导线在均匀磁场中定轴转动时的电动势

$$\mathrm{d}\mathscr{E}_i = (\boldsymbol{v} \times \boldsymbol{B}) \cdot \mathrm{d}\boldsymbol{r} = -vB\,\mathrm{d}r$$

整个直导线 ab 的动生电动势,即

$$\mathscr{E}_i = \int_{\widehat{ab}} (\boldsymbol{v} \times \boldsymbol{B}) \cdot \mathrm{d}\boldsymbol{r}$$

$$= \int_0^l -Bv\,\mathrm{d}r$$

$$= -\int_0^l B\omega r \mathrm{d}r$$

$$= -\frac{1}{2}B\omega l^2$$

电动势为负值，表示电动势的方向与积分方向相反，即电动势方向由 b 指向 a. 直导线 b 点是低电势，a 点是高电势.

14.2.5　交流发电机原理

交流发电机是动生电动势实际应用的典型例子. 如图 14.2.5(a)所示是发电机原理图，矩形线圈 $abcd$ 在均匀磁场中绕固定轴 OO' 转动，线圈的两端连接着与线圈一起转动的两个圆环，与圆环接触的电刷 p_1、p_2 将线圈跟外电路负载相连.

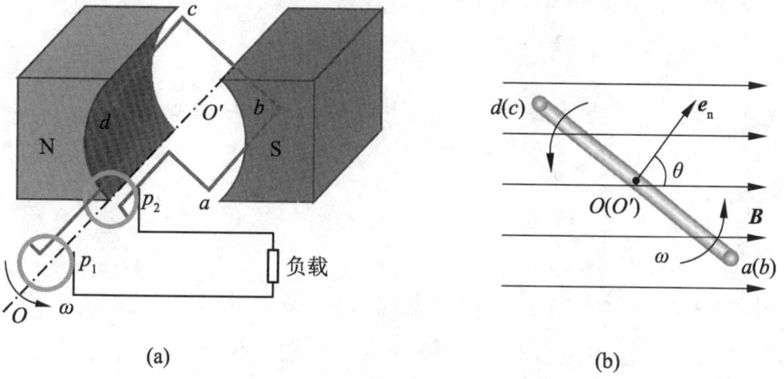

图 14.2.5　发电机原理

矩形线圈面积为 S，匝数为 N，均匀磁场的磁感应强度大小为 B，磁场方向垂直于矩形线圈 ab 和 cd 边，线圈以恒定角速度 ω 绕矩形线圈平分线 OO' 定轴转动. 图 14.2.5(b)所示是矩形线圈的主视图.

$t=0$ 时，线圈平面法向单位矢量 $\boldsymbol{e}_n$ 与磁感应强度矢量 $\boldsymbol{B}$ 同方向. 任意 t 时，两矢量的夹角为 θ，则通过矩形线圈 $abcd$ 的磁通量为

$$\Phi_B = \boldsymbol{B} \cdot \boldsymbol{S} = BS\cos\theta$$

应用法拉第电磁感应定律，线圈中的感应电动势为

$$\begin{aligned}\mathscr{E}_i &= -N\frac{\mathrm{d}\Phi_B}{\mathrm{d}t} \\ &= NBS\sin\theta\frac{\mathrm{d}\theta}{\mathrm{d}t} \\ &= NBS\omega\sin\omega t \\ &= \mathscr{E}_0\sin\omega t\end{aligned}$$

其中，$\mathscr{E}_0 = NBS\omega$. 可见，线圈中的电动势随时间按正弦规律周期性变化，这种电动势称为正弦交流电动势.

[例 14.2.1] 如图 14.2.6 所示，无限长载流直导线中电流为 I，长度为 L 的直导线 ab 以速度 $\boldsymbol{v}$ 沿平行于无限长载流直导线的方向平动. 直导线 ab 与载流导线共面，且相互垂直，直导线 a 端到载流导线的距离为 d. 求导线 ab 中的动生电动势，并判断导线 a、b 两端哪端电势较高.

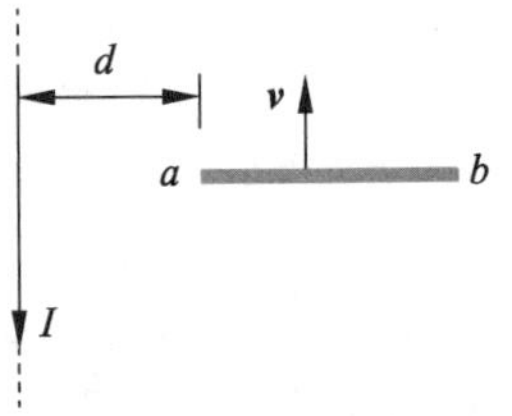

图 14.2.6 例 14.2.1 图

解：用式(14.2.9)求解动生电动势.

在直导线 ab 上距离无限长载流导线 r 处，取线元 $\mathrm{d}\boldsymbol{r}$，如图 14.2.7 所示的黑色小段. 线元 $\mathrm{d}\boldsymbol{r}$ 处的磁感应强度大小 $B=\dfrac{\mu_0 I}{2\pi r}$，磁场方向垂直于纸面向外. 线元 $\mathrm{d}\boldsymbol{r}$ 运动速度 $\boldsymbol{v}$ 方向与该处磁场方向垂直，线元 $\mathrm{d}\boldsymbol{r}$ 的动生电动势为

$$\mathrm{d}\mathscr{E}_{\mathrm{i}}=(\boldsymbol{v}\times\boldsymbol{B})\cdot\mathrm{d}\boldsymbol{r}=vB\mathrm{d}r$$

将 $B=\dfrac{\mu_0 I}{2\pi r}$ 代入上式，并沿直导线 ab 积分，得导线 ab 中的动生电动势为

$$\mathscr{E}_{ab}=\int_d^{d+L} v\frac{\mu_0 I}{2\pi r}\mathrm{d}r=\frac{\mu_0 I v}{2\pi}\ln\frac{d+L}{d}$$

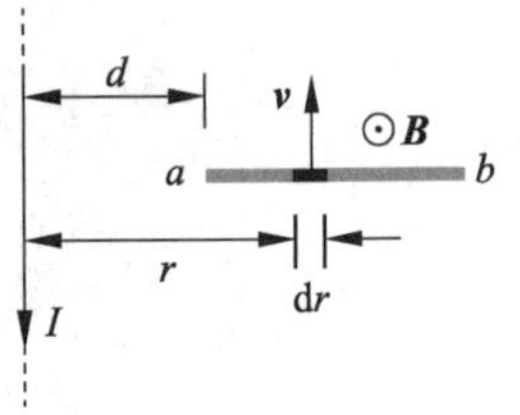

图 14.2.7 例 14.2.1 解图

计算结果为正值，表示电动势方向沿积分方向，即由 a 指向 b.

电源电动势的方向是由负极指向正极，所以 b 端电势较高.

14.3 感生电动势和感生电场

导体或导体回路不动，磁场发生变化时，引起回路的磁通量变化，这样产生的电动势称为感生电动势. 导体不动，导体中的自由电荷就不存在洛伦兹力. 麦克斯韦分析了这个事实后提出了一个新的观点，他认为，变化的磁场在其周围激发一种电场，这种电场称为感生电场. 通常用 $\boldsymbol{E}_{\mathrm{i}}$ 表示感生电场的电场强度，它就是引起感生电动势的非静电场强.

14.3.1 感生电动势和感生电场

如图 14.3.1(a)所示，载流长直螺线管内放置一导线小圆环，小圆环的圆心正好处于螺线管的轴线上，小圆环平面与螺线管的轴线垂直.

实验表明，当螺线管电流变化时，小圆环中会出现感应电流. 小圆环的电流是由小圆环回路的感应电动势引起的，这个电动势就是由磁场变化引起的感生电动势. 如图 14.3.1(b)所示，它是图 14.3.1(a)的左视图，当磁感应强度 B 增大时，图中画出了小圆环中的感应电流、感应电动势的方向.

感应电流的出现说明小圆环中的电荷受到某种作用力，引起了电荷的定向运动，这个力显然不是洛伦兹力. 麦克斯韦认为，变化的磁场在其周围激发一种电场，这种电场称为感生电场. 感生电场对电荷的作用力称为感生电场力. 当螺线管导线中的电流变化时，引起其内部磁场变化，变化的磁场激发感生电场，感生电场对小圆环中的电荷产生感生

电场力，引起了电荷的定向运动而形成感生电流.

感生电场是由磁场变化引起的，与磁场中是否存在导体无关，所以说，即使螺线管内没有小圆环，只要螺线管内磁场变化，螺线管内小圆环所在位置处仍然存在感生电场. 图 14.3.1(c)中画出了螺线管内部的小圆环所在位置处的感生电场(图中箭头). 实验表明，感生电场不仅存在于螺线管内，也存在于螺线管外. 下面我们利用电动势的定义和法拉第电磁感应定律导出变化的磁场与感生电场之间的关系.

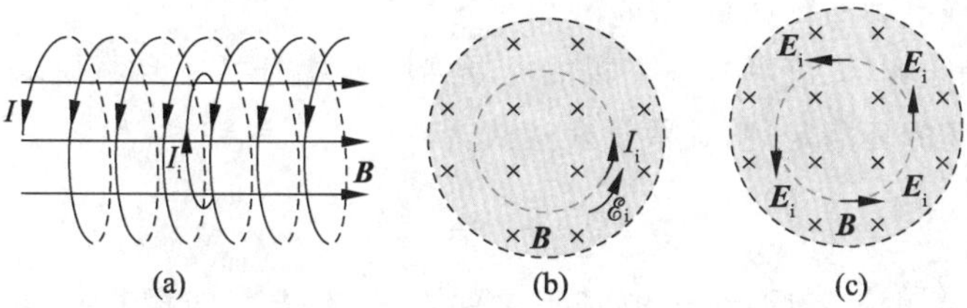

图 14.3.1　感生电动势和感生电场

当导体处于变化的磁场中时，感生电场作用在导体中的电荷上，使导体中出现感生电动势. 用 $\boldsymbol{E}_i$ 表示感生电场的电场强度. 由电动势的定义，导线 L 中的感生电动势 $\mathscr{E}_i$ 等于感生电场 $\boldsymbol{E}_i$ 沿导线 L 的线积分，即

$$\mathscr{E}_i = \int_L \boldsymbol{E}_i \cdot \mathrm{d}\boldsymbol{l} \tag{14.3.1}$$

对闭合回路 L，感生电动势为

$$\mathscr{E}_i = \oint_L \boldsymbol{E}_i \cdot \mathrm{d}\boldsymbol{l} \tag{14.3.2}$$

法拉第电磁感应定律为

$$\mathscr{E}_i = -\frac{\mathrm{d}\Phi_B}{\mathrm{d}t} \tag{14.3.3}$$

结合(14.3.2)(14.3.3)两式，得

$$\oint_L \boldsymbol{E}_i \cdot \mathrm{d}\boldsymbol{l} = -\frac{\mathrm{d}\Phi_B}{\mathrm{d}t} \tag{14.3.4}$$

将磁通量计算式 $\Phi_B = \int_S \boldsymbol{B} \cdot \mathrm{d}\boldsymbol{S}$ 代入上式，得

$$\oint_L \boldsymbol{E}_i \cdot \mathrm{d}\boldsymbol{l} = -\frac{\mathrm{d}}{\mathrm{d}t}\int_S \boldsymbol{B} \cdot \mathrm{d}\boldsymbol{S} \tag{14.3.5}$$

式中，S 是以闭合回路 L 为边界的任意曲面.

式(14.3.5)中，等式右边积分和导数是对两个不同变量的运算，可以改变它们的运算次序，将原来先积分后求导改为先求导后积分，并把导数改写成偏导数，即

$$\oint_L \boldsymbol{E}_i \cdot \mathrm{d}\boldsymbol{l} = -\int_S \frac{\partial \boldsymbol{B}}{\partial t} \cdot \mathrm{d}\boldsymbol{S} \tag{14.3.6}$$

上式表明，变化的磁场能够激发感生电场.

也就是说，只要磁场变化，空间就激发感生电场. 如果变化的磁场中有导体，导体中

的感生电场就能形成电动势.如果导体回路闭合,回路中就能形成感应电流.如果导体回路不闭合,导体中没有感应电流,但导体中仍然有感生电场存在,也就有感生电动势存在.感生电场是磁场变化激发的,与该处是否存在导体无关,变化的磁场中即使没有导体,感生电场依然存在.

到目前为止,我们知道激发电场有两种方法:一是静止电荷激发的电场,称为静电场(或库仑电场);二是变化的磁场所激发的电场,称为感生电场.由于这两种电场激发的方式不同,所以两种电场的性质也有所不同.

静电场是保守场(无旋场),静电场的电场强度 $\boldsymbol{E}$ 沿任意闭合路径 L 的线积分总等于零.这就是静电场的环路定理,其数学表达式为

$$\oint_L \boldsymbol{E} \cdot \mathrm{d}\boldsymbol{l} = 0 \tag{14.3.7}$$

感生电场与静电场不同,感生电场不是保守场,其电场线没有起点,也没有终点,是闭合曲线,这些闭合曲线不会相交,大的闭合曲线内套着小的闭合曲线,小的闭合曲线内有更小的闭合曲线,呈旋涡状,如图 14.3.2(a)所示.感生电场也称为涡旋电场,所以,感生电场是有旋场.

感生电场线与磁感应强度变化率的方向构成左手螺旋关系.这种关系实际上就是楞次定律在这个问题上的具体表现.如图 14.3.2(b)所示,左手四指绕向是感生电场方向,而拇指指向是 $\boldsymbol{B}$ 对时间导数 $\dfrac{\partial \boldsymbol{B}}{\partial t}$ 的方向(不是 $\boldsymbol{B}$ 的方向).

在某些特殊问题中,可以利用式(14.3.6)求出感生电场.

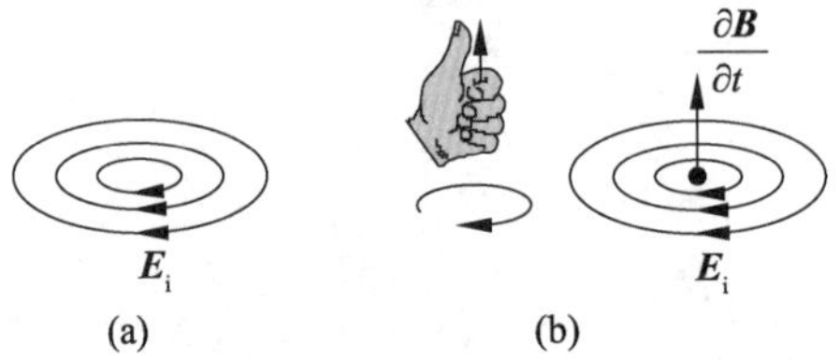

图 14.3.2 涡旋电场

[例 14.3.1] 有一无限长直螺线管,截面为圆形,半径为 R,管内磁场随时间线性变化$\left(\dfrac{\mathrm{d}B}{\mathrm{d}t}=\text{正的常量}\right)$.求管内、外的感生电场.

解:如图 14.3.3(a)所示是螺线管的横截面,圆形区域是螺线管内,螺线管内是均匀磁场.当磁场随时间变化时,在其周围激发感生电场.

由于磁场是轴对称的,所以它所激发的感生电场也是轴对称的.感生电场线是一系列与螺线管同轴的同心圆,如图 14.3.3(a)所示.任意时刻 t 时,磁场方向垂直于纸面向内,图中用“×”表示.

根据感生电场与磁感应强度变化率呈左手螺旋关系.图中磁场方向垂直于纸面向里,磁感应强度大小对时间的导数为正,磁感应强度矢量的导数垂直于纸面向里,所以感

生电场线在图中是逆时针方向.

取任一条感生电场线(半径为 r 的圆)作为闭合回路 L,如图 14.3.3(b)所示,回路绕行方向沿感生电场方向.在闭合回路 L 上,$\boldsymbol{E}_i$ 与 $\mathrm{d}\boldsymbol{l}$ 处处同方向,$\boldsymbol{E}_i\cdot\mathrm{d}\boldsymbol{l}=E_i\mathrm{d}l$.所以,感生电场 $\boldsymbol{E}_i$ 沿闭合回路 L 的线积分为

$$\oint_L \boldsymbol{E}_i\cdot\mathrm{d}\boldsymbol{l}=\oint_L E_i\mathrm{d}l \qquad ①$$

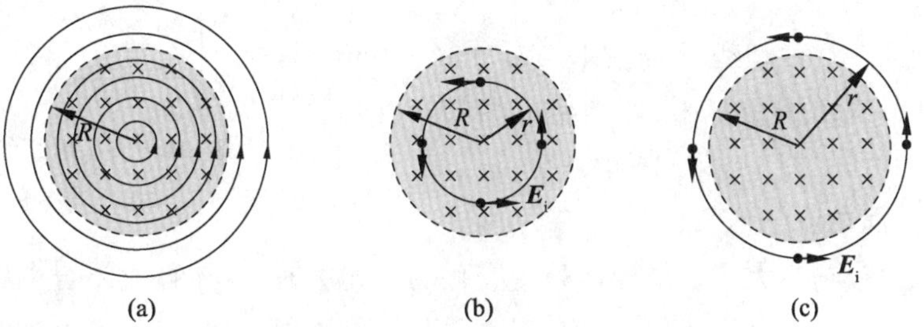

图 14.3.3　例 14.3.1 图

根据感生电场的对称性,闭合回路 L(半径为 r 的圆)上 E_i 处处相等,E_i 直接从上式积分号中提出来

$$\oint_L E_i\mathrm{d}l=E_i\oint_L \mathrm{d}l \qquad ②$$

②式中积分 $\oint_L \mathrm{d}l$ 等于积分回路 L 的周长 $2\pi r$,所以

$$\oint_L \boldsymbol{E}_i\cdot\mathrm{d}\boldsymbol{l}=2\pi rE_i \qquad ③$$

将 ③ 式代入式(14.3.6) $\oint_L \boldsymbol{E}_i\cdot\mathrm{d}\boldsymbol{l}=-\int_S \frac{\partial\boldsymbol{B}}{\partial t}\cdot\mathrm{d}\boldsymbol{S}$,得

$$E_i=-\frac{1}{2\pi r}\int_S \frac{\partial\boldsymbol{B}}{\partial t}\cdot\mathrm{d}\boldsymbol{S} \qquad ④$$

(1) 当 $r<R$ 时,如图 14.3.3(b)所示,积分路径所包围面积 $\int_S \mathrm{d}S=\pi r^2$,该面积上是均匀磁场,面元 $\mathrm{d}\boldsymbol{S}$ 与该处的$\frac{\partial\boldsymbol{B}}{\partial t}$处处反方向,$\frac{\partial\boldsymbol{B}}{\partial t}\cdot\mathrm{d}\boldsymbol{S}=-\frac{\partial B}{\partial t}\cdot\mathrm{d}S$.$\frac{\partial B}{\partial t}=\frac{\mathrm{d}B}{\mathrm{d}t}=$正常量,所以

$$\int_S \frac{\partial\boldsymbol{B}}{\partial t}\cdot\mathrm{d}\boldsymbol{S}=-\int_S \frac{\partial B}{\partial t}\mathrm{d}S=-\frac{\partial B}{\partial t}\int_S \mathrm{d}S$$

$$=-\pi r^2\frac{\mathrm{d}B}{\mathrm{d}t}$$

将上面计算结果代入④式,得

$$E_i=\frac{r}{2}\frac{\mathrm{d}B}{\mathrm{d}t}$$

E_i 的方向沿回路 L 的切线方向,如图 14.3.3(b)所示.

(2) 当 $r>R$ 时，如图 14.3.3(c)所示，磁场分布在半径为 R 的圆上(区域面积为 πR^2)，其他地方为零. 所以

$$\int_S \frac{\partial \boldsymbol{B}}{\partial t} \cdot d\boldsymbol{S} = -\pi R^2 \frac{dB}{dt}$$

将上面计算结果代入④式，得

$$E_i = \frac{R^2}{2r}\frac{dB}{dt}$$

E_i 的方向沿回路 L 的切线方向，如图 14.3.3(c)所示.

最后，我们画出螺线管内、外感生电场随离开轴线距离 r 的变化曲线，如图 14.3.4 所示.

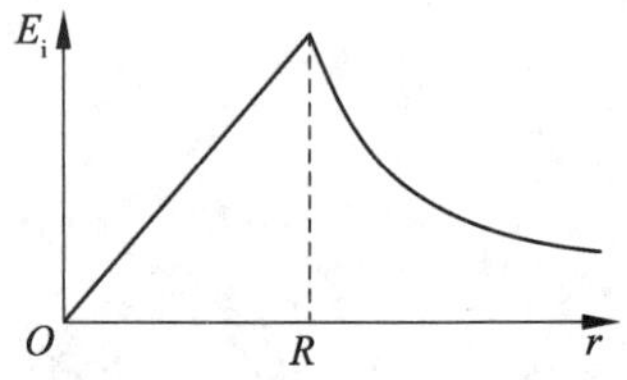

图 14.3.4　螺线管内、外感生电场与 r 的关系

14.3.2　涡电流

由于电磁感应，当大块金属导体处于变化的磁场中时，导体自成闭合电路，出现感应电流，这种电流与感生电场相似，呈旋涡状，称为涡电流. 涡电流有其可以被利用的一面，也有产生危害的一面，下面分别举例说明.

1. 涡流加热

将大块金属置于高频磁场中，金属块中产生涡电流，电流热效应能使金属温度升高. 图 14.3.5 所示为利用涡电流加热齿轮，涡电流可以使金属齿轮熔化. 涡电流加热具有加热速度快、温度均匀、易控制、材料不受污染等优点. 图 14.3.6 所示的家用电磁灶就是利用涡电流加热的，被加热的通常是放在电磁灶上的平底铁锅. 工业上的高频感应炉也利用了涡电流加热原理.

图 14.3.5　涡流加热

图 14.3.6　家用电磁灶

2. 电磁阻尼

当大块导体在磁场中运动时，导体中形成涡电流，根据楞次定律，涡电流所激发的磁场总是阻碍相对运动，电磁阻尼就是利用这个原理工作的. 在电工仪表中，利用电磁阻尼能使摆动的指针迅速地停在平衡位置. 电气列车、磁浮列车的电磁制动器也是利用这个原理工作的.

3. 涡电流的危害

涡电流在大型电气设备中存在很大的危害. 电气设备中都有金属部件，当变化的电流激发变化的磁场时，在金属中引发涡电流，涡电流消耗能量，使电气设备效率下降，涡

电流的热效应能使电气设备温度升高,从而降低它的安全性和稳定性.

在变压器、电机中,铁芯发热非常严重,必须进行控制.图 14.3.7 所示为变压器,它采用叠片铁芯以减小涡电流.图 14.3.8 所示为大型电力变压器,它采用液体循环冷却法降温.

图 14.3.7　变压器铁芯

图 14.3.8　电力变压器液体循环冷却

14.4　自感和互感

14.4.1　自感电动势和自感系数

如图 14.4.1(a)所示载流密绕直螺线管,当螺线管导线中电流(图中用箭头表示)变化时,螺线管内部的磁场(图中用带箭头的直线表示磁感应线)随之变化,通过螺线管自身回路的磁通量也发生变化,根据法拉第电磁感应定律,回路中就有感应电流.这种由自身回路中电流变化引起的自身回路中出现感应电流的现象称为自感现象,对应的感应电动势称为自感电动势.

如图 14.4.1(b)所示,当螺线管导线中电流减小时,通过螺线管的磁通量也随之减小,根据楞次定律,感应电流所激发的磁场要阻碍磁通量减小,即感应电流所激发的磁场方向与原磁场方向相同.根据右手螺旋定则,螺线管导线中感应电流的方向与原电流方向相同.

如图 14.4.1(c)所示,当螺线管导线中电流增大时,通过螺线管的磁通量随之增大,根据楞次定律,感应电流所激发的磁场要阻碍磁通量增大,即感应电流所激发的磁场方向与原磁场方向相反.根据右手螺旋定则,螺线管导线中感应电流的方向与原电流方向相反.

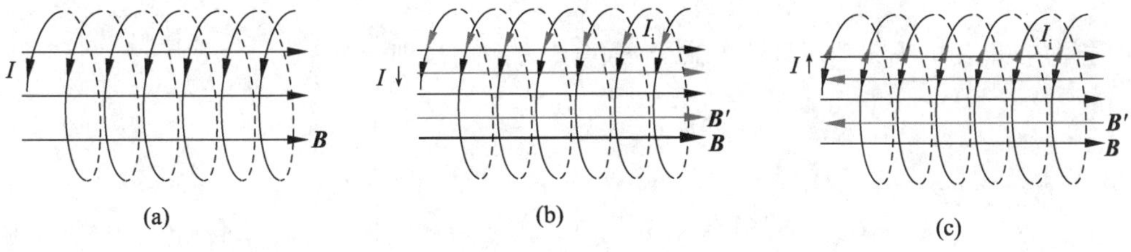

图 14.4.1　自感现象

如图 14.4.1(a)所示,若螺线管长度为 l,横截面积为 S,单位长度上线圈匝数为 n.当导线中通有电流 I 时,螺线管内的磁感应强度大小为

$$B=\mu_0 nI \tag{14.4.1}$$

N 匝线圈的螺线管磁链为

$$\Phi_N=N\Phi_B=NBS$$

将 $N=nl$ 和 $B=\mu_0 nI$ 代入上式,得

$$\Phi_N=\mu_0 n^2 lSI \tag{14.4.2}$$

根据法拉第电磁感应定律,当线圈中的电流 I 变化时,螺线管的自感电动势

$$\mathscr{E}_L=-\frac{\mathrm{d}\Phi_N}{\mathrm{d}t} \tag{14.4.3}$$

将式(14.4.2)代入上式,求得

$$\mathscr{E}_L=-\mu_0 n^2 lS\frac{\mathrm{d}I}{\mathrm{d}t} \tag{14.4.4}$$

对于给定的螺线管,上式中 $\mu_0 n^2 lS$ 为常量,记作 L,则上式改写为

$$\mathscr{E}_L=-L\frac{\mathrm{d}I}{\mathrm{d}t} \tag{14.4.5}$$

式(14.4.5)表明,当螺线管中电流随时间变化时,螺线管内的自感电动势与电流随时间的变化率成正比,比例系数 L 称为自感系数,简称自感或电感.

直螺线管的自感系数为

$$L=\mu_0 n^2 lS \tag{14.4.6}$$

可见,真空中直螺线管的自感系数与螺线管的结构有关,与螺线管导线中的电流无关.

式(14.4.5)表明螺线管的自感电动势正比于自身电流的变化率,这种关系虽然是由直螺线管导出的,但适用于真空中任意形状的线圈.式中负号表示电动势的方向与电流变化率的方向相反,它是楞次定律在自感现象中的具体体现.当线圈自身电流增加时,线圈中自感电动势(感应电流)方向与线圈自身电流方向相反,阻碍自身电流的增加;当线圈自身电流减小时,线圈中自感电动势(感应电流)方向与线圈自身电流方向相同,阻碍自身电流的减小.

现在我们来考虑任意线圈的自感问题.任意线圈通有电流 I,该电流激发的磁场通过自身线圈的磁链为 Φ_N.当线圈中电流 I 随时间变化时,线圈中的自感电动势

$$\mathscr{E}_L=-\frac{\mathrm{d}\Phi_N}{\mathrm{d}t} \tag{14.4.7}$$

$\mathrm{d}t$ 时间内,电流的增量为 $\mathrm{d}I$,将上式分子、分母都乘 $\mathrm{d}I$,即

$$\mathscr{E}_L=-\frac{\mathrm{d}\Phi_N}{\mathrm{d}I}\frac{\mathrm{d}I}{\mathrm{d}t} \tag{14.4.8}$$

若定义自感系数

$$L\equiv\frac{\mathrm{d}\Phi_N}{\mathrm{d}I} \tag{14.4.9}$$

式(14.4.8)就成为式(14.4.5).

式(14.4.9)就是任意线圈自感系数的定义式,即线圈的自感系数等于线圈的磁链对自身电流的变化率.一般线圈的自感系数不仅与线圈的结构有关,还与线圈周围的介质有关,甚至与电流的大小有关.

在国际单位制中,自感系数的单位是亨利(H).常用的单位还有毫亨(mH)和微亨(μH).它们的关系如下:

$$1\ \mathrm{H}=10^3\ \mathrm{mH}=10^6\ \mu\mathrm{H}$$

图 14.4.2 所示是电感线圈在电路中的符号,注意电感符号与图 11.3.3 电阻符号的区别.

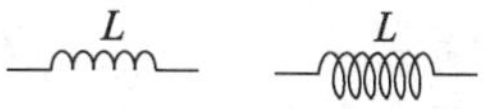

图 14.4.2　电感符号

根据欧姆定律,当电流通过电阻时,电阻两端的电压与电流成正比,其表达式为

$$U_R=IR$$

电流流进电阻的一端是高电势.当通过电阻的电流大小变化时,电阻两端的电压大小正比例变化.当通过电阻的电流方向改变时,电阻两端的电势高低才改变.

当变化的电流通过电感线圈时,线圈中有感应电动势,线圈相当于一个电源,式(14.4.5)是它的电动势表达式.如果不考虑线圈导线本身的电阻,线圈两端的电压在数值上就等于电动势,其表达式为

$$U_L=\mathscr{E}_L=-L\ \frac{\mathrm{d}I}{\mathrm{d}t}$$

电流增加还是减小决定了感应电动势的方向,感应电动势的方向决定了线圈两端的电势高低.所以,电感两端的电势高低不仅取决于通过电感的电流方向,还取决于电流是增加的还是减小的.

如图 14.4.3(a)所示,电流向右流过电感.当电流减小时,电动势的方向与电流方向相同,电感左端是低电势.

如图 14.4.3(b)所示,电流向右流过电感.当电流增大时,电动势的方向与电流方向相反,电感左端是高电势.

如图 14.4.3(c)所示,电流向左流过电感.当电流减小时,电动势的方向与电流方向相同,电感左端是高电势.

如图 14.4.3(d)所示,电流向左流过电感.当电流增大时,电动势的方向与电流方向相反,电感左端是低电势.

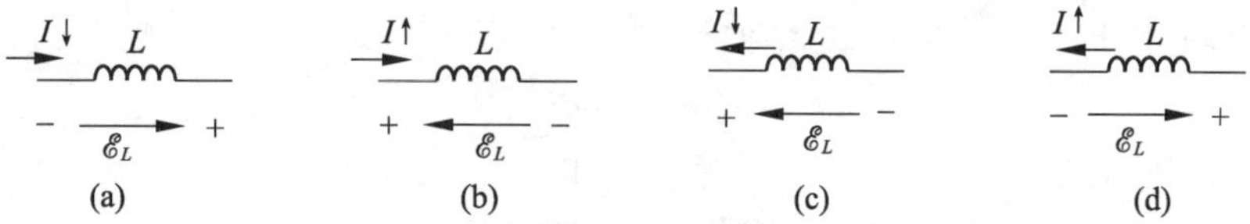

图 14.4.3　电感两端的电压

可见,电感两端的电势高低不仅与通过电流的方向有关,还与电流是增加还是减小

有关.要注意的是,电感中电流不变时,电感中没有感应电动势,两端也没有电压.

[**例 14.4.1**] 如图 14.4.4 所示,长度为 l 的同轴电缆线可看作由两根很长的同轴圆柱面导体组成.电缆线通电后,内、外圆柱面导体中通过等值反向电流 I,电流在圆柱面导体上均匀分布.求电缆线的自感系数.(内、外圆柱面的半径分别为 R_1 和 R_2)

解:参考图 13.3.10 载流同轴电缆线的磁场,得

$$\begin{cases} B=0 & r<R_1,\ r>R_2 \\ B=\dfrac{\mu_0 I}{2\pi r} & R_1<r<R_2 \end{cases}$$

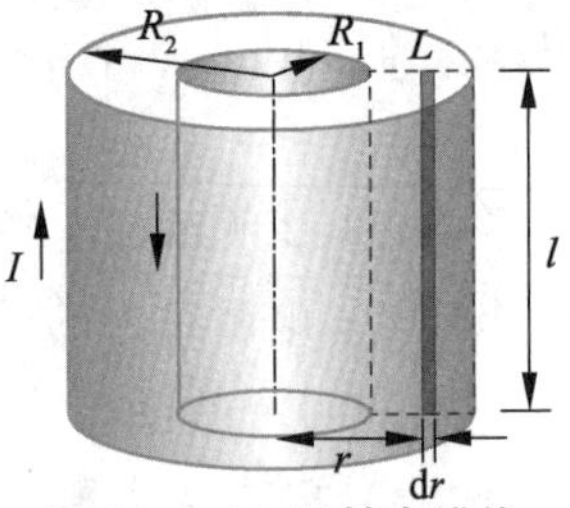

图 14.4.4 同轴电缆线

电缆线内、外圆柱面导体及电源和负载构成回路 L(图中没有画出电源和负载),如图中虚线所示,现在来计算该回路的磁通量.

在距离轴线 r 处取长度为 l、宽度为 $\mathrm{d}r$ 的细长条作为面元,面元面积 $\mathrm{d}S=l\mathrm{d}r$.该面元处的磁感应强度大小 $B=\dfrac{\mu_0 I}{2\pi r}$,磁场方向与该面元平面垂直.通过面元的磁通量

$$\mathrm{d}\Phi_B=B\mathrm{d}S=\frac{\mu_0 I}{2\pi r}l\mathrm{d}r$$

整个回路 L 所包围面积的磁通量 Φ_B 等于上式对回路 L 面积的积分,变量 r 积分范围是 $R_1\sim R_2$,所以

$$\Phi_B=\int_{R_1}^{R_2}\frac{\mu_0 I}{2\pi r}l\mathrm{d}r=\frac{\mu_0 Il}{2\pi}\ln\frac{R_2}{R_1}$$

由自感系数的定义 $L=\dfrac{\mathrm{d}\Phi_N}{\mathrm{d}I}$,本题 $\Phi_N=\Phi_B$,所以电缆线的自感系数

$$L=\frac{\mathrm{d}\Phi_N}{\mathrm{d}I}=\frac{\mu_0 l}{2\pi}\ln\frac{R_2}{R_1}$$

14.4.2 互感电动势和互感系数

当两个互相靠近的载流导体回路的电流变化时,一个导体回路中的电流变化,导致另一个回路中的磁通量发生变化,从而引起感应电动势的现象称为互感现象,对应的感应电动势称为互感电动势.

如图 14.4.5(a)所示,两个相互靠近的线圈.线圈 1 中的电流 I_1 激发磁场,该磁场通过线圈 2 的磁链为 Φ_{21}.电流 I_1 变化引起磁链 Φ_{21} 变化,线圈 2 中产生的感应电动势 $\mathscr{E}_{21}$ 就是互感电动势.根据法拉第电磁感应定律

$$\mathscr{E}_{21}=-\frac{\mathrm{d}\Phi_{21}}{\mathrm{d}t} \tag{14.4.10}$$

$\mathrm{d}t$ 时间内,电流 I_1 的增量为 $\mathrm{d}I_1$,上式分子、分母乘以 $\mathrm{d}I_1$,则

$$\mathscr{E}_{21}=-\frac{\mathrm{d}\Phi_{21}}{\mathrm{d}I_1}\frac{\mathrm{d}I_1}{\mathrm{d}t} \tag{14.4.11}$$

定义互感系数

$$M_{21} \equiv \frac{\mathrm{d}\Phi_{21}}{\mathrm{d}I_1} \tag{14.4.12}$$

则式(14.4.11)写成

$$\mathscr{E}_{21} = -M_{21}\frac{\mathrm{d}I_1}{\mathrm{d}t} \tag{14.4.13}$$

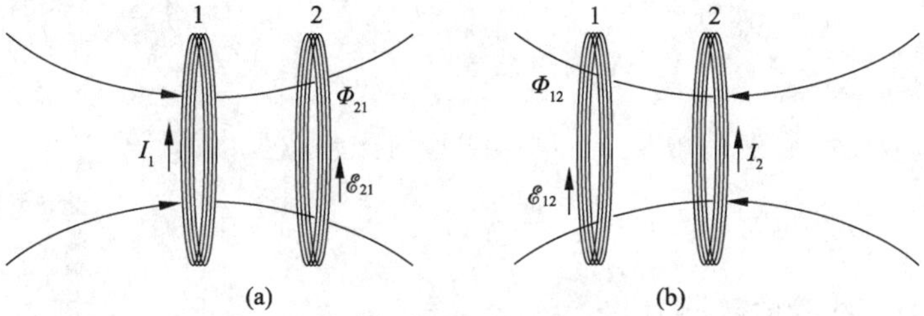

图 14.4.5　互感

如图 14.4.5(b)所示，线圈 2 中的电流 I_2 激发磁场，该磁场通过线圈 1 的磁链为 Φ_{12}. 电流 I_2 变化引起磁链 Φ_{12} 变化，线圈 1 中产生的感应电动势 $\mathscr{E}_{12}$ 就是互感电动势. 根据法拉第电磁感应定律

$$\mathscr{E}_{12} = -\frac{\mathrm{d}\Phi_{12}}{\mathrm{d}t} \tag{14.4.14}$$

$\mathrm{d}t$ 时间内，电流 I_2 的增量为 $\mathrm{d}I_2$，上式分子、分母乘以 $\mathrm{d}I_2$，则

$$\mathscr{E}_{12} = -\frac{\mathrm{d}\Phi_{12}}{\mathrm{d}I_2}\frac{\mathrm{d}I_2}{\mathrm{d}t} \tag{14.4.15}$$

定义互感系数

$$M_{12} \equiv \frac{\mathrm{d}\Phi_{12}}{\mathrm{d}I_2} \tag{14.4.16}$$

则式(14.4.15)写成

$$\mathscr{E}_{12} = -M_{12}\frac{\mathrm{d}I_2}{\mathrm{d}t} \tag{14.4.17}$$

理论和实验都证明 $M_{21}=M_{12}$，通常用 M 表示，称为互感系数. 互感电动势的计算式可写成

$$\mathscr{E}_{21} = -M\frac{\mathrm{d}I_1}{\mathrm{d}t} \tag{14.4.18}$$

$$\mathscr{E}_{12} = -M\frac{\mathrm{d}I_2}{\mathrm{d}t} \tag{14.4.19}$$

在国际单位制中，互感系数与自感系数的单位一样，都是亨利(H).

理论和实验都证明，互感系数与两个线圈的自感系数 L_1、L_2 乘积的平方根成正比，与两个线圈的相对位置有关，写成数学表达式为

$$M = k\sqrt{L_1 L_2} \tag{14.4.20}$$

其中 k 称为耦合因数,数值介于 0～1 之间.改变两个线圈的相对位置,就可以改变 k 值的大小.

实际线圈的自感系数和互感系数一般都不容易计算,通常用实验方法来测定,具体的测量方法这里不作介绍.

[**例 14.4.2**] 如图 14.4.6 所示,大直螺线管内部放置一个与它同轴的小直螺线管,大直螺线管的长度、匝数和横截面积分别为 l_1、N_1 和 S_1,小直螺线管的长度、匝数和横截面积分别为 l_2、N_2 和 S_2.求两螺线管的互感系数 M.

解:假设大直螺线管通有电流 I_1,则螺线管内磁感应强度为

$$B_1=\mu_0 n_1 I_1=\mu_0 \frac{N_1}{l_1}I_1 \qquad ①$$

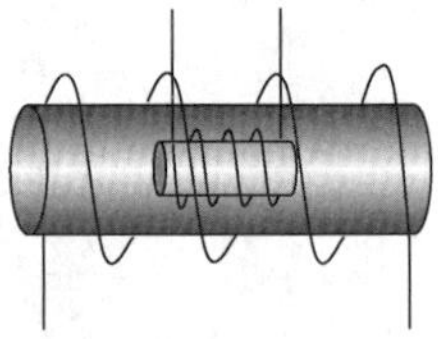

图 14.4.6 例 14.4.2 图

该磁场通过小直螺线管的磁链为

$$\Phi_N=N_2\Phi_B=N_2B_1S_2 \qquad ②$$

将①式代入②式,得

$$\Phi_N=\mu_0 \frac{N_1N_2}{l_1}S_2I_1 \qquad ③$$

由互感系数的定义

$$M=\frac{\mathrm{d}\Phi_N}{\mathrm{d}I_1} \qquad ④$$

将③式代入④式,得

$$M=\mu_0\frac{N_1N_2}{l_1}S_2 \qquad ⑤$$

14.4.3 变压器

变压器是目前电力传输中用到的主要设备,家用电器中基本上也都有变压器.图 14.4.7 所示是家用电器中的小型变压器.

变压器的工作原理就是电磁感应.一般变压器由两组线圈组成,连接电源的一组叫初级线圈,连接负载的另一组叫次级线圈,两组线圈绕在同一铁芯上,如图 14.4.8 所示.变压器工作时,初级线圈与交流电源相连,利用两组线圈的互感现象,将电能从初级线圈传输到次级线圈.

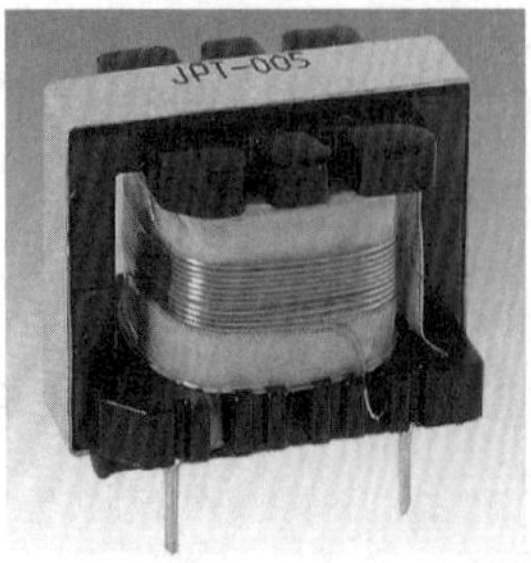

图 14.4.7 家用电器中的小型变压器

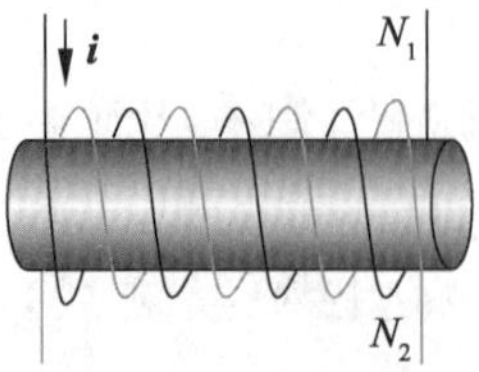

图 14.4.8 变压器原理

当初级线圈连接到交流电源上时，初级线圈中就有变化的电流，该电流激发的磁场对应的磁通量 Φ_B 随时间变化，在初级线圈中产生感应电动势为

$$\mathscr{E}_1=-N_1\frac{\mathrm{d}\Phi_B}{\mathrm{d}t} \tag{14.4.21}$$

式中，N_1 是初级线圈的匝数.

在次级线圈中产生感应电动势为

$$\mathscr{E}_2=-N_2\frac{\mathrm{d}\Phi_B}{\mathrm{d}t} \tag{14.4.22}$$

式中，N_2 是次级线圈的匝数. 由以上两式，得

$$\frac{\mathscr{E}_1}{\mathscr{E}_2}=\frac{N_1}{N_2} \tag{14.4.23}$$

用 U_1 和 U_2 分别表示初级线圈和次级线圈两端的电压，由于线圈两端的电压近似等于线圈中的电动势，所以

$$\frac{U_1}{U_2}\approx\frac{\mathscr{E}_1}{\mathscr{E}_2}=\frac{N_1}{N_2} \tag{14.4.24}$$

通常把 $\frac{N_1}{N_2}$ 称为变压器的电压比. 可见，只要改变线圈的匝数比就可以方便地改变次级线圈两端的电压值.

变压器不仅可以方便地改变电压，还可以变换电流、阻抗等. 有关变换电流、阻抗的知识将在电工学、电子技术等课程中学习.

14.5　*RL* 串联电路和磁场的能量

自感现象和互感现象表明，磁场具有能量. 磁场所储存的能量，简称为磁能.

14.5.1　*RL* 串联电路

图 14.5.1(a)所示的电路中，电源电动势为 $\mathscr{E}$，小灯电阻为 R，线圈自感系数为 L，单刀双掷开关为 S.

当开关 S 接到位置 1 后，如图 14.5.1(b)所示，小灯不是马上点亮，而是逐渐地变亮. 这种现象是由线圈自感引起的，线圈产生的自感电动势阻碍电路中电流 I 的变化，电流只能从零逐渐增加(小灯逐渐地变亮)，直到恒定电流 I_0(小灯亮度不变).

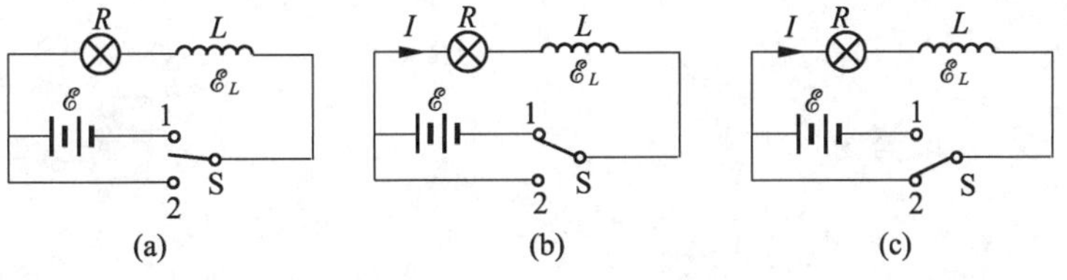

图 14.5.1　*RL* 串联电路

电流 I 的变化规律可以利用闭合电路欧姆定律和电磁感应定律求得. 根据闭合电路

欧姆定律

$$\mathscr{E}+\mathscr{E}_L=IR \tag{14.5.1}$$

将自感电动势 $\mathscr{E}_L=-L\dfrac{\mathrm{d}I}{\mathrm{d}t}$代入上式,得

$$\mathscr{E}-L\frac{\mathrm{d}I}{\mathrm{d}t}=IR \tag{14.5.2}$$

将上式分离变量后,改写为

$$\frac{\mathrm{d}I}{\dfrac{\mathscr{E}}{R}-I}=\frac{R}{L}\mathrm{d}t \tag{14.5.3}$$

将上式两边进行定积分运算,时间 t 的积分范围是 $0\sim t$,对应电流 I 的积分范围是 $0\sim I$,则有

$$\int_0^I\frac{\mathrm{d}I}{\dfrac{\mathscr{E}}{R}-I}=\int_0^t\frac{R}{L}\mathrm{d}t \tag{14.5.4}$$

积分并整理后,得

$$I=\frac{\mathscr{E}}{R}(1-\mathrm{e}^{-\frac{R}{L}t}) \tag{14.5.5}$$

上式是图 14.5.1(a)所示电路当开关 S 接通位置 1 时电路中电流随时间变化的函数.可见,电流随时间是逐渐增加的,当 $t\to\infty$时,电流到达稳定数值 $I_0=\dfrac{\mathscr{E}}{R}$.电流随时间变化的 $I-t$ 曲线如图 14.5.2 所示.

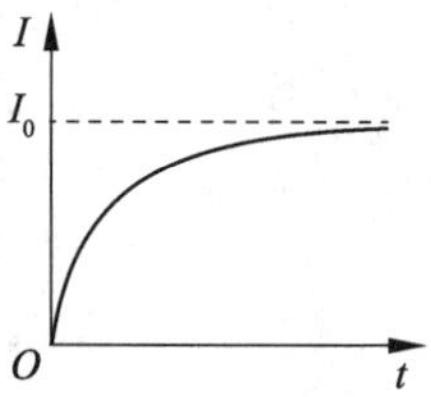

图 14.5.2　电流随时间变化曲线(S 接通位置 1)

现在,将开关由位置 1 快速拨到位置 2,如图 14.5.1(c)所示.小灯和线圈的闭合电路失去电源 $\mathscr{E}$,但实验发现小灯并没有马上熄灭,而是慢慢变暗,直到熄灭.这是由线圈的自感引起的,线圈产生的自感电动势阻碍电路中电流的变化,电流由 I_0 逐渐减小到零.电流 I 的变化规律可以利用闭合电路欧姆定律和电磁感应定律求得.根据闭合电路欧姆定律

$$\mathscr{E}_L=IR \tag{14.5.6}$$

将自感电动势 $\mathscr{E}_L=-L\dfrac{\mathrm{d}I}{\mathrm{d}t}$代入上式,得

$$-L\frac{\mathrm{d}I}{\mathrm{d}t}=IR \tag{14.5.7}$$

将上式分离变量后,改写为

$$\frac{\mathrm{d}I}{I}=-\frac{R}{L}\mathrm{d}t \tag{14.5.8}$$

将上式两边进行定积分运算,时间 t 的积分范围是 $0\sim t$,对应电流 I 的积分范围是 $I_0\sim I$,有

$$\int_{I_0}^{I}\frac{\mathrm{d}I}{I}=\int_0^t-\frac{R}{L}\mathrm{d}t \tag{14.5.9}$$

积分并整理后，得

$$I=I_0\mathrm{e}^{-\frac{R}{L}t} \tag{14.5.10}$$

电流随时间变化的 $I-t$ 曲线如图 14.5.3 所示.

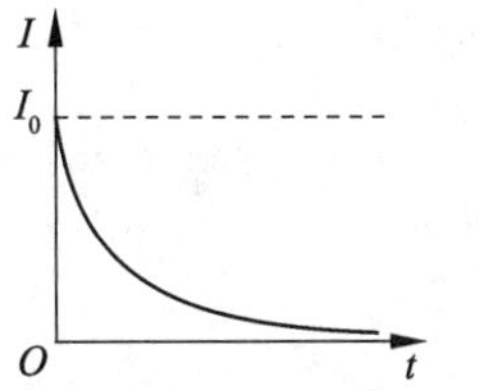

图 14.5.3　电流随时间变化曲线(S 接通位置 2)

14.5.2　磁场的能量

图 14.5.1 所示电路中，开关由位置 1 快速拨到位置 2 后，实验表明小灯还能亮，但电源已经断开，不可能提供能量，那么小灯消耗的能量是从哪里来呢？能量只能来自线圈. 线圈的自感电动势与其他电源电动势一样可提供能量. 这说明通电线圈储存了能量，这种能量就是磁能. 现在我们来计算通电线圈储存了多少磁能.

当开关由位置 1 快速打到位置 2 后，小灯消耗的能量就是线圈作为电源所做的功. 这个电路中电源做多少功，就表示线圈储存了多少磁能.

电源电动势为 $\mathscr{E}=\dfrac{A}{q}$. 在图 14.5.1(c)所示电路中，电源移动 $\mathrm{d}q$ 的电荷量所做的功为 $\mathrm{d}A$，则电路中自感电动势 $\mathscr{E}_L=\dfrac{\mathrm{d}A}{\mathrm{d}q}$，写成 $\mathrm{d}A=\mathscr{E}_L\mathrm{d}q$，积分得

$$A=\int\mathscr{E}_L\mathrm{d}q \tag{14.5.11}$$

将 $\mathscr{E}_L=-L\dfrac{\mathrm{d}I}{\mathrm{d}t}$，$\mathrm{d}q=I\mathrm{d}t$ 代入上式，得

$$A=\int-L\frac{\mathrm{d}I}{\mathrm{d}t}I\mathrm{d}t=\int-LI\mathrm{d}I$$

整个过程电流从 I_0 一直到零，即

$$A=\int_{I_0}^{0}-LI\mathrm{d}I$$

积分得

$$A=\frac{1}{2}LI_0^2 \tag{14.5.12}$$

从上式可以看出，当线圈通有电流 I 时，线圈的磁能

$$W_\mathrm{m}=\frac{1}{2}LI^2 \tag{14.5.13}$$

线圈的磁能与电流的平方成正比，与线圈的自感系数成正比.

对于真空中的载流长直螺线管，$B=\mu_0nI$，$L=\mu_0n^2lS$，式(14.5.13)改写为

$$W_\mathrm{m}=\frac{1}{2}\frac{B^2}{\mu_0}lS \tag{14.5.14}$$

根据磁场理论，磁能不是储存在线圈导线上的，而是储存在线圈所激发的磁场中.

对于载流直螺线管，磁场只分布在螺线管内，而且螺线管内是均匀磁场. 所以，磁场

能量均匀分布在螺线管内,螺线管内的磁场能量密度 w_m 应等于螺线管的磁能 $W_m = \frac{1}{2}\frac{B^2}{\mu_0}lS$ 除以螺线管的体积 lS,即磁能密度

$$w_m = \frac{1}{2}\frac{B^2}{\mu_0} \tag{14.5.15}$$

这就是磁场的磁能密度表达式. 可见,磁场能量密度与磁感应强度的平方成正比. 尽管该式是由载流螺线管导出的,但可以证明它适用于任意真空中电流的磁场.

已知空间磁场的分布,也就知道了磁能密度,空间的磁场能量就可以用磁能密度对空间体积的积分来计算,即

$$W_m = \int w_m \mathrm{d}V \tag{14.5.16}$$

理论上讲,上式可以计算任意空间的磁能.

14.6 位移电流与麦克斯韦方程组

14.6.1 电容器充电、放电时的电流

如图 14.6.1 所示的 RC 串联电路,由电源电动势 $\mathscr{E}$、电容 C、电阻 R 和单刀双掷开关 S 组成,即电容器充、放电电路. 当开关 S 拨到位置 1,电源对电容器充电. 当开关 S 拨到位置 2,电容器通过电阻放电.

(1) 充电过程:如图 14.6.2 所示,开始充电时,电容器不带电,电流从电源正极流出沿导线到电容器正极板. 另外,电流从电容器负极板流出沿导线经过电阻回到电源负极. 在电源内部,电流从电源负极流到正极.

实际上,由于电源的存在,自由电子从电容器正极板沿导线经过电源、开关和电阻移动,最后移到电容器的负极板,负极板的负电荷不断增加. 根据电荷守恒定律,正极板的正电荷也等量增加.

随着充电的进行,电容器的带电量不断增加,其两端的电压也不断增加,直到电容器的电压在数值上等于电源电动势,充电结束. 这时,电容器所带的电荷量为 $Q = CU = C\mathscr{E}$. 可以证明,充电过程的电流是随时间按指数规律减小的,直到电流为零,充电结束.

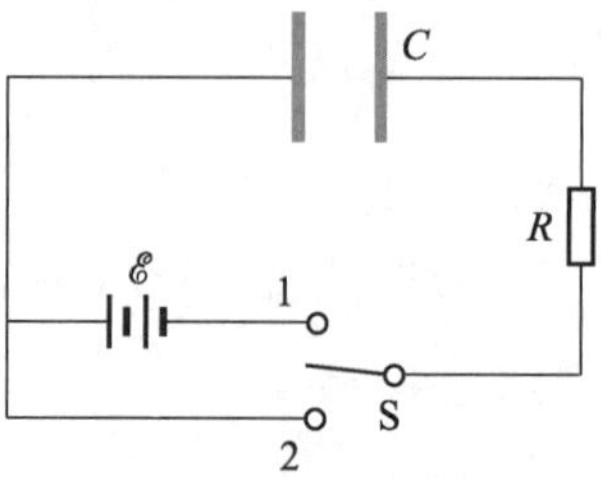

图 14.6.1 RC 串联电路

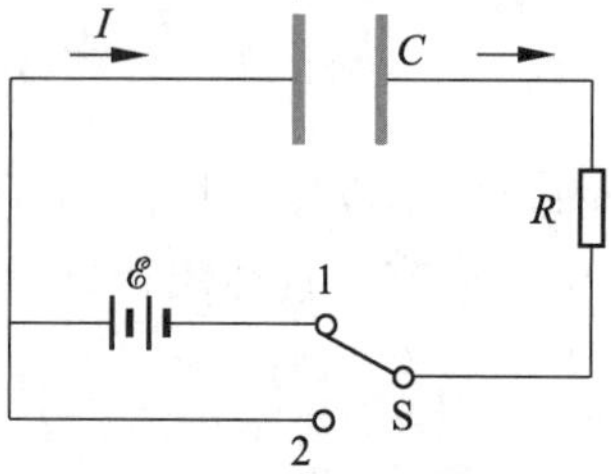

图 14.6.2 电容器充电

(2) 放电过程:如图 14.6.3 所示,充过电后,电容器已经带电. 放电时,电流从电容器正

极板流出，沿导线经过开关、电阻，最后到达电容器负极板.

随着放电的进行，电容器的带电量不断减小，电容器两端的电压也不断减小，直到电压变为零，电容器不带电. 可以证明，放电过程的电流是随时间按指数规律减小的，直到电流为零，放电完毕.

不论是充电、还是放电，电容器两极板之间是没有电流的，所以，电容器充、放电时的电流没有形成闭合路径，在电容器之间中断了.

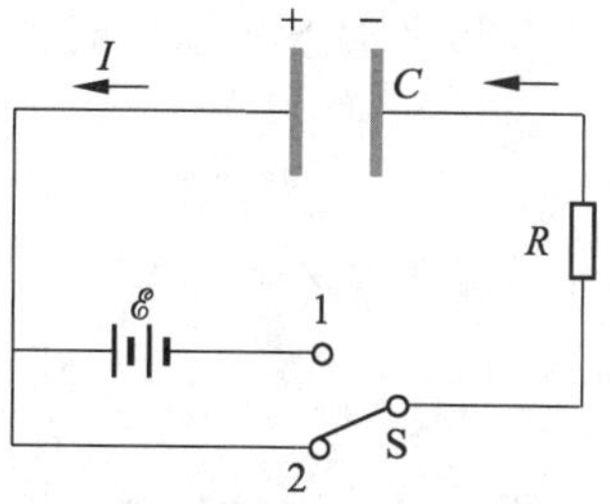

图 14.6.3　电容器放电

前面我们学习了恒定电流的磁场，得到了磁场的高斯定理和安培环路定理，这两个定理都是在恒定电流条件下得到的. 实验表明，变化的电流也能激发磁场，这种磁场也是变化的. 那么，恒定电流磁场的高斯定理和安培环路定理在变化的磁场中还成立吗？结论是，磁场的高斯定理成立，安培环路定理不成立. 下面我们通过分析电容器充电过程，得出安培环路定理不成立的结论. 为了让安培环路定理也能在这种情况下成立，所以引入位移电流的概念.

14.6.2　位移电流

如图 14.6.4(a)所示，电容器正在充电，此时的导线中电流为 I. 在电容器两极板之间平行于极板的平面内作一个圆形的闭合回路 L（图中闭合曲线）. 充电电流在其周围激发磁场，将安培环路定理应用到闭合回路 L 上，则

$$\oint_L \boldsymbol{B} \cdot \mathrm{d}\boldsymbol{l} = \mu_0 \sum_L I \tag{14.6.1}$$

上式中，$\sum\limits_L I$ 等于通过以闭合回路 L 为边界的任意曲面 S 的电流，该电流可以用电流密度 $\boldsymbol{j}$ 在 S 面的通量计算，即

$$\sum_L I = \int_S \boldsymbol{j} \cdot \mathrm{d}\boldsymbol{S} \tag{14.6.2}$$

如图 14.6.4(b)所示，以闭合回路 L 为边界作两个曲面. 一个是处于电容器中的平面 S_1，另一个是任意曲面 S_2. S_1 和 S_2 两部分构成一个闭合曲面，将电容器的一个极板（图中左极板）包围在内.

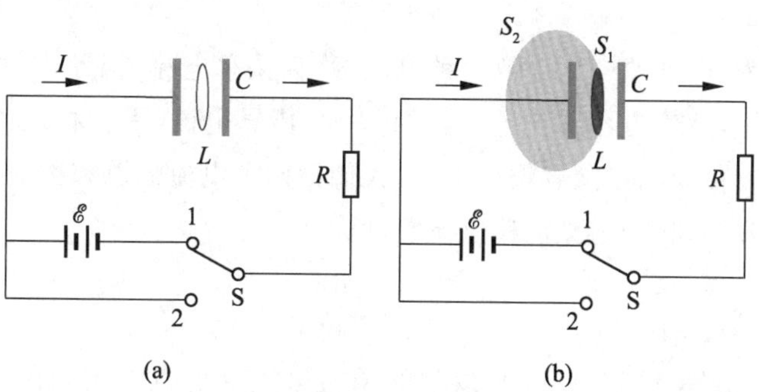

图 14.6.4　磁场的环流

圆形平面 S_1 上,电流密度 $\boldsymbol{j}$ 处处为零($\boldsymbol{j}=0$),所以

$$\sum_L I=\int_{S_1}\boldsymbol{j}\cdot \mathrm{d}\boldsymbol{S}=0$$

将上式结果代入式(14.6.1),有

$$\oint_L \boldsymbol{B}\cdot \mathrm{d}\boldsymbol{l}=0 \tag{14.6.3}$$

因为导线穿过曲面 S_2,所以

$$\sum_L I=\int_{S_2}\boldsymbol{j}\cdot \mathrm{d}\boldsymbol{S}=I$$

将上式结果代入式(14.6.1),所以有

$$\oint_L \boldsymbol{B}\cdot \mathrm{d}\boldsymbol{l}=\mu_0 I \tag{14.6.4}$$

同一回路 L 的线积分 $\oint_L \boldsymbol{B}\cdot \mathrm{d}\boldsymbol{l}$ 出现了两个不同的结果,但答案肯定只有一个,所以说,原来的安培环路定理在这里不适用.

安培环路定理是在恒定电流条件下导出的,产生恒定电流的条件是稳定的电场,所以说安培环路定理与电场有关.电容器充电时,其电荷量在变化,电容器上的电荷激发的电场也是变化的,下面我们研究充电电流与电容器中电场的关系.

假设电容器 C 是平行板电容器,极板面积为 S,极板上的电荷面密度为 σ,则极板的电荷量 $q=\sigma S$,此时充电电流为

$$I=\frac{\mathrm{d}q}{\mathrm{d}t}=S\,\frac{\mathrm{d}\sigma}{\mathrm{d}t}$$

忽略边缘效应,电容器中是均匀电场,如图 14.6.5(a)所示,电容器中电场强度的大小和方向处处相同,且 $E=\frac{\sigma}{\varepsilon_0}$,将上式中的 σ 用 $\varepsilon_0 E$ 替换,得

$$I=S\varepsilon_0\,\frac{\mathrm{d}E}{\mathrm{d}t} \tag{14.6.5}$$

上式就是电容器充电时充电电流与电容器中电场变化的关系.可见,导线中的电流 I 等于极板间的 $S\varepsilon_0\,\frac{\mathrm{d}E}{\mathrm{d}t}$.

麦克斯韦认为,电场的变化等效一种电流,称为位移电流.把导体中电荷定向运动形成的电流称为传导电流.电容器充电时,导体中有传导电流,平行板之间有位移电流,一般情况下可能既有传导电流又有位移电流,我们把两种电流的总和称为全电流.

参考式(14.6.5),我们定义位移电流密度为

$$\boldsymbol{j}_\mathrm{d}\equiv\varepsilon_0\,\frac{\mathrm{d}\boldsymbol{E}}{\mathrm{d}t} \tag{14.6.6}$$

由于平行板之间是均匀电场,所以它的位移电流密度也是均匀的,如图 14.6.5(b)所示.

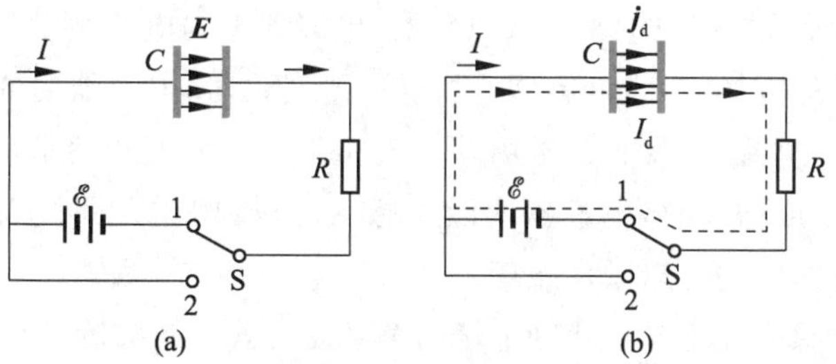

图 14.6.5　位移电流

通过电容器中电场横截面 S 的位移电流为

$$I_d=\int_S \boldsymbol{j}_d \cdot d\boldsymbol{S}=j_d S=S\varepsilon_0 \frac{dE}{dt} \tag{14.6.7}$$

将上式与式(14.6.5)比较，可以得出全电流连续的结论.

充电时传导电流(I)从电源正极流出到达电容器正极板，在电容器中以位移电流($I_d=I$)的形式到达负极板，从负极板出来又以传导电流(I)的形式经过电阻、开关回到电源负极，最后，电流从电源负极经电源内部到电源正极，电流形成闭合回路，如图 14.6.5(b)中虚线闭合回路所示.

引入位移电流、全电流概念后，安培环路定理改写为

$$\oint_L \boldsymbol{B} \cdot d\boldsymbol{l}=\mu_0 \sum_L I+\mu_0 \sum_L I_d \tag{14.6.8}$$

或

$$\oint_L \boldsymbol{B} \cdot d\boldsymbol{l}=\mu_0 \sum_L I+\mu_0 \varepsilon_0 \int_S \frac{\partial \boldsymbol{E}}{\partial t} \cdot d\boldsymbol{S} \tag{14.6.9}$$

将上式应用到图 14.6.4(b)所示闭合回路 L 上时，式中的 S 不论是处于电容器中的平面 S_1 还是任意曲面 S_2，结论是相等的，即

$$\oint_L \boldsymbol{B} \cdot dl=I$$

14.6.3　感生磁场

如图 14.6.6(a)所示为通电螺线管，螺线管的电流激发磁场，用带箭头的平行线表示螺线管内的磁感应线. 当螺线管的电流变化时，螺线管内的磁场也随之变化，变化的磁场激发感生电场. 图 14.6.6(b)所示是通电螺线管的左视图，“×”表示磁场方向，当磁感应强度增加时，螺线管内激发感应电场，用闭合曲线表示感生电场线. 这个现象表明变化的磁场可以激发电场.

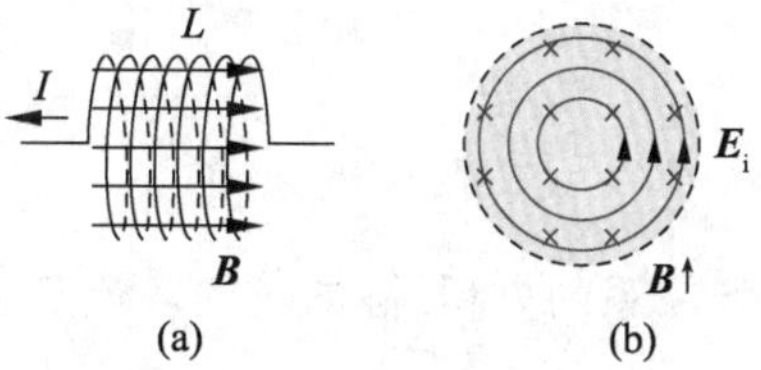

图 14.6.6　变化的磁场激发电场

图 14.6.7(a)所示是带电的平行板电容器,电容器上的电荷激发电场,用带箭头的平行线表示电容器内的电场线.当电容器上的电荷量变化时,电容器内的电场也随之变化,变化的电场(即位移电流)激发感生磁场.图 14.6.7(b)所示是电容器的左视图,"×"表示电场方向,当电场强度增加时,电容器内激发感生磁场,用闭合曲线表示感生磁感应线.这个现象表明变化的电场可以激发磁场.

感生磁场的磁感应强度与变化的电场的关系满足式(14.6.9).

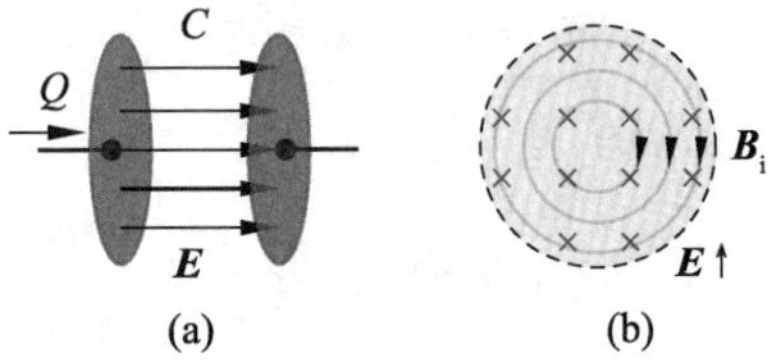

图 14.6.7　变化的电场激发磁场

14.6.4　麦克斯韦方程组

麦克斯韦在前人关于电磁理论的基础上建立了统一的电磁场理论,这就是著名的麦克斯韦方程组.下面我们介绍它的积分形式,共有四个方程:

(1) 描述电场性质的方程.在静电场中我们得到了高斯定理,其表达式为

$$\oint_S \boldsymbol{E}_{\mathrm{c}} \cdot \mathrm{d}\boldsymbol{S} = \frac{\sum\limits_{S内} q}{\varepsilon_0}$$

式中,$\boldsymbol{E}_{\mathrm{c}}$ 表示自由电荷激发的电场(静电场)的电场强度.变化的磁场也能激发电场,我们称它为感生电场(用 $\boldsymbol{E}_{\mathrm{i}}$ 表示),不过感生电场是涡旋场,它对任意闭合曲面 S 的通量总等于零,其表达式为

$$\oint_S \boldsymbol{E}_{\mathrm{i}} \cdot \mathrm{d}\boldsymbol{S} = 0$$

用 $\boldsymbol{E}$ 表示自由电荷激发的电场与感生电场的叠加,即 $\boldsymbol{E} = \boldsymbol{E}_{\mathrm{c}} + \boldsymbol{E}_{\mathrm{i}}$.将以上两式相加,得

$$\oint_S \boldsymbol{E} \cdot \mathrm{d}\boldsymbol{S} = \frac{\sum\limits_{S内} q}{\varepsilon_0} = \frac{1}{\varepsilon_0}\int_V \rho \, \mathrm{d}V \tag{14.6.10}$$

式中,V 是闭合曲面 S 所包围的体积.

(2) 描述磁场性质的方程.激发磁场的方式各种各样,但都有一个共同点,磁场是涡旋场,磁感应线是闭合曲线.因此,在任何磁场中,通过任意闭合曲面的磁通量总等于零.即

$$\oint_S \boldsymbol{B} \cdot \mathrm{d}\boldsymbol{S} = 0 \tag{14.6.11}$$

(3) 描述变化磁场与电场联系的方程.静电场的环流等于零,其表达式为

$$\oint_L \boldsymbol{E}_{\mathrm{c}} \cdot \mathrm{d}\boldsymbol{l} = 0$$

变化磁场所激发感生电场的环流等于感生电动势(即法拉第电磁感应定律),其表达式为

$$\oint_L \boldsymbol{E}_{\mathrm{i}} \cdot \mathrm{d}\boldsymbol{l} = -\int_S \frac{\partial \boldsymbol{B}}{\partial t} \cdot \mathrm{d}\boldsymbol{S}$$

用 $\boldsymbol{E}$ 表示自由电荷激发的电场与感生电场的叠加,即 $\boldsymbol{E} = \boldsymbol{E}_{\mathrm{c}} + \boldsymbol{E}_{\mathrm{i}}$,将以上两式相加,得

$$\oint_L \boldsymbol{E} \cdot \mathrm{d}\boldsymbol{l} = -\int_S \frac{\partial \boldsymbol{B}}{\partial t} \cdot \mathrm{d}\boldsymbol{S} \tag{14.6.12}$$

(4) 描述变化电场与磁场联系的方程. 恒定电流的磁场满足安培环路定理,其表达式为

$$\oint_L \boldsymbol{B}_{\mathrm{c}} \cdot \mathrm{d}\boldsymbol{l} = \mu_0 \int_S \boldsymbol{j} \cdot \mathrm{d}\boldsymbol{S}$$

式中,$\boldsymbol{B}_{\mathrm{c}}$ 表示恒定电流所激发磁场的磁感应强度. 变化的电场等效一种位移电流,位移电流也激发磁场,称为感生磁场,用 $\boldsymbol{B}_{\mathrm{i}}$ 表示感生磁场的磁感应强度,满足关系式

$$\oint_L \boldsymbol{B}_{\mathrm{i}} \cdot \mathrm{d}\boldsymbol{l} = \mu_0 \varepsilon_0 \int_S \frac{\partial \boldsymbol{E}}{\partial t} \cdot \mathrm{d}\boldsymbol{S}$$

用 $\boldsymbol{B}$ 表示恒定电流激发的磁场与感生磁场的叠加,即 $\boldsymbol{B} = \boldsymbol{B}_{\mathrm{c}} + \boldsymbol{B}_{\mathrm{i}}$,将以上两式相加,得

$$\oint_L \boldsymbol{B} \cdot \mathrm{d}\boldsymbol{l} = \mu_0 \int_S \boldsymbol{j} \cdot \mathrm{d}\boldsymbol{S} + \mu_0 \varepsilon_0 \int_S \frac{\partial \boldsymbol{E}}{\partial t} \cdot \mathrm{d}\boldsymbol{S} \tag{14.6.13}$$

以上四个方程告诉我们电场和磁场的本质及内在联系. 如图 14.6.8 所示,电荷激发电场,变化的电场激发磁场. 电荷运动形成电流,电流激发磁场,变化的磁场激发电场,变化的电场激发磁场.

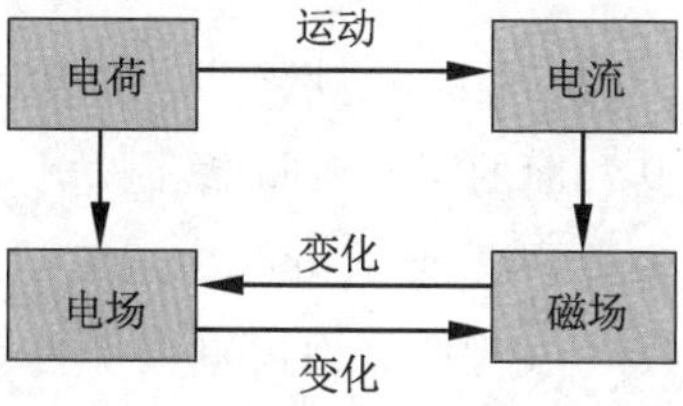

图 14.6.8　电场和磁场的关系

可见,不论是电场还是磁场,它的源都是电荷. 变化的电场可以激发磁场,变化的磁场又能激发电场,这样电磁场就在空间传播,从而形成不依赖电荷独立存在的物质形态——电磁波.

思考题

14-1　灵敏电流计的指针固定在线圈上,并处于永磁体的磁场中. 电流计通电时,线圈在磁场中受磁力矩而偏转. 切断电流后,线圈在回复到平衡位置前总要来回摆动几次. 这时,如果用导线把电流计的两极短路,则摆动会马上停止. 这是为什么?

14-2　将尺寸完全相同的铜环和铝环适当放置,使通过两环面磁通量的变化率相等. 问这两个环中的感应电流及感生电场是否相等? 为什么?

14-3　如果电路中通有强电流,当快速打开刀闸断电时,刀闸间就有火花出现. 试解释这一现象.

14－4　把条形磁铁沿铜质圆环的轴线插入铜环中时，铜环中有感应电流和感应电场吗？如果用塑料圆环替代铜环，环中还有感应电流和感应电场吗？

习题

14－1　长度均为 L 的两个同轴长直螺线管，大管套着小管，半径分别为 a 和 b ($L\gg a$，$a>b$)，匝数分别为 N_1 和 N_2，小螺线管导线中通有交变电流 $i=I_0\sin\omega t$. 求：(1) 小螺线管中磁感应强度表达式；(2) 大螺线管中的感应电动势.

14－2　如图所示，通有电流 I 的无限长直导线旁放置一段长度为 l 的直导线 ab，两导线共面且相互垂直，a 端与无限长直导线的距离为 r_a. 当导线 ab 以速度 $\boldsymbol{v}$ 沿电流的平行方向运动时，求：(1) 直导线 ab 内的电动势；(2) 直导线 ab 两端的电势差，并确定 a、b 两端哪端电势高.

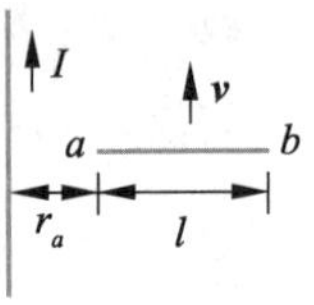

习题 14-2 图

14－3　在两根平行放置相距 $2a$ 的无限长直导线之间有一与其共面的矩形线圈，线圈边长分别为 l 和 $2b$，且 l 边与长直导线平行. 两根长直导线中通有等值同向恒定电流 I，线圈以恒定速度 $\boldsymbol{v}$ 在导线平面内垂直于直导线向右运动(如图所示). 求：线圈运动到两导线的中心位置(即线圈的中心线与两根导线距离均为 a)时，线圈中的感应电动势.

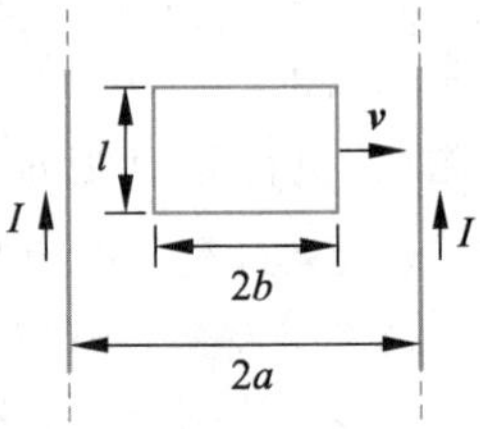

习题 14-3 图

14－4　如图所示，两根平行无限长直导线相距为 d，载有大小相等、方向相反的电流 I，电流变化率 $\dfrac{\mathrm{d}I}{\mathrm{d}t}=\alpha>0$. 边长为 d 的正方形线圈位于两导线平面内与较近一根导线相距为 d. 求线圈中的感应电动势.

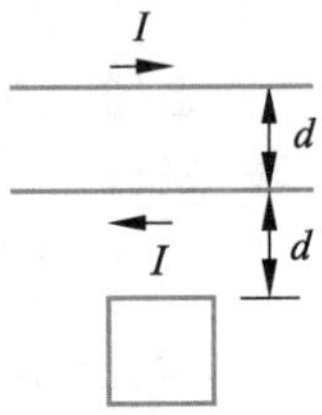

习题 14-4 图

14－5　一根长为 L 的金属细杆 ab 绕垂直于金属杆的竖直轴 O_1O_2 以角速度 ω 在水平面内旋转，转动方向与竖直向上方向成右手螺旋关系，如图所示，竖直轴 O_1O_2 在离细杆 a 端的 $2L/3$ 处．若已知地磁场沿竖直向上的分量为 $\boldsymbol{B}$，求 ab 两端的电势差 U_a-U_b．

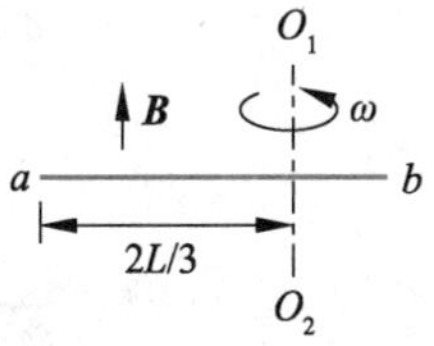

习题 14-5 图

14－6　半径为 a 的圆形截面空芯环形螺线管，环上有两个均匀密绕的线圈，匝数分别为 N_1 和 N_2，环中心线的半径为 $R(R\gg a)$．求两个线圈的互感系数．

14－7　一圆形线圈 A 由 50 匝细线绕成，其面积为 4 cm^2，放在另一个匝数等于 100 匝、半径为 20 cm 的圆形线圈 B 的中心，两线圈同轴，设 B 线圈中的电流在 A 线圈所在处激发的磁场可看作均匀的．求：

(1) 两线圈的互感；

(2) 当 B 线圈中的电流以 50 $\mathrm{A\cdot s^{-1}}$ 的变化率减小时，A 线圈中的感生电动势．

14－8　一截面为长方形的螺绕环共有 N 匝，其尺寸如图所示，求此螺绕环的自感．

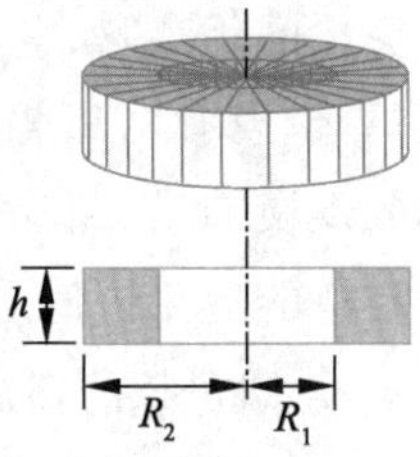

习题 14-8 图

14－9　如图所示，矩形线圈长 $l=0.20$ m，宽 $b=0.10$ m，由 $N=100$ 匝组成，放置在无限长直导线旁并和直导线在同一平面内．该直导线是一个闭合回路的一部分，其余部分离线圈很远，其影响可略去不计．求线圈与长直导线之间的互感．

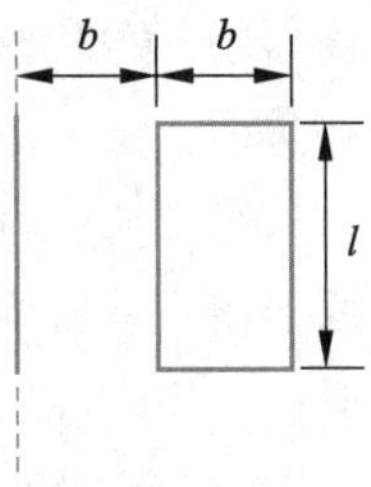

习题 14-9 图

14－10　半径为 R 的圆柱体长直导线，通有电流 I，电流均匀分布在导体横截面上，计算导线上单位长度储存的磁场能量．(设导体的磁导率为 μ_0)

产教融合案例二：核磁共振

泡利(Pauli)在1924年提出，有些原子核具有自旋和磁矩，它们的能级在外磁场中会发生分裂。珀塞尔(Purcell)用吸收法、布洛赫(Bloch)用感应法在1946年几乎同时发现了物质的核磁共振现象。经过多年的发展，核磁共振成为物理学中的一种重要新技术，是测定原子的核磁矩和研究核结构的直接而又准确的方法，而且广泛地应用于生物学、化学、医学和药学中。为了和放射性核素成像相区别，医学上称之为磁共振成像。核磁共振技术有助于早期癌症的诊断(见图1)，同时它还有许多突出的优点，如它是无损的，穿透骨骼时是不衰减的，也没有电离辐射危害。因此，核磁共振有广阔的发展前景，和其他成像技术相比，磁共振成像有独特的应用价值。

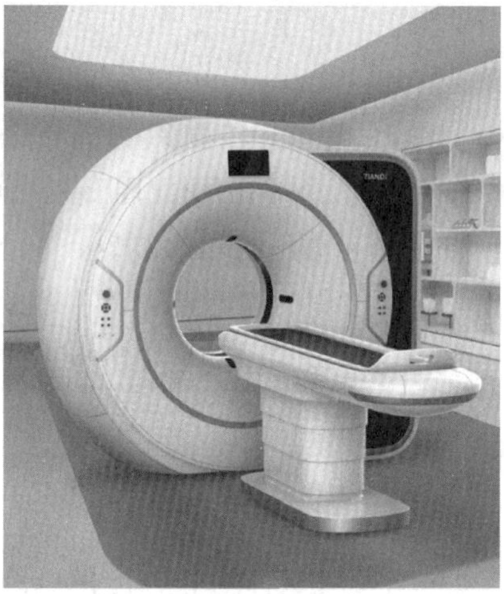

图1　核磁共振仪

1. 原子核的自旋

生物体和其他物质一样，都是由原子和分子构成的。组成原子的原子核是带正电的粒子，电荷均匀分布在原子核的表面。原子核具有自旋的特性，它自旋时就相当于电荷做圆周运动，等效于一个环形电流，从而产生磁场。这种磁场可以用核磁矩 $\boldsymbol{\mu}$ 来描述，$\boldsymbol{\mu}$ 的方向与核自旋方向的关系可以用右手螺旋法则来确定。

如图2所示，把具有核磁矩的原子核放在外磁场 $\boldsymbol{B}$ 中，由于原子核具有自旋，很像小陀螺。如果核的自旋方向轴与 $\boldsymbol{B}$ 方向成一角度，核磁矩 $\boldsymbol{\mu}$ 便受到一个要把它转到平行于 $\boldsymbol{B}$ 方向的力矩。在这个力矩的作用下，核的自旋轴又绕着以 $\boldsymbol{B}$ 方向为轴的锥面转动，这种转动称为进动，进动角速度 ω_0 由拉摩尔(Larmor)公式来确定，即

$$\omega_0=\gamma B \tag{1}$$

式中，γ 为原子核的磁旋比，不同的原子核有不同的磁旋比。

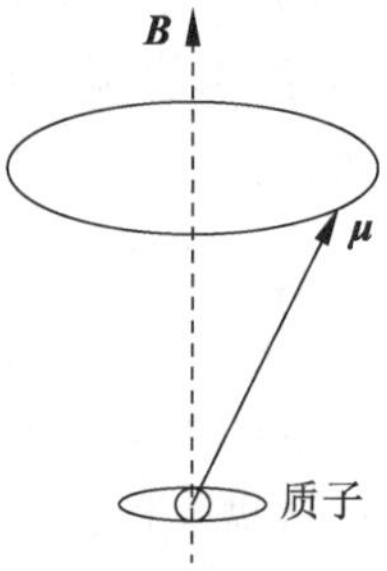

图2　在磁场 $\boldsymbol{B}$ 中质子磁场的进动

将(1)式除以 2π，则进动频率为

$$\nu_0=\frac{\gamma}{2\pi}B \tag{2}$$

实际研究的对象并不是单个的原子核，而是由大量原子核所组成的系统. 反映系统在外磁场中被磁化的程度用核磁化强度矢量 $\boldsymbol{M}$ 来描述. 当没有外磁场时，单位体积中各个核磁矩的方向都是随机分布而无规则的，所以系统的核磁化强度矢量和为零，即 $\boldsymbol{M}=0$. 当加上外磁场 $\boldsymbol{B}$ 时，核磁矩受到外磁场的作用，力图取平行于 $\boldsymbol{B}$ 的方向，系统的核磁化强度矢量不为零，则系统被磁化，沿 $\boldsymbol{B}$ 的方向产生一个合成的 $\boldsymbol{M}$，如图 3(a)所示.

如图 3(b)所示，若使 $\boldsymbol{M}$ 偏离 $\boldsymbol{B}$ 的方向，则它产生围绕 $\boldsymbol{B}$ 的进动，经过一段时间后，核磁矩趋向于沿 $\boldsymbol{B}$ 的方向有规则地排列，此时称为平衡态.

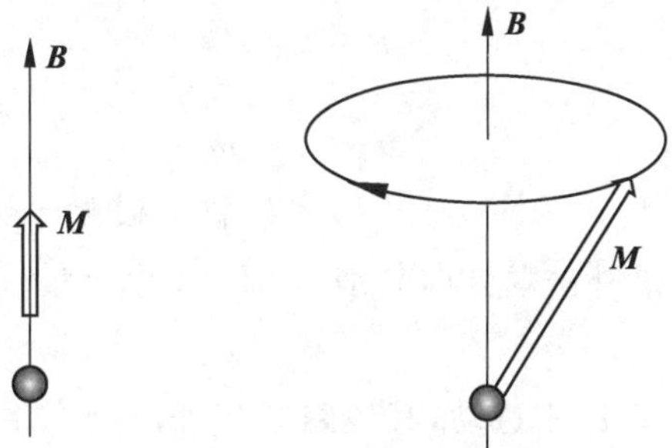

(a) 系统被磁化　　(b) $\boldsymbol{M}$围绕$\boldsymbol{B}$做进动

图 3　沿 $\boldsymbol{B}$ 的方向产生一个核磁化强度矢量 $\boldsymbol{M}$

大多数原子核有自旋现象，由于微观粒子的固有角动量和轨道角动量是自旋存在的原因，角动量是度量转动的重要物理量，所以可用角动量表述自旋. 自旋角动量 L_1 的方向与自旋轴重合. 据量子力学理论，原子核自旋角动量 L_1 是量子化的，只能取一系列不连续的值，即

$$L_1=\sqrt{I(I+1)}\frac{h}{2\pi} \tag{3}$$

式中，h 为普朗克常量；I 为核自旋量子数，表示原子核的固有特性，只能取整数和半整数，不同原子核的 I 值由其质子数和中子数决定.

2. 原子核的磁矩

原子核是一个带电的系统，而且具有自旋，有自旋的核可以看作环形电流，环形电流会产生磁矩，称为原子核的磁矩，简称核磁矩. 环形电流与角速度或角动量有关，所以，核磁矩 $\boldsymbol{\mu}$ 与自旋角动量 L_1 有关. 通过理论计算得出，对于 $I\neq 0$ 的核，有

$$\mu_1=g\frac{e}{2M_{\mathrm{p}}}L_1 \tag{4}$$

式中，e 为电子电量的绝对值；M_{p} 为质子的质量；g 称为核的朗德因子或 g 因子，是无量纲的值，其大小与核种类有关. 由实验测得，$\gamma=g\dfrac{e}{2M_{\mathrm{p}}}$就是前述的磁旋比. 将 L_1 的表达式(3)代入(4)式中，可写成

$$\mu_I = g\mu_N\sqrt{I(I+1)} \tag{5}$$

式中，$\mu_N = \dfrac{eh}{4\pi M_p} = 5.0508 \times 10^{-27}$ J/T，是核磁矩的基本单位，称为核磁子.

由于核磁矩在外磁场中的能量是

$$E = -\mu B\cos\varphi \tag{6}$$

式中，φ 是 $\boldsymbol{\mu}$ 与 $\boldsymbol{B}$ 的夹角，由于核磁矩在空间的取向是量子化的，所以 φ 只能取一些特定的数值，因而能量也是量子化的.

一个自旋量子数为 I 的原子核，它的总角动量和总磁矩在外磁场 z 方向上的投影分量只能取下面的数值：

$$L_z = m_I\frac{h}{2\pi} \tag{7}$$

$$\mu_z = g\mu_N m_I \tag{8}$$

式中，$\mu_z = \mu\cos\varphi$；$m_I = I, I-1, \cdots, 1-I, -I$，称为磁量子数，有 $2I+1$ 个值，表明原子核的总角动量和总磁矩沿外磁场方向分别有 $2I+1$ 个分量.

3. 核磁共振原理

原子核放在均匀磁场 B 中进动，其核磁矩与外磁场产生相互作用，分裂成 $2I+1$ 个能级，两相邻能级间的能量差为

$$\Delta E = g\mu_N B \tag{9}$$

只要测得 ΔE，由(9)式可求出 g 因子，进而获得核磁距. 如果原子核同时又受到一个垂直于均匀磁场 B 的平面上旋转的电磁辐射的作用，当外加电磁辐射能量 $h\nu_0$ 满足

$$h\nu_0 = \Delta E \tag{10}$$

时，处于低能级的原子核就有可能吸收能量跃迁到高能级，原子核将对电磁辐射进行共振吸收，这种现象就称为核磁共振. 这时

$$h\nu_0 = \Delta E = g\mu_N B \tag{11}$$

得到

$$\nu_0 = \frac{g\mu_N B}{h} = \frac{\gamma}{2\pi}B \tag{12}$$

各种磁核因其结构上的差异，有不同的 g 因子或磁旋比 γ，所以在同样的外磁场中就有不同的能级差，产生核磁共振所需的射频也不同. 当射频频率与外磁场满足(12)式时，原子核对射频能量进行共振吸收，从而测得 g 因子或磁旋比 γ，确定它是何种原子核.

产生共振吸收的方法一般有两种：一种是固定外磁场 B，连续改变射频频率，当 ν 满足(12)式时，发生共振吸收，这种方法称为扫频法. 另外一种是保持射频频率不变，连续改变外磁场，当 B 满足(12)式时才发生共振吸收，这种方法称为扫场法.

综合练习

练习一

知识点:运动的描述、直线运动、曲线运动(圆周运动、抛体运动)、相对运动、狭义相对论运动学

一、选择题

1. 如图所示,质点沿轨迹 AB 做曲线运动,速率逐渐减小,图中哪一种情况正确地表示了质点在 C 处的加速度? ( )

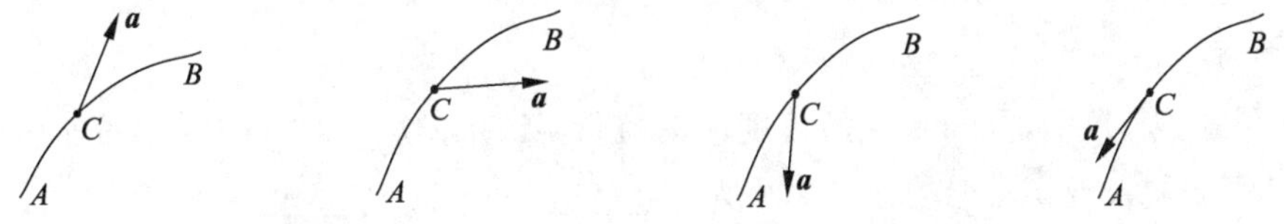

(A) (B) (C) (D)

2. 一质点沿 x 轴做直线运动,$v-t$ 曲线如图所示,$t=0$ 时质点位于坐标原点,则 $t=4.5$ s 时,质点在 x 轴上的位置为 ( )

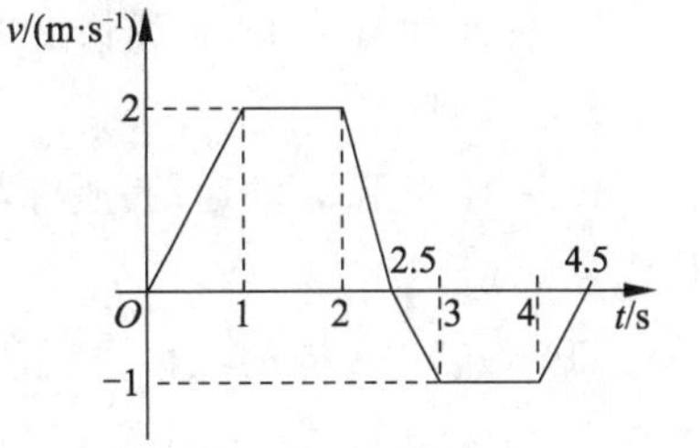

(A) 5 m (B) 2 m

(C) 0 (D) −2 m

(E) −5 m

3. 一质点沿 x 轴运动的规律是 $x=t^2-4t+5$(x 的单位为 m,t 的单位为 s),则前 3 秒内质点 ( )

(A) 沿 x 轴负向运动,位移大小等于路程

(B) 沿 x 轴正向运动,位移大小等于路程

(C) 先沿 x 轴负向运动,再回头沿 x 轴正向运动,位移不等于路程

(D) 先沿 x 轴负向运动,再回头沿 x 轴正向运动,位移大小等于路程

4. 一质点沿 x 轴做直线运动,加速度 $a=kt$,式中的 k 为常量. 当 $t=0$ 时,初速度为 v_0,则质点速度 v 与时间 t 的函数关系是 ( )

(A) v_0+kt^2　　(B) $v_0t+\frac{1}{2}kt^2$　　(C) $v_0+\frac{1}{2}kt^2$　　(D) v_0t+kt^2

5. 一质点在平面上运动，已知质点位置矢量的表示式为 $\boldsymbol{r}=bt^2\boldsymbol{i}+ct^2\boldsymbol{j}$（其中 b、c 为常量），则该质点做　　(　　)

(A) 匀速直线运动　　(B) 变速直线运动

(C) 抛物线运动　　(D)一般曲线运动

6. 在某地发生两事件，静止位于该地的甲测得时间间隔为 3 s，若相对于甲做匀速直线运动的乙测得时间间隔为 5 s，则乙相对于甲的运动速度是（c 表示真空中光速）(　　)

(A) $\frac{4}{5}c$　　(B) $\frac{3}{5}c$　　(C) $\frac{2}{5}c$　　(D) $\frac{1}{5}c$

二、填空题

1. 质点做曲线运动时，速度方向是沿着轨迹上质点所在点的__________方向，并指向质点__________，加速度总是指向曲线的__________.

2. 质点做直线运动，a、v 符号一致时，质点速率________；a、v 符号相反时，质点速率________.（填“增大”或者“减小”）

3. 一质点沿半径为 0.2 m 的圆周运动，其角位置随时间的变化规律是 $\theta=6+5t^2$（θ 的单位为 rad，t 的单位为 s）. 在 $t=2$ s 时，它的法向加速度大小 $a_n=$__________；切向加速度大小 $a_t=$__________.

4. 甲船以 $v_1=10\ \mathrm{m\cdot s^{-1}}$ 的速度向南航行，乙船以 $v_2=10\ \mathrm{m\cdot s^{-1}}$ 的速度向东航行，则甲船上的人观察乙船的速度大小为__________，向__________航行.

5. 狭义相对论的两条基本原理是：(1) __________；(2) __________.

6. 狭义相对论中，表观长度 l 与原长 l_0 及速率 v 的关系式为 $l=$__________.

三、计算题

1. 一质点沿 x 轴运动，坐标与时间的变化关系为 $x=4t-2t^3$（x 的单位为 m，t 的单位为 s），试计算：

(1) 最初 2 s 内的位移；

(2) 1 s 末和 3 s 末的瞬时速度；

(3) 3 s 末的瞬时加速度.

2. 一质点的运动学方程为 $x=3t+5$，$y=0.5t^2+3t+4$（x、y 的单位为 m，t 的单位为 s）.

（1）以 t 为变量，写出位置矢量的表达式；

（2）求质点的运动轨迹方程；

（3）求质点在 $t=4$ s 时的速度大小和方向；

（4）求质点在任一时刻加速度的大小和方向.

3. 一质点沿 x 轴做直线运动，其加速度为 $a=6t$，a 的单位为 $\mathrm{m\cdot s^{-2}}$，$t=0$ s 时，质点以 $v_0=12\ \mathrm{m\cdot s^{-1}}$ 的速度通过坐标原点，求该质点的运动方程.

4. 质点 P 在水平面内沿一半径为 $R=2$ m 的圆轨道转动，转动的角速度 ω 与时间 t 的函数关系为 $\omega=kt^2$. 已知 $t=2$ s 时，质点 P 的速率为 $16\ \mathrm{m\cdot s^{-1}}$，试求 $t=1$ s 时，质点 P 的速率与加速度的大小.

练习二

知识点：牛顿运动定律、动量定理、功、动能定理、功能原理及机械能守恒定律

一、选择题

1. 如图所示，几个不同倾角的光滑斜面，有共同的底边，顶点也在同一竖直面上，若使一物体（视为质点）从斜面上端由静止滑到下端的时间最短，则斜面的倾角应选 （　　）

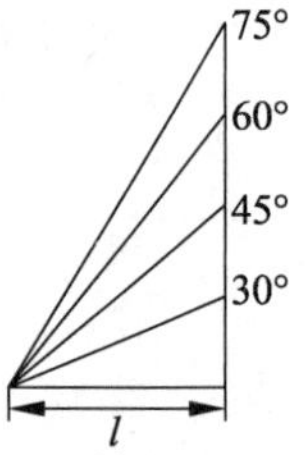

(A) 30°　　(B) 45°

(C) 60°　　(D) 75°

2. 一轻绳跨过一定滑轮，两端各系一重物，它们的质量分别为 m_1 和 m_2，且 $m_1>m_2$（滑轮质量及一切摩擦均不计），此时系统的加速度大小为 a，今用一竖直向下的恒力 $F=m_1g$ 代替 m_1，系统的加速度大小为 a'，则有 （　　）

(A) $a'=a$　　(B) $a'>a$

(C) $a'<a$　　(D) 条件不足，无法确定

3. 放置在升降机地板上的货物质量为 m，设升降机加速上升、减速上升、匀速上升时货物对地板的作用力分别为 F_{N1}、F_{N2}、F_{N3}，则 （　　）

(A) $F_{N1}=F_{N2}=F_{N3}$　　(B) $F_{N1}>F_{N2}>F_{N3}$

(C) $F_{N1}<F_{N2}<F_{N3}$　　(D) $F_{N1}>F_{N3}>F_{N2}$

4. 沙子从 $h=0.8$ m 高处落到以 3 m·s^{-1} 速度水平向右运动的传送带上，取 $g=10$ m·s^{-2}，则传送带给予沙子的作用力的方向 （　　）

(A) 与水平夹角 53°向下　　(B) 与水平夹角 53°向上

(C) 与水平夹角 37°向上　　(D) 与水平夹角 37°向下

5. 一质量为 10 g 的子弹以 200 m·s^{-1} 的速率射入一固定墙壁内，设子弹所受阻力与其进入墙壁的深度 x 的关系为 $F_x=-1.0\times10^6x$（F_x 的单位为 N，x 的单位为 m），则该子弹能进入墙壁的深度为 （　　）

(A) 3 cm　　(B) 2 cm　　(C) $2\sqrt{2}$ cm　　(D) 12.5 cm

6. 在系统不受外力作用的非弹性碰撞过程中 （　　）

(A) 动能和动量都守恒　　(B) 动能和动量都不守恒

(C) 动能不守恒、动量守恒　　(D) 动能守恒、动量不守恒

二、填空题

1. 竖直上抛一小球，小球达到最高点后又沿相反方向落回出发点. 设空气阻力与小球的速度成正比，则小球运动过程中加速度绝对值最大出现在____________.

2. 初速度为 $\boldsymbol{v}_0=5\boldsymbol{i}+4\boldsymbol{j}$ m·s^{-1}，质量为 $m=0.5$ kg 的质点，受到冲量 $\boldsymbol{I}=25\boldsymbol{i}+20\boldsymbol{j}$ N·s 的作用，则质点的末速度矢量为____________.

3. 一小船质量为 100 kg，船头到船尾的距离为 3.6 m. 现有一质量为 50 kg 的人从

船头走到船尾时，船将移动多少距离____________(假定水的阻力不计).

4. 一质点在力 $F_x=x^2$(F_x 的单位为 N，x 的单位为 m)作用下沿 x 轴运动，从 $x=1$ m 到 $x=2$ m，力所做的功为____________，该质点的动能增加____________.

5. 质点系内各质点间的相互作用力称为____________，系统外物体对系统内质点的作用力称为____________.

6. 保守力做功的特点是：功的大小只与物体的____________有关，而与所经历的____________无关.

三、计算题

1. 质量为 m 的摩托快艇以速率 v_0 行驶，它受到的阻力与速率平方成正比，可表示为 $F=-mkv^2$(k 为正的常量). 摩托快艇发动机关闭后，求：

(1) 速率 v 随时间 t 的变化规律；

(2) 路程 x 随时间 t 的变化规律.

2. 一炮弹以速率 v_0 和仰角 θ_0 发射，到达弹道的最高点时爆炸为质量相等的两块，其中一块以速率 v_1 竖直下落，求另一块的速率 v_2 及速度与水平方向的夹角(忽略空气阻力).

3. 一人从 10 m 深的井中匀速提水，桶离开水面时，桶和水的总质量为 10 kg，每提升 1 m 会漏掉 0.2 kg 的水.

(1) 以水面为坐标原点，向上为 x 轴正向，写出桶和水的质量与坐标 x 的函数关系；

(2) 求把这桶水从水面提高到井口的过程中，人力所做的功(g 取 $9.8\ \mathrm{m\cdot s^{-2}}$).

4. 如图所示，已知子弹质量 $m_{子弹}=0.02$ kg，木块质量 $m_{木块}=8.98$ kg，一轻质弹簧劲度系数 $k=100\ \mathrm{N\cdot m^{-1}}$，子弹沿弹簧的轴线方向以速度 v_0 射入木块后，弹簧的最大压缩长度 $\Delta l=0.1$ m.

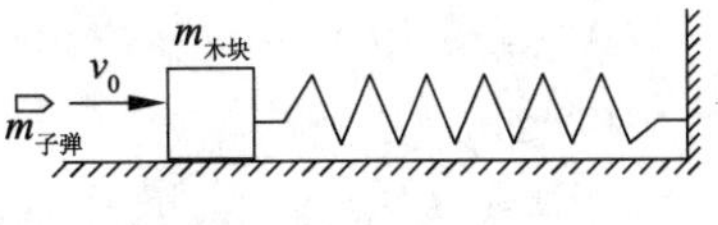

(1) 若木块放在光滑水平面上，求 v_0 的大小；

(2) 若木块与水平面间有摩擦，摩擦因数为 $\mu=0.2$，求 v_0 的大小(g 取 $9.8\ \mathrm{m\cdot s^{-2}}$).

练习三

知识点：力矩、转动定律、转动惯量

一、选择题

1. 两个半径不同的皮带轮A、B由传送皮带相连，轮半径$R_A > R_B$. 当它们转动时，设轮与皮带之间没有相对滑动，下列说法错误的是　(　　)

(A) 两轮边缘处质点线速度大小相等

(B) 两轮边缘处质点切向加速度大小相等

(C) 两轮边缘处质点法向加速度大小相等

(D) 两轮边缘处质点法向加速度大小不相等

2. 几个力同时作用在一个具有光滑固定转轴的物体上，如果这几个力的矢量和为零，则此物体　(　　)

(A) 必然不会转动　(B) 转速必然不变

(C) 转速必然改变　(D) 转速可能不变，也可能改变

3. 关于刚体对轴的转动惯量，下列说法中正确的是　(　　)

(A) 只取决于刚体的质量，与质量在空间的分布和轴的位置无关

(B) 取决于刚体的质量和质量在空间的分布，和轴的位置无关

(C) 取决于刚体的质量、质量在空间的分布和轴的位置

(D) 只取决于转轴的位置，与刚体的质量和质量的空间分布无关

4. 刚体在一力矩作用下由静止开始做定轴转动，一段时间后，力矩逐渐减小，减小到零之前，刚体的　(　　)

(A) 角速度和角加速度都增加　(B) 角速度增加，角加速度减小

(C) 角速度减小，角加速度增加　(D) 角速度和角加速度都减小

5. 一根质量为m、长度为l的匀质细直棒，平放在水平桌面上. 若该棒绕过其一端的竖直轴在水平桌面上以初始角速度为ω_0旋转. 棒与桌面间的滑动摩擦因数为μ，其角加速度大小为　(　　)

(A) $3g\mu/2l$　(B) $3g\mu/l$

(C) $2g\mu/3l$　(D) $2g\mu/l$

6. 长为l、质量可忽略的直杆，两端分别固定有质量为$2m$和m的小球，杆可绕通过其中心且与杆垂直的水平光滑固定轴在竖直面内转动. 开始杆与水平方向成某一角度θ，处于静止状态，如图所示. 释放后，杆绕O轴转动，则当杆转到水平位置时，该系统受到的合力矩大小M及此时该系统角加速度大小α分别为　(　　)

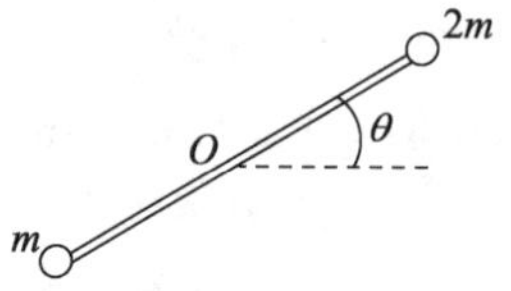

(A) $M=mgl, \alpha=2g/3l$　(B) $M=mgl/2, \alpha=g/3l$

(C) $M=mgl/2, \alpha=2g/3l$　(D) $M=mgl/2, \alpha=3g/2l$

二、填空题

1. 平动刚体上各质点的____________和____________相同，任何一个质点的运动都可代表____________的运动.

2. 半径为 $r=1.0\ \text{m}$ 的飞轮，初角速度 $\omega_0=10\ \text{rad}\cdot\text{s}^{-1}$，角加速度 $\alpha=-5\ \text{rad}\cdot\text{s}^{-2}$. 若初始时刻角坐标为零，则在 $t=$____________时角坐标再次为零，而此时边缘上点的线速度 $v=$____________.

3. 如图所示，P、Q、R 和 S 是附于刚性轻质细杆上的质量分别为 $4m$、$3m$、$2m$ 和 m 的四个质点，$PQ=QR=RS=l$，则系统对 OO' 轴的转动惯量为____________.

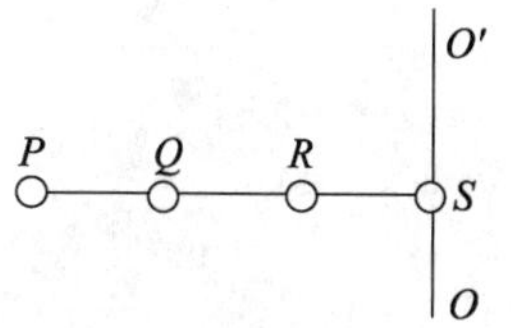

4. 质量为 m、长为 l 的匀质杆，对过杆端点与杆垂直的转轴的转动惯量为____________；质量为 m、半径为 R 的匀质圆盘对过圆心与盘面垂直转轴的转动惯量为____________.

5. 刚体的定轴转动定律的数学表达式为____________，表明刚体在____________的作用下所获得的____________与____________成正比，并与____________成反比.

6. 质量是____________量度，转动惯量是____________量度.

三、计算题

1. 一个飞轮直径为 0.30 m，边缘绕有绳子. 现用恒力拉绳子的一端，使飞轮由静止均匀地加速，经 0.50 s 转速达 $10\ \text{rad}\cdot\text{s}^{-1}$. 求：

(1) 飞轮的角加速度及在这段时间内转过的转数；

(2) 从拉动后 $t=10\ \text{s}$ 时飞轮的角速度及轮边缘上一点的速度大小.

2. 如图所示，一转动系统的转动惯量为 $J=8.0\ \text{kg}\cdot\text{m}^2$，转速 $\omega_0=41.9\ \text{rad}\cdot\text{s}^{-1}$，两制动闸瓦对轮的压力都为 392 N，闸瓦与轮缘间的摩擦因数为 $\mu=0.4$，轮半径为 $r=0.4\ \text{m}$. 求：

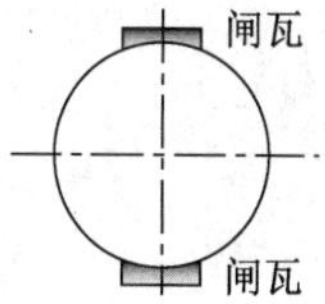

(1) 轮所受的摩擦力矩(取初始角速度 ω_0 的方向为转动正方向)；

(2) 轮从开始制动到静止需用时间.

3. 如图所示,轻绳绕于半径 $r=20$ cm 的飞轮边缘,在绳端施以大小为 98 N 的拉力,飞轮的转动惯量 $J=0.5\ \mathrm{kg\cdot m^2}$. 设绳子与滑轮间无相对滑动,飞轮和转轴间的摩擦不计,g 取 $9.8\ \mathrm{m\cdot s^{-2}}$. 试求:

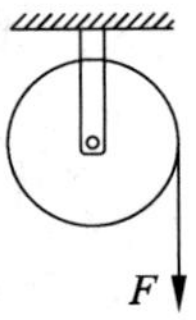

(1) 飞轮的角加速度;

(2) 如以质量 $m=10$ kg 的物体挂在绳端,计算飞轮的角加速度.

4. 如图所示,斜面倾角为 θ,位于斜面顶端的卷扬机鼓轮半径为 R,转动惯量为 J,受到驱动力矩 M,通过绳牵动斜面上质量为 m 的物体,不计物体与斜面间的摩擦,求重物上滑的加速度.绳与斜面平行,不计绳质量.

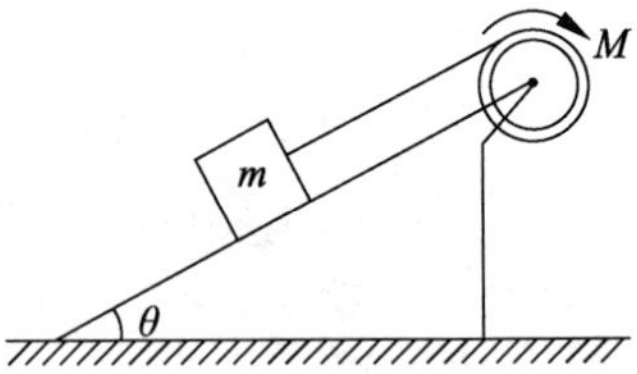

练习四

知识点：转动动能、角动量、角动量守恒定律

一、选择题

1. 关于力矩有以下几种说法，其中正确的是 (　　)

(A) 内力矩会改变刚体对某个定轴的角动量

(B) 作用力和反作用力对同一轴的力矩之和必为零

(C) 角速度的方向一定与外力矩的方向相同

(D) 质量相等、形状和大小不同的两个刚体，在相同力矩的作用下，它们的角加速度一定相等

2. 圆柱体以 80 rad·s^{-1} 的角速度绕其轴线转动，它对该轴的转动惯量为 4 kg·m^2. 由于恒力矩的作用，在 10 s 内它的角速度降为 40 rad·s^{-1}. 圆柱体损失的动能和所受力矩的大小为 (　　)

(A) 80 J, 80 N·m　　(B) 800 J, 40 N·m

(C) 4000 J, 32 N·m　　(D) 9600 J, 16 N·m

3. 一匀质圆盘状飞轮质量为 20 kg，半径为 30 cm，当它以每分钟 60 转的速率旋转时，其动能为 (　　)

(A) $16.2\pi^2$ J　　(B) $8.1\pi^2$ J

(C) 8.1 J　　(D) $1.8\pi^2$ J

4. 如图所示，一静止的均匀细棒，长为 L、质量为 m_1. 可绕通过棒的端点且与棒垂直的光滑固定轴 O 在水平面内转动，一质量为 m、速率为 v 的子弹在水平面内沿与棒垂直的方向射入并穿过棒的自由端，穿过棒后子弹的速率为 $v/2$，子弹和杆碰撞前后 (　　)

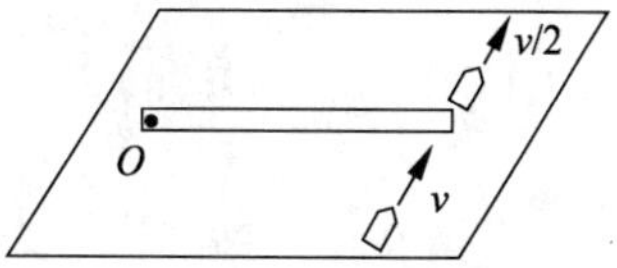

(A) 角动量守恒，动量守恒　　(B) 角动量不守恒，动量守恒

(C) 角动量不守恒，动量不守恒　　(D) 角动量守恒，动量不守恒

5. 如图所示，对一个绕固定水平轴 O 匀速转动的转盘，沿图示的同一水平直线从相反方向射入两颗质量相同、速率相等的子弹，子弹射入后停留在盘中，则子弹射入后转盘的角速度应 (　　)

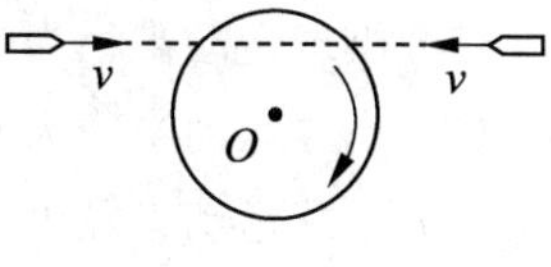

(A) 增大　　(B) 减小　　(C) 不变　　(D) 无法确定

6. 体重相同的甲、乙两人，分别用双手握住跨过无摩擦滑轮的绳的两端，当他们由同一高度向上爬时，相对绳子，甲的速率是乙的 2 倍，则到达顶点的情况是 (　　)

(A) 甲先到达　　(B) 乙先到达

(C) 同时到达　　(D) 不能确定谁先到达

二、填空题

1. 长为 l 的轻质刚性杆两端分别连接质量为 m 的质点，并绕过杆中点与杆垂直的转轴以角速度 ω 转动，则它们对转轴的角动量大小是____________.

2. 定轴转动刚体的转动动能 $E_k=$____________，角动量 $L_z=$____________.

3. 刚体的重力势能等于____________之和，若刚体的质量为 m，质心相对零势能面的高度为 h_C，则重力势能 $E_p=$____________.

4. 一人站在转动的转台上，在他伸出的两手中各握有一个重物，若此人向着胸部缩回他的双手及重物，忽略所有摩擦，则系统的转动惯量____________，系统的角动量____________，系统的转动角速度____________.（填“增大”“减小”或“保持不变”）

5. 若作用于一力学系统上的合外力为零，则外力的合力矩____________（填“一定”或“不一定”）为零，这种情况下力学系统的动量、角动量、机械能三个量中一定守恒的量是____________.

6. 长为 l、质量为 m 的匀质细杆可以在水平面内绕通过杆端点的竖直固定轴自由转动，开始时静止. 一质量为 m、速率为 v 的小球，沿水平面且与棒垂直的方向射向棒的自由端，小球以 $v/2$ 速率反向弹回，此时棒的角速度 $\omega=$____________.

三、计算题

1. 如图所示，匀质圆柱体质量为 m_1，半径为 R，重锤质量为 m_2，最初静止. 后将重锤释放下落并带动圆柱体转动，用动能定理求重锤下落 h 高度时的速率. 不计一切阻力，不计绳的质量和伸长.

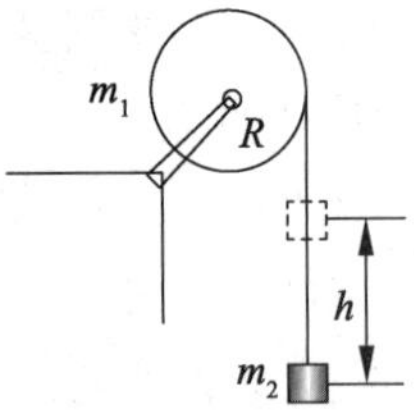

2. 如图所示，水平光滑桌面中间有一光滑小孔，轻绳一端伸入孔中，另一端系一质量为 10 g 的小球，小球沿半径为 40 cm 的圆周做匀速圆周运动. 这时从孔下拉绳的力为 10^{-3} N. 如果继续向下拉绳，而使小球沿半径为 10 cm 的圆周做匀速圆周运动. 试求：

(1) 小球运动半径为 40 cm 时的速率；

(2) 小球运动半径为 10 cm 时的速率；

(3) 小球运动半径由 40 cm 减小为 10 cm 过程中拉力所做的功.

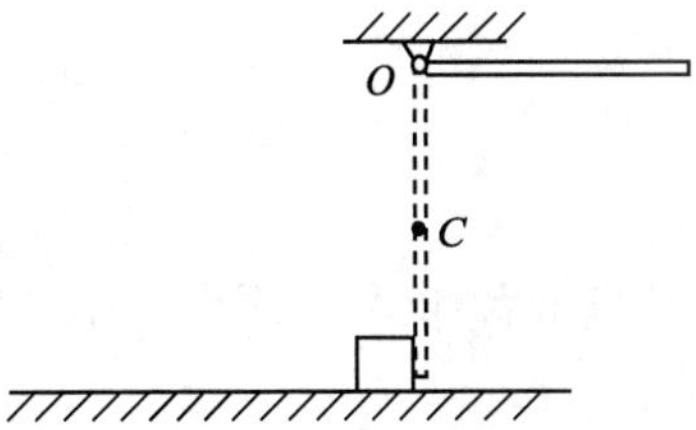

3. 如图所示，一根匀质细杆长为 l、质量为 m，可绕通过其端点 O 的水平轴转动，杆自水平位置无初速地释放.求：

(1) 杆转至竖直位置时，杆的角速度 ω；

(2) 杆与放在地面上质量为 $m'=m/3$ 的物体相碰后，物体滑行 $s=15l/8$ 距离后停止，相碰后杆的角速度 ω'.

(物体与地面间的摩擦因数为 $\mu=0.2$，杆与物体相碰时物体与地面间的摩擦力可不计，计算结果用 g、l 表示)

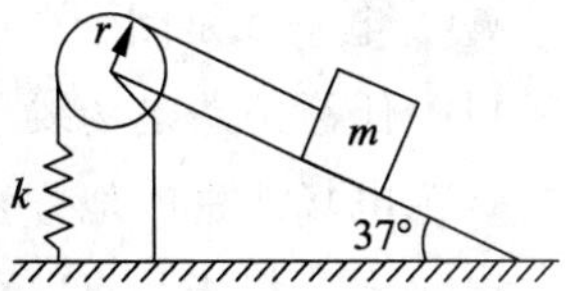

4. 如图所示，滑轮的转动惯量 $J=0.5\ \mathrm{kg\cdot m^2}$，半径 $r=30\ \mathrm{cm}$，弹簧的劲度系数 $k=20\ \mathrm{N\cdot m^{-1}}$，最初处于原长状态，重物的质量 $m=2.0\ \mathrm{kg}$. 当此滑轮—重物系统从静止开始运动，滑轮与绳子间无相对滑动，其他部分摩擦忽略不计.

(1) 问物体能沿斜面下滑多远？

(2) 当物体沿斜面下滑 1.00 m 时，它的速率有多大？(g 取 $9.8\ \mathrm{m\cdot s^{-2}}$)

练习五

知识点：电荷与库仑定律、电场与电场强度、电场线与电场强度通量、高斯定理及其应用

一、选择题

1. 下列几种说法中，正确的是　　　　(　　)

(A) 电场中某点的场强方向就是将点电荷放在该点所受电场力的方向

(B) 在以点电荷为中心的球面上，由该点电荷所产生的场强处处相同

(C) 场强可由 $\boldsymbol{E}=\boldsymbol{F}/q_0$ 定出，其中 q_0 为试验电荷，$\boldsymbol{F}$ 为试验电荷所受的电场力

(D) 以上三种说法都不正确

2. 半径为 R 的均匀带电圆环，电荷总量为 q，环心处的电场强度大小为　　　　(　　)

(A) $\dfrac{q}{4\pi\varepsilon_0 R}$　　(B) $\dfrac{q}{4\pi\varepsilon_0 R^2}$　　(C) $\dfrac{q}{4\pi\varepsilon_0 r^2}$　　(D) 0

3. 关于静电场的电场线有以下几种说法，正确的是　　　　(　　)

(A) 电场线是闭合曲线

(B) 任意两条电场线可以相交

(C) 电场线密的地方表示该处电场强度数值大

(D) 电场线表示点电荷在电场中的运动轨迹

4. 关于高斯定理的理解有下面几种说法，其中正确的是　　　　(　　)

(A) 如果高斯面上场强处处为零，则高斯面内必定处处无电荷

(B) 如果高斯面内有净电荷，则通过高斯面的电场强度通量必不为零

(C) 如果高斯面内无电荷，则高斯面上场强处处为零

(D) 以上三种说法均不正确

5. 关于高斯定理 $\oint_S \boldsymbol{E}\cdot d\boldsymbol{S}=\dfrac{1}{\varepsilon_0}\sum q$，下列说法错误的是　　　　(　　)

(A) S 表示电场中任意的闭合曲面

(B) $\sum q$ 是闭合曲面 S 内电荷所带电荷量的代数和

(C) E 是闭合曲面 S 内电荷产生的总电场强度

(D) E 是所有电荷产生的总电场强度

6. 一个点电荷位于球形高斯面的球心处. 下列几种情况中，通过该高斯面的电场强度通量发生变化的是　　　　(　　)

(A) 将另一个点电荷放在高斯面外

(B) 将另一个点电荷放进高斯面内

(C) 将高斯面半径增加一倍

(D) 将点电荷从球心处移开，但仍在高斯面内

二、填空题

1. 电场中某点的电场强度等于单位正电荷在该点所受的电场力. 电场强度是矢量，它的方向就是位于该点的正电荷的受力方向. 电荷量为 q 的点电荷的电场强度计算式为____________.

2. 在点电荷系的电场中，某点的电场强度等于每个点电荷单独存在时在该点所产生的电场强度的____________，这个规律称为电场强度的叠加原理.

3. 边长为 a 的正方形，在其中的三个顶点上分别放置电荷量均为 q 的点电荷，则正方形中心处的电场强度大小 $E=$____________.

4. 均匀带负电荷的无限长直线，电荷线密度为 $-\lambda$，则与带电直线距离为 r 处的电场强度大小为____________，电场强度方向____________.

5. 在电场强度大小为 E 的匀强电场中，取一个半径为 R 的半球面，电场强度的方向与半球面的对称轴平行，则通过这个半球面的电场强度通量 $\Phi_E=$____________.

6. 如图所示，闭合曲面 S_1 内有点电荷 $-q$，闭合曲面 S_2 内没有电荷，闭合曲面 S_3 内有点电荷 q，则通过这三个闭合曲面的电场强度通量分别为 $\Phi_{E1}=$____________，$\Phi_{E2}=$____________，$\Phi_{E3}=$____________.

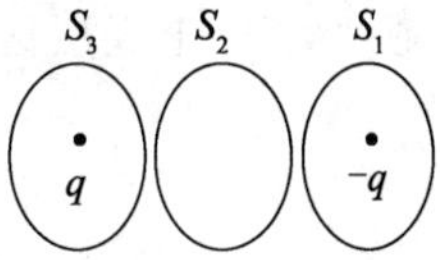

三、计算题

1. 如图所示，长为 l 的细直线 AB 上均匀地分布了线密度为 λ 的正电荷. 求细直线延长线上与 B 端距离为 a 的 P 点处的电场强度.

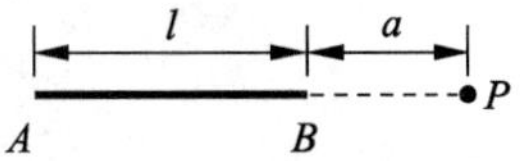

2. 如图所示，半径为 R 的半圆形均匀带电线，电荷线密度为 λ，求圆心 O 处的电场强度.

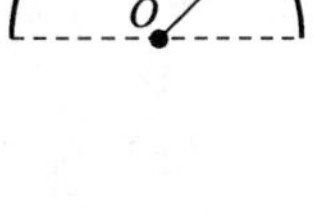

3. 如图所示,电荷量 q 均匀分布在半径为 R 的球面上.

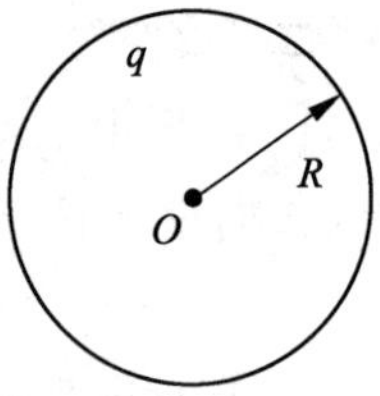

(1) 用高斯定理求出球面内、外的电场强度(用 r 表示场点到球心的距离);

(2) 画出球面内、外的 $E-r$ 曲线.

4. 如图所示,内、外半径分别为 a 和 b 的均匀带电球形壳层,电荷体密度为 ρ. 求壳层区域内任一点距球心为 r 的 P 处的场强大小.

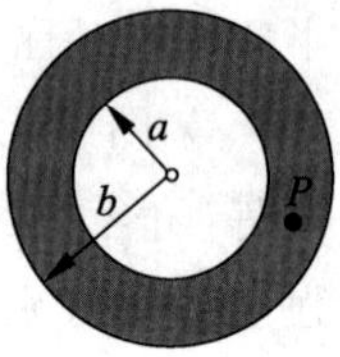

练习六

知识点：静电场力的功、静电场的环路定理、电势能与电势、静电场中的导体和电容器、静电场的能量

一、选择题

1. 关于静电场中某点电势的正负，下列说法中正确的是 (   )

(A) 正电荷的电场中，电势总为正值

(B) 负电荷的电场中，电势总为负值

(C) 电势的正负由试验电荷的正负决定

(D) 电势的正负与电势零点的选取有关

2. 半径为 a 的均匀带电球面，带电量为 q. 以无限远处为电势零点，则带电球面上任一点的电势为 (   )

(A) $\dfrac{q}{4\pi\varepsilon_0 a}$ (B) $\dfrac{q}{8\pi\varepsilon_0 a}$ (C) $\dfrac{-q}{4\pi\varepsilon_0 a}$ (D) $\dfrac{-q}{8\pi\varepsilon_0 a}$

3. 如图所示，在用电场线表示的静电场中，a 和 b 是一条电场线上的两个点，则 (   )

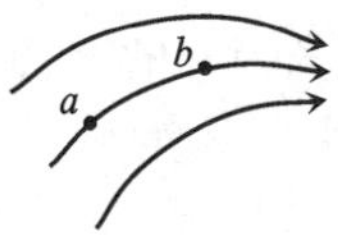

(A) $E_a > E_b, V_a > V_b$ (B) $E_a < E_b, V_a > V_b$

(C) $E_a > E_b, V_a < V_b$ (D) $E_a < E_b, V_a < V_b$

4. 半径为 r 的均匀带电球面 1，带有电荷 q，其外有一同心的半径为 R 的均匀带电球面 2，带有电荷 Q，则此两球面之间的电势差 $U_1 - U_2$ 等于 (   )

(A) $\dfrac{q}{4\pi\varepsilon_0}\left(\dfrac{1}{r}-\dfrac{1}{R}\right)$ (B) $\dfrac{Q}{4\pi\varepsilon_0}\left(\dfrac{1}{r}-\dfrac{1}{R}\right)$

(C) $\dfrac{1}{4\pi\varepsilon_0}\left(\dfrac{q}{r}-\dfrac{Q}{R}\right)$ (D) $\dfrac{1}{4\pi\varepsilon_0}\dfrac{q}{r}$

5. 下列说法正确的是 (   )

(A) 同一等势面上各点的场强大小都相等

(B) 电势高的地方，电势能也一定大

(C) 场强越大的地方，电势也一定越高

(D) 场强的方向总是从高电势指向低电势

6. 平行板电容器充电后与电源断开，当用绝缘手柄将电容器两极板的距离拉大时，电容器中的静电场能量 (   )

(A) 减小 (B) 不变 (C) 增大 (D) 无法确定它的变化

二、填空题

1. 点电荷在静电场力作用下移动时，静电场力所做的功与点电荷的始、末位置__________，与点电荷移动的路径__________，静电场力属于__________.

2. 边长为 a 的正六边形每个顶点都有一个点电荷，电荷量如图所示. 若以无限远处为电势零点，则正六边形中心处的场强大小 $E=$ __________，电势 $V=$ __________.

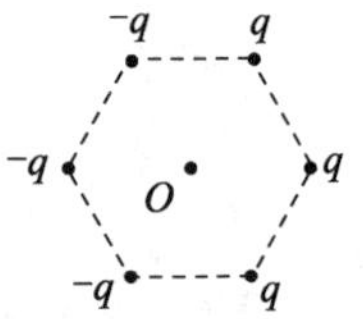

3. 真空中有一个均匀带电细圆环，电荷线密度为 λ. 若以无限远处为电势零点，则圆环中心处的电势 $V=$ __________.

4. 半径为 R 的均匀带电球面，电荷面密度为 $\sigma(\sigma>0)$，球心处另有一个电荷量为 q 的点电荷. 若以无限远处为电势零点，则球内离球心距离 r 处的电势 $V=$ __________.

5. 导体静电平衡的条件是导体内电场强度__________；当带电导体处于静电平衡时，导体中的电荷只分布在__________，导体上各点的电势处处相等，导体是等势体.

6. 平行板电容器充电后与电源保持相连，若将极板间的距离增加一些，则其电容减小，极板间电场强度大小__________，电容器中电场能量__________.（填"增大""减小"或"不变"）

三、计算题

1. 如图所示，长为 l 的细直线 AB 上均匀分布线密度为 λ 的电荷. 以无限远处为电势零点，计算细直线延长线上与 B 端距离为 a 的 P 点处的电势.

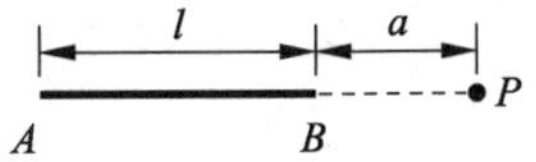

2. 如图所示，半径为 R 的均匀带电薄圆盘，电荷面密度为 σ. 以无限远处为电势零点，计算圆盘中心 O 处的电势.

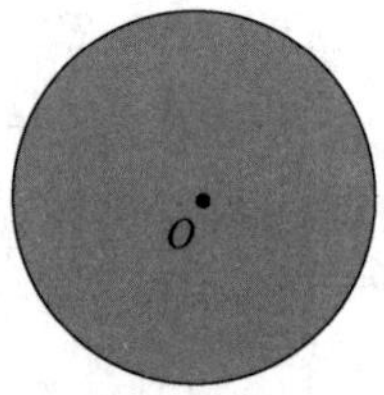

3. 两个同心金属球壳，内球壳半径为 R_1，外球壳半径为 R_2，中间是空气，构成一个球形空气电容器. 设内、外球壳上分别带有电荷 $+Q$ 和 $-Q$，求：

(1) 电容器的电容；

(2) 电容器储存的能量.

4. 如图所示，两个带等量异号电荷的均匀带电同心球面，半径分别为 R_1 和 $R_2(R_2>R_1)$. 已知内、外球面之间的电势差为 U，计算内球面所带的电量.

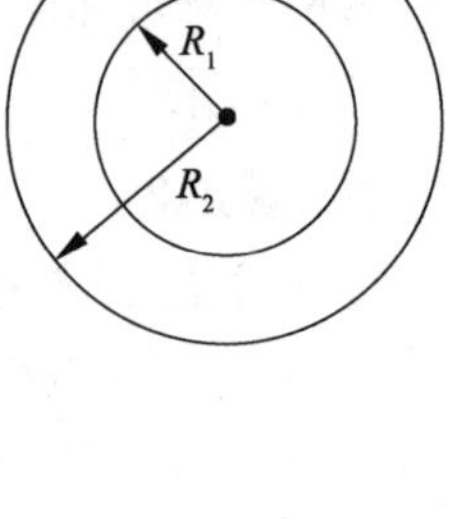

练习七

知识点:洛伦兹力、安培力、磁矩、磁力矩

一、选择题

1. 洛伦兹力可以 (　　)

(A) 改变带电粒子的速率　　(B) 改变带电粒子的动量

(C) 改变带电粒子的动能　　(D) 对带电粒子做功

2. 一个速率为 v 的电子,进入到同时存在匀强电场和匀强磁场的空间中,电子速度方向、磁场方向和电场方向三者同向,则电子将做 (　　)

(A) 直线运动　　(B) 平抛运动

(C) 圆周运动　　(D) 螺旋运动

3. 如图所示,正方形线圈用细线挂在载流长直导线附近,两者在同一平面内,长直导线固定,线圈可以活动. 当长直导线和线圈中通以电流时,线圈将 (　　)

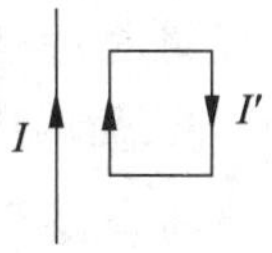

(A) 不动

(B) 一边转动,一边远离长直导线

(C) 远离长直导线

(D) 靠近长直导线

4. 如图所示,半径为 R 的半圆形导线 ab 置于磁感应强度为 B 的匀强磁场中,直径 ab 垂直于磁场方向,半圆形导线平面与磁场方向平行. 当导线通有电流 I 时,导线受到的安培力大小等于 (　　)

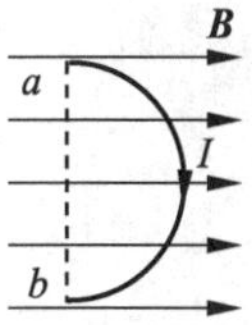

(A) $2BIR$　　(B) πBIR

(C) BIR　　(D) 0

5. 匀强磁场中有两个平面线圈,其面积 $S_1=2S_2$,通有电流 $I_1=2I_2$,它们所受的最大磁力矩之比 $M_1:M_2$ 等于 (　　)

(A) 1∶4　　(B) 4∶1　　(C) 1∶2　　(D) 2∶1

6. 一矩形通电线圈 $abcd$,可绕其中心轴 OO' 转动,它处在与 OO' 垂直的匀强磁场中,如图所示. 在磁场作用下线圈开始转动,最后静止在平衡位置,则平衡后 (　　)

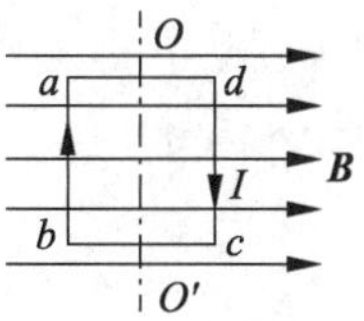

(A) 线圈四边都不受磁场的作用力

(B) 线圈四边受到指向线圈外部的磁场作用力,但合力为零

(C) 线圈四边受到指向线圈内部的磁场作用力,但合力为零

(D) 线圈的一对边受到指向线圈外部的磁场作用力,另一对边受到指向线圈内部的磁场作用力,但合力为零

二、填空题

1. 一个带电量为 q 的粒子，在磁感应强度为 $\boldsymbol{B}$ 的磁场中以速度 $\boldsymbol{v}$ 运动时，受到的洛伦兹力 $\boldsymbol{F}=$____________. 若带电粒子平行于磁场方向进入匀强磁场，粒子做____________运动，若带电粒子垂直于磁场方向进入匀强磁场，则做____________运动.

2. 两个带电粒子，以相同的速度垂直于磁场方向飞入同一匀强磁场做圆周运动，它们的质量之比是1∶4，电荷量之比是1∶2，则它们的运动轨迹半径之比是____________.

3. 任意形状的平面载流线圈在匀强磁场中所受的安培力 $\boldsymbol{F}=$____________.

4. 面积为 S，通有电流 I 的单匝平面闭合线圈，置于磁感应强度为 $\boldsymbol{B}$ 的匀强磁场中，此线圈的磁矩 $\boldsymbol{m}=$____________，受到的最大磁力矩 $M=$____________，此时通过线圈的磁通量 $\Phi=$____________. 当此线圈受到磁力矩为最小值时，通过线圈的磁通量 $\Phi=$____________.

5. 磁矩为 $\boldsymbol{m}$ 的载流线圈，置于磁感应强度为 $\boldsymbol{B}$ 的匀强磁场中，$\boldsymbol{m}$ 与 $\boldsymbol{B}$ 的夹角为 α. 当线圈由 $\alpha=0°$ 转到 $\alpha=180°$ 时，磁力矩做的功 $A=$____________.

6. 如图所示是等离子体发电机的示意图. 磁感应强度为 $\boldsymbol{B}$ 的磁场垂直于纸面向里，两极板间距离为 d，要使输出电压为 U，则等离子的速度大小为__________，a 是电源的__________极.

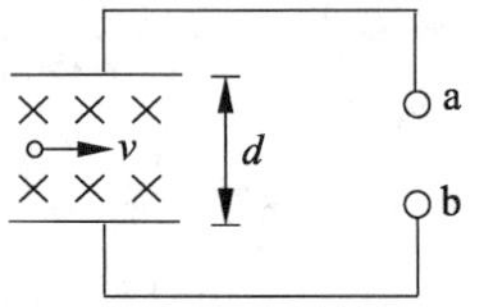

三、计算题

1. 速率 $v=10^4\ \mathrm{m\cdot s^{-1}}$ 的电子在磁感应强度 $B=0.1$ T 的匀强磁场中做匀速圆周运动，求电子的轨迹半径和旋转频率（每秒钟转的圈数）.（$e=1.6\times10^{-19}$ C，$m_e=9.11\times10^{-31}$ kg）

2. 如图所示为光滑的绝缘轨道，ab 部分为四分之一圆弧，其半径为 R，bc 部分水平. 质量为 m、带电量为 $+q$ 的物块，从 a 点由静止开始下滑. 虚线框内有垂直于轨道的匀强磁场，要使物块到达 b 点时对轨道压力恰好为零，求虚线框内磁感应强度的大小和方向.

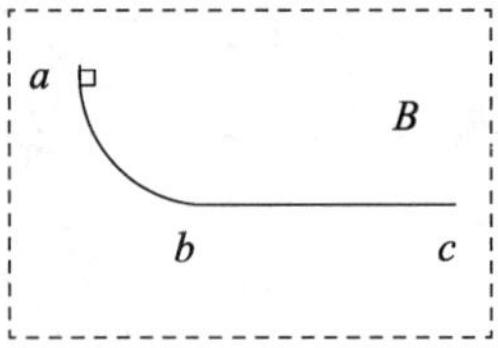

3. 半径为 R 的塑料细圆环，电荷量 q 均匀分布其上，细圆环以角速度 ω 绕通过圆心且垂直于环面的轴转动，试求细圆环中心处磁感应强度的大小和细圆环磁矩的大小.

4. 半径为 R 的半圆形闭合线圈载有电流 I，置于磁感应强度为 $\boldsymbol{B}$ 的匀强磁场中，磁场方向与线圈直径垂直、与线圈平面平行，如图所示. 求：

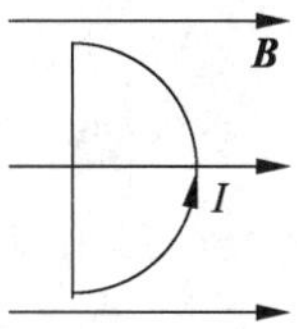

(1) 线圈磁矩的大小和方向；

(2) 线圈所受力矩的大小和方向；

(3) 以直径为转轴，线圈从图示位置转过 90°时磁力矩做的功.

练习八

知识点：磁场与磁感应强度、磁感线与磁通量、毕奥—萨伐尔定律和安培环路定理及应用

一、选择题

1. 电荷量均为 q 的四个点电荷分别固定在边长为 a 的正方形的四个角上. 正方形以某角速度绕对角线所在轴旋转时，在正方形中心产生的磁感应强度大小为 B_1；以同样的角速度绕过中心垂直于正方形平面的轴旋转时，在正方形中心产生的磁感应强度大小为 B_2，则 (　　)

(A) $B_1=B_2$　　(B) $B_1=2B_2$

(C) $B_1=4B_2$　　(D) $B_2=2B_1$

2. 一个边长为 a 的正方形线圈上通有电流 I，则此线圈中心点的磁感应强度 (　　)

(A) 与 a 成反比　　(B) 正比于 a

(C) 正比于 a^2　　(D)与 a 无关

3. 半径为 R 的半圆形细导线中通有电流 I，则圆心处的磁感应强度大小为 (　　)

(A) $\dfrac{\mu_0 I}{4\pi R}$　　(B) $\dfrac{\mu_0 I}{2\pi R}$　　(C) $\dfrac{\mu_0 I}{4R}$　　(D) 0

4. 关于安培环路定理 $\oint_L \boldsymbol{B}\cdot \mathrm{d}\boldsymbol{l}=\mu_0\sum I$，下列选项错误的是 (　　)

(A) L 表示磁场中任意的闭合路径

(B) $\sum I$ 是穿过闭合路径 L 的电流的代数和

(C) $\boldsymbol{B}$ 是穿过闭合路径 L 的电流产生的总磁感应强度

(D) $\boldsymbol{B}$ 是磁场中所有电流产生的总磁感应强度

5. 一根很长的电缆线由两个同轴的圆柱面导体组成，这两个圆柱面的半径分别为 R_1 和 R_2($R_1<R_2$)，通有等值反向电流，下列哪幅图正确反映了电流产生的磁感应强度随径向距离变化的关系 (　　)

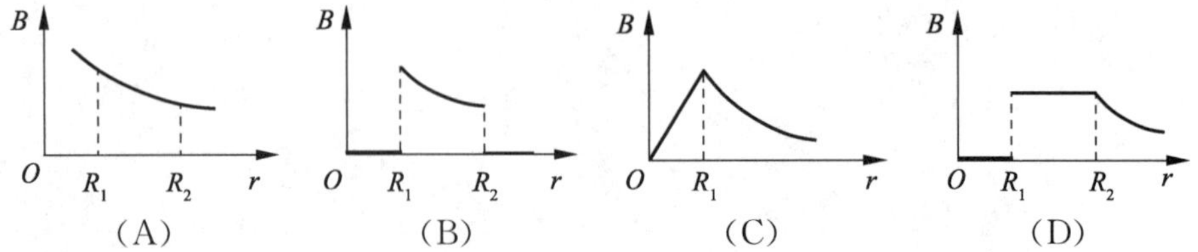

6. 横截面是圆形的两个螺线管，单位长度上的匝数相等，横截面半径之比为 2∶1. 通过相等电流时，两螺线管中的磁感应强度大小之比为 (　　)

(A) 2∶1　　(B) 1∶1　　(C) 1∶2　　(D) 4∶1

二、填空题

1. 右图所示为四条相互平行的载流长直导线，电流均为 I，方向如图所示. 正方形的边长为 $2a$，正方形中心的磁感应强度大小 $B=$____________.

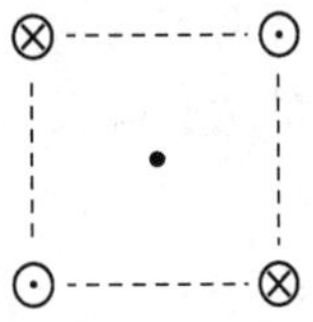

2. 通有电流 I、半径为 R 的圆形线圈，在圆心处产生的磁感应强度大小 $B=$____________.

3. 如右图所示的导线框，其中两个共面半圆的半径分别为 a 和 b，且有公共圆心 O，当回路中通有电流 I 时，O 处的磁感应强度大小 $B=$____________，方向____________.

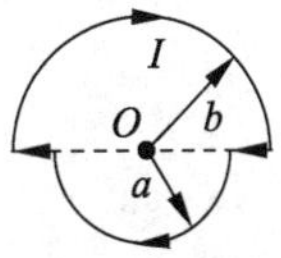

4. 通有电流 I 的空芯长直螺线管，单位长度线圈的匝数为 n，管内中段部分的磁感应强度大小 $B=$____________，螺线管管口中心点的磁感应强度大小 $B=$____________.

5. 无限长直圆柱面，沿圆柱面轴向通有电流 I，电流均匀分布. 以 r 表示场点到圆柱面轴线的距离，则圆柱面内磁感应强度大小 $B=$____________，圆柱面外的磁感应强度大小 $B=$____________.

6. 如图所示，两根无限长载流直导线相互平行，通过的电流分别为 I_1 和 I_2，方向如图所示. 则 $\oint_{L_1}\boldsymbol{B}\cdot d\boldsymbol{l}=$________________，$\oint_{L_2}\boldsymbol{B}\cdot d\boldsymbol{l}=$________________.

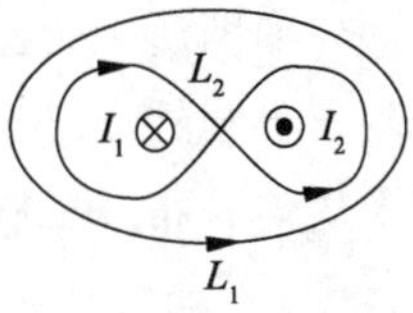

三、计算题

1. 如图所示，两根平行的无限长直导线，电流方向均垂直纸面向外，且 $I_1=I_2=I$，求 O 点处的磁感应强度大小和方向.（O 点到两直导线的距离均为 a）

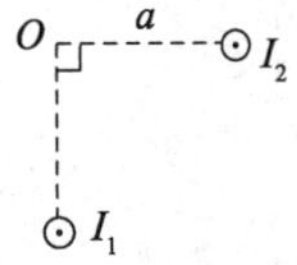

2. 两根长直导线沿半径方向引到电阻均匀的圆形铜环上的 A、B 两点，并与很远的电源相连，如图所示，求圆环中心的磁感应强度.

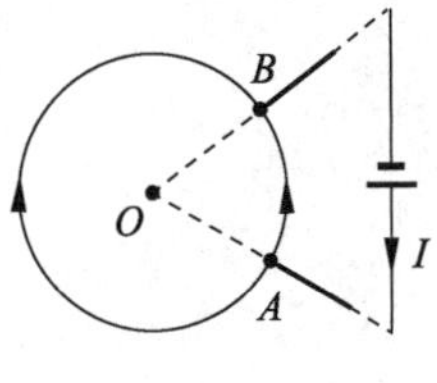

3. 如图所示，宽为 a 的无限长导体薄平板，通有电流 I，电流在板的宽度方向均匀分布. 计算导体板平面内离开板一侧距离为 b 的 P 点处的磁感应强度.

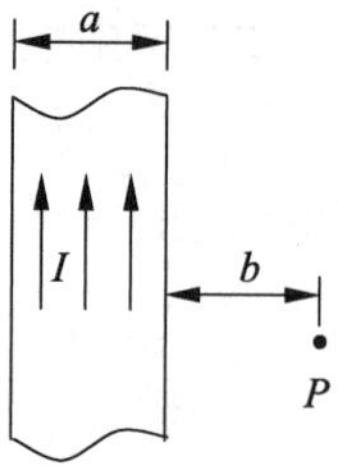

4. 如图所示，无限长导体薄平板，弯成半径为 R 的无限长半圆柱面. 沿长度方向有电流 I 通过，且在横截面上均匀分布. 求圆柱面轴线上任意一点 P 处的磁感应强度.

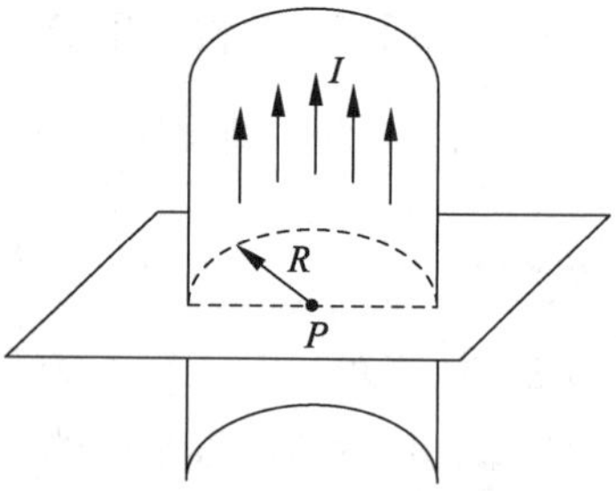

练习九

知识点：楞次定律、法拉第电磁感应定律、动生电动势、感生电动势、自感、互感

一、选择题

1. 闭合导线圆环在匀强磁场中运动，能使圆环中产生感应电流的是 （　　）

(A) 圆环以自身直径为轴转动，轴与磁场方向平行

(B) 圆环以自身直径为轴转动，轴与磁场方向垂直

(C) 圆环平面垂直于磁场，圆环沿垂直于磁场方向平移

(D) 圆环平面平行于磁场，圆环沿垂直于磁场方向平移

2. 闭合导线圆环一半处于匀强磁场中，磁场的方向垂直于圆环平面指向纸内，如右图所示. 此时，欲使圆环中产生逆时针方向的感应电流，应使圆环 （　　）

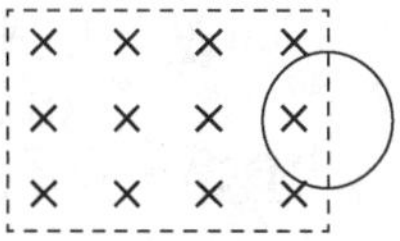

(A) 向右平移　　(B) 向上平移

(C) 向左平移　　(D) 向下平移

3. 如右图所示，长度为 l 的直导线 ab，在匀强磁场 $\boldsymbol{B}$ 中以速度 $\boldsymbol{v}$ 平动，速度方向、磁场方向与直导线在同一平面内，速度方向与磁场方向的夹角为 θ，则直导线 ab 中的电动势为 （　　）

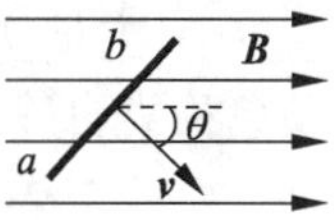

(A) Blv　　(B) $Blv\sin\theta$

(C) $Blv\cos\theta$　　(D) 0

4. 如右图所示，导线 ab 在匀强磁场中做下列四种运动：(1) 垂直于磁场平动；(2) 绕固定端 a 垂直于磁场转动；(3) 绕其中心点 O 垂直于磁场转动；(4) 绕通过中心点 O 的水平轴平行于磁场转动. 关于导线 ab 的感应电动势结论错误的是 （　　）

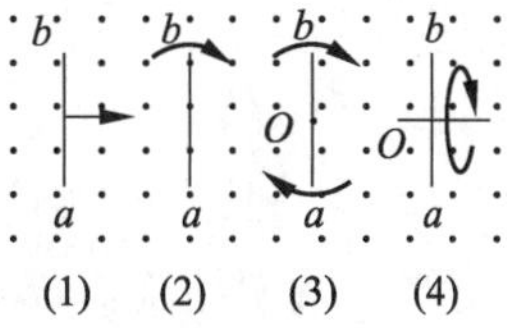

(A) (1)有感应电动势，a 端为低电势

(B) (2)有感应电动势，b 端为低电势

(C) (3)无感应电动势

(D) (4)无感应电动势

5. 下列说法正确的是 （　　）

(A) 通过导体的电流越大，产生的自感电动势就越大

(B) 自感电动势的大小取决于通过本身回路所包围面积的磁通量变化快慢

(C) 自感电动势的大小只取决于流过导体本身电流的变化快慢

(D) 自感电动势的方向取决于导体中电流的方向

6. 如图所示，两个圆环形导体 a、b 互相垂直放置，圆心重合，当它们中通过的电流 I_1 和 I_2 同时发生变化时，则 （　　）

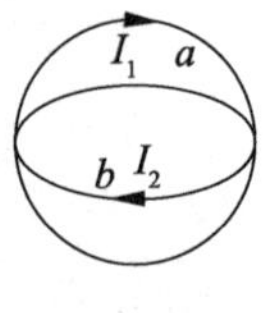

(A) a 导体产生自感电流，b 导体产生互感电流

(B) b 导体产生自感电流，a 导体产生互感电流

(C) 两导体同时产生自感电流和互感电流

(D) 两导体只产生自感电流，不产生互感电流

二、填空题

1. 闭合回路中产生的感应电流具有确定的方向，感应电流所产生的磁场的磁通量总是________________________的变化，这个规律称为楞次定律.

2. 通过回路所包围面积的磁通量发生变化时，回路中就会产生感应电动势，感应电动势与其成正比，这个规律称为法拉第电磁感应定律. 在国际单位制中，其数学表达式为____________.

3. 电阻为 R、半径为 a 的导线圆环置于匀强磁场中，圆环平面与磁场方向垂直. 若使圆环中有稳定的感应电流 I，则磁感应强度大小随时间的变化率 $\frac{dB}{dt}=$____________.

4. 一根直导线在磁感应强度为 $\boldsymbol{B}$ 的均匀磁场中，以速度 $\boldsymbol{v}$ 运动，导线中的动生电动势对应的非静电性场强 $E_k=$____________.

5. 由于自身回路中的电流 I 变化引起磁通量变化，而在自己回路中产生感应电动势的现象称为自感现象，相应的电动势称为自感电动势. 用 L 表示自感系数，则自感电动势 $\mathscr{E}_L=$____________.

6. 由于一个回路中的电流 I 变化而在邻近另一个回路中产生感应电动势的现象称为互感现象，相应的电动势称为互感电动势. 用 M 表示互感系数，互感电动势 $\mathscr{E}_M=$____________.

三、计算题

1. 有一长为 L、圆形横截面半径为 R 的长直空芯螺线管($R \ll L$)，螺线管由两个均匀密绕的线圈叠绕而成，线圈匝数分别为 N_1 和 N_2. 匝数为 N_1 的线圈中通有交变电流 $i=I_0\sin\omega t$ 时，求匝数为 N_2 的线圈中的感应电动势.

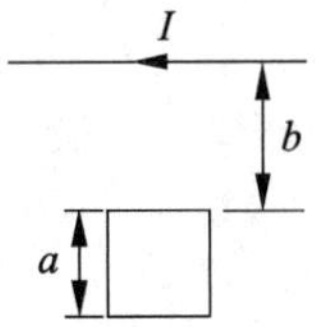

2. 无限长载流直导线中电流变化率$\frac{dI}{dt}=\alpha$（α为正的常量），边长为a的正方形线圈与导线共面，正方形线圈一边与直导线相距b，如图所示. 求线圈中的感应电动势.

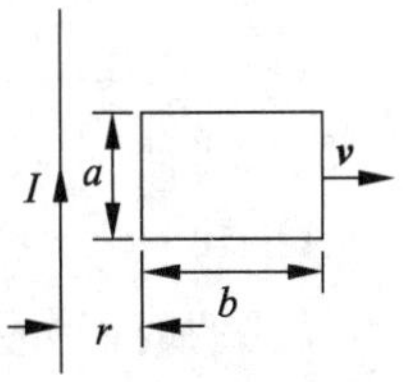

3. 无限长直导线与矩形线圈共面，线圈边长分别为a和b，且a边与长直导线平行. 长直导线中通有恒定电流I，线圈以恒定速度$\boldsymbol{v}$在导线平面内垂直于直导线向右运动，如图所示. 求线圈中的感应电动势随r变化的关系.

4. 一圆形线圈A由50匝细导线绕成，其面积为2 cm^2，放在另一个匝数等于100匝、半径为20 cm的圆形线圈B的中心，且两线圈同轴，设B线圈中的电流在A线圈所在处激发的磁场可看作均匀的. 求：

（1）两线圈间的互感；

（2）当B线圈中的电流以10 $\mathrm{A\cdot s^{-1}}$的变化率减小时，A线圈中的互感电动势.

模拟卷

一、选择题(每题 2 分,共 20 分)

1. 某人以 4 km/h 的速率向东前进时,感觉风从正北吹来,如将速率增加一倍,则感觉风从东北方向吹来.实际风速与风向为 ( )

(A) 4 km/h,从北方吹来　　(B) 4 km/h,从西北方吹来

(C) $4\sqrt{2}$ km/h,从东北方吹来　　(D) $4\sqrt{2}$ km/h,从西北方吹来

2. 如图所示,质点从竖直放置的圆周顶端 A 处分别沿不同长度的弦 AB 和 $AC(AC<AB)$ 由静止下滑,不计摩擦阻力.质点下滑到底部所需要的时间分别为 t_B 和 t_C,则 ( )

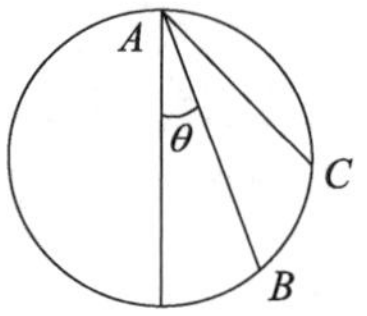

(A) $t_B=t_C$　　(B) $t_B>t_C$

(C) $t_B<t_C$　　(D) 条件不足,无法判定

3. 如图所示,圆锥摆的小球在水平面内做匀速圆周运动,下列说法中正确的是 ( )

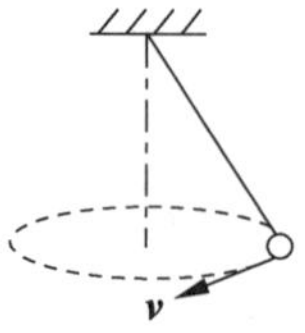

(A) 重力和绳子的张力对小球都做功

(B) 重力和绳子的张力对小球都不做功

(C) 重力对小球做功,绳子的张力对小球不做功

(D) 重力对小球不做功,绳子的张力对小球做功

4. 花样滑冰运动员绕自身的竖直轴转动,开始时两臂伸开,转动惯量为 J_0,角速度为 ω_0,然后她将两臂收回,使转动惯量减少为 $J_0/3$,这时她转动的角速度变为 ( )

(A) $\omega_0/3$　　(B) $\omega_0/\sqrt{3}$　　(C) $3\omega_0$　　(D) $\sqrt{3}\omega_0$

5. 由式 $\oint_S \boldsymbol{E}\cdot \mathrm{d}\boldsymbol{S}=0$ 提出下面四种说法,正确的是 ( )

(A) 高斯面上的电场一定处处为零

(B) 高斯面内一定无电荷

(C) 高斯面上的总电场强度通量一定为零

(D) 不能说明一定的问题

6. 平行板电容器充电完成后与电源断开,当用绝缘手柄将电容器两极板的距离拉大时,电容器中的电容将 ( )

(A) 减小　　(B) 不变

(C) 增大　　　　(D) 无法确定它的变化

7. 四条相互平行的载流长直导线中所通电流均为 I，如图所示放置，正方形的边长为 $2a$，正方形中心的磁感应强度为　　(　　)

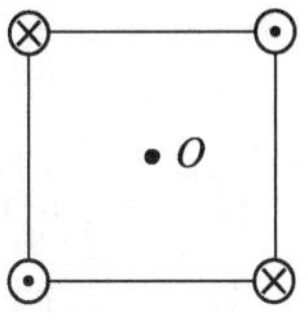

(A) $B=2\dfrac{\mu_0}{\pi a}I$　　　　(B) $B=\dfrac{2\mu_0}{\sqrt{2}\pi a}I$

(C) $B=0$　　　　(D) $B=\dfrac{\mu_0}{\pi a}I$

8. 电子枪同时射出两电子，初速度分别为 v 和 $2v$，经过均匀磁场偏转后，先回到出发点的是　　(　　)

(A) 初速度为 v 的电子　　　　(B) 初速度为 $2v$ 的电子

(C) 同时到达　　　　(D) 条件不够，无法确定

9. 如图所示，通有电流 I 的无限长直导线旁放置一段长度为 l 的直导线 ab，两导线共面且相互垂直. 当导线 ab 以速度 $\boldsymbol{v}$ 沿电流的平行方向运动时，导线 ab 两端的电势高低的关系是　　(　　)

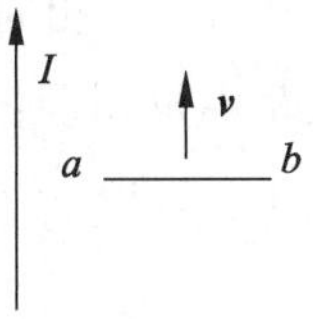

(A) a 端高　　　　(B) b 端高

(C) 一样高　　　　(D) 无法确定

10. 闭合导线圆环处于匀强磁场中，磁场的方向垂直于圆环平面指向纸内，如图所示. 此时，欲使圆环中产生逆时针方向的感应电流，应使磁场　　(　　)

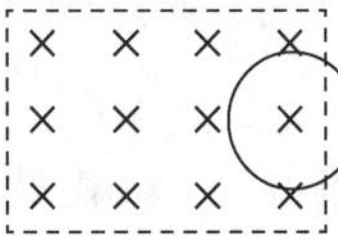

(A) 增大　　　　(B) 减小

(C) 不变　　　　(D) 无法确定

二、填空题(每题 3 分，共 30 分)

1. 质点的运动方程为 $\boldsymbol{r}=4t^2\boldsymbol{i}+(2t+3)\boldsymbol{j}$，$\boldsymbol{r}$ 的单位为 m，t 的单位为 s，质点的运动轨迹方程为____________，任一时刻 t 质点的速度矢量 $\boldsymbol{v}=$____________，加速度矢量 $\boldsymbol{a}=$____________.

2. 一质点从静止($t=0$)出发，沿半径为 $R=3$ m 的圆周运动，切向加速度大小保持不变，为 $a_t=3\ \text{m}\cdot\text{s}^{-2}$，在 t 时刻，其总加速度 $\boldsymbol{a}$ 恰与半径成 45° 角，此时 $t=$____________.

3. 一质量为 m 的物体，以初速度 $\boldsymbol{v}_0$ 从地面抛出，抛射角为 θ，如果忽略空气阻力，则物体从抛出到刚到达最高点的过程中所受冲量的大小为____________，冲量的方向为____________.

4. 长为 l、质量为 m 的匀质细杆，以角速度 ω 绕过杆端点垂直于杆的水平轴转动，杆绕转动轴的动能为____________，角动量为____________.

5. 静电场中导体处于静电平衡时，导体内任意两点间的电势差为____________.

6. 真空中无限大均匀带电平面，其电荷面密度为 σ，则在它的周围任一点所激发的电场大小为____________.

7. 如图所示的导线框，其中两个共面半圆的半径分别为 a 和 b，且有公共圆心 O，当回路中通有电流 I 时，则 O 处的磁感应强度 $B=$ ________，方向________.

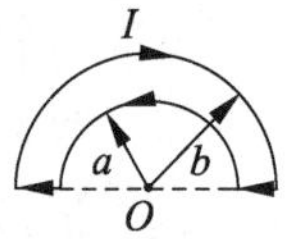

8. 如图所示，在一根无限长载流直导线附近放置一矩形线圈，开始时线圈与直导线共面，且线圈中的两条边与直导线平行，当线圈以恒定速度 $\boldsymbol{v}$ 在导线平面内沿电流方向做平动时，线圈中的感应电流大小为________.

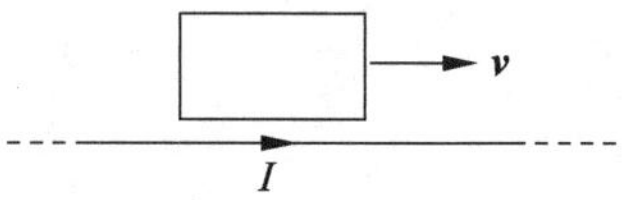

9. 三根无限长载流直导线相互平行，通过的电流分别为 I_1、I_2 和 I_3，电流方向如图所示，则 $\oint_{L_1} \boldsymbol{B} \cdot \mathrm{d}\boldsymbol{l}=$ ________，$\oint_{L_2} \boldsymbol{B} \cdot \mathrm{d}\boldsymbol{l}=$ ________.

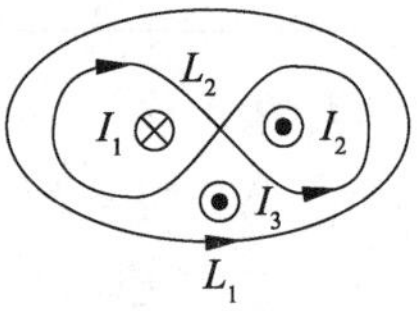

10. 以相同速度垂直于匀强磁场方向射入两种带电粒子 a 和 b，其带电量相等，质量分别为 m_a 和 m_b，轨迹如图所示. 由图可知 a 粒子带____电，b 粒子带____电.

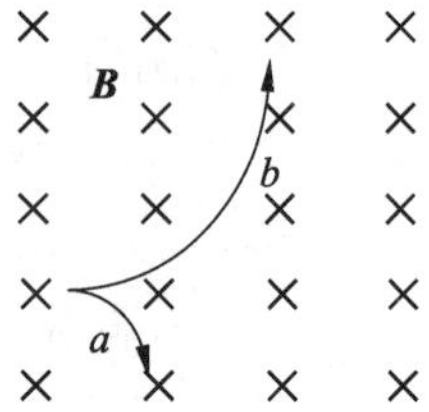

三、计算题(每题 10 分，共 50 分)

1. 一质量为 m 的小球，由顶端沿质量为 $m_{木槽}$ 的圆弧形木槽自静止下滑，设圆弧形木槽的半径为 R(如图所示)，忽略所有摩擦. 问：小球刚离开圆弧形木槽时，小球和圆弧形木槽的速度大小各是多少？

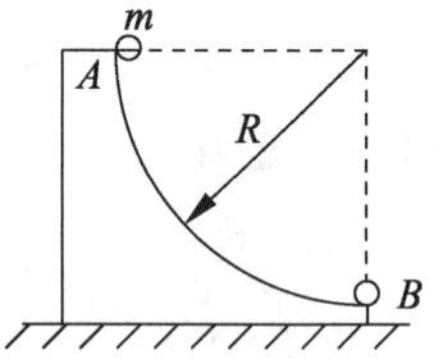

2. 有一长 $l=1.0$ m、质量 $m_{棒}=2.97$ kg 的匀质木棒，可绕水平轴 O 在竖直平面内转动，开始时棒自然竖直悬垂，现有一质量 $m=10$ g 的弹片以 $v=200\ \mathrm{m \cdot s^{-1}}$ 的速率水平射入棒的下端，如图所示. 求：

(1) 棒开始运动时的角速度；

(2) 棒的最大偏转角.

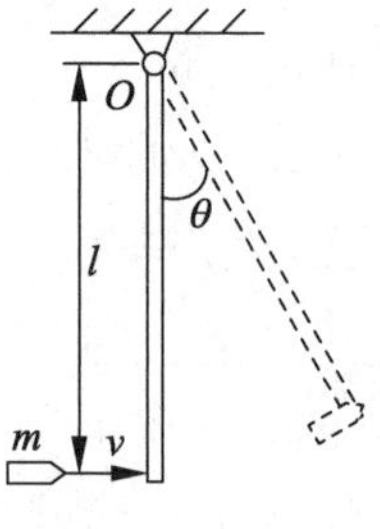

3. 半径为 r_1 和 $r_2(r_2>r_1)$ 的两个同心导体薄球壳，且都不带电. 现让内球带上电荷量 q，以无限远处为电势零点，求：

(1) 外球的电荷量及电势；

(2) 把外球接地后，外球的电荷量及电势.

4. 一细导线弯成直径为 d 的半圆形状，均匀磁场 $\boldsymbol{B}$ 垂直于导体所在平面，如图所示，当导线绕着 A 点以垂直于半圆面的轴以角速度 ω 逆时针旋转时，求导线 AC 间的电动势 $\mathscr{E}_{AC}$.

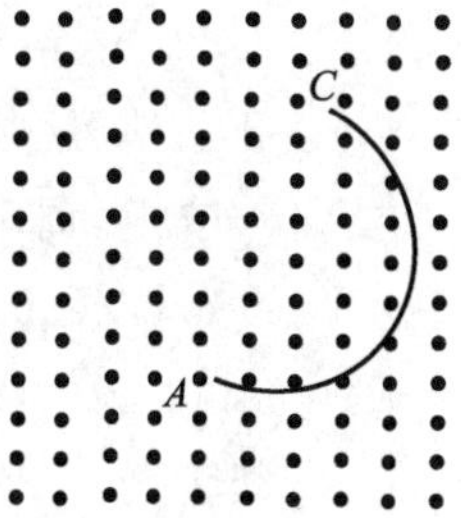

5. 如图所示，长直导线中通有电流 $I_1=20$ A，有一长为 b 、宽为 a 的矩形线圈与长直导线共面，线圈的一边与长直导线平行，且相距为 d，已知 $a=9.0$ cm，$b=20.0$ cm，$d=1.0$ cm. 求：

(1) 通过线圈的磁通量；

(2) 若矩形线圈中通过电流 $I_2=10$ A，则作用于线圈的合力大小是多少.

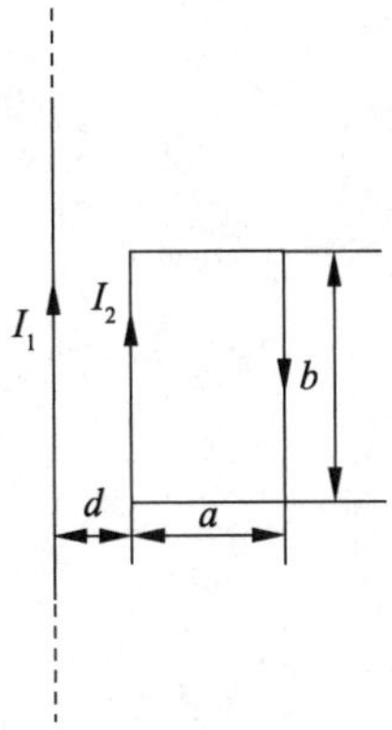

参考文献

[1] 程守洙，江之永. 普通物理学[M]. 6 版. 北京：高等教育出版社，2006.
[2] 张三慧. 大学基础物理学[M]. 北京：清华大学出版社，2003.
[3] 赵近芳. 大学物理学[M]. 北京：北京邮电大学出版社，2002.
[4] 罗建清. 大学物理[M]. 长春：吉林科学技术出版社，1991.
[5] 杜雄，乔全亲. 大学物理[M]. 北京：国防工业出版社，1990.
[6] 王少杰，顾牡，毛骏健. 大学物理学[M]. 上海：同济大学出版社，2002.
[7] 马文蔚，周雨青. 物理学[M]. 6 版. 北京：高等教育出版社，2014.
[8] Sears，Zemansky. University Physics[M]. 5 版. 北京：机械工业出版社，2002.
[9] 朱峰. 大学物理[M]. 3 版. 北京：清华大学出版社，2015.
[10] 樊亚萍. 大学物理学(医药类专业使用)[M]. 西安：西安交通大学出版社，2015.
[11] 文双春，陈曙光. 大学物理学[M]. 北京：北京大学出版社，2019.